OpenStack

设计与实现（第3版）

英特尔亚太研发有限公司　著

电子工业出版社

Publishing House of Electronics Industry

北京·BEIJING

内 容 简 介

本书是一本介绍 OpenStack 设计与实现原理的书。本书内容以 Train 版本为基础，覆盖了 OpenStack 从学习方法到设计与实现等各个方面的内容，包括 OpenStack 的成长史、OpenStack 开发的基础流程、如何分析 OpenStack 的源码、OpenStack 的底层基石——虚拟化、OpenStack 众多项目中所用到的通用技术，以及 OpenStack 主要组件及项目的实现，致力于帮助读者形成 OpenStack 及其各个主要组件与项目的拓扑图。

本书语言通俗易懂，能够带领读者更为快速地走入 OpenStack 的世界并做出自己的贡献。本书适合希望参与 OpenStack 开发的读者，也适合对 OpenStack 茫然的初学者，以及有一定使用部署经验但是希望了解 OpenStack 实现原理的广大用户。

图书在版编目（CIP）数据

OpenStack 设计与实现 / 英特尔亚太研发有限公司著. —3 版. —北京：电子工业出版社，2020.8

ISBN 978-7-121-39286-3

Ⅰ. ①O… Ⅱ. ①英… Ⅲ. ①计算机网络 Ⅳ.①TP393

中国版本图书馆 CIP 数据核字（2020）第 132801 号

责任编辑：孙学瑛　　　　　　特约编辑：田学清
印　　刷：北京天宇星印刷厂
装　　订：北京天宇星印刷厂
出版发行：电子工业出版社
　　　　　北京市海淀区万寿路 173 信箱　　　　邮编：100036
开　　本：787×980　　1/16　　　印张：31.25　　字数：753 千字
版　　次：2015 年 5 月第 1 版
　　　　　2020 年 8 月第 3 版
印　　次：2023 年 5 月第 5 次印刷
定　　价：109.00 元

凡所购买电子工业出版社图书有缺损问题，请向购买书店调换。若书店售缺，请与本社发行部联系，联系及邮购电话：（010）88254888，88258888。

质量投诉请发邮件至 zlts@phei.com.cn，盗版侵权举报请发邮件至 dbqq@phei.com.cn。

本书咨询联系方式：010-51260888-819，faq@phei.com.cn。

序

目前为止，OpenStack 已经走过了将近 10 个年头。在这 10 年间，OpenStack 没有一刻停歇地发展壮大着，已经有数以千计的开发者参与到完善 OpenStack 各项功能的工作中，数以百计的大型企业及不计其数的中小型企业正在采用并不断丰富着 OpenStack 的使用场景。整个 OpenStack 生态已经或者即将在后台支撑和引领着我们生活和工作的方方面面。

毫无疑问，作为行业的领导者，英特尔在 OpenStack 上的投资也从未间断过。无论是在产业上的推广方面，还是在项目上的开发完善方面，英特尔都在不遗余力地投入。作为 OpenStack 基金会初期的会员之一，英特尔在国内已经和腾讯、百度、中国移动、中国联通和中国电信等众多公司在 OpenStack 的研发和使用上建立了牢固的合作关系。作为 OpenStack 代码贡献最大的 10 家公司之一，英特尔也常年活跃在 Nova、Neutron、Cinder 和 Cyborg 等各个主要的项目社区中。

中国一直都是英特尔重要的市场之一，拥有不计其数的有天赋且十分努力的年轻人，他们在不断地为计算机科技的发展贡献着力量。本书的组织编写是为了帮助更多的人更好地理解 OpenStack 并更容易地为 OpenStack 在中国的发展做出自己的贡献。英特尔中国一直都是中国开源社区的"黄埔军校"，在操作系统、虚拟化、云计算、大数据、机器学习、Web 技术和安全等领域培育出了很多优秀的技术人才和领军人物，自然也不吝于为 OpenStack 开源生态在中国的教育和推广尽一份力。

我非常希望本书能够对 OpenStack 爱好者、使用者和开发者有所帮助，也希望它成为 OpenStack 中国社区知识经验积累的宝贵财富。

练丽萍
英特尔系统软件开发部云计算软件研发高级总监

前　言

至此落笔之际，OpenStack 问世近 10 年。10 年的时间对于很多项目来说已经足够走过一个从创建发展到没落的轮回，而对于 OpenStack 来说，10 年的时间仍然远远不够让我们看到它最终所能够达到的高度。

从哲学的辩证角度：今天的必然正是由之前的一系列偶然所决定的。2010 年的一个偶然，OpenStack 由 Rackspace 和美国国家航空航天局合作发布。随后的时间里，无数公司与个人偶然初识 OpenStack 并深陷其中。而正是这些偶然联合在一起，决定了会有这样一本书，会有现在写下的这些话。那么，当你偶然拿起这本书，偶然看到这段话，是否会问自己：这样的偶然又会导致什么样的必然？

如果你依然决定继续这次的偶然之旅，还请你问自己一个问题：我是在强迫自己学习 OpenStack 吗？很希望你能回答不是，但希望与现实往往有一段不小的"距离"，因为很多时候，我们都是因为各种原因而强迫自己去喜欢的。或许，针对这个问题，最让人愉悦的回答是"说实话，我学习的热情从来都没有低落过。Just for fun！"

其次，在你继续之前，面对 OpenStack 这样一个新生事物，最让人惴惴不安的问题或许便是：我该如何更快、更好地适应这个全新的世界？人工智能与机器学习领域研究的一个很重要的问题是"为什么我们小时候有人指着一匹马告诉我们那是马，于是之后我们看到其他的马就知道那是马了？"针对这个问题的一个结论是：我们头脑里形成了一个生物关系的拓扑结构，我们所认知的各种生物都会被放进这个拓扑结构里，而我们随着年纪不断成长的过程就是形成并完善各种各样或树形或环形等拓扑结构的过程，并以此来认知我们所面对的各种新事物。

由此可见，或许我们认知 OpenStack 最快也最为自然的方式就是努力在脑海里形成它的拓扑结构，并不断地进行细化。比如，作为一个云计算的平台，OpenStack 包括了哪些功能，这些功能分别对应哪些项目，各个项目又实现了哪些服务及功能，这些服务及功能又是以什么样的方式实现的，等等。对于感兴趣的项目或服务，我们可以更为细致地勾勒其中的脉络。这类似于我们头脑里形成的有关一个城市的地图，包含这个城市有哪些区，区里又有哪些标志性建筑及街道，而对于熟悉的地方，哪怕一个微不足道的角落，我们都可以将它的周围放大、细化。

而对这个拓扑结构细化的过程能够起到有效辅助作用的是概念空间的勾勒。站在架构设计的角度，软件从需求进到架构出的全过程中，勾勒、描绘概念空间是一个很重要的中间过程。这个阶段会形成需要引入的各种新概念，如操作系统中的进程、虚拟内存、系统调用等，它们就类似于一个拓扑结构中的标志性建筑，而我们在认知、研究这个软件时，描绘这个概念空间也就不可避免地成为重中之重。

本书的组织形式

本书的内容组织正是为了尽力帮助读者形成有关 OpenStack 及各个重要项目与功能的、比较细致的拓扑图。

首先，第 1～4 章希望能够帮助读者对 OpenStack 有一个全面的认识和了解，从而形成关于 OpenStack 整体的拓扑图。

第 1 章主要介绍了 OpenStack 的成长史，以及它的体系结构和社区现状。

第 2 章介绍了 OpenStack 开发的基础流程，以及如何分析 OpenStack 的源码。

第 3 章介绍了 OpenStack 的底层基石——虚拟化。OpenStack 的大多数使用者和开发者并不了解虚拟化的一些细节，通过这一章的学习，能够对 OpenStack 有一个更好的认识。

第 4 章介绍了 OpenStack 众多项目中所用到的通用技术。通过这一章的学习，读者在理解各个具体项目的设计与实现时，可以减少很多的阻碍。

然后，第 5～14 章对 OpenStack 主要组件及项目的实现进行了介绍。按照认识的发展规律，通过前面几章的学习，读者应当已经对 OpenStack 有了一个全面的认识和了解，接下来就可以以兴趣或工作需要为导向，寻找一个组件或项目，对其实现进行深入的钻研和分析。这些章节的作用是帮助读者形成相应项目的比较细致的拓扑结构，并不追求对所有实现细节进行详尽分析。

第 5 章讨论计算组件，也就是 Nova 项目。Nova 实现了 OpenStack 这个虚拟机世界的抽象，控制着一台台虚拟机的状态变迁与"生老病死"，管理着它们的资源分配。

第 6 章讨论与存储相关的 4 个项目：Swift、Cinder、Glance 及 Ceph。它们共同为这个虚拟机世界的主体——虚拟机提供了安身之本，负责为每台虚拟机本身的镜像及它所产生的各种数据提供一个家，尽量实现"居者有其屋"。

第 7 章讨论网络组件，也就是 Neutron 项目。没有网络，任何虚拟机都将只是这个虚拟机世界中的"孤岛"，不知道自己生存的价值。

第 8 章针对安全问题进行讨论，包括 Keystone 项目及可信计算池的相关内容。

第 9 章讨论有关计量与监控的项目 Ceilometer，计量与监控是公有云运营的一个重要环节。

第 10 章的内容与物理机管理有关，Ironic 项目被应用于 OpenStack 中的裸机管理和部署。

第 11 章介绍了 OpenStack 的控制面板。对于 OpenStack 来说，提供一个简洁方便、用户友好的控制界面给最终的用户和开发者尤为重要。

第 12 章讨论 OpenStack 对容器的支持，以及 Kata 安全容器项目。

第 13 章的内容与部署有关，但是这里讨论的并不是部署的详细步骤与过程，而是与部署有关的几个主要项目。

第 14 章介绍了一个新兴的项目 Cyborg，旨在为加速资源（即 GPU、FPGA、ASIC、NVMe、DPDK / SPDK 等）提供通用管理框架。

感谢

作为英特尔的开源技术中心，参与 OpenStack 的开发与推广是很自然的事情。除了为 OpenStack 的完善与稳定贡献更多的思考和代码，我们也希望能通过这本书让更多的人更快捷地融入 OpenStack 的大家庭。

如果没有 Mark Skarpness（英特尔副总裁兼系统软件开发部总经理、OpenStack 基金会白金会员董事）、练丽萍（英特尔系统软件开发部云计算软件研发高级总监）、王庆（英特尔系统软件开发部云计算软件中国研发总监、OpenStack 基金会个人独立董事）的支持，这本书不可能完成，谨在此感谢他们在本书编写过程中的关怀与帮助。

也要感谢本书的编辑孙学瑛老师，从选题策划到最后定稿的整个过程中，都给予了我们无私的帮助和指导。

然后要感谢参与第 1 版、第 2 版与第 3 版各章内容编写的各位同事，他们是王君毅、方亮、苏涛、钟露瑶、王昕然、王庆、丁建峰、任桥伟、陆连浩、翟纲、徐贺杰、程盈心、李晓燕、臧锐、贺永立、郭瑞景、乔立勇、陈巍、杜永丰、杨林、张磊、冯少合、金运通、魏刚、田双太、汪亚雷、谭霖、辛晓慧，为了本书的顺利完成，他们付出了很多努力。他们不仅为英特尔开源技术中心做出了很多的贡献，而且长期活跃在中国的云计算技术生态系统中。

最后感谢所有对 OpenStack 抱有兴趣或从事 OpenStack 工作的人，没有你们的源码与大量技术资料，本书便会成为"无源之水"。

读者服务

微信扫码回复：**39286**

- 获取博文视点学院 20 元付费内容抵扣券。
- 获取免费增值资源。
- 加入读者交流群，与本书作者互动。
- 获取精选书单推荐。

目 录

## 第 1 章

初识 OpenStack

如果你尚未与 OpenStack 亲密接触过，那么希望这里的内容可以成为你初识 OpenStack 的见证。如果你已经是一个 OpenStack 达人，那么就选一个安静的早晨，抑或下午，缅怀下与 OpenStack 一起走过的青葱岁月吧。

1.1 从虚拟化到 OpenStack

至此落笔之际，OpenStack 问世近 10 年，云计算被提出了 20 多年，虚拟化则发展了 50 多年，这些技术经历的风雨颇多，笔者也感慨颇多，谨以这些年来的点滴之事为献。

1.1.1 虚拟化

1. 1959 年

6 月，一个并不属于万物萌芽的月份。在 1959 年国际信息处理大会上，Christopher Strachey（克里斯托弗）亲手为虚拟化埋下了种子，他在名为《大型高速计算机中的时间共享》的报告中，提出了"虚拟化"的概念，从此拉开了虚拟化发展的帷幕。

2. 20 世纪 60 年代

虚拟化在此期间，由概念孕育到雏形，并得到了进一步的发展。1964 年，一种名为 CP-40 的新型操作系统首次实现了虚拟内存和虚拟机。随后，IBM 推出了 TSS（Time Sharing System，分时共享系统），允许多个用户远程共享同一台高性能计算设备的使用时间，这也被认为是最为原始的虚拟化技术。

3. 20 世纪 70 年代

1972 年，IBM 发布了用于创建灵活大型主机的虚拟机技术，可以根据用户动态的应用需求来调整和支配资源，使昂贵的大型机资源得到尽可能充分的利用。虚拟化由此进入了大型机时代。

这一时期的 IBM System 370 系列通过一种叫作虚拟机监控器（Virtual Machine Monitor，VMM）的程序在物理硬件之上生成许多可以运行独立操作系统软件的虚拟机实例，从而使虚拟机开始流行起来。

4. 20 世纪 80 年代与 90 年代

随着大规模集成电路的出现和个人电脑的普及，计算机硬件变得越来越便宜，当初为了共享昂贵的大型计算机资源而设计的虚拟化技术也由此渐渐无人问津，只是在一些高档的服务器中存在，虚拟化进入了"冷藏期"，遭遇了"成长的烦恼"。

在这个阶段末期，随着 x86 技术的发展，x86 平台处理能力与日俱增。随着英特尔于 1998 年推出专门针对服务器和工作站的 Xeon（至强）处理器，人们开始考虑将虚拟化技术引入用户面更为广泛的 x86 平台。

同年，VMware 公司成立，并随后于 1999 年在 x86 平台上推出了可以流畅运行的商业虚拟化软件，从此虚拟化技术终于走下大型机的"神坛"，进入了一个高速发展的阶段。

5. 21 世纪

VMware 的亮相，开启了虚拟化的 x86 时代，虚拟化的发展进入了一个爆发期。

2003 年，Xen 面世。同年，微软因收购 Connectix 而获得虚拟化技术，进入桌面虚拟化领域，正式拉开了桌面虚拟化革命的序幕。

随后的 2004 年年底，微软宣布了其 Virtual Server 2005 计划，被认为象征着"虚拟化正在从一个小市场向主流市场转变"。

2005 年，英特尔宣布其初步完成 Vanderpool 技术外部架构规范（EAS），并称该技术可帮助改进未来虚拟化解决方案。然后于同年 11 月，英特尔发布新的 Xeon MP 处理器系统 7000 系列，x86 平台历史上第一个硬件辅助虚拟化技术——VT（Vanderpool Technology）技术也随之诞生。

此后数年，AMD、Oracle、红帽、Novell、Citrix、思科、惠普等公司先后进军虚拟化市场。

1.1.2 云计算

1983 年，Sun 提出"网络即计算机"（The Network is the Computer），这被认为是云计算的雏形，而随后计算机技术的迅猛发展及互联网行业的兴起，似乎都在向这个概念不断靠拢。

在这个不断靠拢的过程中，首先写上浓重一笔的是亚马逊。2006 年 3 月，亚马逊推出弹性计算云（Elastic Compute Cloud，EC2），按用户使用的资源进行收费，开启了云计算商业化的元年。

每一个时代的开始都有它自己的故事，而对于云计算时代，要从一篇文章说起。Steve Yegge 先后在亚马逊与 Google 公司工作，其于 2011 年在 Google+ 上和 Google 同事讨论有关平台的一些内容时，不小心把自己写的一篇辛辣调侃亚马逊与 Google 的文章向全世界公开，引起了强烈的反应。

当然，事后，Steve Yegge 在其 Google+ 上进行了一些解释，大意是自己喝多了，又是凌晨，头脑不清，Google 对他很好，等等。但是这篇文章本身却堪称云计算架构的入门教材，中文翻译可见酷壳网上陈皓的一篇文章，这里着重介绍一下文中提到的 Jeff Bezos（亚马逊创始人）在 2002 年左右发布的一份命令。

So one day Jeff Bezos issued a mandate. He's doing that all the time, of course, and people scramble like ants being pounded with a rubber mallet whenever it happens. But on one occasion -- back around 2002 I think, plus or minus a year -- he issued a mandate that was so out there, so huge and eye-bulgingly ponderous, that it made all of his other mandates look like unsolicited peer bonuses.

有一天，Jeff Bezos 发布了一份命令。当然，他总是这么干，这些命令对人们的影响来说就像用橡皮槌敲击蚂蚁一样。这份命令大概是在 2002 年发布的，误差应该在 1 年内。这份命令涉及的范围非常广，设想很大，让人大跌眼镜，就好像你突然收到公司给你的奖金一样让人惊讶。

His Big Mandate went something along these lines:

这份大命令大概有如下几个要点：

1) All teams will henceforth expose their data and functionality through service interfaces.

所有团队的程序模块都要以服务接口（Service Interface）方式将其数据与功能开放出来。

2) Teams must communicate with each other through these interfaces.

团队间的程序模块的信息通信，都要通过这些接口。

3) There will be no other form of interprocess communication allowed: no direct linking, no direct reads of another team's data store, no shared-memory model, no back-doors whatsoever. The only communication allowed is via service interface calls over the network.

除此之外，不允许其他形式的通信方式：不能直接连接程序、不能直接读取其他团队的数据库、不能使用共享内存、不能使用别人模块的后门，等等，唯一被允许的通信方式为调用服务接口。

4) It doesn't matter what technology they use. HTTP, Corba, Pubsub, custom protocols -- doesn't matter. Bezos doesn't care.

任何技术都可以使用。比如：HTTP、Corba、Pubsub、自定义的网络协议，等等。Bezos 不在意这些。

5) All service interfaces, without exception, must be designed from the ground up to be externalizable. That is to say, the team must plan and design to be able to expose the interface to developers in the outside world. No exceptions.

所有的服务接口，毫无例外，必须从本质到表面都设计成能对外开放的。也就是说，团队必须做好规划与设计，以便未来把接口开放给全世界的开发者，没有任何例外。

6) Anyone who doesn't do this will be fired.

不这样做的人会被炒鱿鱼。

7) Thank you, have a nice day!

谢谢，祝你有个愉快的一天！

在这份命令之后的几年，亚马逊内部转变成面向服务架构（Service-Oriented Architecture，SOA），"一切以 Service 为第一"的系统架构成为该公司的企业文化。

You wouldn't really think that an online bookstore needs to be an extensible, programmable platform. Would you?

如果是你，你会想到要把一个在线卖书的网站设计成为一个有扩展性、可程序化的平台吗？你真的会这样想吗？

Well, the first big thing Bezos realized is that the infrastructure they'd built for selling and shipping books and sundry could be transformed an excellent repurposable computing platform. So now they have the Amazon Elastic Compute Cloud, and the Amazon Elastic MapReduce, and the Amazon Relational Database Service, and a whole passel' o' other services browsable at aws.amazon.com. These services host the backends for some pretty successful companies, reddit being my personal favorite of the bunch.

嗯，Bezos 领悟到的第一件大事是，为了销售书籍和各种商品而建立的基础架构，可以被转变成为绝佳的计算平台（Computing Platform）。所以，现在他们有了 Amazon Elastic Compute Cloud（亚马逊弹性计算云 EC2），Amazon Elastic MapReduce，Amazon Relational Database Service（亚马逊关系数据库服务），以及其他可从 aws.amazon.com 查得到的大量服务。这些服务是某些相当成功的公司的后台架构，比如，我个人喜欢的 reddit 是这些成功公司的其中一个。

在亚马逊之后，Google、IBM、雅虎、英特尔、惠普等各大公司开始蜂拥进入云计算领域，并且在 2010 年 7 月，美国国家航空航天局（NASA）与 Rackspace、英特尔、AMD、戴尔等共同宣布 OpenStack 开放源码计划，由此开启了属于 OpenStack 的时代。

1.1.3 OpenStack

1. 2010 年

2010 年 7 月，Rackspace 和美国国家航空航天局合作，分别贡献出 Rackspace 云文件平台代码和 NASA Nebula 平台代码，并以 Apache 许可证开源发布了 OpenStack。OpenStack 由此诞生。

OpenStack 第一版代号为 Austin，以 Rackspace 所在的美国得克萨斯州 Texas 首府命名，计划每隔几个月发布一个全新版本，并且以 26 个英文字母为首字母从 A 到 Z 顺序命名后面的版本代号。第一版 Austin 仅有 Swift 和 Nova 这两个项目，分别来自 Rackspace 云文件平台和 NASA Nebula 平台，目的是为云计算提供对象存储和计算平台。

2. 2011 年

2011 年 2 月，OpenStack 社区发布了 Bexar 版本。这是 OpenStack 的第二版，此版本新增了一个项目 Glance 来提供镜像服务。

4 月，OpenStack 社区发布了更加稳定的 Cactus 版本，但并没有新增任何项目。同时 Ubuntu 的开发者很快地将 Bexar 版本吸收到 Ubuntu 11.04 中,紧接着 Ubuntu 的母公司 Canonical 看到了其中的市场机会,并宣布 Ubuntu 将全面支持 OpenStack。

9 月,OpenStack 发布了它的第四个版本 Diablo。OpenStack 在诞生之初,其发行节奏很没有规律,随后 OpenStack 社区逐步规范并计划发行节奏为每半年一次,分别是当年的春秋两季。Diablo 是在该节奏规范形成后的第一个发行版本。

3. 2012 年

2012 年 4 月,OpenStack 又吸收了两个新的核心项目——用于用户界面操作的 Horizon 和认证的 Keystone,并同时发布了第五个版本 Essex。随后,Debian 7.0 集成了 Essex,使得 Debian 用户可以直接使用 OpenStack 软件。红帽公司也宣布集成 Essex 并发布了 OpenStack 的第一个预览版。

8 月,英特尔、新浪、中标软件及上海交通大学在北京联合成立"中国开源云联盟"(China Open Source Cloud League,COSCL),旨在按照国际上 OpenStack 社区的工作方针,整合中国 OpenStack 开发者和中国公司的研发资源,深入参与 OpenStack 社区项目开发,加大中国开发者和公司在国际 OpenStack 社区中的贡献力度。当时的英特尔亚太研发有限公司总经理兼软件与服务事业部中国区总经理何京翔表示,"中国开源云联盟"将充分发挥英特尔最新芯片的顶尖特性,和合作伙伴合力打造高效的云端基础架构平台,同时完全遵循开源规则,积极向国际社区回馈代码。

9 月,OpenStack 社区将 Nova 项目中的网络模块和块存储模块剥离出来,成立了两个新的核心项目,分别是 Quantum 和 Cinder,并发布了第六个版本 Folsom。

同一时期,OpenStack 基金会成立,由 SUSE 的行业计划、新兴标准和开源部门总监兼 Linux 基金会董事 Alan Clark 担任主席。基金会最初拥有 24 名会员,获得了大约 1000 万美元的赞助基金,由 Rackspace 的 Jonathan Bryce 担任常务董事。此后,OpenStack 项目被纳入 OpenStack 基金会管理。9 月 8 日,英特尔成为 OpenStack 基金会金牌会员。

4. 2013 年

2013 年 4 月,OpenStack 发布了第七个版本 Grizzly,红帽公司也宣布在其商业发行版中对 OpenStack 提供全面的商业支持。

10 月,OpenStack 发布了第八个版本 Havana。在 Havana 中,首次提出集成项目的概念,并集成了两个新的项目,分别是用于监控和计费的 Ceilometer 和用于编配(Orchestration)的 Heat。

5. 2014 年

2014 年 4 月,OpenStack 发布了第九个版本 Icehouse,并加入了一个新的项目 Trove 来提供数据库服务。

5 月,在亚特兰大峰会上,OpenStack 发布了 Marketplace 项目计划。

7 月 19 日,IBM 工程师 Daisy 在北京海淀区的车库咖啡发起了 OpenStack 第四个生日庆祝活动,并邀请了一些国内对社区有贡献的公司与个人。

10 月，第十个版本 Juno 被发布。

11 月，在巴黎举办的峰会上，OpenStack 基金会白金会员 Nebula 退出，英特尔击败其他对手进入白金会员行列。

6. 2015 年

2015 年 4 月，英特尔与华为联合推动，在 OpenStack 新版本发布前夕，成功地在上海紫竹科学园区举办了第一届 OpenStack 黑客松活动。在短短 3 天时间里，来自 3 家公司的 16 位开发者共修复了 29 个 Bug，同月 OpenStack 发布了第十一个版本 Kilo。

5 月，OpenStack 在加拿大温哥华举办 Liberty 峰会，并在该会上宣布了 OpenStack 互操作性测试认证，即 OpenStack Powered 认证。当时首批 14 家厂商通过了相关标准测试认证，并被允许在其产品上贴有统一的 OpenStack Powered 标志。UnitedStack 是这些厂商中唯一的中国公司。

5 月，OpenStack 基金会、英特尔、红帽和计世传媒在北京成功举办 OpenStack 企业就绪论坛，讨论 OpenStack 在企业私有云的成熟性，以及推动 OpenStack 在企业的大规模应用。

7 月，来自英特尔的王庆成功补选成为 OpenStack 基金会个人独立董事，成为继程辉和杜玉杰之后，第三位成功入选 OpenStack 基金会董事会的中国代表。19 日，中国开源云联盟在北京发起并成功举办 OpenStack 五周年庆典。

8 月，第二届 OpenStack 黑客松活动在西安举办。

10 月，OpenStack 发布了第十二个版本 Liberty。Liberty 的发布周期经历了开发模式的重大转变，即取消了集成项目的概念，启动了大帐篷（Big Tent）的发行模式。

11 月，OpenStack 东京峰会顺利举办。OpenStack 基金会同时宣布启动 OpenStack 管理员培训认证（COA）计划，并发布了一项新的工具 Project Navigator，旨在让用户更好地理解项目成熟度等相关信息，以帮助他们在如何使用软件方面做出明智的决策。

7. 2016 年

2016 年 3 月，中国第三届 OpenStack 黑客松活动在成都举办，这也是 OpenStack 黑客松活动被第一次推广到全世界 11 个城市同步举办，包括纽约、悉尼、莫斯科、班加罗尔、圣安东尼奥等地区。

4 月，在工信部信息化和软件服务业司（已更名为信息技术发展司）的直接领导和关怀下，中国开源云联盟正式移交给中国电子技术标准化研究院。

同月，OpenStack 迎来了第十三个版本 Mitaka 的发布，并且 OpenStack 再次回到其诞生地美国奥斯汀举办 Newton 峰会。OpenStack 基金会也对外正式宣布 OpenStack 管理员认证考试及全球首批 COA 认证培训机构。中国的九州云与其他十几家来自国外的企业一起成为首批 COA 认证培训机构。也就是在 Newton 峰会上，OpenStack 基金会新增两家来自中国的黄金会员，即 UnitedStack 和 EasyStack。

7月初，中国第四届 OpenStack 黑客松活动在杭州举办，并且在落幕时参加者们投票选择出第五届 OpenStack 黑客松活动的举办地为深圳。

来自英特尔、华为和 UnitedStack 的志愿者们经过 3 个月的筹备，于 7 月 14 日—15 日成功地在北京国家会议中心举办 OpenStack 中国日，当时吸引了 2000 多人参会，成为 OpenStack 历史上人数规模最大的一次 OpenStack 日活动。

10 月，Newton 发行版被正式发布，同月 OpenStack 峰会在西班牙巴塞罗那举行。OpenStack 基金会又新增两家来自中国的黄金会员，即中国移动和九州云。

11 月，基金会又批准了 3 家来自中国的公司成为 OpenStack 基金会黄金会员，分别是中国电信、浪潮和中兴通讯，至此基金会黄金会员里有大约三分之一来自中国，这在相当程度上提升了中国企业的话语权。当月，按照约定，第五届 OpenStack 黑客松活动由英特尔、华为和中国电子技术标准化研究院在深圳联合举办，该活动所汇聚的顶级 OpenStack 开发者们再次聚焦中国开源技术实力，共同推进和改善 OpenStack 技术的成熟度。

8. 2017 年

2017 年 2 月，Ocata 发行版被正式发布。

3 月，华为成功晋级为白金会员，成为亚洲首家 OpenStack 白金会员。与此同时，经董事会一致通过，新华三成为 OpenStack 基金会黄金会员。

5 月，OpenStack 峰会在美国的马萨诸塞州波士顿 Hynes 会议中心举办，Mark Collier 现场连线"棱镜门"事件主角斯诺登并进行对话，强调开源社区追求技术卓越精神的重要性，强调开源、透明、公开精神对于保护隐私的重要性。在这届峰会里，OpenStack 基金会又新增两家来自中国的黄金会员，即中国联通和烽火。另外，这届峰会还宣布，从下届开始代表技术讨论和代码设计的设计峰会（Design Summit）正式与 OpenStack 峰会分家，改名为 PTG（Project Teams Gathering），其召开时间和地点与 OpenStack 峰会不再相同。

5 月中旬，中国第六届 OpenStack 黑客松活动成功在苏州落下帷幕，这次的主办方新增了中国移动，从另一方面也说明中国社区活动的筹办吸引了越来越多的中国公司参与，同时中国公司希望在社区里发挥主导作用。

8 月，OpenStack 的第十六个发行版 Pike 如期而至。

11 月，OpenStack 峰会首次登陆南半球，在澳大利亚悉尼国际会议中心举行，并且边缘计算系列主题成为亮点。在这届峰会上，腾讯成为 OpenStack 基金会新进黄金会员，与此同时，超级用户大奖也被腾讯 TStack 团队一举摘得。当月下旬，中国第七届 OpenStack 黑客松活动在武汉烽火创新谷正式开幕，这也是该系列活动首次来到武汉，武汉烽火是这次活动的主要承办方，并且活动参与者不仅修改了 Bug，还对刚刚召开的峰会见闻进行了分享。

9. 2018 年

2018 年 2 月，Queens 发行版被正式发布。

4 月，OpenStack 官方正式公布腾讯晋升为 OpenStack 基金会白金会员。

5 月，OpenStack 峰会回到位于加拿大的温哥华举办，并将此次峰会以北美西部的洛基山脉命名为 Rocky，以 OpenStack 为代码基础的边缘计算项目 StarlingX 首次亮相。

6 月，第八届 OpenStack 黑客松活动在北京举办，除中国电子化标准研究院、英特尔、华为公司作为主办单位一如既往地对该次活动给予了全力支持以外，腾讯首次强势加入了这次开源活动的筹办。而且，从这次起中国 OpenStack 黑客松活动提升为中国开源云黑客松活动，涉及的项目不再仅仅是 OpenStack。

8 月，Rocky 版本被发布。但 9 月，eBay 宣布正远离 OpenStack，使用 Kubernetes 和 Docker 来重新平台化 eBay 数据中心基础设施，一时间闹得沸沸扬扬。

10 月，OpenStack 基金会在北京宣布任命李昊阳为中国社区经理，强调 OpenStack 在中国发展的重要性和紧迫性。OpenStack 基金会通过中国社区经理职位架设了一座桥梁，方便中国社区与全球社区以高效透明的方式进行沟通。

11 月，OpenStack 峰会来到德国首都柏林，在 CityCube 会议中心举行。由于 OpenStack 基金会托管的项目除了 OpenStack，还增加了 Airship、StarlingX、Kata Container 和 Zuul 共 4 个项目，OpenStack 基金会也调整了策略来推进基础设施的开放。因此，在本次峰会中，OpenStack 宣布将更名为 Open Infrastructure Summit，这意味着未来 OpenStack 不仅面向开源云，而且会进化出更丰富的层次，涵盖 CI/CD、容器、边缘计算、GPU、HPC、公有云/私有云等众多方面。

当月，OpenStack 基金会任命当时在九州云任职的马振强为 OpenStack 中国区大使，他也是继叶璐之后的第二位 OpenStack 中国区大使。

10. 2019 年

2019 年 4 月，中国开源云黑客松活动又回到了深圳举办，并把名称提升为开源黑客松而非开源云黑客松。因为随着该项活动影响力的增加，越来越多的开源项目，特别是一些以中国本土为主导的开源项目希望加入此次活动中，所以除了 OpenStack、StarlingX、Ceph、OpenSDS（后改名为 SODA）、容器和 Kubernetes，还有 Hadoop、Spark、Harbor 等其他非云项目。当月，OpenStack 的 Stein 版本被发布。

4 月下旬至 5 月初，第一次更名为 Open Infrastructure Summit 的峰会在美国科罗拉多州丹佛举行。大会对 OpenStack、Ceph、Docker、Kata Containers、Kubernetes、StarlingX 等 30 余种开源技术和项目进行了技术交流和实践分享。

7 月，中国社区的小伙伴们在上海紫竹科技园区为 OpenStack 庆祝九周岁生日。

9 月，浪潮宣布旗下基于 OpenStack Rocky 版本的浪潮云海 InCloud 成功完成单一集群规模达 500

个节点的测试验证，这也是当时基于 OpenStack Rocky 进行的全球最大规模单一集群实践。

10 月，Train 发行版被发布。在两年前丹佛第一次举办 PTG 时，参加者们谈笑风生并提及酒店附近火车站的那些很有特色的火车，而 Train 这个名称的灵感正来源于那次不经意的谈论。

11 月 4 日，第二届 Open Infrastructure 峰会在上海世博中心开幕，是 OpenStack 在中国开放基础设施的重要里程碑。峰会吸引了国内外来自开放基础设施领域的专业人士及用户等众多人士，包括中国移动、中国电信、中国联通三大运营商，以及英特尔、腾讯、华为、百度、字节跳动等厂商。百度也凭借其使用 Kata Container 实现企业内外安全云服务荣获超级用户大奖。在这届峰会上，位于天津的卓朗科技成为 OpenStack 黄金会员中的新成员，至此，中国企业在 OpenStack 基金会黄金会员里已经占据了"半壁江山"。

12 月，第十届中国开源黑客松活动，在英特尔北京办公室环球贸易中心举办。由于在同年夏季，中国自主开发设计的开源许可证"木兰宽松许可证"正式上线，因此本次黑客松活动还呈现了木兰社区科技创新开源项目 IoTDB、PostMan、DHL 等。同时，本次黑客松活动还吸引了京东主导的 ChubaoFS 和腾讯主导的 TKEStack 项目参与。

11. 2020 年

2020 年 1 月，OpenStack 基金会社区会员进行了独立董事投票，来自英特尔的王庆连续第六年当选 OpenStack 基金会个人独立董事。

2 月，OpenStack 中国社区筹划召开这一年度的 Open Infrastructure 中国日，而此时新冠肺炎病毒正在中国乃至全世界广泛传播，使得全世界面临严峻的疫情考验，未来具有很大的不确定性，社区的各种计划能不能按期落实也犹未可知。

1.2 OpenStack 基金会及管理模式

2012 年 9 月，OpenStack 发布了第六个版本 Folsom。也就是在这段时期，非营利性组织 OpenStack 基金会成立，并由 SUSE 的行业计划、新兴标准和开源部门总监兼 Linux 基金会董事 Alan Clark 担任主席。

OpenStack 基金会最初拥有 24 名会员，获得了大约 1000 万美元的赞助基金，由 Rackspace 的 Jonathan Bryce 担任常务董事。同时，OpenStack 社区决定从此以后的 OpenStack 项目都由 OpenStack 基金会管理。

OpenStack 基金会的职责为推进 OpenStack 的开发、发布，并使其作为云操作系统被采纳，服务于来自全球的所有 28000 多名个人会员。

OpenStack 基金会的目标是为 OpenStack 开发者、用户和整个生态系统提供服务，并通过资源共享，推进 OpenStack 公有云和私有云的发展，辅助技术提供商在 OpenStack 中集成最新技术，帮助开发者开发出最好的云计算软件。

简单来说，OpenStack 基金会是一个非营利性组织，由各公司资助会费，共同管理 OpenStack 项目，帮助推广 OpenStack 的开发、发行和应用。基金会会员分为个人会员及企业会员。个人会员是免费的、开放的，基金会鼓励个人会员参与技术贡献、代码贡献和社区建设。而企业会员依据公司的决策及缴纳会费的多少，分为白金会员（Platinum Member）、黄金会员（Gold Member）、企业赞助会员（Corporate Sponsor）和支持组织（Supporting Organization）。

关于会员数量，OpenStack 基金会允许最多 8 家白金会员资格和 24 家黄金会员资格，目前已有 AT&T、爱立信、华为、英特尔、Rackspace、红帽、SUSE 和腾讯这 8 家白金会员，以及九州云、Canonical、中国移动、中国电信、中国联通、思科、City Network、Dell EMC、德国电信、EasyStack、烽火、浪潮、Mirantis、NEC、新华三、卓朗科技、UnitedStack 及中兴通讯等黄金会员。

1.2.1 董事会

按照 OpenStack 基金会的成立规则，所有 8 家白金会员，以及 24 家黄金会员中的 8 家是可以在董事会占有席位的，并由此具备各种事务的投票权。席位在基金会董事会里是可以影响 OpenStack 的发展和建设方向的，这也是各企业对会员级别和董事会席位趋之若鹜的原因。

所有黄金会员需要通过投票竞争才能获得那 8 个黄金会员席位，并且投票由 24 家黄金会员在一天内完成，不对外部社区公开。

最后，个人独立董事的 8 个席位，是由上千万个社区个人会员经过一周投票产生的。这 24 个席位构成了 OpenStack 基金会董事会，如图 1-1 所示。

图 1-1 OpenStack 基金会董事会

董事会对 OpenStack 项目的管理、发展及各项决策都有十分重要的决定权。比如，曾经所有被集成在 OpenStack 发行版中的项目都被称为核心项目，包括 Nova、Swift、Glance、Cinder、Neutron、

Horizon 和 Keystone。但是在 2013 年，"核心"这个词变成了 OpenStack 基金会董事会能在 OpenStack 发行版里对某个项目进行贴标签的特有名词，"核心"的使用也就被限制了，于是此后被集成的项目被称为集成项目。再后来，随着子项目越来越多，OpenStack 允许子项目自己决定自己的发布，经过一些流程审核通过且被选中的子项目被称为大帐篷项目，这一系列决策都来自董事会。

一般来说，基金会会成立各种工作组（Working Group 或 WG），有计划、有目标地做一些推动 OpenStack 发展的事情。比如，在 2014 年亚特兰大峰会上，英特尔提出建立企业就绪工作组（Win the Enterprise WG 或 Enterprise WG），其目的是推动 OpenStack 从公有云向私有云转化，为推动 OpenStack 企业就绪进行相应的工作。后来因为既要考虑企业就绪，又要考虑电信就绪等市场，就成立了一个产品工作组（Product WG），显得更为专业。这个工作组的工作内容包括定义产品工作组的目标和工作方式，定义各时间段的 Roadmap、交付时间表及工作流程，定义用户委员会的介入方式，以及介绍 PTL（Program Technical Lead，技术领头人）如何在工作组里收集反馈并把反馈转化成将来开发的功能，等等。

产品工作组定义有 3 个目标：

- 放大来自市场/用户/运维在 OpenStack 设计和开发工作流中的"声音"，即 OpenStack 设计和开发应该尊重并考虑来自市场/用户/运维的实际需求。
- 简化跨项目功能的定义、实现和跟踪。
- 发布 OpenStack 的 Roadmap 以帮助运维/用户/其他人事先规划好自己的部署。

董事们在董事会会议期间，需要听取各方报告，有时还需要投票决定相关文件是否可行。另外，在每次峰会的首日，基金会也会举办董事会，听取来自 OpenStack 基金会工作人员的例行报告，了解 OpenStack 运维的健康状况。报告内容不仅包括工作总结，还包括峰会准备情况，以及财务收支情况等。

1.2.2 技术委员会

OpenStack 基金会在成立之初就设立了专门的技术委员会来指导 OpenStack 技术相关的工作，如图 1-2 所示。针对技术问题讨论、某项技术决策和未来技术展望，技术委员会负责提供指导性建议和意见。除了技术指导，技术委员会还要确保 OpenStack 项目的公开性、透明性、普遍性、融合性和高质量。

在一般情况下，OpenStack 技术委员会由 13 位成员组成，这 13 位成员完全是由 OpenStack 社区中有过代码贡献的开发者投票选举出来的，通常在任职 6 个月后就需要重选。有趣的是，其中的 6 位成员是在每年秋季选举产生的，另外 7 位是在每年春季选举产生的，通过错开选举时间保持了该委员会成员的稳定性和延续性。成为技术委员会成员候选人的唯一条件是，该候选人必须是 OpenStack 基金会的个人会员，除此之外，没有其他要求。而且，技术委员会成员可以同时在 OpenStack 基金会其他部门兼任其他职位。

图 1-2　OpenStack 基金会技术委员会

技术委员会在选举产生之后，会提名 13 位会员中的某一位来担任技术委员会主席。如果有多位候选人被提名，则采取投票的方式，并遵循少数服从多数的原则来决定。除非有特殊情况，如法律规定禁止，OpenStack 基金会董事会有权利也会相应地批准最终技术委员会主席的任命。技术委员会主席负责组织定期会议，并及时与基金会董事会和整个社区沟通。

1.2.3　用户委员会

随着越来越多的用户在生产环境中使用 OpenStack，以及 OpenStack 生态圈里越来越多的合作伙伴在云中支持 OpenStack，社区指导用户使用和产品发展的使命变得越来越重要。鉴于此，OpenStack 用户委员会应运而生。

OpenStack 用户委员会的主要任务是：收集和归纳用户需求，并向董事会和技术委员会报告；以用户反馈的方式向开发团队提供指导；跟踪 OpenStack 部署和使用，并在用户中分享经验和案例；与各地 OpenStack 用户组一起在全球推广 OpenStack。

OpenStack 用户委员会由 3 位成员领导并指导一系列工作组的工作。

1.3　OpenStack 体系结构

"云计算"中的"云"可以被简单地理解为任何可以通过互联网访问的服务，那么根据所提供服务的类型，云计算有 3 种落地方式。

- IaaS（基础架构即服务）：通过互联网向用户提供"基础的计算资源"，包括处理能力、存储空间、网络等。用户能从中申请到硬件或虚拟硬件，包括裸机（Bare Metal）或虚拟机，然后在上面安装操作系统或其他应用程序。

- PaaS（平台即服务）：把计算环境、开发环境等平台当作一种服务并通过互联网提供给用户。用户能从中申请到一个安装了操作系统及支撑应用程序运行所需要的运行库等软件的物理机或虚拟机，然后在上面安装其他应用程序，但不能修改已经预先安装好的操作系统和运行环境。

- SaaS（软件即服务）：通过互联网为用户提供软件及应用程序的一种服务方式。应用软件被安装在厂商或服务供应商那里，用户可以通过网络以租赁的方式来使用这些软件，而不是直接购买这些软件。比较常见的模式是提供一组账号和密码。

PaaS 和 SaaS 并不一定需要底层有虚拟化技术的支持，但 IaaS 一般都是建立在虚拟化技术的基础上的。OpenStack 及其一直在跟随的榜样——亚马逊的 AWS 都属于 IaaS 的范畴。

在本质上，IaaS 是一个用户层的软件系统，它包含多个服务和应用程序，这些服务或程序被部署到多台被管理的物理主机上，这些物理主机通过网络连接成一个大的分布式系统。IaaS 系统要解决的问题就是如何自动管理这些物理主机上虚拟出来的虚拟机，包括虚拟机的创建、迁移、关闭，虚拟存储的创建和维护，虚拟网络的管理，还包括监控计费、负载均衡、高可用性、安全等。这里不提供任何虚拟化服务的裸机（Bare Metal）也被视为虚拟机的一种特例，对它的管理也属于虚拟机管理的范畴。

在单台主机上，这些都可以通过简单的命令和操作完成，有些问题，如高可用性或负载均衡等根本不存在。但是在大规模网络上或数据中心里，将有成千上万台物理主机，仅仅依靠运维人员来完成这些管理任务是不现实的，这时就需要软件系统来自动辅助运维人员管理和维护系统的运行，给用户提供虚拟机服务。这就是 IaaS 系统产生的初衷，也是 AWS 和 OpenStack，以及其他 IaaS 产品和开源项目要实现的功能。

1. OpenStack 与 AWS

无论是否情愿，我们都不得不承认，与亚马逊的 AWS 相比，OpenStack 只是处于一个跟随者的位置。

在 Bezos 发布那份充满系统架构智慧的命令之后，2006 年亚马逊推出了 AWS 产品，正式开启了云计算的新纪元。AWS 由一系列服务组成，用来实现 IaaS 系统所需要的功能。如图 1-3 所示，AWS 架构由 5 层组成，自下而上分别是 AWS 全球基础架构、基础服务、应用平台服务、管理和用户应用程序。

而对于服务类型本身而言，AWS 提供 6 类主要服务：Database（数据库）、Storage & CDN（存储和内容分发）、Analytics（分析）、Compute & Networking（计算和网络）、Deployment & Management（部署管理）和 App Services（应用服务），如图 1-4 所示。

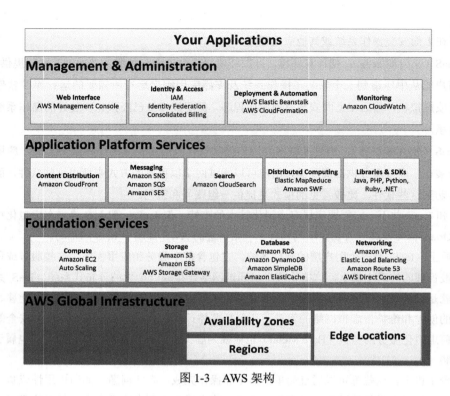

图 1-3　AWS 架构

图 1-4　AWS 的服务模块

在数据库服务里，包括 NoSQL 数据库服务 DynamoDB、关系数据库服务 RDS、缓存和数据仓库服务 Redshift。

在存储和内容转发服务里，涵盖了简单存储服务 S3、块存储服务 EBS、Amazon 云前端 Cloud Front、Amazon Glacier、AWS 存储网关 Storage Gateway 及 AWS 导入/导出 Import Export。其中 S3 提供 AWS 永久存储服务，而 EBS 提供块存储服务。

在分析服务里，包括用于大数据的 Elastic MapReduce（EMR）、用于大规模实时流数据处理的 Kinesis 和数据管道 Data Pipeline。

在计算和网络服务里，涵盖了负责虚拟机调度和管理的弹性计算云 EC2、保证企业在公有云上搭建安全私有云的虚拟私有云服务 VPC、负载均衡服务 ELB、虚拟桌面管理服务 WorkSpaces、用于计算资源自动扩容缩容的 Auto Scaling 服务、为企业定制的专属网络连接 DirectConnect，以及高可靠且可扩展的域名系统 Web 服务 Route 53 等。

在部署管理服务里，包括建立和管理 AWS 资源的 CloudFormation、监控 CloudWatch、用于轻松部署 Web 应用和服务的 Elastic Beanstalk、验证访问管理 IAM、日志管理 CloudTrail、为运维人员配备的应用管理服务 OpsWorks 和安全服务 CloudHSM。

在应用服务里，包括用于云搜索的 CloudSearch、用于流媒体转码的 Elastic Transcoder、简单邮件服务 SES、简单消息服务 SNS、简单队列服务 SQS、简单工作流服务 SWF，以及应用程序流 AppStream。

综上所述，AWS 的功能十分强大，而且目前还在不断发展之中，OpenStack 从诞生之初就一直在向 AWS 学习，同时，OpenStack 也提供开放接口去兼容各种 AWS 服务。

比如，在 AWS 中最为核心的 EC2 模块，负责计算资源的管理，以及虚拟机的调度和管理，在 OpenStack 中对应的就是 Nova 项目；在 AWS 中的简单存储服务 S3，在 OpenStack 中有 Swift 项目与其功能相近；AWS 的块存储服务 EBS 对应 OpenStack 的 Cinder 项目；AWS 的验证访问管理 IAM 对应 OpenStack 的 Keystone 项目；AWS 的监控 CloudWatch 对应 OpenStack 的 Ceilometer 项目；AWS 有 CloudFormation，OpenStack 则有 Heat 项目；AWS 支持关系数据库服务 RDS 和 NoSQL 数据库服务 DynamoDB，OpenStack 也支持 MySQL、PostgreSQL 和 NoSQL 数据库 MongoDB。

目前来看，OpenStack 远没有 AWS 完善，但是相比来说，OpenStack 是一个开源项目，并不收取版权费用，这一点吸引了众多的企业 IT 人员、开源爱好者和开发人员、学术界人士、云服务提供商、运维人员等加入 OpenStack 社区，并贡献代码和分享经验。

2. OpenStack 架构视图

作为一个 IaaS 范畴的云平台，完整的 OpenStack 架构首先要具有如图 1-5 所示的基本视图，它向我们传递了这样的信息——OpenStack 通过网络将用户和网络背后丰富的硬件资源分离。

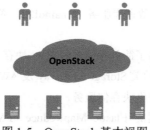

图 1-5 OpenStack 基本视图

OpenStack 一方面负责与运行在物理节点上的 Hypervisor 进行交互，实现对各种硬件资源的管理与控制；另一方面为用户提供一个满足要求的虚拟机。

至于 OpenStack 内部，作为 AWS 的一个跟随者，它的体系结构里不可避免地体现着前面所介绍的 AWS 各个组件的痕迹。OpenStack 架构标准视图如图 1-6 所示。

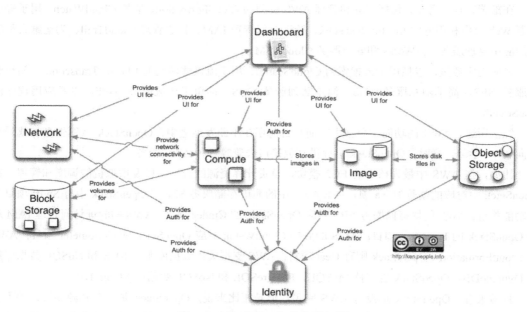

图 1-6 OpenStack 架构标准视图

图 1-6 涵盖了 OpenStack 曾经的 7 个核心组件，分别是 Compute（计算）、Object Storage（对象存储）、Identity（认证）、Dashboard（用户界面）、Block Storage（块存储）、Network（网络）和 Image（镜像服务）。在这 7 个核心组件中，除用户界面以外，其余 6 个仍是目前的核心组件。每个组件都是多个服务的集合，一个服务意味着运行着的一个进程。根据 OpenStack 的部署规模，可以决定用户是选择将所有服务运行在同一台机器上还是多台机器上。

1）Compute（Nova）

Compute 的项目代号是 Nova，它根据需求提供虚拟机服务，如创建虚拟机或对虚拟机进行热迁移等。从概念上看，它对应于 AWS 的 EC2 服务，而且它实现了对 EC2 API 兼容。如今，Rackspace 和惠普提供的商业计算服务正是建立在 Nova 之上的，NASA 内部使用的也是 Nova。

Nova 组件包括 nova-api、nova-compute、nova-scheduler、nova-conductor、nova-db、nova-console、nova-consoleauth、nova-cert 和 nova-objectstore 等。

- nova-api 是 Nova 对外提供服务的窗口，它接收并响应来自用户的 Compute API 调用。nova-api 同时兼容亚马逊 AWS EC2 API，也提供一套与管理员操作相关的管理 API。
- nova-compute 是安装到每台物理主机上的服务进程，这个服务在接收请求之后会执行一批与虚拟机相关的操作，这些操作需要调用底层的 Hypervisor API 完成，如支持 XenServer/XCP 的 XenAPI、支持 KVM 和 QEMU 的 Libvirt 或支持 VMware 的 VMwareAPI 等。
- nova-scheduler 用于接收创建虚拟机的请求，并决定在哪台物理主机上启动该虚拟机的调度器。
- nova-conductor 是处于 nova-compute 与 nova-db 之间的一个组件。nova-conductor 建立的初衷是基于安全的考虑而避免 nova-compute 直接访问 nova-db。也就是说，nova-compute 对 nova-db 的访问请求，比如，让 nova-compute 查询一台虚拟机的状态，或者更新一条记录，都由 nova-conductor 代为转交。而 nova-scheduler 对 nova-db 的请求，却没有这种顾虑，也就是说 nova-scheduler 可以直接访问 nova-db。
- nova-db 包含大量数据库表，该数据库用于记录虚拟机状态、虚拟机与物理机的对应关系、租户信息等数据内容。
- nova-console 和 nova-consoleauth 是 Nova 提供的控制台服务，允许最终用户通过代理服务器访问其虚拟机的控制台。
- nova-cert 和 nova-objectstore 分别提供了 X509 验证管理服务和在 Glance 中注册镜像的 S3 接口服务。

2）Object Storage（Swift）

Object Storage 的项目代号是 Swift，它允许存储或检索对象，也可以认为它允许存储或检索文件，它能以低成本的方式通过 RESTful API 管理大量无结构数据，对应于 AWS 的 S3 服务。目前，KT、Rackspace 和 Internap 都提供基于 Swift 的商业存储服务，许多公司的内部也使用 Swift 来存储数据。

Swift 由 proxy-server、account-server、container-server 和 object-server 等一系列进程或服务组成。

- proxy-server 处于 Swift 系统内部与外部之间，它负责接收 API 请求或 HTTP 请求，这些请求包括上传文件、修改元数据、创建容器等。有时为了提高系统性能，proxy-server 也会与 Memcached 在一起部署。

- account-server 仅用于账号管理。
- container-server 用于管理容器或文件夹的映射关系。
- object-server 用于管理在存储节点上的实际对象，如文件等。

除此之外，还有一些定期执行的进程，如 Replication、Auditor、Updater 和 Reaper 等。

3）Identity（Keystone）

Identity 的项目代号是 Keystone，为所有 OpenStack 服务提供身份验证和授权，跟踪用户及他们的权限，提供一个可用服务及 API 的列表。

Keystone 的构成组件并不复杂，只包括接收前台请求的 Keystone API 和后台的 keystone-db。

4）Dashboard（Horizon）

Dashboard 的项目代号是 Horizon，它为所有 OpenStack 服务提供一个模块化的基于 Django 的界面。通过这个界面，无论是最终用户还是运维人员都可以完成大多数的操作，如启动虚拟机、分配 IP 地址、动态迁移等。

5）Block Storage（Cinder）

Block Storage 的项目代号是 Cinder，用来提供块存储服务。Cinder 最早是由 nova-volume 演化而来的，由于当时 Nova 已经变得非常庞大并拥有众多功能，同时 Volume 服务的需求会进一步增加 nova-volume 的复杂度，比如，增加 Volume 调度，允许多个 Volume Driver 同时工作，并且需要 nova-volume 与其他 OpenStack 项目交互；将 Glance 中的镜像模板转换成可启动的 Volume，因此 OpenStack 新成立了一个项目 Cinder 来扩展 nova-volume 的功能。Cinder 对应 AWS 的块存储服务 EBS。

Cinder 由 cinder-api、cinder-volume、cinder-db、volumeprovider 和 cinder-scheduler 组成。

- cinder-api 用于接收来自外部的 API 请求，并把请求交给 cinder-volume 执行。
- cinder-volume 负责与底层的块存储服务打交道，它响应读、写块设备请求，并把这个请求交给块存储服务，底层的不同存储服务提供商都通过 Driver 的方式实现了 volumeprovider，所以具体的读、写请求交给底层 volumeprovider 来完成。
- cinder-db 用于记录和维护块设备的信息。
- cinder-scheduler 与 nova-scheduler 类似，由于底层提供存储的节点很多，cinder-scheduler 会试图寻找一个最佳的节点创建 Volume。

6）Network（Neutron）

Network 的项目代号是 Neutron，用于提供网络连接服务，允许用户创建自己的虚拟网络并连接各种网络设备接口。

Neutron 通过插件（Plugin）的方式对众多的网络设备提供商进行支持，如 Cisco、Juniper 等，同时支持很多流行的技术，如 Open vSwitch、OpenDaylight 和 SDN 等。与 Cinder 类似，Neutron 也来源于 Nova，即 nova-network，它最初的项目代号是 Quantum，但由于商标版权冲突问题，后来经过提名投票更名为 Neutron。

Neutron 包含的组件有 neutron-server、neutron-agent、network-provider、neutron-plugin，以及用于保存网络配置等相关信息的 neutron-db 等。

neutron-server 用于接收来自外部的 API 请求，并将该请求交给合适的 Neutron 插件处理。

在 Neutron 中，有众多的插件和代理（Agent），它们负责插拔端口、建立网络和子网、提供 IP 地址等。插件从功能上来说用于存储当前逻辑网络的配置信息，判断和存储逻辑网络与物理网络之间的对应关系，以及与一种或多种交换机通信来实现这种对应关系，它需要访问 neutron-db。

而实现这种对应关系，一般需要通过物理机上的代理来完成，代理可以分为 Plugin Agent、DHCP Agent 和 L3 Agent。虚拟网络上数据包的处理都是由 Plugin Agent 完成的，一般选择了什么插件，就需要选择相应的 Plugin Agent，Plugin Agent 会调用相应的 network-provider 完成与该网络设备对应的功能；DHCP Agent 会为租户网络提供 DHCP 服务，每个插件都使用这个代理；L3 Agent 会为虚拟机访问外部网络提供 3 层转发服务。

7）Image Service（Glance）

Image Service 的项目代号是 Glance，它是 OpenStack 的镜像服务组件，相对于其他组件来说，Glance 功能比较单一，代码量也比较少，而且由于新功能的开发数量越来越少，近来社区的活跃度也没有其他组件那么高，但它仍是 OpenStack 核心项目之一。

Glance 主要提供一个虚拟机镜像的存储、查询和检索服务，通过提供一个虚拟磁盘镜像的目录和存储库，为 Nova 的虚拟机提供镜像服务。它与 AWS 中的 Amazon AMI Catalog 功能相似。

Glance 由 glance-api、glance-registry 和 glance-db 等组件组成。

- glance-api 用于接收来自外部的 API 镜像请求，这些请求包括镜像发现、获取及存储。
- glance-registry 用于存储、处理和获取镜像元数据。对于 v2 版本的 API，glance-registry 的功能已经被整合到 glance-api 中。
- glance-db 里存储的就是元数据。

现在以创建虚拟机为例来介绍这些核心组件是如何通过相互配合完成工作的。用户首先接触到的是界面，即 Horizon。通过 Horizon 上的简单界面操作，一个创建虚拟机的请求被发送到 OpenStack 系统后端。

既然要启动一个虚拟机，就必须指定虚拟机的操作系统的类型，同时下载启动镜像以供虚拟机启动使用。这件事情就是由 Glance 来完成的，而此时 Glance 所管理的镜像有可能存储在 Swift 上，所以需要与 Swift 进行交互以得到需要的镜像文件。

在创建虚拟机时，自然需要 Cinder 提供块服务和 Neutron 提供网络服务，以便该虚拟机有 Volume 可以使用，能被分配到 IP 地址以与外界网络连接，而且之后访问该虚拟机的资源要经过 Keystone 的认证之后才可以继续。至此，OpenStack 的所有核心组件都参与了创建虚拟机的操作过程。

1.4　OpenStack 项目发展流程

经过 9 年多的发展，OpenStack 已经从最初的 Nova 和 Swift 两个项目发展到目前形形色色的上百个项目，但是 OpenStack 的每个版本仅仅包含其中少量的一些，那么这里的问题就是：一个项目从最初的创建到最终被包含在 OpenStack 发布版之中，需要经历什么样的阶段呢？

1.4.1　新项目

互联网时代最缺的是什么？毫无疑问是 Idea。同样，在 OpenStack 里，一个新项目的源泉也是新的 Idea。这个 Idea 的产生既可能来自 AWS 里的功能，也可能来自 OpenStack 使用者的需求。当这个 Idea 逐渐成熟且工作量足够大，以致无法在现有的某个 OpenStack 项目中承载时，就有必要成立一个独立的新项目。

项目的发起者可以是一个人，但更有可能的是一群人。他们会发动开源社区，推广这个新项目并吸引一批开发者来共同开发。这些开发者形成的团队会在 OpenStack 邮件列表上讨论问题，并定期举办日常例会。

在新项目成立早期，如果还没有 PTL，则团队内部会选举并指派一个领头人带领整个团队的开发，以及主持每期例会。

由于该项目是开源的，就会源源不断地有新的开发者加入开发团队中，同时，也会有人审视并吸收类似的开源项目，以避免重复工作。最后，项目会渐渐成熟，形成自己的目标、计划和代码库。为了方便起见，项目发起者们一般会先将项目存放在 stackforge 目录中。

最初项目的版权最好是 Apache 2.0，这样就与 OpenStack 保持一致了。当有一天新项目被集成到 OpenStack 发布版中时，就不用重新定义和处理版权问题了。

值得一提的是，当一个项目还是新项目时，它是在 OpenStack 之外进行开发的，这是该项目必须经历的一个阶段，但是项目发起者们却可以利用任何 OpenStack 正在使用的工具去管理该项目，例如，使用 Launchpad 工具作为跟踪 Bug 和 blueprint 的工具。

经过若干月或若干年后，一旦项目发起者认为该项目足够成熟了，他们就可以向 OpenStack 技术委员会提出 OpenStack 孵化请求，并等待该项目被批准成为 OpenStack 孵化项目。

1.4.2　孵化项目、集成项目和核心项目

1. 孵化项目

一个项目在被集成到 OpenStack 发布版之前，成为孵化项目是必经阶段。在这个阶段里，项目开发人员需要了解 OpenStack 的发布节奏、发布流程，以及要成为集成项目需要完成哪些工作等内容。同时，也可以尽量寻求与其他项目合作或合并的机会。一般来说，这个阶段至少需要持续两个

开发周期。

在孵化期间，孵化项目都会被移植到 OpenStack 命名空间和目录中。在一个开发周期结束时，OpenStack 技术委员会会对孵化项目进行考核，理论上只有经历了两个开发周期的孵化项目才能被选为考核目标。

2. 集成项目

如果该项目的考核结果被证明是足够成熟的，并且该项目已经准备好被集成到 OpenStack 发布版中，该项目就会被批准从孵化期"毕业"，成为 OpenStack 集成项目。在下一个开发周期里，该项目就会正式成为集成项目，并成为 OpenStack 正式家族成员之一。

比如，监控计费项目 Ceilometer 成立于 2012 年，当时的最初想法是提供一套基础架构用于收集来自各种 OpenStack 项目中的数据，为运营商计费提供参考依据。Ceilometer 在 2012 年的 Grizzly 开发周期里成为孵化项目，并在 2013 年 4 月的 Havana 开发周期里，正式地被批准成为 OpenStack 的集成项目。

3. 核心项目

核心项目的含义在 2013 年有所改变，那时 OpenStack 项目的管理刚刚被转交给 OpenStack 基金会。在此之前，所有被集成在 OpenStack 发布版中的项目都被称为核心项目，包括 Nova、Swift、Glance、Cinder、Neutron、Horizon 和 Keystone。

此后，"核心"这个词变成了 OpenStack 基金会在 OpenStack 发布版里对某个项目进行贴标签的特有名词，"核心"的使用也就被限制了。可以这么说，核心项目是集成项目的一部分，是它的子集。当 OpenStack 基金会的董事会认为某个集成项目能达到某些要求时，可以为该集成项目贴上"核心"这个标签。

在 2013 年之后，所有从孵化期"毕业"且被集成在 OpenStack 发布版里的项目都统一称为集成项目，如 Ceilometer、Heat 和 Trove 都是集成项目，但针对之前的那 7 个核心项目，我们仍称它们为核心项目。

无论是核心项目还是集成项目，都代表着该项目已经成为 OpenStack 的正式家庭成员，在每半年发布的 OpenStack 版本里，都会包含该项目。这也意味着对核心项目和集成项目有着更高的要求，无论是新功能开发流程及代码稳定程度还是项目的开发周期，都必须与 OpenStack 的节奏保持高度一致。

OpenStack 项目的孵化集成模式的流程如图 1-7 所示。

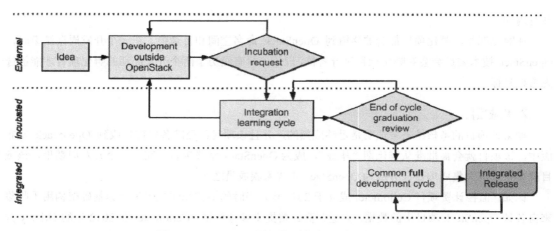

图 1-7　OpenStack 项目的孵化集成模式的流程

1.4.3　大帐篷（Big Tent）

但是，从 2015 年发布的版本 Liberty 开始，OpenStack 废弃了原来的孵化集成模式，进入了一个全新的发行模式，即引入了所谓的"大帐篷"一词，使得 OpenStack 发行变得更加松散和自由。

在之前的孵化集成模式里，新项目首先要被孵化，然后在成熟到一定程度时，经过申请和投票决定是否把它放到集成项目里，并且它的发布版必须与 OpenStack 发布同步。

这样一来，集成项目丧失了自由度和灵活性。随着云计算技术的快速发展，以及用户需求的快速增长和动态变化，大量新项目在希望成为 OpenStack 项目时就遇到了瓶颈。为了满足市场的动态变化，大帐篷模式应运而生。OpenStack 基金会用文档定义了 OpenStack 流程及其开源社区的工作方式，只要该项目符合这些流程，并经过审核批准后，就可以成为大帐篷的一员，进而成为 OpenStack 项目，而且该项目的发行步骤也可以根据自身的特殊要求进行小范围调整，没有必要与 OpenStack 发布版完全一致。比如，如果没有大帐篷，也许 Magnum 项目就不会这么容易地成为 OpenStack 项目。

一个大帐篷项目只负责在某个空间里解决某一特定的问题，但由于成为大帐篷项目变得更加容易，这种机制也更容易产生竞争，也就是说，很有可能在大帐篷里有多个项目是解决同一或类似问题的，但对于用户来说这反而是一件好事情，因为用户的选择范围更加广泛了。

在大帐篷里，OpenStack 仍然保留了 6 个核心项目，即 Nova、Cinder、Swift、Neutron、Keystone 和 Glance，只有原核心项目 Horizon 被放在了非核心项目里。而以前的集成项目都无一例外地被放在了大帐篷的非核心项目中。

诚然，大帐篷也有一定的缺点。比如，某些项目极可能是由来自同一家公司的开发者主导开发的，那么该公司会对这些项目具有绝对的话语权，使得这些项目慢慢地朝着垄断和封闭的方向发展。

另外，大帐篷降低了新项目变成 OpenStack 项目的门槛，使得 OpenStack 涌现大批项目，而有些项目甚至不知道是做什么、解决什么问题的，同时项目质量也难以掌控，这增加了基金会的管理难度。

1.5　OpenStack 社区

对于一个开源软件来说，与之相关的开源社区无疑是最重要的，它的活跃程度决定了这个开源软件的发展前景与空间。

与 Linux 社区一样，OpenStack 也有一个紧密团结了众多使用者和开发者的 OpenStack 社区，在这个属于 OpenStack 的世界里，开发人员可以讨论什么样的设计是最优的，运维人员也可以提出使用 OpenStack 的反馈意见和需求建议。

此外，OpenStack Summit 的举行，OpenStack 的下一版本应该取什么样的名字，也都是在社区里完成提名和投票的。我们可以在 OpenStack 社区官方主页检索到很多公开的资源和信息。

1.5.1　邮件列表

对于任何一个开源社区来说，邮件列表都是最为重要的一环。

OpenStack 邮件列表由多个子邮件列表组成，分别用于讨论不同的话题，起到不同的作用。如果读者对某类话题感兴趣，则无论是潜水还是要加入论战，都应该订阅相应的邮件列表。

其中，openstack@lists.openstack.org 是 OpenStack 社区通用的邮件列表。一般来说，用户寻求帮助或发布信息都可以通过这个邮件列表来实现。

openstack-announce@lists.openstack.org 是专门用来接收 OpenStack 发布团队和 OpenStack 安全团队重要通告信息的一个邮件列表，比如，有关 OpenStack 的发布、OpenStack 解决了某个最新的安全漏洞等信息。

openstack-operators@lists.openstack.org 是为 OpenStack 运维人员相互交流而建立的一个平台，各公司及各云计算运营商的运维人员可以在这个邮件列表里交流关于 OpenStack 安装、部署和运维方面的经验。

openstack-dev@lists.openstack.org 是为 OpenStack 开发者交流技术而设立的，是一个对于 OpenStack 开发者而言相当重要的邮件列表。比如，某个开发者打算开发一个新的功能，但在开发之前希望知道社区对这个功能是否感兴趣和是否认可，或者其他人能否提出更好的建议等，都可以通过这个邮件列表与其他人进行讨论。此外，在开发调试过程中遇到的任何问题，都可以在这个邮件列表中提出。如果其他人也遇到过类似问题或知道如何解决，通常都会热心地给予回答。

由于 OpenStack 项目众多，为了防止邮件泛滥造成阅读困难，通常在发送邮件时会以项目名称作为标题前缀以示区别，比如，"[nova]"表示这个邮件的内容是关于 Nova 的，"[nova][neutron]"表示既与 Nova 有关，也与 Neutron 有关，如此一来，开发者可以更有针对性地阅读邮件。

此外，openstack-qa@lists.openstack.org 用于 QA 讨论测试案例设计、测试配置及测试项目；openstack-security@lists.openstack.org 用于讨论 OpenStack 安全问题；foundation@lists.openstack.org 由 OpenStack 基金会专用；user-committee@lists.openstack.org 用于 OpenStack 用户委员会讨论问题。

1.5.2　IRC 和项目例会

通过邮件列表无法实现与社区用户即时互动，我们必须等待有人看到邮件并进行答复，所以它更适用于抛出一个问题或想法，系统地阐述一个观点，并不需要立即得到其他人的帮助和建议。

为了与社区用户进行在线即时交互，OpenStack 社区推荐使用 IRC。比如，#openstack-dev 用于讨论开发过程中遇到的问题，#openstack-nova 则用于讨论有关 Nova 的问题。

在我们提交 patch 之后，其他开发者会对其进行代码评审并给出意见，随后由我们进行回复。在经过一段时间后，可能是若干天，之前提出意见的开发者会阅读我们的回复及修改后的 patch。但是这样的周期可能会比较长，此时，我们可以在 IRC 上进行即时讨论，提高 patch 评审效率。

有些时候，我们会发现，在提交 patch 后，OpenStack 的集成测试系统在进行集成测试时会出错，我们就可以进入#openstack-infra 频道向常驻在那里的集成测试维护者寻求帮助并报告问题。

还有一类比较特别的频道，如#openstack-meeting，它是专门为各个项目举办例会而设立的。由于各项目例会的时间基本上都不一样，因此可以公用这一个频道，在发生不可避免的冲突时再开设其他频道，比如，可以使用#openstack-meeting-alt 或#openstack-meeting-3。

对于 OpenStack 开发者来说，参加 OpenStack 各项目例会是很重要的。例会一般由该项目的 PTL 主持，鼓励该项目的所有开发者参加并讨论会议议题。例会是 OpenStack 开发者融入社区的一个相当好的机会。

IRC 频道和项目例会固然很好，但它们也有局限性。比如，由于开发者比较忙，因此他们并不是都会经常上线来实时地解决别人遇到的问题。再比如，由于 OpenStack 是一个全球性的项目，很多比较活跃的开发者在上线的时候，往往是在中国的深夜，因此在这种情况下，邮件列表能起到一个互补的作用。此外，由于时差的存在，想要参加一些项目例会并不是一件容易的事，在这种情况下，我们只有依靠查阅会议记录和日志来弥补。

1.5.3　Summit 和 Meetup

OpenStack 每半年发布一个版本，在发布期间会举办 Summit（峰会）进行庆祝，并围绕下一个版本中的新设计和新功能展开讨论。

可以说每一届 OpenStack 峰会都是 OpenStack 社区的一次盛会，来自全球各地的开发者、测试人员、运维人员、学术研究人员和其他与会者欢聚一堂，共同庆祝 OpenStack 的发布，交流各自在使用 OpenStack 过程中的经验，学习和研究 OpenStack 这个发布版中的新技术，讨论并设计下一个版本中的新功能，寻求 OpenStack 发展的新机遇。

在 OpenStack 峰会举办之前，社区会在邮件列表里以提名和投票的方式决定下一个 OpenStack 发布版的代号。代号的命名规则是按照从 A 到 Z 为首字母的顺序，通常以举办 OpenStack 峰会所在地的某个城市或地区来命名。

表 1-1 所示为到目前为止，每次峰会的举办地及相应 OpenStack 发布版的代号。

表 1-1　OpenStack 发布版代号和峰会举办地

OpenStack 发布版代号	OpenStack/OpenInfra Summit 举办时间	OpenStack 发布版发布时间	OpenStack/OpenInfra Summit 举办地	发布版代号的意义
Austin	2010 年 7 月	2010 年 10 月	奥斯汀，美国	得克萨斯州首府 Austin 市
Bexar	2010 年 11 月	2011 年 2 月	圣安东尼奥，美国	举办地的 Bexar 郡
Cactus	未曾举办	2011 年 4 月	未曾举办	得克萨斯州的 Cactus 市
Diablo	2011 年 4 月	2011 年 9 月	圣塔克拉拉，美国	举办地加利福尼亚州湾区附近 Diablo 市
Essex	2011 年 10 月	2012 年 4 月	波士顿，美国	举办地附近 Essex 市
Folsom	2012 年 4 月	2012 年 9 月	旧金山，美国	举办地附近 Folsom 市
Grizzly	2012 年 10 月	2013 年 4 月	圣地亚哥，美国	举办地加利福尼亚州州旗中的一个元素
Havana	2013 年 4 月	2013 年 10 月	波特兰，美国	举办地俄勒冈州的一个非自治社区名称
Icehouse	2013 年 11 月	2014 年 4 月	香港，中国	举办地香港的"雪厂街"的英文名称
Juno	2014 年 5 月	2014 年 10 月	亚特兰大，美国	举办地格鲁吉亚州的一个地名
Kilo	2014 年 11 月	2015 年 4 月	巴黎，法国	国际单位中质量基本单位千克 Kilogram 的发源地是法国巴黎
Liberty	2015 年 5 月	2015 年 10 月	温哥华，加拿大	加拿大萨斯喀彻温省的一个乡村名
Mitaka	2015 年 11 月	2016 年 4 月	东京，日本	日本东京城市圈三鹰市市名
Newton	2016 年 4 月	2016 年 10 月	奥斯汀，美国	奥斯汀东 9 街国家史迹名录上登记的房屋
Ocata	2016 年 10 月	2017 年 2 月	巴塞罗那，西班牙	巴塞罗那北部乘列车 20 分钟可达的一个海滩名
Pike	2017 年 5 月	2017 年 8 月	波士顿，美国	马萨诸塞州派克收费公路

OpenStack 发布版代号	OpenStack/OpenInfra Summit 举办时间	OpenStack 发布版发布时间	OpenStack/OpenInfra Summit 举办地	发布版代号的意义
Queens	2017 年 11 月	2018 年 2 月	悉尼，澳大利亚	澳大利亚新南威尔士州南海岸地区皇后磅河
Rocky	2018 年 5 月	2018 年 8 月	温哥华，加拿大	北美洲的洛基山脉
Stein	2018 年 11 月	2019 年 4 月	柏林，德国	柏林的斯泰因街
Train	2019 年 4 月	2019 年 10 月	丹佛，美国	曾经在丹佛举办 PTG 时酒店附近比较有特点的火车
Ussuri	2019 年 11 月	将在2020年5月	上海，中国	中国东北的乌苏里江
V（未知）	将在 2020 年 10 月		柏林，德国	

由于 OpenStack 起创公司之一的 Rackspace 位于美国得克萨斯州，因此最初的 OpenStack 代号基本上都以得克萨斯州的地名命名，而且峰会的举办时间也不是很有规律。此后，随着更多公司和开发者的加入，峰会的举办形成了每半年一次的模式，分为春季（一般在 4—5 月）和秋季（一般在 10—11 月）两个时间段。

2013 年 11 月，OpenStack 基金会首次将峰会放在美国之外的地区举办，因为看重中国和亚洲地区的市场前景，第一站选择的是中国香港，而且当时中国、印度、日本及东南亚的 OpenStack 用户和开发者规模并不落后于北美和欧洲地区。此后，2014 年 11 月 Kilo Summit 的举办地点选择了法国巴黎，2015 年 11 月 Mitaka Summit 的举办地点选择了日本东京，2016 年 10 月 Ocata Summit 的举办地点选择了西班牙的巴塞罗那，2017 年 11 月 Queens Summit 的举办地点选择了澳大利亚的悉尼，2018 年 5 月 Rocky Summit 的举办地点又回到了北美的温哥华，2018 年 11 月 Stein Summit 的举办地点选择了德国柏林，OpenStack Summit 已经具有全球化的发展趋势。而且，上半年通常选择北美地区，主要是美国或加拿大的城市，下半年会选择非北美地区，并且按照一年在亚太地区一年在欧洲地区的规律轮换。

2019 年 4 月，由于 OpenStack 基金会托管项目增多，因此基金会调整了策略，并提倡跨社区项目合作，同时建立了全新的开放基础设施（Open Infrastructure）品牌。OpenStack Summit 也因此第一次更名为 Open Infrastructure Summit，目的是除涵盖 OpenStack 以外，峰会可以涵盖更多开放基础设施项目，如 StarlingX、Kata Container、Airship 和 Zuul，甚至是其他社区的开放基础设施项目。2019 年 4 月，第一次的 Open Infrastructure Summit 选择在美国丹佛举行，同年 11 月，峰会第二次来到中国，选择在上海举行。这也是峰会第一次来到中国内地，有利于中国内地 OpenStack 和 Open Infrastructure 开发人员、用户及爱好者更方便地参会。

关于峰会上的演讲名额，OpenStack 基金会和峰会的主办方也有严格的挑选流程。在一般情况下，每次峰会基金会都会收到 1000 多个演讲申请，而由于时间的限制，不得不挑选出 25%～35%的名额，大部分的演讲申请都会被遗憾地拒绝。

至于谁可以被选中，谁会落选，主题主席（Track Chair）有着绝对的话语权。一般来说，峰会的演讲分为很多主题，比如关于存储的、网络的、云计算应用的、社区建设的等。每个主题都会由 3～4 名主题主席负责审阅演讲申请，并一起决定批准或拒绝申请。在演讲申请的提交截止之后，社区会发动一轮投票和拉票，即广泛收取社区会员意见，看哪些演讲申请可以足够吸引观众。值得一提的是，投票票数不是主题主席选择该演讲的唯一标准，而只是参考指标，主题主席完全可以根据自己的判断标准来决定最终演讲名单。

虽然主题主席对演讲申请有决定权，但是 OpenStack 基金会招募主题主席也是相当严格的，基金会和组委会会根据社区个人的自愿申请，其公司、地区、社区角色等多样性，以及其在该主题领域的专业程度等多因素综合考量主题主席的人选，以保证公平性和多样性。来自中国去哪儿公司的 OpenStack 大使叶璐和 EasyStack 公司的郭长波都曾分别担任过 Community Building 主题和 Upstream Development 主题的主题主席。

除峰会以外，各地区各项目也会不定期地举办技术交流研讨会，我们称之为 Meetup。比如，在春、秋两季峰会之间，Nova 社区一般会举办 Nova 中期 Meetup，与会者以开发者为主，人数大约为几十个人，均围绕 OpenStack 的功能设计展开讨论。

在中国的北京、上海、成都、南京及西安，OpenStack 中国社区也会联合一些公司不定期地举办技术交流会，讨论的议题有许多类型，包括 OpenStack 部署、开发及未来构想等。

1.5.4 其他社交平台

除了以上所介绍的沟通渠道，OpenStack 还有一些其他社交平台，比如：

- 官方微信公众号，即 openstackfoundation。
- 中国地区 Meetup 发布网站平台。
- 推特 Twitter，即@openstack。
- 脸书 Facebook。
- LinkedIn。

全球各地的 OpenStack 用户兴趣小组的联系方式和联络人均可以在网上找到。比如，在国内，有一个名称为"中国 OpenStack 用户组（China OpenStack User Group）"的小组，经常会不定期地举办各种讨论交流的研讨会，具体可查看中国地区 Meetup 发布网站。在这些 Meetup 中，有些会介绍新发布的 OpenStack 具有哪些新特性，有些会介绍企业部署最佳实践和运维经验分享，有些会介绍 OpenStack Summit 见闻，有些则会庆祝 OpenStack 生日等。

1.6 其他开源项目

作为一个开源项目，OpenStack 自诞生起就不缺少竞争对手，其中影响力较大的有 CloudStack、Eucalyptus 和 OpenNebula。表 1-2 所示为到目前为止，OpenStack 与其他开源项目的简单比较。

表 1-2　OpenStack 与其他开源项目比较

	OpenStack	CloudStack	Eucalyptus	OpenNebula
第一版发布时间	2010 年 10 月	2010 年 5 月	2008 年 5 月	2008 年 3 月
版本	Apache	Apache	GPLv3	Apache
开发语言	Python	Java、C	Java、C	C++、C、Ruby、Java、shell 脚本、Lex、Yacc 等
宿主机是否支持 Linux	是	是	是	是
宿主机是否支持 Windows	是	否	否	
宿主机是否支持裸机	是	是	是	否
客户机是否支持 Linux	是	是	是	是
客户机是否支持 Windows	是	是	是	是
是否支持 Xen	是	是	是	是
是否支持 KVM	是	是	是	是
是否支持 VMware	是	是	是	是
主要支持厂商	Rackspace、红帽、IBM、惠普、Mirantis、VMware、英特尔、NEC、华为、恩科、Canonical、SUSE、Dell 等	Citrix、英特尔、红帽、IBM、SUSE、思科等	亚马逊、Dell、惠普、英特尔、Mellanox、Novell、红帽、VMware 等	IBM、CERN、Logica 等
代表用户	NASA、Canonical、Rackspace、英特尔、AT&T、Paypal、新浪等	塔塔集团、阿朗、英国电信、GoDaddy、韩国电信、中国移动、中国电信、国家电网等	索尼、Puma、趋势科技、NASA、Infosys、中国工商银行等	德国电信、RIM、SARA、中科院、中国移动研究院等

1. CloudStack

在 2008 年前后，美籍华人梁胜联合其他几个创始人创立了一家公司，开发出一款名为 VMOps 的云平台系统，这便是 CloudStack 的前身。后来，这家公司收购了互联网域名 Cloud.com，将公司更名为 Cloud.com，同时将 VMOps 更名为 CloudStack，希望致力于云计算解决方案的研发。

2010 年 5 月，Cloud.com 公司将大部分 CloudStack 的代码在 GPLv3 版权下发布成免费软件，只保留大约 5%不进行公开。

2011 年 7 月，Citrix 收购了 Cloud.com 公司，希望丰富自己的云产品线。同年 8 月，Citrix 在 GPLv3 版权下发布了剩余的 CloudStack 代码。

2012 年 2 月，Citrix 发布了 CloudStack 3.0。同年 4 月，Citrix 将 CloudStack 版权修改成 Apache 2，并将其完全捐献给 Apache 软件基金会，放入 Apache 孵化器中。

2013 年 3 月，CloudStack 在发布 CloudStack 4.0.2 之后，终于从 Apache 孵化器中成功"毕业"，成为 Apache 软件基金会的顶级项目（Top-Level Project，TLP）。

到目前为止，CloudStack 有着众多的商业客户，包括 GoDaddy、英国电信、日本电报电话公司、韩国电信、中国电信和 Autodesk 等。

2. Eucalyptus

Eucalyptus（Elastic Utility Computing Architecture for Linking Your Programs to Useful Systems）最初是美国加利福尼亚大学圣芭芭拉分校计算机科学学院的一个研究项目。2009 年，Benchmark Capital 公司出资 550 万美元创立了 Eucalyptus System 公司，并将研究项目商业化。不过，Eucalyptus 仍然按照开源项目进行维护和开发，只是 Eucalyptus System 会在开源的基础上构建额外附加的功能，并提供客户支持服务。

所以，Eucalyptus 本质上是开源的，只是同时拥有收费的企业版。2014 年 9 月，惠普公司宣布收购 Eucalyptus 为其子产品，加强其云战略。

3. OpenNebula

OpenNebula 起源于 2005 年，当时它还是一个由两位研究员 Ignacio M. Llorente 和 Ruben S. Montero 主导的开源研究项目，研究的目的是找到一个 IaaS 的云计算解决方案。该方案能够提供开放、灵活、可扩展的管理中间层，允许用户通过该管理层轻易地自动生成和编配虚拟数据中心。

2008 年 3 月，OpenNebula 发布了第一个公开版本。在 OpenNebula 随后的发展过程中，社区用户起到了很大的作用。OpenNebula 中的很多功能，都是社区用户在分布式架构上部署大规模虚拟机之后，为了解决在使用过程中的不便之处，以及满足新的业务需求而实现的，可以说，OpenNebula 的很多功能是开源社区用户的智慧和创新的结果。

2010 年 3 月，OpenNebula 的主要贡献者创立了 C12G 实验室来为企业用户提供附加值服务，并且承诺为 OpenNebula 提供持久的维护工作。OpenNebula 商业化运作自此开始。同时，C12G 实验室还管理着开源网站社区 OpenNebula.org。

2013 年 9 月，OpenNebula 迎来了它的第一次社区大会，当时来自世界各地的顶尖公司和组织都参加了这次盛会。2014 年 8 月，OpenNebula 发布了新的稳定版本 4.8。

除了上述一些 OpenStack 的竞争对手，在整个云计算生态圈里，还有一些其他项目正在成为或者已经成为业界瞩目的焦点，比如在 SDN 领域和分布式存储领域中具有影响力的几个项目，以及基于容器技术的一些云平台管理技术等。

1. OpenDaylight

在网络技术的版图里，SDN 技术早已是业界公认的未来方向，但是如何统一各个厂商甚至学术界的标准，一直以来都是一个难题。在 2013 年，一大批传统的 IT 设备厂商联合几家软件公司，发起了 OpenDaylight 项目，简称 ODL。此项目发展至今，已经成为开源的 SDN 方案中具有较大影响力的项目之一。从 2013 至今，ODL 已有 11 个正式的发行版本，而每一个版本都是以化学元素表中的某一元素来命名的，充满了学术气息。这 11 个版本的名字依次是：氢、氦、锂、铍……直到现在的钠（Sodium）。

之前，在 ODL 社区的成员公司中，分为白金、黄金、白银不同等级，标志了赞助费用和权益的不同。后来由于 Linux 基金会策略调整，整合了 FD.io、ONAP、OPNFV、ODL、Open Switch、PNDA、SNAS.io 和 Tungsten Fabric（TF）等相关网络开源项目，形成了统一的 LF Networking 社区，因此 ODL 社区与 LF Networking 会员等级共享且相同。在社区的运作中，也充分强调了 ODL 技术决策的开放性和公正性，保证了项目发展的活力和健康。

在技术上，ODL 项目有其独到之处。首先，此项目是基于 Java 开发平台的，充分利用了 Java 平台上成熟的动态模块技术（OSGI），并以微服务架构为基础，非常灵活和高效地集成了各种插件来提供对多家厂商设备的支持，以及各种高级网络服务。在北向 API 接口的设计上，ODL 不但提供了 RESTful 的 API，也提供了函数调用的 OSGI 接口，以应对不同方式的北向集成方案。在南向 API 接口的设计上，充分考虑了多协议支持和多厂商设备适配的便利。而与 OpenStack 中 Neutron 模块的集成，一直是 ODL 项目的技术重点之一，最近也有突飞猛进的发展。

2. OPNFV

顾名思义，OPNFV 项目的初衷是提供一个开放、开源的电信运营级 NFV 方案，其中 OP 指的是 Open Platform，而 NFV 是 Network Function Virtualization 的缩写。此项目自 2014 年创立至今，已有 9 个发行版本，最新的是 2019 年 1 月份的 9.0（Iruya）。

OPNFV 项目更像是一个其他 NFV 架构相关项目集成、测试、优化的标准，整合了包括 OpenStack 在内的 30 多个项目，如 OpenDaylight、KVM、Xen、Ceph 和 OVS 等。OpenStack 是 OPNFV 方案中最关键的项目，作为云计算基础资源的管理者，可谓是 NFV 栈上的中心环节。

OPNFV 项目对于已有技术而言没有自己的代码库，但强调"上游优先"的原则，所以 OPNFV 社区已经为上游软件做了大量的贡献，比如 OpenStack 的众多项目。同时 OPNFV 社区积极地同其他标准组织（如 ETSI）合作，共同推进 NFV 领域的业界标准。

同理，与 ODL 一样，OPNFV 也是 LF Networking 里的一员，会员级别也是共享的。

3. Ceph

在云计算的整体架构里，SDS 存储方案的制定是无法绕过的要点。目前，Ceph 项目应该是开源分布式存储方案的主流选择，尤其是在和 OpenStack 配合部署的场景下更是如此。

Ceph 诞生于学术项目，在原作者依此创业的公司被红帽公司于 2014 年收购之后，红帽公司成为 Ceph 项目的最主要贡献者。2015 年，Ceph 正式开始社区化管理，社区委员会吸收了 8 家成员公司，包括红帽、英特尔、SUSE、思科、Canonical、Fujitsu、CERN 和 SanDisk。

Ceph 项目提供了全方位的分布式存储接口，涵盖了对象存储、块存储和文件系统 3 种云环境使用场景。在 OpenStack 的云环境中，由于分布式块存储方案往往集成了 Ceph 的 RDB 技术，因此在选用对象存储方案时，很多用户更倾向于同样使用 Ceph 的对象存储服务。因此，Ceph 对于 OpenStack 原生的 Swift 的推广有所影响。

对于云计算客户生产环境的要求，纯社区版的 Ceph 在性能上还有一定的差距，所以国内外出现了很多基于 Ceph 社区版的商业定制化产品，这些产品从性能优化、稳定性、用户界面等方面都有大幅度的提升。

4. Docker

2013 年，Docker 项目应运而生，并在此后的发展过程中对计算机行业产生了深远的影响。当然，在 Docker 诞生之前，各种容器的相关基础技术已经成熟，比如，Linux 内核中的 cgroup 和 namespace 已经被广为人知，而联合文件系统技术也已有多种选择，在各种 UNIX/Linux 系统中，类容器项目也早已被广泛使用，比如，最原始的 UNIX 中的 chroot 技术，Solaris 中的 Zones 技术，还有 FreeBSD 中的 jail 技术，以及 Linux 系统中的 OpenVZ 和 LXC 等项目。但为什么 Docker 能够取得前所未有的巨大成功呢？除天时、地利、人和的原因以外，从技术层面来看，Docker 真正抓住了用户的痛点，进而设计出了满足使用者期望的友好使用界面，尤其是对于软件开发者而言更是如此，所以 Docker 的流行首先发生在 DevOps 领域，然后逐渐波及其他领域。这里的友好界面不单单指提供给用户的命令行指令，也包括对容器镜像的管理策略，以及统一的在线仓库。

Docker 镜像制作和发布的便利，也彻底改变了很多人对于软件发行方式的看法。无论是否把容器技术用于云计算环境的搭建，人们使用 Docker 作为自己软件产品的持续集成交付（CICD）方案的基础，或者使用 Docker 仓库作为发布渠道之一，都已日渐流行。所以，OpenStack 的软件发行管理、部署方式，以及各个组件的开发调试，都可以从中受益。

与虚拟化技术相比，以 Docker 为代表的容器技术在实现应用隔离的同时，并没有带来性能的损失，这是一个很明显的技术优势。所以在注重计算性能的云计算场景下，部分用户更倾向于使用容器作为底层基础技术。但是，安全性却是容器技术的短板，毕竟运行于同一主机的不同容器实例共享一个内核，安全漏洞防不胜防。当然，很多安全隔离增进技术也层出不穷，可以从不同的角度来弥补可预期的安全隐患。

Docker 作为一个创新性的项目，也激发了其他厂商的灵感。基于多种原因，多家厂商也在力推自己的相似技术，如 CoreOS 的 rkt 等。而 Docker 公司自己也因为商业化而有意严控 Docker 项目的设计和走向，有时就会造成一些业界的分歧和困惑。所以，在其他厂商强烈的期盼下，OCI（Open Container Initiative）项目和社区应运而生，并以开发中立的容器技术标准为目标。最终这些项目和标准的前景如何，还有待观察。

5. Mesos

Mesos 是 2009 年在加州大学伯克利分校创立的项目，其目的是成为一个集群环境中进行资源隔离、共享、调度的统一平台技术，就如 Mesos 自己所强调的，它可以被看作分布式系统层面的操作系统。2015 年，Mesosphere 公司成立，其商业目标是基于 Mesos 技术，提供产品级质量的数据中心分布式操作系统，即 DC/OS。

Mesos 统管的资源包括计算（CPU）、内存、I/O 和文件系统，并且能够做到既细粒度又十分高效的资源隔离与调度。作为一个分布式系统的管理平台，Mesos 在容错性上也表现出色。Mesos 双层调度设计和开放的计算框架接口，使得它可以方便地适配不同的分布式计算应用，典型的应用场景包括以 Hadoop 和 Spark 为代表的大数据处理平台，或者大规模的数据挖掘应用，或者方兴未艾的深度学习应用框架，等等。

在 Docker 出现之前，Mesos 已经发展和流行多年，而 Docker 所带来的功能，正是 Mesos 所需要的，所以这两个项目相辅相成，从而放大了 Mesos 商业应用的前景，催生了一批国内外基于此技术的创业公司。

6. Kubernetes

Kubernetes 简称 K8s，是 Google 所创建的开源项目，是 Google 内部使用的 Borg 系统的开源版本，现在从属于 CNCF（Cloud Native Computing Foundation）社区以保证其公立性。

Kubernetes 从一开始就把自己定位为容器云环境的管理软件，从整体系统的设计上充分考虑了容器（主要指的是 Docker）技术的特点，这也是它和其主要竞争对手 Mesos 的不同点之一。

Kubernetes 在资源的定义上，以容器为基础元素，引入了"Pod"的概念，把运行相同应用的多个容器实例看作一个管理和调度单元（Pod）。而一个 Pod 需要运行在单个 Minion 之中，Minion 可以被理解成一个主机（Host）。在集群中，有多个 Minion 被中央控制节点 Master 统一管理。而在 Pod 的基础上，Kubernetes 又抽象出 Service 的概念，是多个 Pod 一起工作、提供服务的抽象。

总而言之，Kubernetes 引入了非常多的新抽象概念，而其集群管理中所要解决的调度、高可用、滚动升级等问题，都是围绕这些来进行设计的。

Kubernetes 是容器云计算环境的基石之一，被业界寄予厚望，因此产生的初创公司在国内外都比较常见。

1.7 OpenStack 的技术发展趋势

OpenStack 自诞生起，经历了同期类似项目的竞争，受到了来自新兴技术的挑战，有时其看似缓慢、低效的社区开发模式也会被人诟病，但还是成了如今云计算的中流砥柱。而且在可预期的未来，随着云计算技术需求的进一步拓展，相信 OpenStack 还会继续扮演越来越重要的角色。

OpenStack 在技术上也从未停下创新的脚步，它不停地吸收新的元素，从而更加灵活、高效和健壮。

1. 裸机资源的管理

OpenStack 在架构设计上最初是以虚拟机的管理为中心的，但随着云计算用户使用场景多元化，对于虚拟机之外的计算资源的管理与编排就显得越发必要，如裸机计算资源。

对于裸机计算资源的管理，目前来看还相当不成熟，虽然 Nova 社区近来十分重视计算资源模型统一化，但是由于刚刚起步，现在唯一可以做到的是基于 Ironic 的协助所实现的一种比较僵化的资源调度，这远远达不到实际用户对于裸机资源的灵活管理要求。对于裸机资源特定的功能需求，目前尚处于社区讨论阶段，比如 RAID 的配置、物理网口资源的细化管理、网卡绑定配置，而日后此任务是由 Nova 实现还是放在 Ironic 中处理，甚至新起项目来完成，尚待观察。唯一确定的是，此类用户需求总有一天会出现在 OpenStack 中。

此外，OpenStack 中的资源调度器（现在是 Nova 的调度器，但有计划独立成一个新的项目），也会逐渐做到根据裸机硬件配置的差异进行更加精准的调度和编排。进一步来看，随着 OpenStack 对于裸机资源管理的日益成熟，以及 Nova 和 Ironic 等项目的进一步发展，纯粹的"裸机云"方案也会大放异彩。

2. 容器化

Docker 的出现为众多开发者带来了非常多的便利，此后出现的 Kubernetes 之类的容器集群的管理平台，更是让容器技术在云计算的领域大放异彩，并促进了 OpenStack 的发展，比如，在 OpenStack 控制层服务的容器化方面：开发环境的容器化、打包和发布的容器化、部署和升级的容器化、云环境动态伸缩的容器化，等等。

在云计算概念已广为人知的今天，一个新的应用从设计之初就要考虑是否"云原生（Cloud Native）"的问题。而遗憾的是，OpenStack 中的众多服务不是云原生的架构，而随着容器化的努力，很多难题都将迎刃而解，比如，在单节点中不同服务运行环境隔离的问题、版本升级和回滚的难题、OpenStack 控制面服务的动态伸缩部署和高可用处理。

此外，容器技术降低了对特定操作系统的依赖，同时容器化的部署方案可以提供给使用者一个简单而优雅的界面，大大提升了用户体验。这些努力都集中在 OpenStack 大帐篷里的 Kolla 项目（包括 Kolla 的几个子项目，如 Kolla-kubernetes 等），以及 Stackanetes 等独立项目。目前来看，除了技术层面的分析，业界各个 OpenStack 厂商的产品路线也都印证了此趋势。相信在 OpenStack 的部署和控制面服务的管理等方面，容器化是不可逆转的方向。

3. 多元化的云计算环境

与 OpenStack 所主导的以虚拟化技术为中心的云计算技术路线相比，以容器为计算资源基础单元的容器云是一股新兴的力量，并以 Kubernetes、Mesos 和 Swarm（Docker）等项目为代表。

这两种不同的云计算路线的未来发展趋势应该是相互渗透、相互借鉴的合作方式，如前文所述的 OpenStack 部署容器化就是明证之一。再者，OpenStack 作为 IT 基础架构资源（Infrastructure）的成熟管理方案，其对于网络和存储方向的技术积累，可以帮助容器云快速成熟，而容器云的项目也不必再重新构建。

而从云计算环境的最终用户需求来看，根据计算模型的不同，用户希望灵活地申请和调度不同类型的计算资源，包括虚拟机、裸机、容器，这样就势必要把 OpenStack 和容器云融合在一起才是一个完备的解决方案。

我们可以设想这样一种模式：既然 OpenStack 可以通过 Kubernetes 等容器云技术来部署和管理控制面服务，那么 OpenStack 可以被看作 Kubernetes 容器云中的一个云原生的应用，随之而来的就是如同云原生应用般的灵活管理，而直接面对裸机资源的 Kubernetes 又可以通过集成 Ceph、Swift、Cinder、Neutron 等项目来完善对网络和存储资源的池化管理。

4. 更加彻底的资源池化

在云计算概念中，被大家所熟知的一个概念就是资源的池化，包括技术资源的池化、网络资源的池化（SDN）和存储资源的池化（SDS），概括来说就是所谓的 SDI（Software Defined Infrastructure，软件定义基础架构）。

众所周知，主流的服务器硬件配置基本上是固定的，但以英特尔为主导的 RSD（Rack Scale Design）整机柜服务器技术，则可以实现动态调配整个机柜中的 CPU、内存、存储、网口等硬件资源，灵活地组成不同配置的服务器。此项技术把资源池化的概念实现得更加彻底，所带来的好处也不言而喻。

5. 边缘计算

边缘计算的发展与云计算的发展有着千丝万缕的联系。云计算用户迟早会遇到网络拥挤、延迟高、实时性差和性能瓶颈，从而逐渐无法满足其对业务的需求。边缘计算可以被认为是云计算的扩展和延伸。简单来说，边缘计算把计算移到了用户那一端，即移到了靠近数据产生的地方，可以避免或减少数据在网络中从数据产生的地方到数据中心的传输。有人甚至把云计算和边缘计算的区别形象地比喻成，云计算把数据移到代码那一端，而边缘计算把代码移到数据那一端。

以 OpenStack 为代码基础的 StarlingX 项目可以为在虚拟机和容器中运行的电信运营商级应用程

序提供边缘计算服务，可以满足高可靠性和高性能的要求。目前，StarlingX 在 OpenStack 基金会下进行试点和孵化，为边缘和 IoT 用例提供集成和优化的平台。它是一个可部署的、高度可靠的边缘基础架构软件平台，它基于更多的开源组件，如 OpenStack、Kubernetes、Ceph 等，此外还提供了增强的功能，如主机管理、故障管理、软件管理等。

除此之外，该平台还实现了多种加速技术，包括 OVS-DPDK 和 SR-IOV。这些功能使 StarlingX 可以改善可管理性及平台的可靠性，因此可以为边缘用例提供超低延迟、较小的占用空间和可扩展性。StarlingX 可以被认为是 OpenStack 为边缘计算而量身定做的特制版本，现在还处于发展早期阶段。

## 第 2 章

OpenStack 开发基础

如何才能成为一名 OpenStack 开发者，与众多"大牛"共舞？本章的内容希望能够给你一些提示。

2.1 相关开发资源

开发水平的高低取决于我们手中所掌握的资源。人类文明历经近万年，计算机历经近百年，云计算火热了十几年，即使 OpenStack 也已经存在了近 10 年，相关知识早已浩瀚无边，我们所能接触到的不过沧海一粟，我们所能理解、掌握并谨记于心的更不过是这"一粟"中很微小的一部分，我们每日所做的也不过是为了使这"一粟"更大，使那一部分更多而已。

如果把这"一粟"比作我们所掌握的资源，那么我们在平时开发时应该不求下笔千行，而应力求迅速地从各种资源中找到解决的方案。举个通俗的例子，我们要开发一个视频监控系统，那么我们可以从 sourceforge 上的项目 MPEG4IP 中得到很多的灵感。

下面列举一些其他 OpenStack 开发中常用的资源以供参考。

2.1.1 OpenStack 社区

如第 1 章所述，OpenStack 有一个紧密团结了众多使用者和开发者的 OpenStack 社区，那里是"大牛"们的战场，"小牛"们的天堂，任何一个 OpenStack 开发者都可以从中获益。

不同于 Linux 内核社区中 LKML（Linux Kernel Mailing List）对问题讨论、代码 Review 等的大包大揽，邮件列表的核心地位在 OpenStack 社区中被一定程度地弱化：代码的 Review 工作会通过 Gerrit 系统来完成，同时，答疑功能也由一个专门的问答网站 Ask OpenStack 来分担。

这个问答网站的风格类似于 Stack Overflow，能够让用户对自己认为正确的解答投票，而且有中文和英文两个分站点可以选择。和所有的开源社区一样，用户在询问问题时都应该保持一个良好的习惯，即先在邮件列表的存档中搜索并查看一下自己的问题是否已经被讨论、回答过了。

2.1.2 OpenStack 文档

评估软件质量的重要标准之一是软件的可维护性，而是否有完善的文档、文档是否同步则是影响软件可维护性的一个重要因素。

软件的开发者无外乎两种人。第一种人会维护自己的代码，但是随着时间的流逝，以前的理解和记忆已经模糊了，在每次修改 Bug 或增加新功能时，需要通过查看文档和代码来帮助自己回忆当时的开发场景。

第二种人的代码不是自己写的，需要阅读相关的文档中的代码。为了弄明白某处代码的意图，他们需要了解整个模块的逻辑流程，还要查看相关的需求及设计文档，但是很遗憾，这些文档都和实际代码不同步。

无论我们属于哪一种，文档的重要性都是不言而喻的。每一个项目，每一个模块，甚至每一行代码都有自己的故事，这些故事都应该被留存在它们的历史档案里，而我们对于它们而言只是过客而已。

但软件开发的现实是：几乎没有任何一个软件，在其生命周期中，均由最初的开发人员维护；几乎没有任何一个软件，在其生命周期中，它的文档与代码是保持同步的。

对于开源项目来说，文档的缺乏与滞后问题更为突出，但即使是最为挑剔的批判者，也不得不承认 OpenStack 在这方面有着较为突出的改进，它甚至创建了专门的项目来维护 OpenStack 相关的各类文档。

为了有针对性地满足不同参与者的需求，OpenStack 将自己的文档进行了相应的分类，如针对开发者的，针对维护人员的，针对各行各业的使用者的。虽说表面看起来比较分散，甚至有些凌乱，但自有其内在规律。

OpenStack 的文档主要位于 3 个地方。

- wiki.OpenStack.org，主要包含了项目文档及会议记录等信息，在这里可以清楚地了解如何向 OpenStack 做贡献、OpenStack 代码如何进行管理等。
- docs.OpenStack.org/developer/<projectname>，针对开发者的文档，由位于各个项目源码目录中 doc/source/子目录下的 rst 文件生成。
- docs.OpenStack.org，主要包含了针对维护人员、使用者等其他参与者的官方文档，如安装指南（Installation Guides）、终端用户指南（End User Guide）等，内容由 OpenStack Manuals 项目生成。

2.1.3　OpenStack 书籍

在本质上，学习 OpenStack 开发，就是学习 OpenStack 的源码，任何与 OpenStack 有关的书籍都是基于源码而又不高于源码的。

因此，在阅读本节内容之前，我们必须端正自己的认识：源码才是中心，书籍只能起到促进或辅助我们理解源码的作用。

待到山花烂漫时，还是那些经典在"微笑"。Linux 成长了近 30 年，才给我们留下了那些经典的 LKD/ULK/LDD/……而 OpenStack 满打满算也不过刚走过自己的第一个 10 年，虽然涌现了一些书籍，但是否经典尚未可知。

这些有限的 OpenStack 书籍，可以归纳为两类：一类是针对部署与操作的，如 O'REILLY 的 *OpenStack Operations Guide* 和 *Deploying OpenStack*；另一类是侧重框架与原理的，即针对开发者的，在目前已有的书籍里，除本书之外只有部分涉及而已。

按照本书的预期及主张的 OpenStack 开发学习过程，针对 OpenStack 开发的书籍也应该分为两类。第一类是介绍 OpenStack 及各组成部分的框架与实现原理的，可以帮助读者了解 OpenStack 的设计实现特点，对其有一个整体的认识和理解。第二类是专注于 Open 某个组成部分或项目的，如果我们希望对 OpenStack 不是泛泛而谈而是有更深入的理解，则可以选择一个自己感兴趣的项目，然后仔细分析它的代码，不懂的地方就通过社区、邮件列表等途径弄懂，切勿得过且过。这样一来，我们对 OpenStack 的很多通用机制就会非常了解，俗话说的"一通则百通"就是这个道理。

如果用一个城市来类比，则第一类书（如本书）只是帮助读者形成这个城市有多少个区，每个区的大概形状和范围，哪个地方有哪些标志性建筑等比较泛化的地图，而如果读者希望生活在某个区，从而需要深入了解这个区的人文地貌，就可以在之前那个泛化的地图基础上，聚焦在这个区的位置去细化，而第二类书就起到辅助细化的作用。

2.2 OpenStack 开发的技术基础

OpenStack 的学习是一项浩大的工程，需要具备以下基础知识。

1. Python 编程

Python 是 OpenStack 的主要开发语言，它也自然而然地成为每一个 OpenStack 开发者所必备的语言基础。

当然，如果我们之前使用的开发语言并不是 Python，而是 C、Java 等语言，我们也并不需要先对 Python 掌握到非常精深的程度才去接触 Python 的代码，本质上它与 C、Java、Perl、Ruby 等还是属于同一类型的语言。我们可以在浏览 OpenStack 源码的过程中学习 Python 及各种 Python 语句的用法，毕竟我们绝大多数人都不需要从无到有地去构建一个 OpenStack 的项目。

2. Linux 环境编程

到目前为止，OpenStack 仍然只被部署在 Linux 上，它的开发环境自然也基于 Linux，那么能够熟练使用 Linux 并在 Linux 环境下进行编程开发便成为一个基本要求。

此外，掌握一些操作系统中比较基础的理论，也会给我们的理解带来额外的益处，如进程的概念、CPU 和内存的关系等。

3. 网络基础

若要参与一个云计算平台的开源项目，则开发人员有一定的网络基础知识是必需的，而且 Neutron 会对网络知识储备有更高的要求。

4. 虚拟化

虚拟化技术是云计算的基石，较好地理解虚拟化技术对我们理解 OpenStack 的很多逻辑非常有帮助。

5. 版本管理工具（Git）

Git 是 Linus Torvalds 为了帮助管理 Linux 内核开发而开发的一个开放源码的版本控制软件。之后越来越多的著名项目开始采用 Git 来管理项目开发，包括 OpenStack，以及 Android、Rails 等。网上有很多的使用教程，甚至还有专门针对 Git 的培训。

除了上述各项基础要求，对数据库、软件架构设计等的了解也非常有必要。

2.3　部署开发环境

对于开源项目来说，所谓的开发环境应该包括两部分：一是源码，二是运行测试源码的环境。

如果我们只是希望了解实现原理与框架，那么从源码仓库下载源码，通过合适的浏览工具阅读即可。如前文所述，OpenStack 使用 Git 管理源码，这就意味着我们起码要能够使用 Git 工具。

而如果我们希望能够成为一个开发者并贡献自己的代码，则搭建一个运行、测试自己代码的环境是必需的，对于 OpenStack 而言，这部分的工作通常由 Devstack 来完成。

2.3.1　Git

要成为一名 OpenStack 开发者，贡献自己的代码，我们必须能够与其他众多的开发者协同工作，则熟练使用 Git 管理代码便成为一个必备的基础条件。

1. Git 的由来

Linus 于 2002 年 2 月开始使用 BitKeeper 作为 Linux 内核的版本控制工具。但是 BitMover 公司在商业版的 BitKeeper 之外所提供的 BitKeeper 是仅可免费使用但不允许加以修改、开放的精简版，因此，包括 GNU 之父 Richard Stallman 之内的很多人，对 Linus 使用 BitKeeper 感到不满。

然而，当时市场上并没有其他具备 BitKeeper 类似功能的自由软件可用，有些人就尝试对其进行逆向工程，这惹恼了 BitMover 公司，于是该公司决定停止提供 BitKeeper 的免费版本。为解决无工具可用的窘境，Linus 便自行开发 Git，希望在适当的工具出现前，暂时地充当解决方案。当时 Linus 将 Git 称为 "the stupid content tracker"（愚蠢的内容管理器）。当 Git 获得迅速成长之后，Linus 就建议将其作为长期的解决方案，并于之后的 2.6.12-rc3 内核第一次采用 Git 进行发布。

2. 一段录像

关于 Git 的历史有一段很著名的录像，是 Linus 在 Google 的一个演讲。在这段录像中，Linus 说明了设计 Git 的原因、基本的设计哲学，以及与其他版本控制工具的比较。

从技术的观点上，Linus 非常尖锐地批判了 CVS 与 SVN。虽然 Linus 从来没有使用过 CVS 去管理内核代码，但是他在商业公司曾对其有过一段时间不短的使用经历，并且对其非常厌恶。同时他批判 SVN 是毫无意义的，因为 SVN 尝试从各方面去改善 CVS 的一些缺点，却无法根本地解决一些基本的使用限制。具体来说，SVN 改善了创建分支所耗费的成本，与 CVS 相比，利用了比较少的系统资源，却无法解决合并分支的需求。但是在许多项目的开发过程中，经常需要为不同的新功能创建分支、合并分支，如此一来，SVN 就成了一个没有未来的项目。

Git 作为一个分布式的版本控制工具，用户可以随意创建新分支，进行修改、测试、提交，这些在本地的提交完全不会影响到其他人，可以等到工作完成后再提交给公共的仓库。这样就可以支持离线工作，稍后再将本地的提交内容提交到服务器上。

3. 获取 OpenStack 源码

OpenStack 源码仓库位于 GitHub，可以使用 git 命令将源码仓库复制一份到本地系统上，例如：

```
$ git clone git://git.openstack.org/openstack/swift
```

此外，我们也可以从 Launchpad 上获取稳定的发布版。

2.3.2 Devstack

Devstack 是一套用来给开发人员快速部署 OpenStack 开发环境的脚本，它并不适用于生产环境。

在使用 Devstack 部署 OpenStack 开发环境时，我们不必再使用 git 命令手动获取 OpenStack 源码，因为这是 Devstack 工作的一部分。除此之外，Devstack 自动化部署还包括：自动执行所有服务的安装脚本；自动生成正确的配置文件；自动安装依赖的软件包。Devstack 自动化部署如图 2-1 所示。

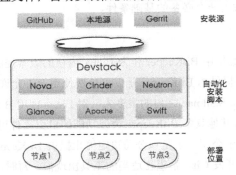

图 2-1　Devstack 自动化部署

1. 获取 Devstack 源码

```
$ git clone git://github.com/openstack-dev/devstack.git
$ cd devstack
$ tree -L 1
.
├── clean.sh
├── data
├── doc
├── exerciserc
├── exercises
├── exercise.sh
├── extras.d
├── files
├── functions
├── functions-common
├── FUTURE.rst
├── gate
├── HACKING.rst
├── inc
├── lib
├── LICENSE
├── MAINTAINERS.rst
├── Makefile
├── openrc
├── pkg
├── README.md
├── run_tests.sh
├── samples
├── setup.cfg
├── setup.py
├── stackrc
├── stack.sh
├── tests
├── tools
├── tox.ini
└── unstack.sh
```

- **stack.sh**：Devstack 自动化部署工具的主执行脚本。判断是否存在 localrc 配置文件，如果不存在，则会进入交互模式，需要输入一些参数，如数据库的密码、Rabbit MQ 的密码等。
- **openrc**：环境变量脚本。OpenStack 命令在执行时需要依赖环境变量，如 OS_USERNAME 等，我们可以执行下面的命令导入环境变量：

```
$ source openrc admin
```

- unstack.sh：卸载所有已经启动的服务。
- lib/：在这个目录下存放了每个服务的自动化安装脚本，如 Nova、Swift 等，包含了手动安装时执行的所有命令。

在旧的版本里，有一个脚本文件 rejoin-stack.sh 用于重启所有服务，但是在新的版本里已经将它删除，如果用户仍然需要它，则可以自己手动创建。

2. 配置 local.conf

在 devstack 目录下创建一个名称为 local.conf 的文件：

```
$ cd devstack
$ vim local.conf
[[local|localrc]]
# Passwords
MYSQL_PASSWORD=stack
ADMIN_PASSWORD=stack
SERVICE_PASSWORD=stack
RABBIT_PASSWORD=stack
SERVICE_TOKEN=stack
```

这个简单的 local.conf 文件仅仅设置了一些密码。如果没有这个 local.conf 文件，则在 Devstack 执行过程中会要求输入相应的密码。

3. 执行

```
$ ./stack.sh
```

整个执行过程无须干预，根据过程中输出的信息我们可以总结为：

- 下载并安装 OpenStack 运行所需要的系统软件，包括一些 Python 的组件、MySQL、rabbitmq-server 等。
- 获取 OpenStack 各个项目的源码，包括 Nova、Keystone、Glance、Horizon 等。
- 安装 OpenStack 源码所依赖的 Python 库和框架。
- 安装 OpenStack 各组件。
- 启动各项服务。

整个安装过程所花费的时间依赖于网络状况，中间遇到较多的问题就是某些软件无法下载，但是脚本会比较清楚地报出错误信息，可以将安装出错的软件进行手动安装，之后重新执行脚本。

在 stack.sh 脚本成功执行后，Web 服务会被自动启动，我们在浏览器地址栏中输入 Devstack 安装所在的服务器地址，就可以打开 OpenStack Dashboard 登录页面，如图 2-2 所示。

图 2-2　OpenStack Dashboard 登录页面

在首次执行 ./stack.sh 命令并获得成功之后，我们可以执行 ./unstack.sh 命令关闭所有服务。从上述 Devstack 的安装过程可知，除了可能的 local.conf 文件配置，并不需要我们进行干预。

2.4　浏览 OpenStack 源码

在阅读本节的内容之前，我们有必要先端正一下自己的认识：学习 OpenStack 并不等同于学习 OpenStack 的文档或书籍。OpenStack 的文档确实比较完善，也有一些不错的书籍，但整日地抱着它们用功"啃"，最多只能说明你是一个很有上进心、很应该得到表彰的好青年、好同志，不过也就仅此而已了。

毫不夸张地说，学习 OpenStack 开发就是学习它的源码，因为源码本身就是最好的参考资料，其他任何经典或非经典的书籍都只能起到辅助作用，不能也不应该取代源码在我们学习过程中的主导地位。

但是面对 OpenStack 这么一个庞然大物，恐惧会在我们的心里滋生、蔓延。人类进化这么多年，面对复杂的物体和事情还是会有天生的惧怕感，体现在 OpenStack 开发学习上就是：那么庞大复杂的源码，让人面对起来，情何以堪啊！

有了这种恐惧感和无力感，很多人在心理上就会排斥面对和接触源码，宁愿抱着各种文档，搜集各种各样五花八门的书籍，看了又忘，忘了又看，也不大情愿去认真、细致地浏览源码。这个时候，我们应该意识到自己需要克服心理上的障碍。

在有了正确的认识之后，相信本章接下来的内容会使你在浏览、学习 OpenStack 源码时，不会迷失在无尽的代码海洋里。

2.4.1 浏览代码的工具

工欲善其事，必先利其器。一个功能强大，同时使用方便的代码浏览工具对于我们阅读 OpenStack 代码是很有帮助的，下面仅仅列举一些常用的工具。

1. Vim+各种插件

Source Insight 并没有对应 Linux 的版本。因此对于很多 Linux 初学者来说，在一个完全的 Linux 环境下进行学习，首先要解决的一个问题就是，找到一个可以取代 Source Insight 的代码浏览工具。

这个工具就是 Vim，各种 Linux 发行版都会默认安装它。虽然 Vim 默认的编辑界面很普通，甚至可以说丑陋，但是可以通过配置文件.vimrc 添加不同的界面效果，还可以配合 TagList、WinManager 等很多好用的插件或工具，将 Vim 打造成一个不次于 Source Insight 的代码浏览工具。

2. Eclipse+PyDev 插件

Eclipse + PyDev 插件应该是 Python IDE 的经典搭配，不过它需要一个 Java 的运行时环境，对机器的配置还是有较高要求的。如果用户用来开发 Python 的机器内存只有 256MB，还是采用其他工具为好，比如接下来提到的 Spyder。

3. Spyder

Spyder 相对来说比较小众，但也能称得上是一个强大的交互式 Python 语言开发环境，同样提供了高级的代码编辑、交互测试、调试等功能，通常各个 Linux 发行版都会内置它的安装包。

值得一提的是，Spyder 还是一个轻量级的工具，比 Eric 等工具轻量得多，启动速度很快，性价比较高。Spyder 使用界面如图 2-3 所示。

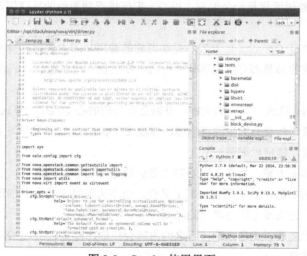

图 2-3　Spyder 使用界面

2.4.2　分析源码如何入手

既然要学习 OpenStack 源码，就要经常对代码进行分析，而 OpenStack 代码非常多，还源源不断地增加，这就让大部分人有种"雾里看花花不见"的无助感。不过不要怕，孔子早就留给了我们应对之策：敏于事而慎于言，就有道而正焉，可谓好学也已。这就是说，做事要踏实才是好学生、好同志，要遵循严谨的态度，去理解每一段代码的实现，多问、多想、多记。如果抱着走马观花、得过且过的态度，则结果极有可能就是一边看一边丢，没有多大的收获。

1. 源码地图

我们在新到一个城市时，总是会先获取当地的地图及各种指南，有了它们在手里我们才不至于像无头苍蝇般迷惘地行走在陌生的街道上。

而我们在新接触一个稍微有点规模的项目时，面对铺天盖地袭来的无数代码，内心也总是会渴望有这样的一份地图或指南，让我们能够快速地对它有一个整体的了解并找到自己的目的地。

对于大多数项目来说，它的编译系统就承担了地图这个很重要的角色。比如，Linux 内核源码中遍布各级目录的 Kconfig 和 Makefile 文件，Android 源码中无处不在的 Android.mk 文件，这些与编译系统相关的文件，可以让我们很容易地弄清楚代码之间的脉络，从庞大的代码里定位到我们所关心的部分。

以 Linux 内核为例，如果某一天你希望在自己的 Linux 系统里浏览自己 U 盘里的文件，却发现一直"顺从"的 Linux 怎么也不能识别保存有大量珍贵视、音频资料的 U 盘，是 U 盘出问题了吗？于是你不甘心地决定去研究内核里 U 盘驱动的实现以寻找原因。

U 盘是一个 USB 存储设备，你很容易地想到驱动的源码一定是在 drivers/usb/storage/目录下面，但是当你进入这个目录，看到铺天盖地的数十个文件时却不由倒吸一口凉气，于是你安慰自己：我要具有强大的心理素质，这些文件和代码一定不是都与 U 盘的实现相关的。

也许，生活中总是充满了跌宕起伏，在认真查看 Kconfig 和 Makefile 两个文件之后，你的心情明显好了许多。从 Kconfig 文件来看，只有 CONFIG_USB_STORAGE 这个选项与 U 盘匹配，其他的众多选项明显不是针对 U 盘的，只是在混淆我们的注意力，考验我们的心理。接下来再用 CONFIG_USB_STORAGE 选项去 Makefile 文件进行过滤，就只剩下了相关的几个文件，也就是说，我们只需要研究这仅有的几个文件中的部分代码就可以完全理解 Linux 是如何支持 U 盘的，任务顿时轻松了许多。

但是作为一种解释性语言，Python 源码并没有这样的一个编译系统来承担 Linux 内核中 Kconfig 与 Makefile 地图的角色。而面对同样纷繁复杂的文件与代码，我们需要寻找新的合适的地图。

2. setup.cfg

如果你使用 Devstack 部署整个开发环境，在默认情况下，OpenStack 代码会被安装在/opt/stack/

目录下，Nova、Cinder 等各个项目的代码目录则对应了该目录下的子目录。

大致浏览一下/opt/stack/目录中下载的代码，我们可以很容易地发现每个子项目的源码根目录下都有一个 setup.py 文件和一个 setup.cfg 文件，基本上能够确定它们就是我们要寻找的地图。

如果你已经有了一定的 Python 开发基础，就会知道它们是与 Python 模块的分发相关的，如果没有的话，你可能需要去了解一下 Distutils、Distutils2、Setuptools、Distribute 等 Python 代码分发的工具，但这并不是本书的重点，我们首先以 Ceilometer 子项目为例来看 setup.py 文件的内容：

```
import setuptools

try:
    import multiprocessing  # noqa
except ImportError:
    pass

setuptools.setup(
    setup_requires=['pbr>=1.8'],
    pbr=True)
```

这个文件的代码很简单，仅仅只是调用了 setup()函数，并且对 setup()函数也只是寥寥勾勒两笔。

但事情原本不是这样的，setup()函数有大量的参数需要设置，包括项目的名称、作者、版本等。setup.cfg 文件将 setup()函数解脱出来，该函数使用 pbr 工具去读取和过滤 setup.cfg 文件中的数据，并将解析后的结果作为自己的参数。

setup.cfg 文件的内容由很多个 section 组成，如 global、metadata、file 等，包含了这个软件包的名称、作者等有用的信息，但能够帮助及指引我们更好地理解代码的 section 唯有 entry_points。

3. entry points

从名称来看，entry points 表示入口点，根据经验，代码的入口点通常就是我们理解的突破口，只要按照这个突破口分析下去，我们总会理解一个模块或功能的实现原理与细节。

但是在 OpenStack 各个子项目中，setup.cfg 文件里注册的 entry points 非常多，为了更好地理解，我们需要明白这些入口点在 Python 项目中的意义。

对于一个 Python 包来说，entry points 可以被简单地理解为通过 Setuptools 注册的、外部可以直接调用的接口。仍然以 Ceilometer 子项目为例：

```
ceilometer.compute.virt =
    libvirt = ceilometer.compute.virt.libvirt.inspector:Libvirt Inspector
    hyperv = ceilometer.compute.virt.hyperv.inspector:HyperVInspector
    vsphere = ceilometer.compute.virt.vmware.inspector:VsphereInspector
    xenapi = ceilometer.compute.virt.xenapi.inspector:XenapiInspector
```

上述代码表示注册 4 个 entry points，它们属于 ceilometer.compute.virt 组或命名空间（entry points group）。它们表示 Ceilometer 目前共实现了 4 种 Inspector 从 Hypervisor 中获取内存、磁盘等相关统

计信息的方式。

在 Ceilometer 安装后，其他程序可以利用下面几种方式调用这些 entry points。

- 使用 pkg_resources：

```
import pkg_resources
def run_entry_point(data):
    group = 'ceilometer.compute.virt'
    for entrypoint in pkg_resources.iter_entry_points(group=group):
        # Grab the function that is the actual plugin.
        plugin = entrypoint.load()
        plugin(data)
```

- 仍然使用 pkg_resources：

```
from pkg_resources import load_entry_point
load_entry_point('ceilometer', 'ceilometer.compute.virt', 'libvirt')()
```

- 使用 stevedore，从本质来说，stevedore 只是对 pkg_resources 的封装：

```
from stevedore import driver

def get_hypervisor_inspector():
    try:
        namespace = 'ceilometer.compute.virt'
        mgr = driver.DriverManager(namespace,
                        cfg.CONF.hypervisor_inspector,
                        invoke_on_load=True)
        return mgr.driver
    except ImportError as e:
        LOG.error(_("Unable to load the hypervisor inspector: %s") % (e))
        return Inspector()
```

这段代码表示，Ceilometer 会根据配置选项 hypervisor_inspector 的设置加载相应的 Inspector，比如，加载 ceilometer/compute/virt/libvirt/目录下的代码来获取虚拟机的运行统计数据。

从上面的代码可以看出，entry points 都是在运行时动态导入的，有点类似于一些可扩展的插件，__import__ 或 importlib 也可以实现同样的功能，但是 stevedore 使得这个过程更容易，更有助于我们在运行时动态导入一些扩展的代码或插件来扩展自己的应用。这种方式也正是 OpenStack 各个子项目所主要使用的。

到目前为止，基于对 entry points 的理解，我们可以相对容易地找到所需要研究的代码的突破口，比如，我们希望了解 Ceilometer 是如何获取虚拟机的内存磁盘等统计数据的，就可以根据 ceilometer.compute.virt 这个 entry points 组的定义研究 ceilometer/compute/virt/目录下的代码，甚至可以仿照它下面的 Libvirt 的实现增加新的 Inspector，从而对新的 Hypervisor 类型进行支持。

4. console_scripts

在可能的众多 entry points 组中，有一个比较特殊的，就是 console_scripts，下面是 Ceilometer 的 setup.cfg 文件对它的定义：

```
console_scripts =
    ceilometer-polling = ceilometer.cmd.polling:main
    ceilometer-agent-notification =ceilometer.cmd.agent_notification:main
    ceilometer-send-sample = ceilometer.cmd.sample:send_sample
    ceilometer-upgrade = ceilometer.cmd.storage:upgrade
    ceilometer-rootwrap = oslo_rootwrap.cmd:main
    ceilometer-status = ceilometer.cmd.status:main
```

这里的每一个 entry points 都表示有一个可执行脚本会被生成并安装，我们可以在控制台上直接执行它，因此将这些 entry points 理解为整个 Ceilometer 子项目所提供的各个服务的入口点更为准确。

2.5 OpenStack 代码质量保证体系

虽然 OpenStack 诞生不久，但其红火的程度已经使它吸引了越来越多的眼球。对于这样一个迅速聚集了众多使用者和开发者的开源项目，我们相信，它一定有自己的一套成熟、高效的体系来保证代码的质量与项目的稳步推进。

因此，在探讨如何入手分析源码之后，本节将会对 OpenStack 如何保证自己的代码质量进行一些探究。

比尔·盖茨说过：用代码行数来衡量编程的进度，就如同用航空器零件的重量来衡量航空飞机的制造进度一样。所以，相对于代码的数量，我们通常更乐意去关注代码本身的质量。也因此，在开源社区里，除某些特殊的目的以外，我们也更愿意去关注一个人被接受 patch 的数目，而不是这些 patch 里代码的行数。

对于"代码质量"的定义，我们每个人应该都能说出不尽相同的看法，但是更多的感觉可能是"只可意会，不可言传"，很难真正地使用统一的标准去定义清楚。当然，已经有一些研究和工具在通过各种指标来对代码的质量进行量化，如图 2-4 所示。

总之，将"代码质量"定义清楚是一件非常复杂的事情。幸好，笛卡儿很有预见性地在 17 世纪的某一天写了这么一本书——《方法论》，在这本绝大部分人可能都不知道的书里将方法上升到了理论的高度。笛卡儿在这本书里将研究问题的方法归纳为简单的一句话，就是"复杂问题要简单化"。

遵循这个方法论，我们在此尝试解释一下代码质量。

代码一方面是给计算机读的，另一方面是给人读的，也就是给维护这份代码的人读的。给计算机读比较简单，只要遵守计算机语言的规则，计算机就能将它编译成最后的结果。给人读比较麻烦，在读别人的代码时，我们都希望这个代码写得比较简单，函数很短，命名能够让人望文生义，读起来就像读小说、故事会一样，等等。所以我们所希望的就是我们在自己编码时应该实现的目标，这就是站在通俗的角度简单化了的代码质量。

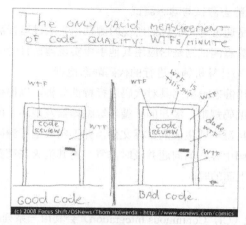

图 2-4　以 Code Review 过程中每分钟出现"脏话"的个数来衡量代码的质量

　　这个简单化了的代码质量定义强调更多的是代码的可读性，即"代码应该是写给其他人来读的，而能让机器运行仅仅是其附带功能"。可读性是其他代码质量指标，包括可维护性、可靠性、可扩展性、性能等的基石，一般来说，干净、整洁的代码，往往运行速度更快。而且即使它们的运行速度不快，也可以很容易地让它们的运行速度变快。正如人们所说的，"优化正确的代码比改正优化过的代码容易多了"。

　　但是对于一个蓬勃发展、前景无限可期的开源项目来说，它的代码质量却不能被这么简单地定义，而是必须有一套行之有效的体系与工具来保证。

　　站在软件工程的高度，通常来说，代码质量保证步骤如图 2-5 所示。

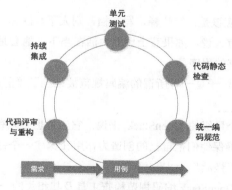

图 2-5　代码质量保证步骤

- 统一编码规范。可读性与可维护性的前提就是具有统一的编码规范。
- 代码静态检查。在代码的开发完成后，接着要进行的工作就是测试。而从计算机理论的角度来说，测试被划分为静态测试与动态测试。

其中，动态测试指的就是通常意义上我们所说的测试，它通过运行测试代码或直接运行被测试的软件来发现存在的问题。静态测试则是指应用其他手段实现测试目的的测试，比如属于人工范畴的代码评审（Code Review）与计算机辅助进行的代码静态检查。

代码静态检查主要指利用静态分析工具对代码进行特性分析，以便检查程序逻辑的各种缺陷和可疑的程序构造，如不符合编码规范、潜在的死循环等编译器发现不了的错误。之所以被称为代码静态检查，是因为它只是分析源码或生成的目标文件，并不实际运行源码生成的文件。它的目的是帮助我们尽可能早地发现代码中存在的问题并及时修复，将其消灭在萌芽状态，就能为后续工作节省大量的耗费在测试与调试上面的时间。

- 单元测试。
- 持续集成。持续集成（CI，Continuous Integration）会利用一系列的工具、方法和规则，通过自动化的构建（包括编译、发布、自动化测试等）尽快发现问题和错误，来提高开发代码的效率和质量。
- 代码评审与重构。代码评审可以帮助我们发现代码静态检查过程中无法发现的一些问题，比如，代码的编写是否符合编码规范，代码在逻辑上或功能上是否存在错误，代码在执行效率和性能上是否有需要改进的地方，代码的注释是否完整、正确，代码是否存在冗余和重复。通过代码评审所发现的问题要通过代码重构及时解决。

本节接下来的内容会按照上述的代码质量保证步骤，总结 OpenStack 使用的工具与采取的措施。

2.5.1 编码规范

程序员最讨厌的 4 件事应该是：写注释，写文档，别人不写注释，别人不写文档。对于这样一个貌似很不好相处的群体，有人说，如果莎士比亚生活在当下，他会是一名科技作家，而且他的座右铭会变成"消灭世界上所有的程序员"。

"消灭"当然是做不到的，于是一种所谓的编码规范被推上了"前台"，用来预防程序员的各种个性与创造力。

对于达到百万行代码这个量级的 OpenStack 来说，它当然也必须有一套自己的编码规范来约束及预防自己的众多开发者，确保他们把自己的创造力作用在构建一个蓬勃发展的开源云项目上，而不是作用在一个其他的什么"怪胎"上。

本节的内容将着重放在 OpenStack 编码规范检查工具及其相关的一个子项目 Hacking 上。

---

1. 代码静态检查

如前文所述，代码静态检查是代码质量保证体系里很关键的一环，编码规范的检查又是代码静态检查的一种。为了更好地理解后面的内容，我们有必要先对代码静态检查进行一番了解。

对于 C、C++等编译型语言来说，因为可以与编译器进行比对，所以在理解代码静态检查时会更加容易。

编译器与代码静态检查工具都能检查代码中的潜在问题。一般来说，编译器最重要的作用是生成可执行文件，所以对于词法、语法的分析相对局限，即在检测错误时，前后查看的代码较少。这也是基于编译器的性能来考虑的，因为还有很多的优化工作要做，所以编译器在词法、语法分析上不能耗费太多时间。尤其是对于 Android 这种代码量很大的项目，在编译都要耗费半天甚至更多的时间时，5%的性能差距就比较大了。

所以，尽管编译器擅长发现一些错误，但通常会因考虑速度而放弃对一些较难发现的条件的检查。这样一来，一些原本可以发现的错误，经常会被遗漏而成为应用中的 Bug，比如，未成功释放已分配的内存、死循环等。

但是代码静态检查工具并没有在性能及时间方面比较苛刻的需求，因为它们并不需要像编译器那样频繁运行，所以它们可以牺牲运行的速度来换取更为彻底的词法、语法分析，更为准确地找到更多的问题。

在使用代码静态检查工具时，付出性能与时间的代价，其收获就是把更多原本只有在测试阶段甚至应用阶段才能发现的 Bug 在编码阶段暴露出来。从 Bug 的成本来分析，有这样一个公认的结论：Bug 发现得越晚，修正的成本就越高，测试阶段修正 Bug 的成本大约是编码阶段的 4 倍。

在编码阶段，静态地分析代码就能找到代码的 Bug，是很多程序员简单又美好的梦想。这个梦想在 21 世纪初，随着以 PCLint、Klocwork、Coverity 为代表的开源或商业静态分析软件的出现而变成了现实。这些代码静态检查工具逐渐成为很多商业公司或开发者的必备工具，如图 2-6 所示。

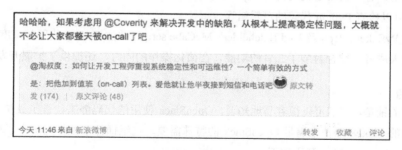

图 2-6　代码静态检查工具

2006 年，美国国土安全部发起并与斯坦福大学合办了一个关注开源代码完整性的研究项目 Coverity Scan，这个项目每年都会使用 Coverity 公司的代码静态检查工具评估和帮助改进包括 Linux

内核、Android、Python 在内的主要开源项目的代码质量，比如，在 2006 年就帮助修复了 6000 多个 Bug。同时，这个项目每年都会发布一份开源软件质量报告，如图 2-7 所示为 2011 年报告中有关各种缺陷比例的一部分。

Defect Type	Number of Defects	Percentage
NULL Pointer Dereference	6,448	27.95%
Resource Leak	5,852	25.73%
Unintentional Ignored Expressions	2,252	9.76%
Use Before Test (NULL)	1,867	8.09%
Buffer Overrun (statically allocated)	1,417	6.14%
Use After Free	1,491	6.46%
Unsafe use of Returned NULL	1,349	5.85%
Uninitialized Values Read	1,268	5.50%
Unsafe use of Returned Negative	859	3.72%
Type and Allocation Size Mismatch	144	0.62%
Buffer Overrun (dynamically allocated)	72	0.31%
Use Before Test (negative)	49	0.21%

图 2-7 开源软件质量报告（部分）

2. Python 代码静态检查工具 Flake8

对于与 OpenStack 息息相关的 Python 代码静态检查来说，目前的工具主要有 Pylint、Pep8、Pyflakes、Flake8 等。

Pylint 违背了 Python 开发者 Happy Coding 的倡导，或许这也是未被 OpenStack 社区所采纳的缘由。

Pep8 备受 Python 社区推崇，负责 Python 代码风格的检查，据路边社报道，在某些公司招聘 Python 工程师的要求中，有一条就是代码符合 Pep8 标准。

Pyflakes 可以检查 Python 代码的逻辑错误。

Flake8 是 Pyflakes、Pep8 及 Ned Batchelder's McCabe script（关注 Python 代码复杂度的静态分析）三个工具的集大成者，综合封装了三者的功能，在简化操作的同时，还提供了扩展开发接口。

3. Hacking

经过上文的铺垫，我们可以很容易地知道，OpenStack 使用的代码静态检查工具是 Flake8，并实现了一组扩展的 Flake8 插件来满足 OpenStack 的特殊需要，这组插件单独作为一个子项目而存在，就是 Hacking。部分 Hacking 源码如下：

```
flake8.extension =
    H000 = hacking.core:ProxyChecks
    H101 = hacking.checks.comments:hacking_todo_format
    H102 = hacking.checks.comments:hacking_has_license
```

```
H103 = hacking.checks.comments:hacking_has_correct_license
H104 = hacking.checks.comments:hacking_has_only_comments
H105 = hacking.checks.comments:hacking_no_author_tags
H106 = hacking.checks.vim_check:no_vim_headers
H201 = hacking.checks.except_checks:hacking_except_format
H202 = hacking.checks.except_checks:hacking_except_format_assert
H203 = hacking.checks.except_checks:hacking_assert_is_none
H231 = hacking.checks.python23:hacking_python3x_except_compatible
H232 = hacking.checks.python23:hacking_python3x_octal_literals
H233 = hacking.checks.python23:hacking_python3x_print_function
H234 = hacking.checks.python23:hacking_no_assert_equals
H235 = hacking.checks.python23:hacking_no_assert_underscore
H236 = hacking.checks.python23:hacking_python3x_metaclass
H237 = hacking.checks.python23:hacking_no_removed_module
H238 = hacking.checks.python23:hacking_no_old_style_class
H301 = hacking.checks.imports:hacking_import_rules
H306 = hacking.checks.imports:hacking_import_alphabetical
H401 = hacking.checks.docstrings:hacking_docstring_start_space
H403 = hacking.checks.docstrings:hacking_docstring_multiline_end
H404 = hacking.checks.docstrings:hacking_docstring_multiline_start
H405 = hacking.checks.docstrings:hacking_docstring_summary
H501 = hacking.checks.dictlist:hacking_no_locals
H700 = hacking.checks.localization:hacking_localization_strings
H903 = hacking.checks.other:hacking_no_cr
H904 = hacking.checks.other:hacking_delayed_string_interpolation
```

从上面 Hacking 源码中的 setup.cfg 文件内容可以看出，到目前为止，Hacking 主要在注释、异常、文档、兼容性等编码规范方面实现了将近 30 个 Flake8 插件的配置。

2.5.2　代码评审 Gerrit

首先，我们来了解一个程序调试方法——橡皮鸭程序调试法，下面的内容主要来自酷壳网的一篇文章。

这个方法实施起来相当方便和简易，几乎不需要任何软件和硬件的支持，可以随时随地进行试验，你甚至可以把你的程序打印出来，在纸面上进行调试。

那么，为什么这个方法叫作橡皮鸭程序调试法呢？一是因为橡皮鸭貌似是西方人在泡澡时最喜欢玩的一个小玩具，所以，这个东西应该家家户户必备；二是因为这个方法由西方人发明，所以，就被命名为"橡皮鸭"了。下面是整个橡皮鸭程序调试法的流程，如图 2-8 所示。

图 2-8　橡皮鸭程序调试法的流程

（1）找一只橡皮鸭。你可以去借、去买、自己制作……反正你要找到一只橡皮鸭。

（2）把这只橡皮鸭放在你面前。标准做法是放在你的桌子上的显示器边或键盘边，反正是你的面前，面朝你。

（3）打开你的代码。不管是计算机里的还是打印出来的。

（4）对着橡皮鸭，把你的所有代码一行一行地向它解释清楚。记住，这是解释，你需要解释你的想法、思路、观点。不然，那只能算是表述，而不是解释。

（5）在这个解释的过程中，你会发现自己的想法或思路与实际的代码偏离了，于是你也就找到了 Bug。

（6）感谢橡皮鸭。找到了 Bug，一定要记得感谢一下那只橡皮鸭。

这个方法是否让你感觉太"愚蠢"，太"弱智"了？不过，这个方法的确有效。因为，这就是 Code Review 的雏形！它的核心思想可以概括为：一旦一个问题被充分地描述了它的细节，那么解决方法也是显而易见的。

相信各位都有过这样的经历，当你无论如何都找不到问题的原因，转而寻求他人的帮助时，你要对别人解释你的整个想法和意图，或者问题背景，可能你自己都没有解释完，就已经找到问题的原因了。这就是这个方法的意义所在。

所以，"橡皮鸭"只是一个形式，其主要目的是要你把自己写的代码进行"自查"，也就是自己解释给自己听。当然，为了不让你像个"精神分裂"的程序员，引入"橡皮鸭"是很有必要的。所以，这种做法的本质是 Code Review。

那么，对于 OpenStack 来说，为了保证代码评审有效进行，首先需要做的是为我们寻找合适的道具"橡皮鸭"，然后提供一个将这些道具和我们有效连接起来的平台。

这些道具自然就是分散在全球各地的 OpenStack 开发者们，与橡皮鸭不同的是，他们会发表自己的意见和看法。而这个连接的平台就是 Gerrit。

1. Gerrit 工作流程

Android 在 Git 的使用上有两个重要的创新：一个是为多版本库协同而引入的 repo（对 Git 使用的封装），另一个就是 Gerrit——代码审核服务器。Gerrit 为 Git 引入的代码审核是强制性的，也就是说除非特别授权设置，否则向 Git 版本库的推送（push）必须经过 Gerrit 服务器，并且修订必须经过一套代码审核的工作流程之后，才可能经过批准并纳入正式代码库中。

OpenStack 也将 Gerrit 引入自己的代码管理里，工作流程大体和 Android 对 Gerrit 的使用相同，区别是过程更为简洁，而且使用了 Jenkins 来完成自动化测试，如图 2-9 所示。

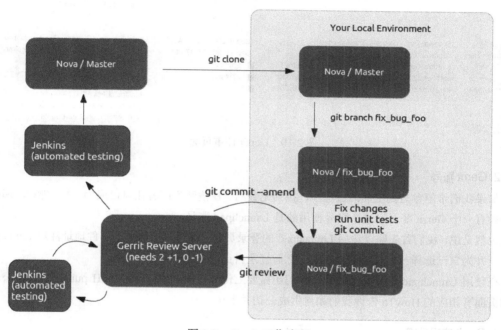

图 2-9　Gerrit 工作流程

首先我们在本地代码仓库中做出自己的修改，然后我们就能很容易地通过 git 命令（或 git-review 封装）将自己的代码 push 到 Gerrit 管理下的 Git 版本库。Jenkins 将对我们提交的代码进行自动测试并给出反馈，其他开发者也能够使用 Gerrit 对我们的代码给出他们的注释与反馈，其中，项目的 maintainer（在 OpenStack 中称为 Core Developer）的反馈权重更高（+2），如果你的 patch 能够得到两个 "+2"，那么恭喜你，你的 patch 将被 merge 到 OpenStack 的源码树里。

所有这些注释、质疑、反馈、变更等代码评审的工作都通过 Web 界面来完成，因此 Web 服务器是 Gerrit 的重要组件，Gerrit 通过 Web 服务器来实现对整个评审工作流的控制。针对某一个提交的 Gerrit 评审页面如图 2-10 所示。

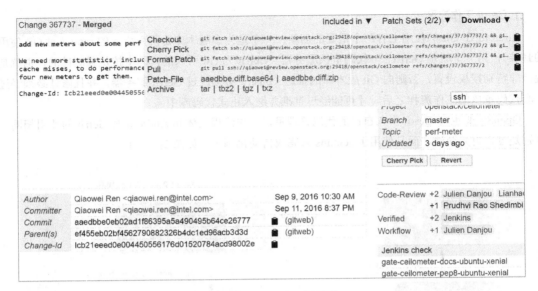

图 2-10　Gerrit 评审页面

2. Gerrit 账号

如果我们希望参与到上面的过程中，找到无数的"橡皮鸭"或者让自己成为"橡皮鸭"，那么我们必须有一个 Gerrit 账号，这个账号使用的是 Launchpad 账号。

也就是说，我们首先需要访问 Launchpad 的登录页面，使用自己的电子邮件地址注册 Launchpad 账号，并为自己选择一个 Launchpad ID，之后登录自己的 Launchpad 主页。

在使用 Launchpad 账号登录之后，我们还需要上传自己的 SSH 公钥（SSH public key），公钥设置的页面有相应的 HowTo 告诉我们如何生成公钥并上传。

3. Gerrit 实现原理

Gerrit 基于 SSH 协议实现了一套自己的 Git 服务器，这样就可以基于自己的需求对 Git 数据传递进行更为精确的控制，为上述工作流程的实现建立了基础。访问 Gerrit 页面可以查看这个 Git 服务器的域名和端口 "review.opendev.org 29418"，可以发现它使用了 29418 端口，并非是标准的 22 端口。

Gerrit 的 Git 服务器，只允许用户向特殊的引用 refs/for/<branch-name> 下执行推送（push），其中<branch-name> 即为开发者的工作分支。Gerrit 会为新的提交分配一个 task-id，并为该 task-id 的访问建立引用 refs/changes/nn/<task-id>/m，比如图 2-10 中的 refs/changes/37/367737/2，其中：

- task-id 为 Gerrit 按顺序分配给该评审任务的全局唯一的号码。
- nn 为 task-id 的后两位数，位数不足的用零补齐，即 nn 为 task-id 除以 100 的余数。
- m 为修订号，该 task-id 的首次提交修订号为 1，如果该修订被拒绝，则需要更新代码后重新提交，修订号会依次增大。

为了保证在代码修改后重新提交时，不会产生新的重复的评审任务，Gerrit 要求每个提交包含唯一的 Change-Id，Gerrit 一旦发现新的提交包含了已经处理过的 Change-Id，就不再为该修订创建新的评审任务和 task-id，而是仅仅把它作为已有 task-id 进行修订。

例如，图 2-10 所示评审任务的 Change-Id 为 Icb21eeed0e004450556176d01520784acd98002e，在它被 merge 到正式的 OpenStack 源码树前共有两次修订，即 Patch Set 2/2。

对于开发者来说，为了实现针对同一份代码的前后修订中包含唯一的、相同的 Change-Id，需要在执行提交命令时使用--amend 选项，以避免 Gerrit 创建新的评审任务。

4. git-review

如上所述，Gerrit 做了大量的工作来保证代码从提交、评审、修订到再提交这个流程作业的顺利、有序进行，同时开发者需要在其中小心翼翼地进行配合。而这种谨慎与琐碎当然不太符合程序员们的日常行为，于是一个名称为 git-review 的工具出现了，它封装了与 Gerrit 交互的所有细节，我们需要做的只是开心地执行 commit 与 review 这两个 git 子命令，然后在 Web 图形界面上进行"看图说话"，根本不用去琢磨有关 Gerrit 的种种细节。

为了对一个项目使用 git-review，我们需要先对该项目进行设置，比如，对 Nova 项目使用 git-review：

```
$ cd nova
$ git review -s
```

git-review 会检查我们是否能够登录 Gerrit，如果不能，它会向我们索要 Gerrit 账号。如果我们看到"We don't know where your gerrit is."这样的错误，就需要执行下面的命令：

```
$ git remote add gerrit ssh://<username>@review.opendev.org
:29418/openstack/nova.git
```

然后我们经常做的事情，除修改代码之外，就是按照一个"熟练工"的标准执行下面的命令：

```
$ git checkout -b branch-name
$ git commit -a (--amend)
$ git review
```

至于如何安装 git-review 在此不再赘述，因为大多数 Linux 发行版已经将其集成到了自己的包管理器中。

2.5.3 单元测试 Tox

在 StackOverflow 上，一个有 16.7k 分的人问了一个有关单元测试的问题："How deep are your unit tests?"意思就是："单元测试需要做多细？"或者换句话说："单元测试的这个单元的粒度是怎样的？"

针对这个问题，下面的回答获得了大部分的票数，被评为最佳回答。

I get paid for code that works, not for tests, so my philosophy is to test as little as possible to reach a given level of confidence (I suspect this level of confidence is high compared to industry standards, but that could just be hubris). If I don't typically make a kind of mistake (like setting the wrong variables in a constructor), I don't test for it. I do tend to make sense of test errors, so I'm extra careful when I have logic with complicated conditionals. When coding on a team, I modify my strategy to carefully test code that we, collectively, tend to get wrong.

老板为我的代码付报酬，而不是测试，所以，我对此的价值观是——测试越少越好，少到你对你的代码质量达到了某种自信（我觉得这种自信标准应该要高于业内的标准，当然，这种自信也可能是一种自大）。如果在我的编码生涯中不犯这种典型的错误（如：在构造函数中设置了一个错误的值），我就不会测试它。我倾向于对那些有意义的错误做测试，所以，我对一些比较复杂的条件逻辑会异常小心。当在一个团队中，我会非常小心地测试那些容易让团队出错的代码。

翻译来自酷壳网的文章，这不重要，重要的是这个回答来自 Kent Beck（敏捷开发 XP 与测试驱动开发 TDD 的奠基者）。下面是有人针对 Kent 这个回答的回应。

The world does not think that Kent Beck would say this! There are legions of developers dutifully pursuing 100% coverage because they think it is what Kent Beck would do! I have told many that you said, in your XP book, that you don't always adhere to Test First religiously. But I'm surprised too.

只是要地球人都不会觉得 Kent Beck 会这么说！我们有大量程序员在忠实地追求着 100% 的代码测试覆盖率，因为这些程序员觉得 Kent Beck 也会这么做！我告诉过很多人，你在你的 XP 书里说过，你并不总是支持"宗教信仰式"的 Test First，但是今天 Kent 这么说，我还是很惊讶！

回到 OpenStack，单元测试又被称为 Small Tests，粒度并不以开发者的个人意愿及其对自身水平的自信而转移，起码从形式上追求着将近 100% 的代码覆盖率。也因此，我们在提交一些新的代码时，必须做的事情往往是提交更多的测试代码，而且常常花在单元测试上的时间要更多。

1. OpenStack 单元测试

概括来说，OpenStack 单元测试追求的是隔离、速度及可移植。对于隔离，需要测试代码不和数据库、文件系统交互，也不能进行网络通信。另外，单元测试的粒度要足够小，确保一旦测试失败，就可以迅速地找到问题的根源。可移植是指测试代码不依赖于特定的硬件资源，允许任何开发者运行。

单元测试的代码位于每个项目源码树的<project>/tests/目录中，遵循 oslo.test 库提供的基础框架。通常单元测试的代码需要专注于对核心实现逻辑的测试上，如果需要测试的代码引入了其他的依赖，如依赖于某个特定的环境，则我们在编写单元测试代码的过程中，花费时间最多的可能就是如何隔离这些依赖，否则，即使测试失败，也很难定位出问题所在。

对 SUT（the system under test，被测试系统）完成隔离的基本原则是引入 Test Double（类似特技替身演员），并使用 Test Double 替代测试中的每一个依赖。

Test Double 有多种类型，如 Mock 对象、Fake 对象等，它们可以作为数据库、I/O，以及网络等对象的替身，并将相应的操作隔离。在测试运行过程中，当执行到这些操作时，不会深入方法内部去执行，而是会直接返回我们假设的一个值，例如：

```python
import mock
from oslotest import base

from ceilometer.compute.virt import inspector as virt_inspector
from ceilometer.compute.virt.xenapi import inspector as xenapi_inspector


class TestXenapiInspection(base.BaseTestCase):

    def setUp(self):
        api_session = mock.Mock()
        xenapi_inspector.get_api_session = mock.Mock(return_value=api_session)
        self.inspector = xenapi_inspector.XenapiInspector()

        super(TestXenapiInspection, self).setUp()

    def test_inspect_instances(self):
        vms = {
            'ref': {
                'name_label': 'fake_name',
                'other_config': {'nova_uuid': 'fake_uuid', },
            }
        }

        session = self.inspector.session
        with mock.patch.object(session, 'xenapi_request',
                               return_value=vms):
            inspected_instances = list(self.inspector.inspect_ instances())
            inspected_instance = inspected_instances[0]
            self.assertEqual('fake_name', inspected_instance.name)
            self.assertEqual('fake_uuid', inspected_instance.UUID)
```

上述代码示例使用 Mock 对象替换了 XenServer 环境下的 XenAPI 网络连接对象，如此一来，我们就可以在 KVM 等任何环境下执行单元测试，而不局限于 XenServer 环境。

2. Tox

执行单元测试的途径有两种：一种是 Tox；另一种是项目源码树根目录下的 run_tests.sh 脚本。

通常我们使用的是 Tox。

Tox 是一个标准的 virtualenv（Virtual Python Environment Builder）管理器和命令行测试工具。可以用于：检查软件包能否在不同的 Python 版本或解释器下正常安装；在不同的环境中运行测试代码；作为持续集成服务器的前端，大大减少测试工作所需时间。

每个项目源码树的根目录下都有一个 Tox 配置文件 tox.ini，如 Ceilometer 项目的 tox.ini 片段：

```
[tox]
minversion = 2.0
skipsdist = True
# 要测试的 Python 版本或环境
envlist = py{36,37},pep8


[testenv]
# 安装依赖
basepython = python3
install_command = pip install {opts} {packages}
usedevelop = True    setenv = VIRTUAL_ENV={envdir}
         OS_TEST_PATH=ceilometer/tests/unit
…
# 测试时要执行的命令
commands =
  stestr run {posargs}
  oslo-config-generator        \
     --config-file=etc/ceilometer/ceilometer-config-generator.conf
whitelist_externals = bash
…
```

对于开发而言，通常只需要运行下面两个 tox 命令：

```
$ tox -e pep8      //代码规范检查
$ tox -e py36 -vv
```

在第一次执行时，会自动安装一些依赖的软件包，如果自动安装失败，我们就需要根据提示信息手动进行安装。

如果我们只希望执行特定的单元测试代码，不喜欢浪费时间去等待所有单元测试的执行，则可以使用参数指定，比如，执行 ceilometer/tests/compute/virt/xenapi/test_inspector.py：

```
$ tox -e py36 -- test_inspector
```

2.5.4 持续集成 Jenkins

《重构　改善代码既有的设计》作者 Martin Fowler 在《持续集成》一书中对持续集成的定义：持续集成是一种软件开发实践。在持续集成中，团队成员频繁地集成他们的工作成果，一般每人每天至少集成一次，也可以多次。每次集成会经过自动构建（包括自动测试）的检验，以尽快发现集成错误。许多团队发现这种方法可以显著减少集成引起的问题，并可以加快团队合作进行软件开发的速度。

通俗来说，持续集成（CI）需要对每次代码提交都进行一次从代码集成到打包发布的完整流程，以判断提交的代码对整个流程带来的影响程度。而这个过程中所使用的方法严重依赖于团队成员的多少、目标平台和配置的不同等因素。比如，只有一个人，同时只面向一个平台，那么在每次出现一个 commit 时，手动进行一下测试基本就能知道结果，也就完全不需要其他更为复杂的工具与方法。

但是对于 OpenStack 这样的项目来说，显然没有这么简单，通常会涉及一个使用版本控制软件来维护的代码仓库，自动的构建过程，包括自动编译、测试、部署等，以及一个持续集成服务器。

1. Jenkins

OpenStack 使用 Jenkins 搭建自己的持续集成服务器。对于一般的小团队来说，通常会先 commit 再执行 CI，而 OpenStack 则不同，它会先通过 Gerrit 对每个 commit 进行 review，这时 Jenkins 会执行整个 CI 的过程，若通过，则会"+1"，否则会"-1"，如图 2-11 所示。

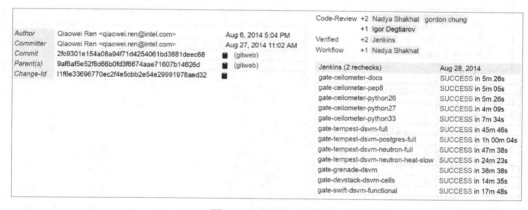

图 2-11　Jenkins 结果

如图 2-11 所示的 Jenkins 列标明了 Jenkins 针对这个 commit 进行了哪些测试及其结果，在这一列中，以"gate-ceilometer-"为前缀的是 Tox 的测试结果，如 gate-ceilometer-pep8 对应的就是运行 tox-e pep8 命令的测试结果。

2. Tempest

根据上文的描述，Jenkins 需要依托大量的单元测试及集成测试代码，单元测试的代码位于各个项目自身的源码树里，而 OpenStack 的集成测试则使用 Tempest 作为框架。

Tempest 是 OpenStack 项目中一个独立的项目，它的源码位于/opt/stack/tempest/目录下（使用 Devstack 部署开发环境），包含了大量的测试用例。例如：

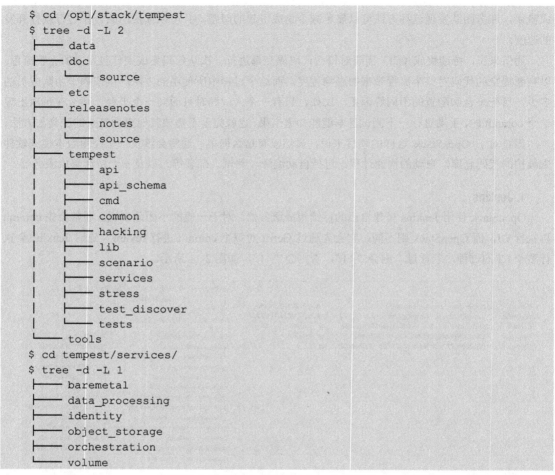

```
$ cd /opt/stack/tempest
$ tree -d -L 2
├── data
├── doc
│   └── source
├── etc
├── releasenotes
│   ├── notes
│   └── source
├── tempest
│   ├── api
│   ├── api_schema
│   ├── cmd
│   ├── common
│   ├── hacking
│   ├── lib
│   ├── scenario
│   ├── services
│   ├── stress
│   ├── test_discover
│   └── tests
└── tools
$ cd tempest/services/
$ tree -d -L 1
├── baremetal
├── data_processing
├── identity
├── object_storage
├── orchestration
└── volume
```

etc/目录包含 Tempest 的配置文件，tools/目录包含一些辅助脚本，所有的测试用例都存放在 tempest/目录下。

tempest.api 主要测试 OpenStack API 部分的功能，tempest.cli 测试 OpenStack CLI 接口，tempest.scenario 主要根据一些复杂场景进行测试，包括启动 VM、挂载 Volume 和网络配置等，tempest.stress 主要进行压力测试，tempest.services 则测试自己实现的 API 客户端，是对各个项目 API 的封装，目的是不让一些 Bug 隐藏在官方实现的客户端里面。

以 tempest.api 为例，它里面的所有测试用例都是基于 tempest.test.BestTestCase 的，这个基类声明了 setUpClass 方法，可以在类初始化时调用。tempest.api.<project>.base 对这个基类进行了继承，如 tempest.api.compute.base.BaseV2ComputeTest，还实现了很多工具函数，供各项目 API 相关的测试用例调用，有了这些工具函数，就可以很方便地编写具体的测试用例。

比如，tempest.api.compute.flavors.test_flavors.FlavorsV2TestJSON 继承自 BaseV2ComputeTest，所以在初始化时，就会把 Tempest 自己实现的 API Client 赋值给类的属性。在具体的测试函数里，FlavorsV2TestJSON 就会利用这个 Client 的函数来对 OpenStack 进行查询：

```
@test.idempotent_id('6e85fde4-b3cd-4137-ab72-ed5f418e8c24')
def test_list_flavors_with_detail(self):
    # Detailed list of all flavors should contain the expected flavor
    flavors = self.client.list_flavors(detail=True)['flavors']
    flavor = self.client.show_flavor(self.flavor_ref)['flavor']
    self.assertIn(flavor, flavors)
```

在上述测试用例中，test_list_flavors_with_detail 就是先利用 flavor client 来获取所有的 flavor 列表，再获取某个具体的 flavor，然后验证这个 flavor 是否在所有的 flavor 里面的。

而这里使用的就是 Tempest 自己实现的 RESTful API Client，具体实现位于 tempest.services。

在我们提交代码到 Gerrit 上后，Jenkins 会执行包括集成测试在内的各项测试，但有时仍然需要我们在本地执行集成测试，比如，针对新功能的 patch 引发 Tempest 某些测试用例执行失败，需要我们修改 Tempest 代码（通常的做法是注释掉这个失败的测试用例，并将修改提交给 Tempest，待 Tempest 接受后，会成功通过原来的 patch 集成测试，等到它们被相应的项目接受后再修改 Tempest 代码并提交）。

本地执行 Tempest 测试可以使用 nose 或 testr 工具。

执行所有 Tempest 测试用例：

```
$ nosetests tempest
$ testr run --parallel
```

执行某个测试用例：

```
$ nosetests tempest.api.compute.flavors.test_flavors.py: \
FlavorsV2TestJSON.test_list_flavors
$ testr run -parallel tempest.api.compute.flavors. \
test_flavors.py: FlavorsV2TestJSON.test_list_flavors
```

3. 第三方 CI

如前文所述，Jenkins 是 OpenStack 的官方 CI 系统，每个 patch 在最终合并前都必须通过 Jenkins 的测试。

此外，还有许多第三方提供的自动化测试系统用于帮助验证、测试特定的 patch，通常被称为第三方 CI，如图 2-12 所示，Reviewers 栏的 Intel NFV CI、Intel PCI CI、Mellanox CI 等均为第三方 CI。

第三方 CI 也是通过 Gerrit 系统接入 OpenStack 的开发流程的。每提交一个 patch，Gerrit 会发布一个事件，Jenkins 会监听 Gerrit 事件，启动 patch 测试或 Gate（将代码合并入主干）流程。每个第三方 CI 一般都只关注某个官方项目，专门测试一部分代码，比如，Intel PCI Test 只接受 Nova Patch Set Create 事件，启动针对 PCI 子系统的测试，并且测试结果会通过 Gerrit 反馈给 OpenStack 社区。最终，我们在该 patch 相应的 Gerrit 评审页面的 Reviewers 栏就能看到 Intel PCI Test 的测试结果。

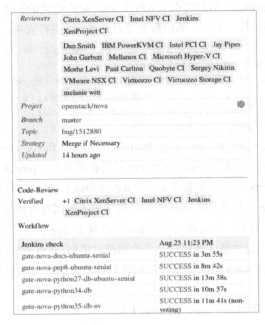

图 2-12　第三方 CI

第三方 CI 基本上都会基于成熟的 Jenkins 测试系统，基本架构如图 2-13 所示，最基本的配置包括一个 Jenkins Master，几个测试端，一个用于发布测试日志的开放的 Web/FTP 服务器，测试日志至少要保留几个月时间。OpenStack Infra 对 Jenkins 和 Web Server 的设置都有具体的规定和指导。

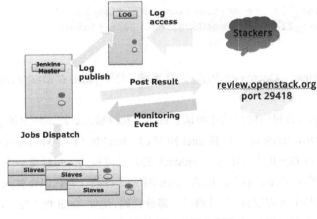

图 2-13　第三方 CI 基本架构

Jenkins 官方提供了 Gerrit trigger 插件，可以连接到 review.openstack.org:29418 并接收官方 Gerrit 事件。在 trigger 插件内，可以过滤出感兴趣的变化，触发 Jenkins 具体的测试，比如 Intel PCI Test 会在 Nova patch 提交时触发针对 PCI 的测试。

当测试完成后，需要将测试日志发布到公开的 Log Server 内，并根据测试将结果反馈给 Gerrit，同时将日志连接一并发回给 Gerrit。之后，开发者（Stackers）就能看到测试结果，访问测试日志。

根据 OpenStack 官方要求，每个第三方 CI 都需要申请一个专用 OpenStack 账号，用于接入官方 CI 系统。第三方 CI 的申请人需要确保第三方 CI 反馈给社区有意义的结果，并保证 7×24 小时运行，对于出现的问题要及时处理，确保 OpenStack Infra 团队可以联系到维护人员。

重要的要求如下所述。

（1）及时处理问题，更新 CI 状态。

（2）积极参与 Infra team IRC 会议。

（3）及时处理 CI 出现的各种问题。

第三方 CI 容易出现如下所述的一些问题。

（1）网络问题。

OpenStack 测试环境一般是基于 Devstack 的，整个测试环境从开始搭建到结束的耗时从 20 分钟到 50 分钟不等，与测试的复杂程度相关。其中需要大量访问国际 Internet，包括发行版、Python 库、大量 Git 仓库。任意时刻出现网络不稳定、断网，都会导致测试失败或者用时增加。

为了提高可靠性，许多第三方 CI 会搭建本地发行版镜像、Pypi 镜像及 Git 镜像，这无疑又增加了 CI 系统的复杂度，带来更多稳定性问题。

（2）机器问题。

作为 Jenkins Slave 的机器需要有很健壮的系统和硬件支撑，包括 SSD 硬盘、RAID 系统等，一旦基础硬件出现问题，就会影响一批测试结果，需要及时处理。

（3）软件环境问题。

很多测试在 VM/LXC 内运行，这对于软件环境清理是一件好事，但是也存在需要直接运行在物理机器上的测试系统，此时的软件环境清理就面临非常严重的挑战。因为 Devstack 并不负责清理测试后所安装的软件及可能出现的问题，比如，MySQL 容易配置/测试不当导致下一次部署失败。

（4）测试代码问题。

代码测试有两大类：一类是官方测试，此类测试与官方同步；另一类是私有测试，也是第三方 CI 存在的意义。如果私有测试的代码不能耦合到官方的测试库（Tempest），就会导致一系列问题，最常见的问题是官方 Tempest 代码变动导致私有测试失败，此时应该将测试代码从 Tempest 中解耦。

（5）自动化维护和恢复问题。

为了保证迅速处理所发生的问题，自动化的维护部署工具必不可少，使用流行的 Ansible 或 Puppet 都是不错的选择。

（6）监控和告警系统。

Zabbix 可以提供基本的系统告警功能，但是还有更详细的告警需求，比如，测试持续失败、某台机器测试连续失败、本地镜像不能访问等。

2.6 如何贡献

我们相信，每一个走向软件开发这条路的开发者都不会仅仅满足于只在这个领域"打个酱油"，都会希望在 Community 里发出自己的声音，但是，作为一个弥漫着现实主义的开源社区，你能够发出的声音大小取决于你的贡献大小。

2.6.1 文档

如前文所述，完善的文档、文档与代码保持同步是影响软件可维护性的一个重要因素，而开发者大多是"勤于代码，懒于文档"的，但是为 OpenStack 完善文档也是提升自己贡献度的一种方式。

OpenStack 的文档主要可以分为以下 3 类。

1. Wiki

OpenStack Wiki 的内容包罗万象，既有一些 HowTo 指南，也有很多设计的细节，以及很多会议的信息和记录。

2. RST

开发者创建的 RST 文件位于各个项目代码树中的/doc/source/目录，也就是我们所谓的开发文档，如 API 说明。

3. DocBook

除了开发者，其他很多 OpenStack 用户，包括部署人员、管理人员、API 用户等还使用 DocBook 创建了很多类似使用手册的文档，也有专门的一个 OpenStack 项目 openstack-manuals 用来负责相关的维护工作。

OpenStack 的 3 类文档，除 Wiki 可以直接编辑以外，RST 和 DocBook 文档的创建过程与代码提交的过程类似，区别是编写的格式及工具不同，如果我们把文档的格式要求也当成一种开发语言的话，那么区别只是代码开发使用的是 Python，需要遵守 Python 的规则，而编写文档需要遵守相应文档格式的规则。

2.6.2 修补 Bug

在进入一个新的领域时，常规的切入手段都是从简单的"修修补补"开始。作为新的 OpenStack

开发者，通常也是从修补 Bug 开始的。在这个修补 Bug 的过程中，我们应当对 OpenStack 的开发流程，代码的提交与管理过程有一个更为深入的理解。

1. 寻找 Bug

当然，修补 Bug 的前提是找到一个合适的 Bug，有两种方法可以被采用：一种是在使用 OpenStack 的过程中被动等待 Bug 出现；另一种是主动出击，在现有已经提交的那些 Bug 中挑选一个合适的。

OpenStack 已经对所有已提交的 Bug 按照项目进行了归类，比如，Nova 的 Bug 列表如图 2-14 所示。

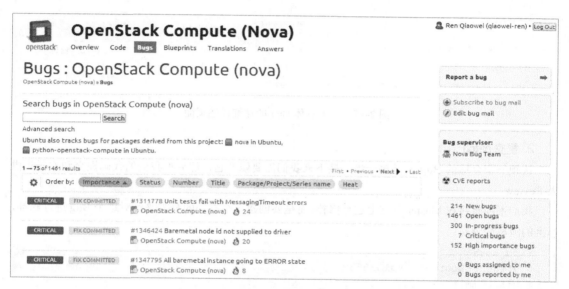

图 2-14　Nova 的 Bug 列表

在如图 2-14 所示的页面中，列出了目前已提交的所有 Bug，我们可以单击页面右上角的"Report a bug"按钮来提交一个自己新发现的 Bug，也可以打开 Bug 列表中的任何一个 Bug 进行查看。

提交新 Bug 的过程并不复杂，主要就是对 Bug 进行表述并确认是否有类似的 Bug，困难的是如何去发现一个新的 Bug。因此，对 OpenStack 新人来说，更为简单明了的方式就是从 Bug 列表中选择一个。

一个具体 Bug 的详细描述页面如图 2-15 所示，显示了这个 Bug 的优先级及当前状态等信息，在"Assigned to"中会显示该 Bug 是否已经被分配或认领，如果它显示的内容是"Unassigned"，也就是说该 Bug 处于无主状态，我们可以结合 Bug 的内容和自身的条件进行一番评估，如果合适的话，我们就可以将其分配给自己。

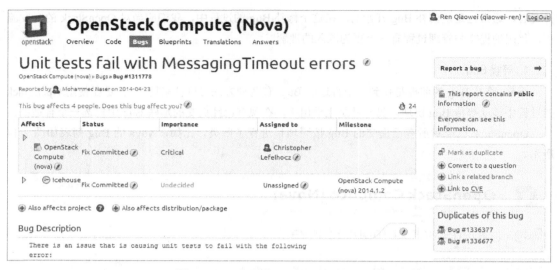

图 2-15　一个具体 Bug 的详细描述页面

2. 提交 patch

认领一个合适的 Bug 只是第一步，接下来我们需要修补它，然后把我们的代码提交到 Gerrit 供人 Review。

我们不能直接在 Master 分支上进行修补，而是要创建一个专门的分支来针对这个 Bug 进行修补，标准的流程应该是：

```
$ cd nova
$ git checkout -b bug1335559
$ git commit -a
$ git review -t bug/1335559
```

其中，"1335559"为一个 Bug 专属的 ID，可以在 Bug 的详细描述页面上看到。需要注意的是，当我们使用 git commit 命令提交代码时，不要忘记在描述信息里加上"Closes-Bug: #1335559"。

通过 git review 命令将我们的 patch 成功提交到 Gerrit 之后，就可以在 Gerrit 上打开该 Bug 相应的页面来查看当前 Review 的过程并与其他开发者针对我们的修改进行互动。

2.6.3　增加 Feature

通俗来说，Bug 是漏洞，Feature 是功能，一个惹人生厌，一个显得"高大上"。其实，有时 Feature 只是穿了"衣服"的 Bug，如图 2-16 所示。

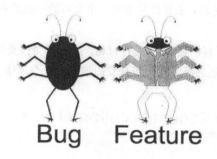

图 2-16   Bug 与 Feature 的区别

因此，与上节修补 Bug 的流程相比，本节的重点在于多出的那件"衣服"。

1. bp（blueprint）

与修补 Bug 相比，在增加 Feature 时穿上的那件"衣服"就是 bp。

简单来说，bp 主要阐述了有关新 Feature 的一些想法与设计，以及该 bp 的 milestone，可以用于跟踪相关开发人员的开发进程。对于一些复杂的 Feature，还会准备相关的 Wiki 页面。

与 Bug 类似，针对所有已经创建的 bp，也可以去各个项目专属的页面查看相关的 bp。Ceilometer 的 bp 列表如图 2-17 所示。

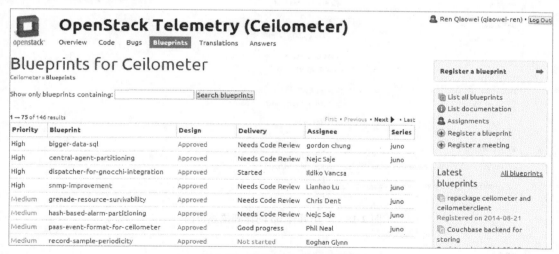

图 2-17   Ceilometer 的 bp 列表

在如图 2-17 所示的页面中，列出了目前 Ceilometer 项目中已创建的所有 bp，我们可以单击页面右上角的"Register a blueprint"按钮来创建一个新的 bp，也可以打开 bp 列表中的任何一个 bp 进行查看。

创建 bp 的过程同样并不复杂，主要就是填写一个合适的标题并对 Feature 进行表述，困难的是 bp 在创建之后能够被接受。

项目的 Core 团队会针对所有创建的 bp 进行讨论，决定是否接受该 bp，以及它的优先级。在 bp 被接受后，在开发过程中我们还需要适时更新开发的状态。一个具体 bp 的详细描述页面如图 2-18 所示。

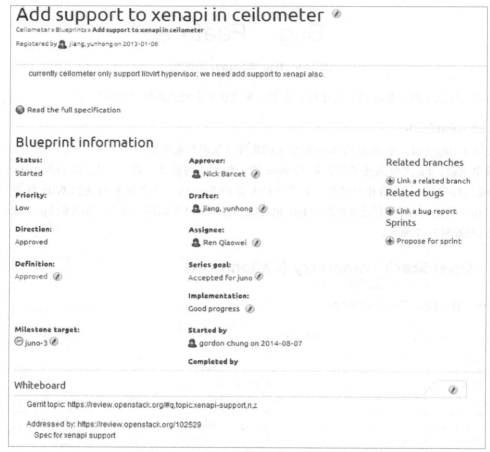

图 2-18　一个具体 bp 的详细描述页面

2. spec

在 spec 出现之前，我们在增加新 Feature 时，只需要给它穿一件很简洁的"衣服"，并创建一个 bp，等待被讨论、接受即可。我们需要花费大量精力的地方在于如何让该 Feature 相关的 patch 被 merge 到项目中。

但是，在 spec 出现之后，需要穿的"衣服"就复杂了很多。各个项目逐渐又多了一个伴生项目 <project>-specs，如 Ceilometer 对应的 ceilometer-specs，我们需要在里面创建一个 spec，然后像提交代码一样提交给 Gerrit，以供项目的 Core 成员及其他开发者 Review，在经过若干次的 Update 和可能比较漫长的等待之后，这个 spec 可能会被接受。

也就是说，在 spec 出现之前，我们增加一个新的 Feature，需要经历一个 Gerrit 评审的过程，而在 spec 出现之后，这个 Gerrit 评审的过程变为了两个。

存在即合理，这个多出来的"衣服"肯定是为了更好地规范项目的开发。每个 spec 项目都会包含一个模板文件，每个新创建的 spec 必须按照这个模板逐项填写，包括相应的 bp 链接、问题的描述、对 RESTful API 等可能的影响、实现的设计细节及参考资料等内容。在填写完相应内容后，我们就基本上对实现的各种细节了然于胸，只剩代码了。

而原本的 bp 不需要考虑这么复杂，我们可以看到很多被接受的 bp 也只是寥寥几句，描述了一下想法而已。

3. 提交 patch

除了上述要穿上的"衣服"bp 和 spec，增加 Feature 时提交 patch 的过程与修补 Bug 时提交 patch 的过程大体相同，即把完成的代码提交到 Gerrit 供人 Review。

我们同样不能直接在 Master 分支上进行实现，而是要针对这个 Feature 创建一个专门的分支，标准的流程应该是：

```
$ cd ceilometer
$ git checkout -b xenapi-support
$ git commit -a
$ git review -t bp/xenapi-support
```

其中，"xenapi-support"是我们创建 bp 时指定的标题。当我们使用 git commit 命令提交代码时，不要忘记在描述信息里加上"Implements: blueprint xenapi-support"。

通过 git review 命令将我们的 patch 成功提交到 Gerrit 之后，就可以在 Gerrit 上打开该 bp 相应的页面来查看当前 Review 的过程并与其他开发者针对我们的实现进行互动。

2.6.4 Review

除贡献文档、代码以外，Review 其他开发者的 patch 是我们向 OpenStack 做贡献的另一种重要方式。

30 天内 Nova 项目的贡献排名如图 2-19 所示，除提交的 patch 数目以外，很重要的一部分就是 Review 的数目。

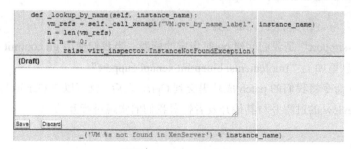

# ▲	Engineer	Reviews	-2	-1	+1	+2	A	+ %	Disagreements	Ratio	On review / patch sets	Commits	Emails
1	Mikhail Durnosvistov (Mirantis)	264	0	137	127	0	0	48.1%	18	6.8%	1 / 13	0	0
2	Jay Pipes (Mirantis) *	227	1	58	24	144	43	74.0%	17	7.5%	7 / 29	7	18
3	Daniel Berrange (Red Hat) *	216	4	76	7	129	54	63.0%	17	7.9%	16 / 90	20	30
4	Gary Kotton (VMware) * stable/havana	176	0	70	100	6	4	60.2%	15	8.5%	21 / 112	21	12
5	Dan Smith (Red Hat) *	171	5	73	2	91	39	54.4%	8	4.7%	20 / 92	23	7
6	Kenichi Ohmichi (NEC) *	157	0	49	1	87	30	64.2%	6	4.4%	30 / 112	11	0
7	Russell Bryant (Red Hat) *	122	2	28	0	92	51	75.4%	3	2.5%	12 / 67	10	31
8	Matt Riedemann (IBM) *	103	2	44	1	56	38	55.3%	0	0.0%	26 / 73	20	13
9	Sylvain Bauza (Red Hat)	98	0	43	55	0	0	56.1%	6	6.1%	4 / 19	1	18
10	Ihar Hrachyshka (Red Hat) * stable/havana	86	12	15	4	55	35	68.6%	3	3.5%	4 / 11	3	2
11	Ainy Xu (IBM)			43				49.4%		4.7%	20 /		

图 2-19　30 天内 Nova 项目的贡献排名

Engineer 列在人名后面加 "*" 表示 Core Developer，有 "+2" 与 "-2" 的权限。如果你想加入 Core 团队，则在这里面的排名尽量靠前是必要条件。

而 Review 本身只是要求我们花费一定的时间去浏览并理解其他开发者的代码，有针对性地提出自己的问题并做出 "+1" 或 "-1" 的评价。

如图 2-20 所示，在代码上双击即可出现输入框，可在此输入我们的疑问。

```
def _lookup_by_name(self, instance_name):
    vm_refs = self._call_xenapi("VM.get_by_name_label", instance_name)
    n = len(vm_refs)
    if n == 0:
        raise virt_inspector.InstanceNotFoundException(
```
(Draft)

Save   Discard

```
        _('VM %s not found in XenServer') % instance_name)
```

图 2-20　Review 代码

2.6.5　调试

这个世界从来就不缺少文艺青年，所以即使在 IT 博客论坛抑或书店的 IT 专柜，我们也经常会看到 "编码的艺术"、"调试的艺术" 及 "注释的艺术" 等融合了文艺气息和人文情怀的字眼。而与另外两种强调个体创造的 "艺术" 相比，"调试的艺术" 需要在与机器的不断交流中完成，因此一些具有浪漫主义情怀的 IT 文艺男青年会说"我喜爱调试代码胜过了写代码"。

但是本书写不出这样的人文情怀，也相信看到这些文字的读者都已经写过且调试过很多的代码，即使不使用 Python，也调试过 C 代码，对调试目的及包括断点在内的一些基本概念也都了然于胸。所以这里只简单介绍一种最为常用的 OpenStack 代码调试，也就是调试 Python 代码的方法——PDB。

使用 PDB 调试 OpenStack 代码，只需要在我们希望设置断点的地方加上下面的两行代码即可：

```
import pdb
pdb.set_trace()
```

然后重启相应的 OpenStack 的各个服务，代码就会停止在这两行代码所在的地方，然后我们可以使用与 PDB 类似的一些命令进行调试，比如，使用 p 命令打印一些信息，使用 n 命令进行单步调试等。

## 第 3 章

虚拟化

云计算的一个核心思想就是在服务器端提供集中的物理计算资源，这些计算资源可以被分解成更小的单位去独立地服务于不同的用户，也就是在共享物理资源的同时，为每个用户提供隔离、安全、可信的虚拟工作环境，而这一切不可避免地要依赖于虚拟化技术。

3.1 概述

对于虚拟化，每个人都可能会有自己的认识。但其实所谓的虚拟化已经存在了 40 多年的时间。比如，在计算机发展的"上古时代"，有一段时间开发者会担心是否有足够的可用内存来存放自己的程序指令和数据，于是在操作系统里引入了虚拟内存的概念，即为了满足应用程序对操作系统的需求，对内存进行的虚拟和扩展。

再比如，因为购买大型机系统的价格十分昂贵，系统管理员又不希望各部门的用户独占资源，所以出现了所谓的虚拟服务器，能够让用户更好地分时段共享（Time-sharing）昂贵的大型机系统。

当然，虚拟化的内涵远远不止虚拟内存和虚拟服务器这么简单。如果我们在一个更广泛的环境中，或者从更高级的抽象中，如任务负载虚拟化和信息虚拟化，来思考虚拟化，虚拟化就变成了一个非常强大的概念，可以为最终用户、上层应用和企业带来很多好处。

现代计算机系统是一个庞大的整体，整个系统的复杂性是不言而喻的。因此，计算机系统自下而上地被分成了多个层次，如图 3-1 所示，该图展现了一种常见的计算机系统层次结构。

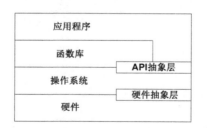

图 3-1　计算机系统层次结构

每个层次都向上一层次呈现一个抽象，并且每个层次只需要知道下一层次抽象的接口，并不需要了解其内部运作机制。比如，操作系统所看到的硬件是一个硬件抽象层，它并不需要理解硬件的布线或电气特性。

这种层次抽象的好处是，每个层次只需要考虑本层的设计，以及与相邻层次间的交互接口，从而大大降低了系统设计的复杂性，提高了软件的可移植性。从另一个方面来说，这样的设计还给下一层次的软件模块为上一层次的软件模块创造"虚拟世界"提供了条件。

本质上，虚拟化就是由位于下一层次的软件模块，根据上一层次的软件模块的期待，抽象出一个虚拟的软件或硬件接口，使上一层次的软件模块可以直接运行在与自己所期待的运行环境完全一致的虚拟环境上。

虚拟化可以发生在如图 3-1 所示的各个层次上，不同层次的虚拟化会带来不同的虚拟化概念。在学术界和工业界，也先后出现了形形色色的虚拟化概念，这也是我们前面为什么会说"对于虚拟化，每个人都可能会有自己的认识"。有人认为虚拟内存和虚拟服务器都是虚拟化，有人认为硬件抽象层上的虚拟化是一种虚拟化，也有人认为类似 Java 虚拟机这种软件是一种虚拟化。

对于云计算而言，特别是提供"基础架构即服务"的云计算，更关心的是硬件抽象层上的虚拟化。因为，只有把物理计算机系统虚拟化为多台虚拟计算机系统，并通过网络将这些虚拟计算机系统互联互通，才能够形成现代意义上的"基础架构即服务"的云计算系统。

如图 3-2 所示，硬件抽象层上的虚拟化是指通过虚拟硬件抽象层来实现虚拟机，为客户机操作系统呈现与物理硬件相同或相近的硬件抽象层。由于客户机操作系统所能看到的只是硬件抽象层，因此客户机操作系统的行为和其在物理平台上的行为并没有什么区别。

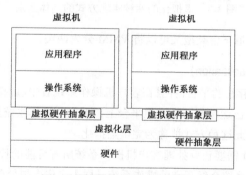

图 3-2　硬件抽象层上的虚拟化

这种硬件抽象层上的虚拟化又被称为系统虚拟化，即将一台物理计算机系统虚拟化为一台或多台虚拟计算机系统。每台虚拟计算机系统（简称为虚拟机，也就是上面所称的客户机）都拥有自己的虚拟硬件，如 CPU、内存和设备等，并提供一个独立的虚拟机执行环境。通过虚拟机监控器（Virtual Machine Monitor，简称为 VMM，也可以称为 Hypervisor）的模拟，虚拟机中的操作系统（Guest OS，客户机操作系统）会认为自己仍然是独占一个系统来运行的。在一台物理计算机上运行的每台虚拟机中的操作系统可以是完全不同的，并且它们的执行环境是完全独立的。

3.1.1 虚拟化的实现方式

按照实现方式，当前主流的虚拟化可以分为以下两种。

- VMM 直接运行在硬件平台上，控制所有硬件并管理客户机操作系统。客户机操作系统运行在比 VMM 更高级别的硬件平台上。这个模型也是虚拟化历史里的经典模型，很多著名虚拟机都是根据这个模型来实现的，如 Xen。
- VMM 运行在一个传统的操作系统里（第一软件层），可以被看作第二软件层，而客户机操作系统则是第三软件层。KVM 和 VirtualBox 就采用这种实现方式。

虚拟化的两种实现方式的具体区别如图 3-3 所示。

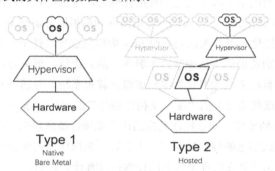

图 3-3　虚拟化的两种实现方式的具体区别

按照 VMM 所提供的虚拟平台类型又可以将 VMM 分为两类。

1. 完全虚拟化（Full Virtualization）

VMM 虚拟的是现实中存在的平台，并且在客户机操作系统看来，虚拟平台和现实平台是一样的，客户机操作系统感觉不到自己运行在一个虚拟平台上，现有的操作系统无须进行任何修改就可以运行在这样的虚拟平台上，因此这种方式被称为完全虚拟化。

在完全虚拟化中，VMM 需要正确处理客户机操作系统所有可能的行为，或者说正确处理所有可能的指令，因为客户机操作系统会像正常的操作系统一样去操作虚拟处理器、虚拟内存和虚拟外设。从实现方式来说，完全虚拟化经历了两个阶段：软件辅助的完全虚拟化与硬件辅助的完全虚拟化。

在 x86 虚拟化技术的早期，x86 体系并没有在硬件层次上对虚拟化提供支持，因此完全虚拟化只能通过软件实现。一种典型的做法是优先级压缩（Ring Compression）和二进制代码翻译（Binary Translation）相结合。

优先级压缩的原理是：将 VMM 和客户机的优先级放到同一个 CPU 中运行，对应于 x86 架构，通常是 VMM 在 Ring 0，客户机操作系统内核在 Ring 1，客户机操作系统应用程序在 Ring 3。当客户机操作系统的内核执行特权指令时，由于 VMM 处在非特权的 Ring 1，这些特权指令通常会触发

异常，VMM 在截获后就可以进行特权指令的虚拟化。但是 x86 指令体系在设计之初并没有考虑到虚拟化，一小部分特权指令在 Ring 1 中并没有触发异常，VMM 也就不能截获这些特权指令来进行虚拟化。所以这些特权指令不能通过优先级压缩来进行虚拟化。

因此，二进制代码翻译被引入，用来处理这些虚拟化不友好的指令，即通过扫描并修改客户机的二进制代码，将难以虚拟化的指令转化为支持虚拟化的指令。VMM 通常会对操作系统的二进制代码进行扫描，一旦发现虚拟化不友好的指令，就将其替换成支持虚拟化的指令块（Cache Block）。这些指令块可以与 VMM 合作访问受限的虚拟资源，或者显式地触发异常，让 VMM 进一步处理。

虽然优先级压缩和二进制代码翻译能够实现完全虚拟化，但是这种打补丁的方式很难在架构上保证其完整性。因此，x86 厂商在硬件上加入了对虚拟化的支持，从而在硬件架构上实现了虚拟化。

对于很多问题而言，如果在本身的层次上难以解决，就可以增加一个层次，使其在下面一个层次变得容易解决。硬件辅助的完全虚拟化就是这样一种方式，既然操作系统已经是硬件之上的底层系统软件，则如果在硬件本身加入足够的虚拟化功能，就可以截获操作系统对敏感指令的执行或者对敏感资源的访问，从而通过异常的方式报告给 VMM，这样就解决了虚拟化的问题。

英特尔的 VTx 技术是这一方式的代表。VTx 技术在处理器上引入了一个新的执行模式用于运行虚拟机。当虚拟机运行在这个特殊模式下时，它仍然面对一套完整的处理器、寄存器和执行环境，只是任何特权操作都会被处理器截获并报告给 VMM。而 VMM 本身运行在正常模式下，在接收到处理器的报告后，就会通过对目标指令的解码，找到相应的虚拟化模块进行模拟，并把最终的效果反映在特殊模式的环境中。

硬件辅助的虚拟化是一种完备的虚拟化方式，因为内存和外设的访问本身是由指令来承载的，对处理器指令级别的截获就意味着 VMM 可以模拟一个与真实主机完全一样的环境。在这个环境中，任何操作系统只要可以在现实中的等同主机上运行，就可以在这个虚拟机环境中运行。

2. 类虚拟化（Para-Virtualization）

第二类 VMM 虚拟出的平台是现实中不存在的，是经过 VMM 重新定义的。这样的虚拟平台需要对所运行的客户机操作系统进行或多或少的修改，使之适应虚拟环境，客户机操作系统知道自己运行在虚拟平台上，并且会主动适应。这种方式被称为类虚拟化。

类虚拟化通过在源码级别修改指令，以回避虚拟化漏洞的方式使 VMM 能够对物理资源实现虚拟化。对于 x86 中难以虚拟化的指令，完全虚拟化通过 Binary Translation 在二进制代码级别上避免虚拟化漏洞，类虚拟化采取的是另一种思路，即修改操作系统内核的代码，使得操作系统内核完全避免这些难以虚拟化的指令。既然内核代码已经需要修改，类虚拟化就可以进一步优化 I/O。也就是说，类虚拟化不会去模拟真实世界中的设备，因为太多的寄存器模拟会降低性能。相反，类虚拟化可以自定义高度优化的 I/O 协议。这种 I/O 协议完全基于事务，可以达到近似于物理机的性能。

3.1.2　虚拟化的现状和未来

虚拟化自 20 世纪 60 年代诞生以来，一直飞速发展。尤其是近年来，IT 管理技术和云计算的大规模应用对虚拟化提出了更高的要求，也促使硬件厂商、软件提供商使用更新的技术来提高虚拟化的安全、性能，从而产生了更多的应用场景。

1. 虚拟化技术的发展

虚拟化中的核心技术，如 CPU 虚拟化、内存虚拟化、I/O 虚拟化和网络虚拟化都经历了前面所提到的革新：由基于软件的虚拟化全面转向硬件辅助虚拟化。

1）CPU 虚拟化

早先的 CPU 虚拟化由于硬件的限制，必须将客户机操作系统中的特权指令替换成可以嵌入 VMM 的指令，从而让 VMM 接管并进行相应的模拟工作，最后返回到客户机操作系统中。这种做法性能差，工作量大，容易引起 Bug。英特尔的 VTx 技术对现有的 CPU 进行了扩展，引入了特权级别和非特权级别，从而极大地简化了 VMM 的实现。

2）内存虚拟化

内存虚拟化的目的是给客户机操作系统提供一个从零开始的、连续的物理内存空间，并且在各个虚拟机之间进行有效的隔离。

客户机物理地址空间并不是真正的物理地址空间，它和宿主机的物理地址空间还有一层映射关系。内存虚拟化需要通过两次地址转换来实现，即 GVA（Guest Virtual Address，客户机虚拟地址）到 GPA（Guest Physical Address，客户机物理地址）再到 HPA（Host Physical Address，宿主机物理地址）的转换。

其中，GVA 到 GPA 的转换是由客户机软件决定的，通常由客户机看到的 CR3 指向的页表来指定；GPA 到 HPA 的转换则是由 VMM 决定的。VMM 在将物理内存分配给客户机时就确定了 GPA 到 HPA 的转换，并将这个映射关系记录到内部数据结构中。

原有的 x86 架构只支持一次地址转换，即通过 CR3 指定的页表来实现客户机虚拟地址到客户机物理地址的转换，这无法满足虚拟化对两次地址转换的要求。因此原先的内存虚拟化就必须将两次转换合并为一次转换来解决这个问题，即 VMM 根据 GVA 到 GPA 再到 HPA 的映射关系，得到 GVA 到 HPA 的映射关系，并将其写入所谓的"影子页表"（Shadow Page Table）。尽管影子页表实现了传统的内存虚拟化，但是其实现非常复杂，内存开销很大，性能也会受到影响。

为了解决影子页表的局限性，英特尔的 VTx 技术提供了 EPT（Extended Page Table）技术，直接在硬件上支持 GVA/GPA/HPA 的两次地址转换，大大降低了内存虚拟化的难度，提高了相关性能。此外，为了进一步提高 TLB 的使用效率，VTx 技术还引入了 VPID（Virtual Processor ID）技术，进一步优化了内存虚拟化的性能。

3）I/O 虚拟化

传统的 I/O 虚拟化方法主要有"设备模拟"和"类虚拟化"。前者通用性强，但性能不理想；后者性能不错，但缺乏通用性。如果要兼顾通用性和高性能，最好的方法就是让客户机直接使用真实的硬件设备。这样客户机的 I/O 操作路径几乎和没有虚拟机的环境下的相同，从而可以获得几乎相同的性能。因为这些是真实存在的设备，客户机可以使用自带的驱动程序去发现并使用它们，通用性的问题也就得以解决。但是客户机直接操作硬件设备需要解决以下两个问题。

- 如何让客户机直接访问设备真实的 I/O 地址空间（包括 I/O 端口和 MMIO）。
- 如何让设备的 DMA 操作直接访问客户机的内存空间。因为无论当前运行的是虚拟机还是真实操作系统，设备都会用驱动提供给它的物理地址进行 DMA 操作。

VTx 技术已经解决了第一个问题，允许客户机直接访问物理的 I/O 空间。英特尔的 VTd 技术则解决了第二个问题，它提供了 DMA 重映射（Remapping）技术，以帮助 VMM 的实现者达到目的。

VTd 技术通过在北桥引入 DMA 重映射硬件来提供设备重映射和设备直接分配的功能。在启用 VTd 技术的平台上，设备的所有 DMA 传输都会被 DMA 重映射硬件截获，然后根据设备对应的 I/O 页表，对 DMA 中的地址进行转换，使设备只能访问限定的内存。这样，设备就可以被直接分配给客户机使用，并且驱动提供给设备的 GPA 经过重映射会变为 HPA，使得 DMA 操作可以顺利完成。

4）网络虚拟化

早期的网络虚拟化都是通过重新配置宿主机的网络拓扑结构来实现的，比如，将宿主机的网络接口和代表客户机的网络接口配置在一个桥接（Bridge）下面，可以使客户机拥有独立的 MAC 地址，并且在网络中就像一个真正的物理机一样。但是这种方法增加了宿主机网络驱动的负担，降低了系统性能。

VTd 技术可以将一个网卡直接分配给客户机使用，从而达到和物理机一样的性能。但是它的可扩展性比较差，因为一个物理网卡只能被分配给一个客户机，而且服务器能够支持的 PCI 设备数是有限的，远远不能满足越来越多的客户机数量。因此，SRIOV（Single Root I/O Virtualization）被引入，用来解决上述问题。

SRIOV 是 PCIe（PCI Express）规范的一个扩展，定义了本质上可以共享的新型设备。它允许一个 PCIe 设备，通常是网卡，可以为每个与其连接的客户机复制一份资源（如内存空间，中断和 DMA 数据流），使得数据处理可以不再依赖 VMM。SRIOV 定义了以下两种 Function 的类别。

- PF（Physical Function）：完整的 PCIe Function，定义了 SRIOV 的能力，用于配置和管理 SRIOV。
- VF（Virtual Function）：轻量级的 PCIe Function，只包括了进行数据处理（Data Movement）的必要资源，会与 PF 或其他 VF 共享另外的物理资源，可以被看作设备的一个虚拟化实例。

在虚拟化的环境下，一个 VF 会被当作一个虚拟网卡分配给客户机操作系统，所有的 VF 和 PF 会被连接在 SRIOV 网卡内部的一个桥接（Bridge）中，这样各个 VF 的通信可以互不干扰，网络数据流也绕开了原先的 VMM 中的软件交换机实现，并且直接在 VF 和客户机操作系统间传递。因此，这种方式消除了原来的软件模拟层，达到了几乎和非虚拟化环境一样的网络性能。具体的使用可以参考如图 3-4 所示的 VTd 实现。

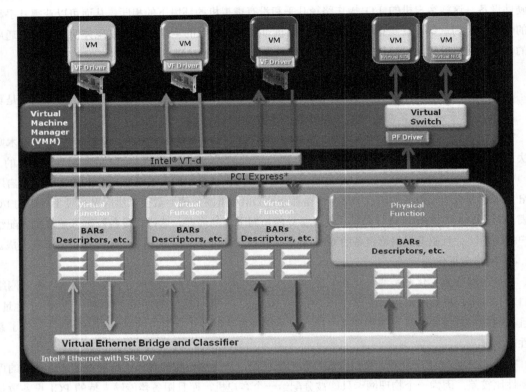

图 3-4　VTd 实现

5）GPU 虚拟化

GPU 虚拟化的常用方法如图 3-5 所示。

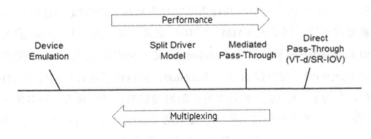

图 3-5　GPU 虚拟化的常用方法

设备模拟（Device Emulation）是最传统的方法，QEMU 就是典型代表。它模拟了一个比较简单的 VGA 设备模型，可以截获客户机操作系统对 VGA 设备的操作，然后利用宿主机上的图形库绘制最终的显示结果。即使绘制最简单的图形，也要经过多次客户机、宿主机间的通信，而且没有硬件帮助进行加速，所以性能很差。

分离驱动模型（Split Driver Model）类似于前面提到的"类虚拟化"驱动，只是它工作在 API 的层面。前端驱动（Front End Driver）将客户机操作系统的 DirectX/OpenGL 调用转发到宿主机的后端驱动（Back End Driver）。后端驱动就像一个在宿主机上运行的 3D 程序一样，可以进行绘制工作。这种方法可以利用宿主机的 DirectX/OpenGL 实现硬件加速，但是只能针对特定的 API 加速，对宿主机、客户机和运行其中的 3D 程序会有各种限制。

直接分配（Direct Pass-Through）基于前面提到的 VTd 或 SRIOV 等技术，直接将一个硬件分配给客户机操作系统使用。VTd 技术可以将整个 PCI 显卡分配给客户机使用，性能很好，但是可扩展性较差。SRIOV 标准使得 PCI 设备在本质上可以在各个客户机之间共享，但是由于显示硬件过于复杂，众多厂商不愿意在显卡中实现 SRIOV 的扩展。

中介分配（Mediated Pass-Through）是对直接分配的一种改进形式，允许每台虚拟机访问部分的显示设备资源，而无须经过 VMM 的任何干涉。但对于特权操作，需要引入新的软件模块作为中介（Mediator）来进行相关模拟工作。中介分配保留了直接分配的高性能，并且避免了 SRIOV 实现的硬件复杂性，是一种比较成熟的解决方案。英特尔的 GVT-g（Graphics Virtualization Technology）就是这种方法的典型代表。

（1）Intel XenGT。

XenGT 是由 Intel GVT-g 的 Xen 实现的，架构如图 3-6 所示。

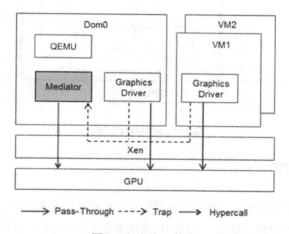

图 3-6　XenGT 架构

客户机操作系统不需要进行任何改动，原有的图形驱动就可以直接工作，并且达到很好的性能。对于部分关乎性能的重要资源，客户机可以不经过 VMM 而直接访问。但特权操作会被 Xen 截获，并且转发到中介（Mediator）。中介会为每台客户机创建一个虚拟的 GPU 上下文（Context），并在其中模拟特权操作。当 VM 发生切换时，中介也会切换 GPU 上下文。XenGT 会将中介的实现放在 Dom0 中，这样就可以避免在 VMM 里面增加复杂的设备逻辑，从而减轻了发布时的工作量。

目前 XenGT 已经开始了对 Xen 的集成，相信在不久的将来，Xen 的用户就可以享受到使用一台客户机进行 3D 运算，使用另一台客户机运行 3D 游戏的乐趣。

（2）Intel KVMGT。

KVMGT 是由 Intel GVT-g 的 KVM 实现的，KVMGT 只支持英特尔的 GPU，并且从 Haswell 就开始支持，其架构如图 3-7 所示。

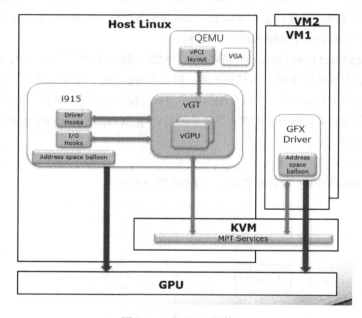

图 3-7　KVMGT 架构

2. 虚拟化引入的新特性

1）动态迁移

动态迁移是虚拟化的新特性，它将一台虚拟机从一台物理机快速迁移到另一台物理机，但是虚拟机里面的程序和网络都会保持连接。从用户的角度来看，动态迁移对虚拟机的可用性没有任何影响，不会令用户察觉任何的服务中断，如图 3-8 所示。

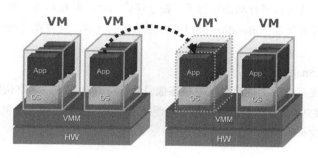

图 3-8　动态迁移

动态迁移的最大好处就是提高服务器的可维护性。当用户察觉到即将发生硬件故障时，可以把虚拟机动态迁移到其他机器，从而避免服务中断。另外，动态迁移也可以用于负载均衡。比如，当各个服务器之间的 CPU 利用率差别过大时，或者当用户访问量较少时，可以将所有的虚拟机通过动态迁移集中到几个服务器上，然后把其他服务器关掉以节省电力。

动态迁移的实现方法是在目的服务器上建立一台同样配置的新虚拟机，然后不断地在两台虚拟机之间同步各种内部状态，如内存、外设、CPU 等。在状态同步完成后，关掉旧的虚拟机，启动新的虚拟机。

实现的难度在于内存的同步：一是因为内存很大，不可能在可以接受的宕机时间内迅速同步到目的虚拟机，必须迭代进行；二是因为在每次迭代过程中，客户机操作系统又会写内存，造成新的"脏页"，需要重新同步。因此需要一个方法来确定"脏页"，并以最高效的迭代算法同步到目的虚拟机。

常见的虚拟机实现都会提供一个 Log Dirty 机制，用来记录哪些内存页被写过。每次迭代都会查看上次到现在所产生的"脏页"，并跳过它们，留到下次迭代再传送。在通常情况下，这是一个收敛的过程，"脏页"会越来越少，当达到一定的标准，比如，"脏页"占据的内存空间小于总内存空间的 1%，迭代次数已经超过多少次或者迁移的时间已经太久等，就会暂停虚拟机，然后把剩余的"脏页"和虚拟机的其他状态一起传送到目的虚拟机。

如果动态迁移的虚拟机拥有 VTd 设备，则迁移不可能成功。这是因为不能保证目的物理机也有完全一样的设备。即使有这样的设备，也不能保证可以完整地保存、恢复设备状态，从而在两台设备之间做到完美的同步。针对 VTd 的网卡，英特尔利用 OS 内部的 Bonding Driver 和 Hotplug 机制，提供了一套软件的解决方案。

Bonding Driver 可以将多个网卡绑定成一个网络接口，提供一些高级功能，如热备份，当一个网卡失效，网络接口可以自动切换到另一个，从而保证网络连接的通畅。VTd 网卡的动态迁移，就是事先在客户机操作系统中将 VTd 网卡绑定在一个热备份的 Bonding 接口下，并且使用一个虚拟网卡作为热备份。在迁移前，通过一个 hot remove（热插拔）的操作将 VTd 网卡移除，使 Bonding 接口自动切换到虚拟网卡，就可以进行动态迁移了。在迁移成功后，再 hot add（热添加）一个 VTd 的网卡到目的虚拟机中，并将其加入 Bonding 接口中作为默认的网卡。这样就巧妙地实现了 VTd 网卡的动态迁移。

2）虚拟机快照（Snapshot）

虚拟机快照，即在某一时刻把虚拟机的状态像照片一样保存下来。通常快照需要保存所有的硬盘信息、内存信息和 CPU 信息。虚拟机快照可以便捷地产生一套同样的虚拟机环境，因此被广泛地应用于测试、备份和安全等各种场景。

3）虚拟机克隆

虚拟机克隆，即把一台虚拟机的状态完全不变地复制到另一台虚拟机中，形成两个完全相同的系统，并且它们可以同时运行。为了达到同时运行的目的，新虚拟机的某些配置，如 MAC 地址，可能需要改动以避免和旧虚拟机的冲突。

如今的数据中心都由数以万计的机器组成，所以部署工作需要耗费大量的时间和精力。有了虚拟机克隆技术，则只需要先安装、配置好一台虚拟机，然后将其克隆到其他数以万计的虚拟机中即可，大大减少了整个数据中心的安装和配置时间。

4）P2V（Physical to Virtual Machine）

P2V，即将一个物理服务器的操作系统、应用程序和数据从物理硬盘迁移到一台虚拟机的硬盘镜像中。P2V 技术极大地降低了服务器虚拟化的使用门槛，使得用户可以方便地将现有的物理机转化成虚拟机，从而使用各种虚拟机相关技术进行管理。

3. 典型的虚拟化产品

虚拟化经过多年的发展，已经出现了很多成熟的产品，其应用也从最初的服务器扩展到了桌面等更为广泛的领域。下面介绍几种典型的虚拟化产品及其特点。

1）VMware

VMware 是 x86 虚拟化软件的主流厂商之一，成立于 1998 年，并于 2003 年被 EMC 收购。VMware 提供了一系列的虚拟化产品，从服务器到桌面，可以运行于包括 Windows、Linux 和 macOS 在内的各种平台。近年来，VMware 的产品线延伸到数据中心和云计算等方面，形成了各个层次、各个领域的全覆盖。VMware 的虚拟化产品主要包括以下几种。

- VMware ESX Server：VMware 的旗舰产品，基于 Hypervisor 模型（类型 1 VMM），直接运行在物理硬件上，无须操作系统，在性能和安全方面得到了全面的优化。

- VMware Workstation：面向桌面的主打产品，基于宿主模型（类型 2 VMM），宿主机操作系统可以是 Windows 或 Linux。由于它支持完全虚拟化，因此可以使用各种客户机操作系统，包括 Windows、Linux、Solaris 和 FreeBSD。

- VMware Fusion：面向桌面的一款产品，功能和 VMware Workstation 基本相同，但是 VMware

Fusion 的宿主机操作系统是 macOS，并且有很多针对 macOS 的优化。

VMware 产品具有很多优点，如下所述。

- 功能丰富。很多新的虚拟化功能都是最先由 VMware 开发的。
- 配置和使用方便。VMware 开发了非常易于使用的配置工具和用户界面。
- 稳定，适合企业级应用。VMware 产品非常成熟，很多企业选择使用 VMware ESX Server 来运行关键应用。

2）Microsoft

微软在虚拟化方面起步比 VMware 晚，但在认识到虚拟化的重要性之后，微软通过外部收购和内部开发，推出了一系列产品，涵盖了用户状态（User State）虚拟化、应用程序（Applications）虚拟化和操作系统虚拟化。操作系统虚拟化产品主要包括面向桌面的 Virtual PC 和面向服务器的 Virtual Server。这些产品的特点在于和 Windows 结合得非常好，在 Windows 下非常易于配置和使用。

3）Xen

Xen 起源于英国剑桥大学的一个研究项目，并逐渐发展成一个开源软件项目，吸引了许多公司和科研院所加入，发展非常迅速。

从技术角度来说，Xen 基于混合模型，其特权操作系统（Domain 0 或者说 Dom0）具有类似于宿主机操作系统的很多管理功能，并通过其他非特权的虚拟机（DomU）运行用户的程序。Xen 最初是基于类虚拟化实现的，通过修改 Linux 内核，实现处理器和内存的虚拟化，通过引入 I/O 的前端/后端驱动（Front/Backend）架构实现设备的虚拟化。利用类虚拟化的优势，Xen 可以达到近似于物理机的性能，其构架如图 3-9 所示。

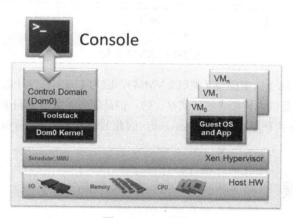

图 3-9　Xen 架构

随着 Xen 社区的发展壮大，硬件完全虚拟化技术也被加入 Xen 中，如 Intel VT 和 AMD-V，因此未加修改的操作系统也可以在 Xen 上面运行了。

Xen 支持多种硬件平台，官方的支持版本包括 x86_32、x86_64、IA64、PowerPC 和 ARM 架构。Xen 目前已经比较成熟，基于 Xen 的虚拟化产品很多，如 Ctrix、VirtualIron、Red Hat 和 Novell 等都有相应的产品。

作为开源软件，Xen 的主要特点如下所述。

- 可移植性非常好，开发者可以将其移植到其他平台，也可以将其修改并用于项目研究。
- 独特的类虚拟化支持，提供了近似物理机的性能。但 Xen 的易用性和其他成熟的商业产品相比还有一定的差距，有待加强。

4）KVM

KVM（Kernel-based Virtual Machine）也是一款基于 GPL 的开源虚拟机软件。它最早由 Qumranet 公司开发，在 2006 年 10 月出现在 Linux 内核的邮件列表上，并于 2007 年 2 月被集成到 Linux 2.6.20 内核中，成为内核的一部分。

KVM 架构如图 3-10 所示。它是基于 Intel VT 等技术的硬件虚拟化，并利用 QEMU 来提供设备虚拟化。此外，在 Linux 社区中已经发布了 KVM 的类虚拟化扩展。

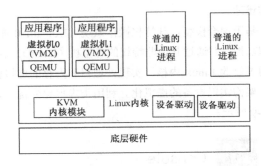

图 3-10　KVM 架构

从架构上看，KVM 属于宿主模型（类型 2 VMM），因为 Linux 在设计之初并没有针对虚拟化的支持模块，所以 KVM 是以内核模块的形式存在的。但是随着越来越多的虚拟化功能被加入 Linux 内核中，也可以把 Linux 内核看作一个 Hypervisor。因此 KVM 也可以被看作 Hypervisor 模型（类型 1 VMM）。

3.2　高层管理工具

VMM 本身只是提供了虚拟化的基础架构，很多和最终用户相关的工作，如配置、启动虚拟机，都需要通过高层管理工具来实现。这些管理工具存在于宿主机中，一般包括各种应用程序和库文件。

高层管理工具的引入，主要是基于以下两个原因。

- 分层管理，屏蔽底层细节。最终用户只会关心高层的功能，而 VMM 的实现细节对最终用户应该是透明的。因此需要高层管理工具作为桥梁，接收用户的请求，然后调用 VMM 提供的接口，完成最终的工作。

比如，用户发起请求，需要创建一个新的虚拟机。高层管理工具就会按照严格的时序完成初始化工作：在宿主机创建设备模型（Device Model），对来自客户机操作系统的 I/O 进行模拟；调用 VMM 提供的接口，为客户机分配内存和其他所需资源，如影子页表、计时器（Timer）等；分配给虚拟机时间片，让它开始运行。用户只要调用一个高层管理工具的 API 函数，并且不需要了解 VMM 底层的实现细节，就可以创建虚拟机。

- 屏蔽不同虚拟化实现，提供统一管理接口。如前文所述，VMM 的实现多种多样，用户可能会在一个环境中部署不同的 VMM。由于它们的管理库、工具都不相同，就会给部署、管理增加很多额外的工作和难度。因此引入高层管理工具，屏蔽各个 VMM 的不同，提供统一的接口给用户就是理所当然的事情了。这样用户的应用程序就可以统一起来，不必处理各个 VMM 的不同特性了。

这里简单介绍一下两个常见的开源虚拟化管理工具 XenAPI 和 Libvirt。

3.2.1 XenAPI

XenAPI 是由 Xen 社区开发出来的一套接口，用于远程或本地配置和管理 Xen 的虚拟机，工作在比 Xen 更高级的层面，如集群、网络、存储等。在很多情况下，XenAPI 也被看作是一整套的工具栈（Tool Stack），包括了管理接口的正常工作所需要的所有组件，如一个守护进程（Daemon）、xe 命令行工具等。XenAPI 在整个 Xen 架构中的位置如图 3-11 所示。

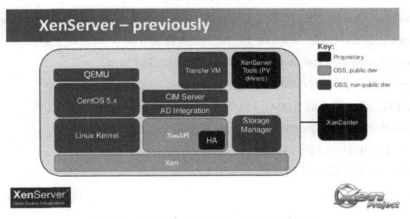

图 3-11　XenAPI 在整个 Xen 架构中的位置

XenAPI 基于 LGPL2（Lesser GNU General Public License）发布，已经进入主流的 Linux 发布版，如 Ubuntu 和 Debian。XenAPI 随着 Xen 项目一起成长，功能丰富，性能稳定，特别适合管理基于 Xen 的虚拟机，因此 XenAPI 是各种云平台，如 XCP（Xen Cloud Platform）和 OpenStack 管理 Xen 的默认配置。

XenAPI 采用 OCaml 语言开发，OCaml 是高性能的面向对象设计语言（性能不亚于 C/C++），并且支持自动内存管理，以及灵活的类型系统。

3.2.2　Libvirt

Libvirt 是由红帽开发的一套开源的软件工具，其目标是提供一个通用、稳定的软件库以高效、安全地管理一个节点上的虚拟机，并支持远程操作。它由以下几个模块组成。

- 一个库文件，实现管理接口。
- 一个守护进程（libvirtd）。
- 一个命令行工具（virsh）。

基于可移植性和高可靠性的考虑，Libvirt 采用 C 语言开发，同时提供了对其他编程语言的支持，包括 Python、Perl、OCaml、Ruby、Java 和 PHP。因此 Libvirt 的调用可以被集成到各种编程语言中，适应不同的环境。另一方面，与 XenAPI 只管理 Xen 不同，Libvirt 支持多种 VMM，包括：

- LXC，轻量级的 Linux 容器（Container）。
- OpenVZ，基于 Linux 内核的轻量级 Linux 容器（Container）。
- KVM/QEMU，基于 Linux 的类型 2 的 VMM。
- Xen，开源的类型 1 的 VMM。
- User-mode Linux（UML），系统调用级别的 Linux 虚拟机。
- VirtualBox，Oracle 开发的类型 2 的 VMM，可以运行在 Windows、Linux 和 macOS 上。
- VMware ESX and GSX，VMware 虚拟化的服务器版本。
- VMware Workstation and Player，VMware 虚拟化的桌面版本。
- Hyper-V，微软开发的 VMM。
- PowerVM，IBM 开发的 VMM，可以运行在 AIX 和 Linux 上。
- Parallels Workstation，Parallels 为 macOS 开发的 VMM。
- Bhyve，FreeBSD 9+上的 VMM。

Libvirt 的层次结构如图 3-12 所示。

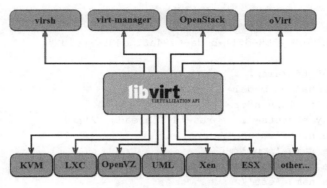

图 3-12　Libvirt 的层次结构

为了支持多种 VMM，Libvirt 采用了基于驱动（Driver）的架构，如图 3-13 所示。也就是说，每种 VMM 需要提供一个 Driver，从而和 Libvirt 进行通信来控制特定的 VMM。这就意味着，通用的 Libvirt 提供的 API 和某种 VMM 可能不完全一样。VMM 的某个接口可能不够通用，因此并未实现 Libvirt，或者 Libvirt 的某个通用接口在某个 VMM 中并无实际意义，因此也不存在。

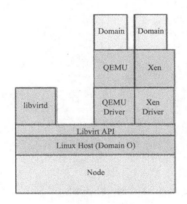

图 3-13　Libvirt 架构

virsh 是一个基于 Libvirt 的命令行工具，用于管理虚拟机的整个生命周期，包括创建、销毁、迁移等。下面是一个简单的创建虚拟机的案例。

在一台安装了 virsh 和 Libvirt 的机器上，首先需要建立一个到特定 VMM 的连接，然后才可以管理这个 VMM。使用如下命令建立一个可以管理 QEMU 和 KVM 虚拟机的连接：

```
gzhai@gzhai-cloud:~/aa$ virsh connect qemu:///system
```

然后执行下列命令，可以看到宿主机的特性和所支持的客户机：

```
gzhai@gzhai-cloud:~/aa$ virsh capabilities
<capabilities>
```

```
<host>
  <uuid>27ef7709-23b8-df11-bbda-6494a61ad485</uuid>
  <cpu>
    <arch>x86_64</arch>
    <model>Nehalem</model>
    <vendor>Intel</vendor>
    <topology sockets='1' cores='4' threads='2'/>
    <feature name='rdtscp'/>
    <feature name='xtpr'/>
    <feature name='tm2'/>
    <feature name='est'/>
    <feature name='vmx'/>
    <feature name='ds_cpl'/>
    <feature name='monitor'/>
    <feature name='pbe'/>
    <feature name='tm'/>
    <feature name='ht'/>
    <feature name='ss'/>
    <feature name='acpi'/>
    <feature name='ds'/>
    <feature name='vme'/>
  </cpu>
  <power_management>
    <suspend_mem/>
    <suspend_disk/>
    <suspend_hybrid/>
  </power_management>
  <migration_features>
    <live/>
    <uri_transports>
      <uri_transport>tcp</uri_transport>
    </uri_transports>
  </migration_features>
  <topology>
    <cells num='1'>
      <cell id='0'>
        <cpus num='8'>
          <cpu id='0'/>
          <cpu id='1'/>
          <cpu id='2'/>
          <cpu id='3'/>
          <cpu id='4'/>
          <cpu id='5'/>
```

```
          <cpu id='6'/>
          <cpu id='7'/>
        </cpus>
      </cell>
    </cells>
  </topology>
  <secmodel>
    <model>apparmor</model>
    <doi>0</doi>
  </secmodel>
</host>

<guest>
  <os_type>hvm</os_type>
  <arch name='i686'>
    <wordsize>32</wordsize>
    <emulator>/usr/bin/qemu-system-x86_64</emulator>
    <machine>pc-1.0</machine>
    <machine canonical='pc-1.0'>pc</machine>
    <machine>pc-0.14</machine>
    <machine>pc-0.13</machine>
    <machine>pc-0.12</machine>
    <machine>pc-0.11</machine>
    <machine>pc-0.10</machine>
    <machine>isapc</machine>
    <domain type='qemu'>
    </domain>
    <domain type='kvm'>
      <emulator>/usr/bin/kvm</emulator>
      <machine>pc-1.0</machine>
      <machine canonical='pc-1.0'>pc</machine>
      <machine>pc-0.14</machine>
      <machine>pc-0.13</machine>
      <machine>pc-0.12</machine>
      <machine>pc-0.11</machine>
      <machine>pc-0.10</machine>
      <machine>isapc</machine>
    </domain>
  </arch>
  <features>
    <cpuselection/>
    <deviceboot/>
    <pae/>
    <nonpae/>
```

```
      <acpi default='on' toggle='yes'/>
      <apic default='on' toggle='no'/>
    </features>
  </guest>

  <guest>
    <os_type>hvm</os_type>
    <arch name='x86_64'>
      <wordsize>64</wordsize>
      <emulator>/usr/bin/qemu-system-x86_64</emulator>
      <machine>pc-1.0</machine>
      <machine canonical='pc-1.0'>pc</machine>
      <machine>pc-0.14</machine>
      <machine>pc-0.13</machine>
      <machine>pc-0.12</machine>
      <machine>pc-0.11</machine>
      <machine>pc-0.10</machine>
      <machine>isapc</machine>
      <domain type='qemu'>
      </domain>
      <domain type='kvm'>
        <emulator>/usr/bin/kvm</emulator>
        <machine>pc-1.0</machine>
        <machine canonical='pc-1.0'>pc</machine>
        <machine>pc-0.14</machine>
        <machine>pc-0.13</machine>
        <machine>pc-0.12</machine>
        <machine>pc-0.11</machine>
        <machine>pc-0.10</machine>
        <machine>isapc</machine>
      </domain>
    </arch>
    <features>
      <cpuselection/>
      <deviceboot/>
      <acpi default='on' toggle='yes'/>
      <apic default='on' toggle='no'/>
    </features>
  </guest>

</capabilities>
```

Libvirt 使用 XML 格式定义不同的段（section）来显示宿主机和客户机的能力（capability）。这里可以看到宿主机的 CPU 支持 64 位架构，即 x86_64，而且支持 vmx 特性，即硬件级别的虚拟化。

支持的客户机架构包括两种：一种是 i686 架构，一种是 x86_64 架构。每种架构的操作系统类型都是 HVM（Hardware Virtual Machine），就是由硬件支持的虚拟机。域类型（Domain Type）指明了支持哪种虚拟机实现，这里包括 QEMU（纯粹的指令模拟器）和 KVM（开源的虚拟机）。

根据这台机器的情况，我们可以创建一个 64 位的 KVM 虚拟机。虚拟机的配置也是使用 XML 格式来定义的，如下面这个 vm1.xml 文件：

```xml
<domain type='kvm'>
  <name>vm1</name>
  <memory>524288</memory>
  <currentMemory>524288</currentMemory>
  <vcpu>1</vcpu>
  <os>
    <type arch='x86_64' machine='pc'>hvm</type>
    <boot dev='cdrom'/>
  </os>
<features>
  <acpi/>
  <apic/>
  <pae/>
</features>
<on_poweroff>destroy</on_poweroff>
<on_reboot>restart</on_reboot>
<on_crash>restart</on_crash>
<devices>
    <emulator>/usr/bin/kvm</emulator>
    <disk type='file' device='disk'>
      <source file='/home/gzhai/aa/1st.img'/>
      <target dev='hda' bus='ide'/>
    </disk>
  <disk type='file' device='cdrom'>
    <source file='/home/gzhai/aa/ubuntu-14.04.1-desktop-amd64.iso'/>
    <target dev='hdc' bus='ide'/>
    <readonly/>
    </disk>
    <interface type='network'>
     <source network='default'/>
    </interface>
    <input type='mouse' bus='ps2'/>
    <graphics type='vnc' port='-1'/>
</devices>
</domain>
```

该文件定义了一个使用 KVM 的虚拟机，名称为 vm1，内存为 512M（以 K 为单位），只有一个虚拟 CPU，是 x86_64 架构的 hvm 虚拟机，从光盘启动。在特性（features）段里，定义了 CPU 具有 ACPI（Advanced Configuration and Power Interface）、APIC（Advanced Programmable Interrupt Controller）和 PAE（Physical Address Extension）等功能。在设备（devices）段里，定义了两个磁盘镜像，一个是文件镜像（Image），另一个是 Ubuntu 安装的光盘镜像（ISO），同时还定义了一个默认的网络接口和一个 ps2 鼠标，并指明了使用 vnc 作为虚拟机屏幕渲染的图形库。

有了虚拟机的 XML 配置文件，就可以通过如下命令创建虚拟机：

```
gzhai@gzhai-cloud:~/aa$ virsh create vm1.xml
Domain vm1 created from vm1.xml
```

通过 vncviewer 可以连接到虚拟机的屏幕，进行从光盘安装操作系统的过程：

```
gzhai@gzhai-cloud:~/aa$ vncviewer :1
```

virsh 启动虚拟机安装操作系统如图 3-14 所示。

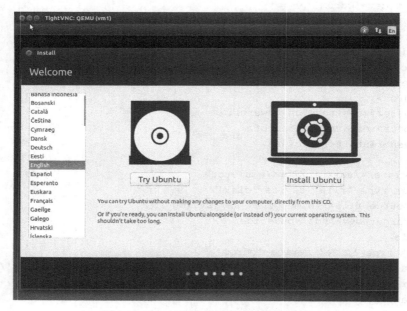

图 3-14　virsh 启动虚拟机安装操作系统

当前虚拟机的运行状态可以通过如下命令查看：

```
gzhai@gzhai-cloud:~/aa$ virsh list
 Id Name                 State
--------------------------------------------
 7 vm1                   running
```

可以看到，名称为 vm1，Id 为 7 的虚拟机正在运行。

通过如下命令可以销毁一个虚拟机：

```
gzhai@gzhai-cloud:~/aa$ virsh destroy vm1
Domain vm1 destroyed
```

然后使用 virsh list 命令查看，就没有该虚拟机的信息了：

```
gzhai@gzhai-cloud:~/aa$ virsh list
 Id Name              State
----------------------------------------
```

1. Libvirt API 简介

Libvirt 定义了各种各样的 API，涉及虚拟化的方方面面，主要分为以下几类。

- 虚拟机快照（Snapshot）：如前文所述，快照是包括内存、硬盘等信息在内的完整虚拟机状态。这一类 API 就是用于创建、删除和恢复快照的。
- 虚拟机管理：这一类 API 用于管理虚拟机，也是 Libvirt 里面使用非常频繁的功能，比如，创建、销毁、重启、迁移虚拟机，以及操作虚拟机的磁盘镜像等。
- 事件：事件（Event）是 Libvirt 定义的一套监测特定情况发生的机制，用户可以通过相应的 API 告诉 Libvirt，想要监测什么样的事件，以及在事件发生时采取什么样的操作。
- 宿主机：这一类 API 用于获取宿主机的各种信息，包括机器名、CPU 状态等，也用于和特定的 VMM 建立连接。
- 网络接口：这一类 API 用于实现网络接口的相应操作，比如，定义一个新的网络接口。
- 错误管理：这一类 API 提供了 Libvirt 本身的错误管理机制，比如，获取最近一次的 Libvirt 错误。
- 其他设备管理：这一类 API 涉及网络、PCI、USB、存储等设备的管理。

2. Libvirt 实现

Libvirt 代码内部所定义的主要对象如图 3-15 所示。

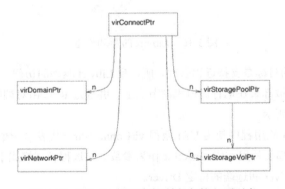

图 3-15　Libvirt 代码内部所定义的主要对象

- **virConnectPtr**：代表与一个特定 VMM 建立的连接。每一个基于 Libvirt 的应用程序都应该先提供一个 URI 来指定本地或远程的某个 VMM，从而获得一个 virConnectPtr 连接。比如，xen+ssh://host-virt/代表通过 SSH 连接一个在 host-virt 机器上运行的 Xen VMM。在实现 virConnectPtr 连接后，应用程序就可以管理这个 VMM 的虚拟机和对应的虚拟化资源，如存储和网络。
- **virDomainPtr**：代表一台虚拟机，可能处于激活状态（active）或者仅仅已定义（defined）。已定义表示这台虚拟机存在于固定的配置文件中，可以随时创建一台这样的虚拟机。
- **virNetworkPtr**：代表一个网络，可能处于激活状态或者仅仅已定义。
- **virStorageVolPtr**：代表一个存储卷，通常被虚拟机当作块设备使用。
- **virStoragePoolPtr**：代表一个存储池，是用来分配和管理存储卷的逻辑区域。

如前文所述，为了支持特定的 VMM 功能调用，Libvirt 使用了驱动（Driver）模型。在初始化过程中，所有的驱动都会被枚举和注册。每一个驱动都会加载特定的函数为 Libvirt API 所调用。Libvirt 的驱动模型如图 3-16 所示。

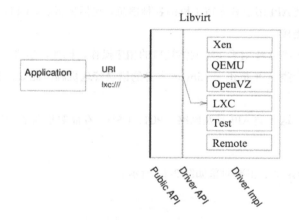

图 3-16　Libvirt 的驱动模型

前面提到，Libvirt 的目标是支持远程管理，所以到 Libvirt 驱动的访问，都由 Libvirt 的守护进程 libvirtd 处理，libvirtd 会被部署在运行虚拟机的节点上，并通过 RPC 由对端的 Remote Driver（远程驱动）管理，如图 3-17 所示。

如前文所述，Libvirt 应用程序使用 URI 获得 virConnectPtr，代表与一个特定 VMM 的连接。以后的各种 Libvirt 调用，都要使用 virConnectPtr 作为参数。在远程管理模式下，virConnectPtr 实际上连接了本地的 Remote Driver 和远端的特定 Driver。

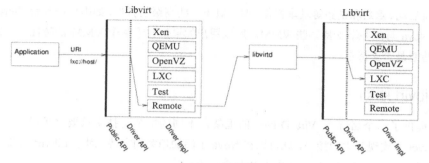

图 3-17　Libvirt 的远程管理模型

如图 3-17 所示，所有的调用都通过 Remote Driver 先到达远端的 libvirtd，libvirtd 会访问对应的 Driver（图中是 LXC），在得到要求的信息和数据后返回给应用程序。应用程序会决定如何处理这些数据，比如，进行显示或者写入日志。

3.3　OpenStack 相关实现

在 OpenStack 中，和虚拟化联系最紧密的是 Nova。Nova 使用前面所说的虚拟化管理工具来管理虚拟机。由于虚拟化管理工具很多，Nova 提供了一个名称为 Virt Driver 的框架支持各种虚拟化实现，也使得用户可以在部署 Nova 时选择使用什么样的管理工具和 VMM（通过在配置文件中选择 Virt Driver 来实现）。

在部署 Nova 时，需要选择 VMM 和相关的虚拟化管理库，比如，Xen 既可以通过 Libvirt，也可以通过 XenAPI 来配置。对于不同的 VMM 所需要的虚拟化管理库，Nova 的支持并不相同：在开发中，它们的特性可能不同；在测试中，不同的力度会产生不同的成熟度。针对单元测试和功能测试，Nova 为 Virt Driver 划分了不同的类别（Group）。

- Group A：完全支持的驱动，每一个代码提交（commit）都会经过单元测试和功能测试。这个 Group 内的驱动的代表就是通过 Libvirt 支持的 QEMU 和 KVM（Libvirt 还支持其他的 VMM，但是只有 QEMU 和 KVM 是 Group A）。
- Group B：处于中间地带的驱动，代码提交会经过单元测试，但功能测试依赖除 OpenStack 以外的系统进行。Group B 中的驱动有 Hyper-V、VMware 和 XenServer（通过 XenAPI）。
- Group C：这个 Group 内的驱动仅有最基本的测试，可能工作也可能不工作。用户使用这些驱动需要自负风险。代码的提交可能会有单元测试，但根本没有公开的功能测试。Group C 中的驱动有 Bare Metal、Docker、Xen（通过 Libvirt）和 LXC（通过 Libvirt）。

对于不同的 VMM 和管理库组合，Nova 能够支持的特性也不尽相同。对于绝大多数的 VMM，

Nova 都支持启动、重启和销毁等基本操作,但是对于一些高级的特性,如串口控制台(Serial Console)或 iSCSI,Nova 可能并不支持某些 VMM。所以用户如果依赖于某个 VMM 的特性,一定要在部署 Nova 时,检查是否支持它。

3.3.1 Libvirt 驱动

Nova 提供了一个名称为 Virt Driver 的框架,不同的虚拟化技术只要继承类 nova.virt.driver. ComputeDriver 并实现其中的接口,就可以在 Nova 中添加相关的支持,对于 Libvirt 来说,Virt Driver 的实现就是类 nova.virt.libvirt.driver.LibvirtDriver。

Libvirt 提供了很好的 Python 绑定,所以基于 Python 的 Nova 只要 import 一个名称为 Libvirt 的 Python 模块,就可以像 C 程序那样方便地调用 Libvirt 的功能。Libvirt 的 Python 模块也提供了类似 C 库的 Python 类:virConnect 代表一个到 VMM 的连接,virDomain 代表一台虚拟机。

如前文所述,Libvirt 常见的使用模式就是首先建立一个到 VMM 的连接,即获得一个 virConnect 实例,有了到 VMM 的连接,就可以直接调用 virConnect 成员函数来管理虚拟机(virDomain 实例),比如,lookupByName 可以根据虚拟机名称找到并返回一个 virDomain 对象,然后可以调用 virDomain 的成员函数 info 来得到这个虚拟机的信息。

Nova 与其他基于 Libvirt 库的程序一样,也是采用这样的使用模式,并没有什么特别之处。这里以创建虚拟机为例介绍 Nova 与 Libvirt 之间的交互过程。

在创建虚拟机时,Nova 最终会调用到类 LibvirtDriver 的 spawn()函数:

```
def spawn(self, context, instance, image_meta, injected_files,
        admin_password, network_info=None, block_device_info=None):
    # get_disk_info 确定客户机磁盘映射的信息,包括硬盘和光驱的总线信息,以及
    # 磁盘映射信息
    disk_info = blockinfo.get_disk_info(CONF.libvirt.virt_type,
                                        instance,
                                        block_device_info,
                                        image_meta)
    # 创建客户机需要的虚拟磁盘镜像,并把需要的信息写入新的磁盘镜像中
    # 比如,网络、磁盘信息,以及管理员密码和必需的文件
    self._create_image(context, instance,
                       disk_info['mapping'],
                       network_info=network_info,
                       block_device_info=block_device_info,
                       files=injected_files,
                       admin_pass=admin_password)
    # 为新的客户机获取完整的配置数据,包括名称、内存、虚拟 CPU 个数等
    # 然后将配置数据转化成一个 XML 格式的文件,用于创建虚拟机
    xml = self.to_xml(context, instance, network_info,
```

```
                    disk_info, image_meta,
                    block_device_info=block_device_info,
                    write_to_disk=True)
# 建立所需要的网络并创建、启动虚拟机
self._create_domain_and_network(context, xml, instance, network_info,
                    block_device_info)
LOG.debug(_("Instance is running"), instance=instance)


def _wait_for_boot():
    state = self.get_info(instance)['state']

    if state == power_state.RUNNING:
        LOG.info(_("Instance spawned successfully."),
                instance=instance)
        raise loopingcall.LoopingCallDone()

# 创建一个计时器，每隔 0.5 秒检查一下新建的虚拟机是否启动
# 直到发现它的状态变为正常运行
timer = loopingcall.FixedIntervalLoopingCall(_wait_for_boot)
timer.start(interval=0.5).wait()
```

3.3.2 XenAPI 驱动

Libvirt 的目标是提供通用、稳定的抽象层来安全地管理一个节点上的虚拟机，它也支持 Xen 虚拟机的基本操作，如创建、销毁等，因此 Nova 似乎没有必要再支持 XenAPI。但是 XenAPI 本身又具有自己的一些特性，比如，XenAPI 有"主机池"（Pool of Host）的概念，主机池是指一些共享存储的宿主机的集合，在主机池中进行动态迁移时没有必要迁移虚拟磁盘。这对 Nova 的实现十分重要，但是 Libvirt 为了通用性的考虑，并不提供这样的特性。为了更好地支持 Xen，Nova 也提供了 XenAPI 的 Virt Driver 支持。

如前文所述，Xen 的架构包括 Xen Hypervisor、特权虚拟机 Dom0 和非特权虚拟机 DomU。基于 Xen 部署 OpenStack 有一个特点，就是控制软件（nova-compute）运行在一个 DomU 上而不是 Dom0 上，这样的好处就是安全地隔离了 Dom0 中的系统软件和 OpenStack 组件。基于 Xen 的 OpenStack 典型部署如图 3-18 所示，其中包括 Dom0、OpenStack DomU 和为客户服务的 DomU（提供给租户的 Tenant VM）。

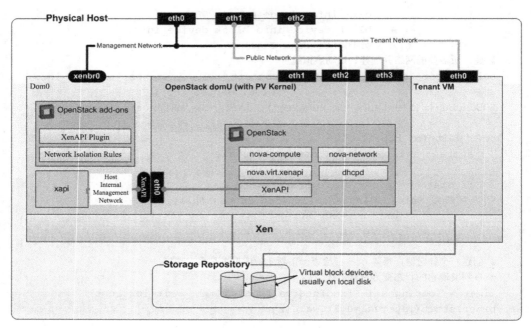

图 3-18　基于 Xen 的 OpenStack 典型部署

- Dom0：运行 XenAPI 守护进程 xapi 和一些 OpenStack 组件，如 XenAPI Plugin 和网络隔离规则（Network Isolation Rules）。
- OpenStack DomU：在每一个被管理的节点上，都会启动一个 PV DomU 来运行 OpenStack。它主要启动一个 nova-compute 服务来管理虚拟机，通常也会启动 nova-network 服务来管理可分配给 Tenant VM 的 IP 地址。Nova 通过 XenAPI Virt Driver 使用 XenAPI 的 Python 库和 Dom0 中的 xapi 通信来管理虚拟机。由于 Dom0 和 DomU 间的通信基于宿主机的内部网络，因此效率很高。

## 第 4 章

OpenStack 通用技术

西方国家有这样一句谚语："Don't Reinvent the Wheel!"将其直译过来就是"不要重复发明轮子"，也即任何一项工作如果有人完成过，我们要做的事情就可以简化为找到完成这项工作的人。这也就是所谓的"轮子理论"。

在软件领域中，这个"轮子理论"指的就是对于已经实现的功能，我们直接拿来用即可，不用再去重复"造轮子"了。而要达到这个目的，就需要我们不断地去发现并提取软件的共性部分，即软件的通用性。

事实上，计算机发展的整个过程，就是一个不断提取通用性的过程。计算机发展的初始状态就是一堆硬件，为了让这些硬件运转起来，就分离出了程序，而不同程序的共性是对计算机资源的管理，于是产生了操作系统，分离出了应用程序，这时计算机的体系结构就演变成了：硬件、操作系统与应用程序。

此时所有应用程序的共性变成了对数据的管理，从而产生了数据库管理系统，这样一来，计算机的体系结构又演变成了：硬件、操作系统、数据库管理系统与应用程序。

OpenStack 的发展演化过程同样伴随着通用性的不断提取，从最初的 Nova 与 Swift 两个项目，发展到目前形形色色的上百个项目，这些项目使用的一些通用的技术被不断地提取出来，由专门的团队（OpenStack Common Libraries，Oslo）进行维护。本章将会对这个 OpenStack 通用库，以及各个项目所使用的大量其他技术和第三方库进行介绍。

4.1 消息总线

OpenStack 遵循这样的设计原则：项目之间通过 RESTful API 进行通信；项目内部的不同服务进程之间的通信，则必须通过消息总线。这种设计思想保证了各个项目对外提供服务的接口可以被不同类型的客户端高效支持，同时保证了项目内部通信接口的可扩展性和可靠性，以支持大规模的部署。

软件从最初的面向过程，面向对象，再到面向服务，要求我们考虑各个服务之间如何传递消息。借鉴硬件总线的概念，消息总线的模式被引入了。顾名思义，消息总线的模式为一些服务向总线发送消息，其他服务从总线上获取消息。

目前已有多种消息总线的开源实现，OpenStack 也对其中的部分实现有所支持，如 RabbitMQ、Qpid

等，基于这些消息总线类型，oslo.messaging 库实现了以下两种方式来完成项目内部的不同服务进程之间的通信。

（1）远程过程调用（Remote Procedure Call，RPC）。

通过远程过程调用，一个服务进程可以调用其他远程服务进程的方法，并且有两种调用方式：call 和 cast。通过 call 的方式调用，远程方法会被同步执行，调用者会被阻塞直到结果返回；通过 cast 的方式调用，远程方法会被异步执行，结果并不会立即返回，调用者也不会被阻塞，但是调用者需要利用其他方式查询这次远程调用的结果。

（2）事件通知（Event Notification）。

某个服务进程可以把事件通知发送到消息总线上，然后该消息总线上所有对此类事件感兴趣的服务进程，都可以获得此事件通知并进行进一步的处理，但是处理的结果并不会返回给事件发送者。这种通信方式不但可以实现在同一个项目内部的各个服务进程之间发送通知，也可以实现跨项目之间的通知发送。Ceilometer 就通过这种方式大量获取其他 OpenStack 项目的事件通知，从而进行计量和监控。

通过不同的配置选项，远程过程调用和事件通知可以使用不同的消息总线后端（Backend），比如，RPC 使用 RabbitMQ，事件通知使用 Kafka，从而满足不同环境下的特定应用需求，极大地增加了灵活性。

我们在使用这两种通信方式时，只需要关注 oslo.messaging 库所提供的接口，并不需要了解各种消息总线类型的细节，因此本节的内容也只是作为简单的介绍来帮助感兴趣的读者去阅读 oslo.messaging 的代码。

1. AMQP

在 OpenStack 支持的消息总线类型中，大部分都是基于 AMQP（Advanced Message Queuing Protocol，高级消息队列协议）的。

AMQP 是一个异步消息传递所使用的开放的应用层协议，主要包括消息的导向、队列、路由、可靠性和安全性。oslo.messaging 中支持的 AMQP 主要包括两个版本，即 AMQP 0.9.1 和 AMQP 1.0，这两个版本有着很大的差别，下面我们以 RabbitMQ 主要支持的 AMQP 0.9.1 为例介绍一些消息传输中的基本概念。AMQP 架构如图 4-1 所示。

对于一个实现了 AMQP 的中间件服务（Server/Broker）来说，当不同的消息由生产者（Producer）发送到 Server 时，它会根据不同的条件把消息传递给不同的消费者（Consumer）。如果消费者无法接收消息或者接收消息不够快时，它就会把消息缓存在内存或磁盘上。

在 AMQP 模型中，上述操作分别由 Exchange（消息交换）和 Queue（消息队列）来实现。此处的虚拟主机（Virtual Host）指的是 Exchange 和 Queue 的集合。

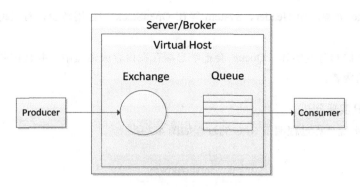

图 4-1　AMQP 架构

生产者将消息发送给 Exchange，并由 Exchange 来决定消息的路由，即决定要将消息发送给哪个 Queue，然后由消费者从 Queue 中取出消息，进行处理。

Exchange 本身不会保存消息，它接收由生产者发送的消息，然后根据不同的条件把消息转发到不同的 Queue。这里所谓的"条件"又被称为绑定（Binding），可以描述为：当条件 C 匹配时，队列 Q 会被绑定到交换 E 上。

在接收到消息时，Exchange 会查看消息属性、消息头和消息体，并从中提取相关的信息，然后使用此信息，根据绑定表把消息转发给不同的 Queue 或其他 Exchange。

在绝大部分情形下，这个用来查询绑定表的信息是一个单一的键值，称为 routing key。每一条发送的消息都有一个 routing key，同样，每一个 Queue 也有一个 binding key。Exchange 在进行消息路由时，会查询每一个 Queue，如果某个 Queue 的 binding key 与某条消息的 routing key 匹配，这条消息就会被转发到那个 Queue 里。

不同类型的 Exchange 会使用不同的匹配算法，AMQP 中所包含的比较重要的 Exchange 类型如表 4-1 所示。

表 4-1　Exchange 类型

类　　型	说　　明
Direct	binding key 和 routing key 必须完全一致，不支持通配符
Topic	同 Direct 类型，但支持通配符。"*"匹配一个单字，"#"匹配零个或多个单字，单字之间是由"."来分割的
Fanout	忽略 binding key 和 routing key，消息会被传递到所有绑定的队列上

简单来说，Direct 是需要满足单一条件的路由，在 Exchange 判断要将消息发送给哪个 Queue 时，判断的依据只能是一个条件。Fanout 是广播式的路由，即将消息发送给所有的 Queue。而 Topic 是需要满足多个条件的路由，在转发消息时需要依据多个条件。

其他 Exchange 类型，如 Header、System 等在 OpenStack 中使用较少，有兴趣的读者可以参考 AMQP 协议本身。

作为消息的存储和分发实体，Queue 会把消息缓存在内存或磁盘中，并且按顺序把这些消息分发给一个或多个消费者。

2. 基于 AMQP 实现 RPC

基于 AMQP 实现远程过程调用 RPC 的过程如图 4-2 所示。

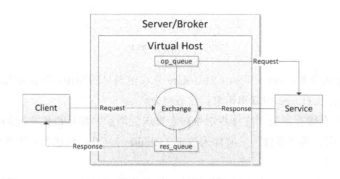

图 4-2　基于 AMQP 实现 RPC 的过程

- 客户端给 Exchange 发送一条请求消息，并指定 routing key 为 op_queue，同时指明一个消息队列名用来获取响应，图中为 res_queue。
- Exchange 把此消息转发到消息队列 op_queue。
- 消息队列 op_queue 把消息推送给服务端，服务端执行此 RPC 调用对应的任务。在执行结束后，服务端把响应结果发送给消息队列，并指明 routing key 为 res_queue。
- Exchange 把此消息转发到消息队列 res_queue。
- 客户端从消息队列 res_queue 中获取响应。

3. 常见消息总线实现

如前文所述，OpenStack 已经支持了一些常见的消息总线。oslo.messaging 通过实现不同的 Driver 以支持不同的消息总线，如 RabbitMQ 和 ZeroMQ，也有一些 Driver 旨在支持一类消息协议，如 AMQP 1.0 Driver 支持所有采用 AMQP 1.0 协议的消息总线。

1）RabbitMQ

RabbitMQ 是一个实现了 AMQP 的消息中间件服务，它包括了 Server/Broker，支持多种协议的网关（HTTP、STOMP、MQTT 等），支持多种语言（Erlang、Java、.NET Framework 等）的客户端开发库，支持用户自定义插件开发的框架及多种插件。

RabbitMQ 的 Server/Broker 使用 Erlang 语言编写，使用 Mozilla Public License（MPL）许可证发行。

早期的 oslo.messaging 底层实现了两种不同的 Driver 来支持 RabbitMQ，分明是 kombu 和 pika，它们的主要区别在于使用了不同的 Python library。pika library 对 RabbitMQ 的支持更加完备，基于 pika library 的 Driver 在 Mitaka 版本中加入（已经从 Rocky 发行版中移除），此后为了对 RabbitMQ 提供更好的支持，社区又开发了 Rabbit Driver，Rabbit Driver 也是 OpenStack 集成测试时默认使用的 Driver。

2）AMQP 1.0 协议

与 AMQP 0.9.1 协议相比，AMQP 1.0 协议更加灵活和复杂。

除了常见的 AMQP Broker 模式，AMQP 1.0 协议还实现了一种消息路由模式：位于调用者和服务器之间的不再是单节点的 Broker，而是一群互相连接的消息路由组成的路由网；路由不具备队列（Queue），没有存储消息的能力，它们的作用就是单纯地传递消息；路由节点之间使用 TCP 连接进行通信；调用者可以通过 TCP 连接连到路由网中的某个路由，从而接入路由网。

如图 4-3 所示，当 RPC Caller1 远程调用 RPC Server2 上的某个方法时，消息根据最短路径算法所得到的最短路径，经过 RouterB 和 RouterD，最后到达 RPC Server2。

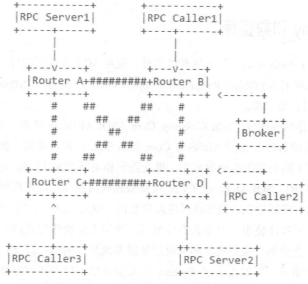

图 4-3　AMQP1.0 协议的消息路由模式

与 AMQP Broker 模式相比，消息路由模式拥有更大的灵活性，可以通过向路由拓扑图中加入冗余节点来保证服务的高可用。

3）ØMQ（ZeroMQ）

ZeroMQ 是一个开源的高性能异步消息库，与实现了 AMQP 的 RabbitMQ 和 Qpid 不同，ZeroMQ 系统可以在没有 Server/Broker 的情况下工作，同时消息发送者需要负责消息路由以找到正确的消息目的地，消息接收者需要负责消息的入队、出队等操作。

由于没有集中式的 Broker，ZeroMQ 可以实现一般 AMQP Broker 模式所达不到的低延迟和大带宽，特别适合消息数量巨大的应用场景。

ZeroMQ 使用自己的通信协议 ZMTP（ZeroMQ Message Transfer Protocol）来进行通信。ZeroMQ 的库使用 C++语言编写，使用 LGPL 许可证发行。

ZeroMQ Driver 已经在 OpenStack 的 Rocky 版本中被标记为过时且不再由专人维护，并在 Stein 版本中被正式移除。

4）Kafka

Kafka 是一个分布式的消息系统，使用 Scala 语言编写，最初由 LinkedIn 公司开发，现已成为 Apache 项目。与传统的消息系统相比，Kafka 是一个分布式的系统，有着较好的扩展能力，可以为发布和订阅提供高吞吐量，被广泛应用于收集日志等海量消息应用场景中。

目前，oslo.messaging 仅支持将 Kafka 用于事件通知，这个 Driver 尚处于实验阶段。

4.2　SQLAlchemy 和数据库

SQLAlchemy 是基于 Python 语言的一款开源软件，使用 MIT 许可证发行。SQLAlchemy 提供了 SQL 工具包及对象关系映射器（Object Relational Mapper，ORM），从而让 Python 开发人员可以简单、灵活地运用 SQL 操作后台数据库。

SQLAlchemy 主要分为两部分：SQLAlchemy Core（SQLAlchemy 核心）及 SQLAlchemy ORM（SQLAlchemy 对象关系映射器）。SQLAlchemy Core 包括 SQL 语言表达式、数据引擎、连接池等，所有的实现都是以连接不同类型的后台数据库、提交查询和更新 SQL 请求、定义数据库数据类型，以及定义 schema 等为目的。SQLAlchemy ORM 提供数据映射模式，即把程序语言的对象数据映射成数据库中的关系数据，或者把关系数据映射成对象数据。SQLAlchemy 架构如图 4-4 所示。

值得说明的是，如果程序使用了对象关系映射器，开发人员操作和理解数据时就方便、灵活了很多，但是程序的性能会受到一些影响，毕竟映射是需要额外开销的，因此，SQLAlchemy 中的对象关系映射是一个可选模块，开发人员在 Python 中完全可以不使用任何对象模型，就能直接使用 SQLAlchemy 操作数据。

对象关系映射器在 Web 应用程序框架中也经常被提到，因为它是快速开发栈中的关键组件。现代程序开发语言大多是面向对象的，而目前主流、成熟的数据库系统基本上都是关系数据库。所以，对象关系映射器主要解决的问题就是将面向对象型的程序操作映射成对数据库的操作，并且把关系数据库的查询结果转换成对象型数据以便于程序访问。

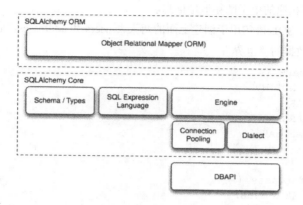

图 4-4   SQLAlchemy 架构

下面介绍一个简单的例子，在数据库中有两张表，如表 4-2 与表 4-3 所示。

表 4-2   Table users

id	name	fullname	password
1	ed	Ed Jones	f8s7ccs
2	wendy	Wendy Williams	foobar
3	mary	Mary Contrary	xxg527
4	fred	Fred Flinstone	blah

表 4-3   Table addresses

id	user_id	email_address
1	1	jones@google.com
2	1	j25@yahoo.com
3	2	wendy@gmail.com

从关系模型来看，该关系数据库中有两张表，一张表 users 对应的是用户信息，包括用户 id、name（名称）、fullname（全名）和 password（密码），另一张表 addresses 对应的主要是用户的 email_address（电子邮箱地址）信息。这两张表通过用户 id 关联：在 users 表中，id 是它的主键，在 addresses 表中，user_id 是它的外键。如果已知一个用户，则通过 user_id 可以在 addresses 表中查找到该用户的所有电子邮箱地址；如果已知一个电子邮箱地址，则通过 user_id 可以在 users 表中查找到这是哪个用户的电子邮箱地址。

比如，在这个例子中，Ed Jones 有两个电子邮箱地址，一个是 jones@google.com，另一个是

j25@yahoo.com，Wendy Williams 只登记了一个电子邮箱地址，即 wendy@gmail.com，而其他用户在该数据库中则没有登记相应的电子邮箱地址信息。

下面两条 CREATE SQL 语句用于创建上面的两张表 users 和 addresses，它们是典型的关系数据库 SQL 语句，是关系数据的"世界"：

```
CREATE TABLE users (
    id INTEGER NOT NULL,
    name VARCHAR,
    fullname VARCHAR,
    password VARCHAR,
    PRIMARY KEY (id)
)
CREATE TABLE addresses (
    id INTEGER NOT NULL,
    email_address VARCHAR NOT NULL,
    user_id INTEGER,
    PRIMARY_KEY (id),
    FOREIGN KEY (user_id) REFERENCES users (id)
)
```

从对象模型来看，则是另一个"世界"。同样是上面的例子，对象关系映射器可以把上面的两张表映射成两个类 User 和 Address，它们的定义如下：

```
>>> from sqlalchemy.ext.declarative import declarative_base
>>> from sqlalchemy import Column, Integer, String
>>> Base = declarative_base()
>>> class User(Base):
...       __tablename__ = 'users'
...       id = Column(Integer, primary_key=True)
...       name = Column(String)
...       fullname = Column(String)
...       password = Column(String)
>>> class Address(Base):
...       __tablename__ = 'addresses'
...       id = Column(Integer, primary_key=True)
...       email_address = Column(String, nullable=False)
...       user_id = Column(Integer, ForeignKey('users.id'))
...       user = relationship('User', backref=backref('addresses', order_by=id))
```

粗略来说，一行记录成了一个类，一列成了一个类的属性。经过这样的模型转换和映射，我们可以利用 Python 这样的面向对象语言通过 SQLAlchemy 生成 SQL 语句，以查询和更新数据库中的数据。实际操作的代码示例如下：

```
>>> from sqlalchemy import create_engine
>>> from sqlalchemy.orm import sessionmaker
```

```
>>> engine = create_engine(…)  #根据用户配置建立相应的数据库引擎
>>> Session = sessionmaker(bind=engine)
>>> session = Session() #通过工厂模式建立数据库session
…
>>> for u, a in session.query(User, Address).\
…               filter(User.id==Address.user_id).\
…               filter(Address.email_address=='jones@google.com').\
…               all():
…       print u, a
```

这样一来，在程序运行时，SQLAlchemy 会产生相应的 SELECT SQL 查询语句并提交给后台数据库处理。后台生成的 SQL 查询语句如下：

```
SELECT users.id AS users_id,
       users.name AS users_name,
       users.fullname AS users_fullname,
       users.password AS users_password,
       addresses.id AS addresses_id,
       addresses.email_addresses AS addresses_email_address,
       addresses.user_id AS addresses_user_id
FROM users, addresses
WHERE users.id = addresses.user_id
       AND addresses.email_address = ?
('jones@google.com',)
```

打印出来的结果如下：

```
<User('ed', 'Ed Jones', 'f8s7ccs')> <Address('jones@google.com')>
```

细心的读者会发现，查询结果得到的其实是类 User 和类 Address 的某个实例，而要访问该实例的类属性，可以直接使用 u.id、u.name、a.email_address 等面向对象程序的语句。这样，就相当于完成了查询结果从关系型数据模型到对象型数据模型的映射。

至于使用 SQLAlchemy 完成其他操作，如插入、更新和删除，也是类似的，下面是一个插入操作的例子：

```
>>> ed_user = User('yaed', 'Ed Jones', 'f8s7ccs')
>>> session.add(ed_user)
>>> session.flush()
```

此时，SQLAlchemy 会提交一个 INSERT SQL 语句给后台数据库，而数据库 users 表中会增加一条记录，语句如下：

```
INSERT INTO users (name, fullname, password) VALUES (?, ?, ?)
('yaed', 'Ed Jones', 'edspassword')
```

SQLAlchemy 基本上支持绝大多数数据库 SQL 操作和特有属性。以上面的查询为例，由于表与表之间、类与类之间已经建立并定义了键与外键的关系，因此 SQLAlchemy 可以直接利用 join()函数来完成连接查询操作，而无须像上面的例子那样再次把查询条件一一列出，至于 join 操作是主动的还是被动的（Lazy），SQLAlchemy 也有一套参数可以供开发人员通过程序进行选择、配置和控制。

另外，对于大多数数据库中的一些高级功能，如事务处理（transaction）等，SQLAlchemy 也提供了相应的支持。也就是说，开发人员可以使用 session 的 commit()函数和 rollback()函数告诉后台数据库，对刚才的数据库改动分别进行提交和回退处理。

可以这么认为，SQLAlchemy 是一座架设在 Python 和各种后台数据库之间的桥梁，让开发人员可以很容易且简便地使用 Python 语句查询和更新数据库中的数据，而无须了解更多 SQL 语句的细节。更重要的是，如果后台数据库类型发生了变化，如数据从某种类型的数据库管理系统迁移到另一种类型的数据库管理系统，开发人员的 Python 程序也可以不用修改或者进行少量配置文件的修改而实现正常运行。

在 OpenStack 中有大量的数据需要由后台数据库保存和维护，如虚拟机状态信息和各种监控数据，目前 OpenStack 可以提供 MySQL、PostgreSQL 等多种数据库作为后台的选择，而操作它们基本上都用到了 SQLAlchemy 并进行了类封装，这些代码都保存在相应项目的 db 目录下，代码本身并不是太复杂，有兴趣的读者可以到相应目录下查看。

目前 SQLAlchemy 已经发展到了 1.1.1 版本，不仅支持从 Python 2.5 到最新的 Python 3.x 版本，而且支持 Jython 和 PyPy。就所支持的数据库而言，SQLAlchemy 已经支持 SQLite、PostgreSQL、MySQL、Oracle、MS-SQL、Firebird、Sybase 等多种数据库。

4.3 RESTful API 和 WSGI

OpenStack 项目都是通过 RESTful API 向外提供服务的，这使得 OpenStack 的接口在性能、可扩展性、可移植性、易用性等方面达到了比较好的平衡。

1. 什么是 RESTful

RESTful 是目前最流行的一种互联网软件架构。REST（Representational State Transfer，表述性状态转移）一词最早是由 Roy Thomas Fielding 在其 2000 年的博士论文中提出的，定义了互联网软件的架构原则，如果一个架构符合 REST 原则，就称它为 RESTful 架构。

RESTful 架构的一个核心概念是"资源"（Resource）。从 RESTful 的角度来看，网络里的任何东西都是资源，资源可以是一段文本、一张图片、一首歌曲、一种服务等，每个资源都对应一个特定的 URI（统一资源定位符）并用它进行标识，访问这个 URI 就可以获得这个资源。

资源可以有多种具体表现形式，也就是资源的"表述"（Representation），比如，一张图片可以使用 JPEG 格式，也可以使用 PNG 格式。URI 只是代表了资源的实体，并不能代表它的表现形式。

在互联网里，客户端和服务端之间的互动传递的只是资源的表述，我们上网的过程就是调用资源的 URI，获取它不同表现形式的过程。这个互动只能使用无状态协议 HTTP，也就是说，服务端必须保存所有的状态，客户端可以使用 HTTP 的几个基本操作，包括 GET（获取）、POST（创建）、PUT（更新）与 DELETE（删除），使服务端上的资源发生"状态转化"（State Transfer），也就是所谓的"表述性状态转移"。

2. RESTful 路由

OpenStack 的各个项目都提供了 RESTful 架构的 API 作为对外提供的接口，而 RESTful 架构的核心是资源与资源上的操作，这也就是说，OpenStack 定义了很多的资源，并实现了针对这些资源的各种操作函数。OpenStack 的 API 服务进程在接收到客户端的 HTTP 请求时，一个所谓的"路由"模块会将请求的 URL 转换成相应的资源，并路由到合适的操作函数上。

OpenStack 中所使用的路由模块 routes 源自对 Rails 路由系统的重新实现。Rails 路由系统是 Ruby 语言的 Web 开发框架，采用 MVC（Model-View-Controller）模式。在收到浏览器发出的 HTTP 请求后，Rails 路由系统会将这个请求指派到对应的 Controller：

```
# 新建一个 Mapper 并创建路由
from routes import Mapper
map = Mapper()
map.connect(None, "/error/{action}/{id}", controller="error")
map.connect("home", "/", controller="main", action="index")

# URL '/error/myapp/4' 能够匹配上面的路由
result = map.match('/error/myapp/4')
# result == {'controller': 'error', 'action': 'myapp', 'id': '4'}
```

每个 Controller 都对应一个 RESTful 资源，代表对该资源的操作集合，其中包含很多个 action（函数或操作），如 index、show、create、destroy 等，每个 action 都对应一个 HTTP 的请求和回应。比如，在执行 nova list 命令时，Nova 客户端会将这个命令转换成 HTTP 请求并发送给 Nova 的 API 服务进程，然后该请求会被路由到下面的 index 操作：

```
# nova/api/openstack/compute/servers.py

class ServersController(wsgi.Controller):

@wsgi.expected_errors((400, 403))
    @validation.query_schema(schema_servers.query_params_v266, '2.66')
    @validation.query_schema(schema_servers.query_params_v226, '2.26', '2.65')
    @validation.query_schema(schema_servers.query_params_v21, '2.1', '2.25')
    def index(self, req):
        """返回虚拟机的列表给指定用户"""
        context = req.environ['nova.context']
        context.can(server_policies.SERVERS % 'index')
        try:
            servers = self._get_servers(req, is_detail=False)
```

```
        except exception.Invalid as err:
            raise exc.HTTPBadRequest(explanation=err.format_message())
    return servers
```

3. 什么是 WSGI

RESTful 只是设计风格而不是标准，Web 服务通常使用基于 HTTP 的符合 RESTful 风格的 API。而 WSGI（Web Server Gateway Interface，Web 服务器网关接口）则是 Python 语言中所定义的 Web 服务器和 Web 应用程序或框架之间的通用接口标准。

从名称上看，WSGI 是一个网关，作用就是在协议之间进行转换。换句话说，WSGI 就是一座桥梁，桥梁的一端称为服务端或网关端，另一端称为应用端或框架端。当处理一个 WSGI 请求时，服务端会为应用端提供上下文信息和一个回调函数，应用端在处理完请求后，会使用服务端所提供的回调函数返回对应请求的响应。

作为一座桥梁，WSGI 将 Web 组件分成了 3 类：Web 服务器（WSGI Server）、Web 中间件（WSGI Middleware）与 Web 应用程序（WSGI Application）。WSGI Server 用于接收 HTTP 请求，封装一系列环境变量，按照 WSGI 接口标准调用注册的 WSGI Application，最后将响应返回给客户端。

WSGI Application 是一个可被调用的（Callable）Python 对象，它只接受两个参数，通常为 environ 和 start_response。例如：

```
def application(environ, start_response):
    start_response('200 OK', [('Content-Type', 'text/plain')])
    yield 'Hello World\n'
```

参数 environ 指向一个 Python 字典，要求里面至少包含一些在 CGI（通用网关接口规范）中定义的环境变量，如 REQUEST_METHOD、SCRIPT_NAME、PATH_INFO、QUERY_STRING 等。除此之外，environ 字典里面还要至少包含其他 7 个 WSGI 所定义的环境变量，如 wsgi.version、wsgi_input、wsgi.url_scheme 等。WSGI Application 可以从 environ 字典中获取相应的请求及其执行上下文的所有信息。

参数 start_response 指向一个回调函数：

```
start_response(status, response_headers, exc_info=None)
```

其中，参数 status 是一个形如 999 Message here 的表示响应状态的字符串；参数 response_headers 是一个包含了(header_name,header_value)元组的列表，分别表示 HTTP 响应中的 HTTP 头及其内容；参数 exc_info 一般在出现错误时使用，用来让浏览器显示相关错误信息。

参数 start_response 所指向的这个回调函数需要返回另一个形如 write(body_data)的可被调用对象。这个 write 对象是为了兼容现有的一些特殊框架而设计的，一般情况下不使用。

在有请求到来时，WSGI Server 会准备好参数 environ 和 start_response，然后调用 WSGI Application 获得对应请求的响应。下面是一个 WSGI 服务端调用应用端的例子：

```
def call_application(app, environ):
```

```
            body = []
            status_headers = [None, None]
            # 定义 start_response()回调函数
            def start_response(status, headers):
                status_headers[:] = [status, headers]
                return body.append(status_headers)
            # 调用 WSGI 应用端
            app_iter = app(environ, start_response)
            try:
                for item in app_iter:
                    body.append(item)
            finally:
                if hasattr(app_iter, 'close'):
                    app_iter.close()
            return status_headers[0], status_headers[1], ''.join(body)
        #准备 environ 环境变量，假设 CGI 相关变量已经在操作系统的上下文中
        environ = os.environ.items()
        environ['wsgi.input']              = sys.stdin.buffer
        environ['wsgi.errors']             = sys.stderr
        environ['wsgi.version']            = (1, 0)
        environ['wsgi.multithread']        = False
        environ['wsgi.multiprocess']       = True
        environ['wsgi.run_once']           = True
        if environ.get('HTTPS', 'off') in ('on', '1'):
                environ['wsgi.url_scheme'] = 'https'
        else:
                environ['wsgi.url_scheme'] = 'http'

        status, headers, body = call_application(application, environ)
```

WSGI Middleware 同时实现了服务端和应用端的 API，因此可以在两端之间起协调作用。从服务端来看，中间件就是一个 WSGI Application；从应用端来看，中间件则是一个 WSGI Server。

WSGI Middleware 可以将客户端的 HTTP 请求，路由给不同的应用对象，然后将应用处理后的结果返回给客户端。

我们也可以将 WSGI Middleware 理解为服务端和应用端交互的一层包装，经过不同中间件的包装，便具有不同的功能，如 URL 路由分发和权限认证。这些不同中间件的组合便形成了 WSGI 的框架，如 Paste。

4. Paste

OpenStack 使用 Paste 的 Deploy 组件来完成 WSGI Server 和 WSGI Application 的构建，每个项目源码的 etc 目录下都有一个 Paste 配置文件，如 Nova 中的 etc/nova/api-paste.ini，在部署时，这些配置文件会被拷贝到系统/etc/<project>/目录下。Paste Deploy 的工作就是基于这些配置文件的。

Paste 配置文件有其固有的格式，以官网上的配置文件为例：

```
[composite:main]
use = egg:Paste#urlmap
/ = home
/blog = blog
/wiki = wiki
/cms = config:cms.ini

[app:home]
use = egg:Paste#static
document_root = %(here)s/htdocs

[filter-app:blog]
use = egg:Authentication#auth
next = blogapp
roles = admin
htpasswd = /home/me/users.htpasswd

[app:blogapp]
use = egg:BlogApp
database = sqlite:/home/me/blog.db

[app:wiki]
use = call:mywiki.main:application
database = sqlite:/home/me/wiki.db
```

Paste 配置文件分为多个 section，每个 section 以 type:name 的格式命名。

1) type = composite

这个类型的 section 会把 URL 请求分发到对应的 Application 中，并由 use 指定具体的分发方式。比如，egg:Paste#urlmap 表示使用 Paste 包中的 urlmap 模块，这个 section 里的其他形如 key = value 的行是使用 urlmap 进行分发时的参数。

2) type = app

一个 app 就是一个具体的 WSGI Application，这个 app 对应的 Python 代码可以由 use 来指定：

```
[app:myapp]
# 从另一个 config.ini 文件中寻找 app
use = config:another_config_file.ini#app_name

[app:myotherapp]
# 从 Python EGG 中寻找 app
use = egg:MyApp

[app:mythirdapp]
```

```
# 直接调用另一个模块中的 myapplication
use = call:my.project:myapplication

[app:mylastapp]
# 从另一个 section 中寻找 app
use = myotherapp
```

另一种指定方法是明确指定对应的 Python 代码，这时必须给出代码应该符合的格式，如 paste.app_factory：

```
[app:myapp]
# myapp.modulename 将被加载，并从中获取 app_factory 对象
paste.app_factory = myapp.modulename:app_factory
```

Paste Deploy 定义了很多 factory，这些 factory 只是为了便于使用针对 WSGI 标准的一些封装。比如，最为普通的 app_factory 格式为：

```
def composite_factory(loader, global_config, **local_conf):
    return wsgi_app
```

3）type = filter-app

在接收到一个请求后，会先调用 filter-app 中的 use 所指定的 app 进行过滤，如果这个请求没有被过滤，就会被转发到 next 所指定的 app 进行下一步的处理。

4）type = filter

与 filter-app 类型的区别只是没有 next。

5）type = pipeline

pipeline 由一系列 filter 组成，这个 filter 链条的末尾是一个 app。pipeline 类型对 filter-app 进行了简化，否则，如果有多个 filter，就需要写多个 filter-app，然后使用 next 进行连接。例如：

```
[pipeline:main]
pipeline = filter1 egg:FilterEgg#filter2 filter3 app

[filter:filter1]
…
```

使用 Paste Deploy 的主要目的就是从配置文件中生成一个 WSGI Application，在有了配置文件之后，只需要使用下面的调用方式：

```
from paste.deploy import loadapp
wsgi_app = loadapp('config:/path/to/config.ini')
```

而对于 OpenStack 的调用，这里以 Nova 为例：

```
# nova/api/wsgi.py

from paste import deploy

class Loader(object):
```

```
"""从 Paste 配置文件中加载 WSGI 应用"""

def load_app(self, name):
    try:
        LOG.debug("Loading app %(name)s from %(path)s",
                  {'name': name, 'path': self.config_path})
        return deploy.loadapp("config:%s" % self.config_path, name=name)
    except LookupError:
        LOG.exception(_LE("Couldn't lookup app: %s"), name)
        raise exception.PasteAppNotFound(name=name,
                                         path=self.config_path)
```

5. WebOb

除 Routes 与 Paste Deploy 以外，OpenStack 中另一个与 WSGI 密切相关的是 WebOb。WebOb 通过对 WSGI 的请求与响应进行封装，可以简化 WSGI 应用的编写。

在 WebOb 中有两个重要的对象：一个是 webob.Request，可以对 WSGI 请求的参数 environ 进行封装；另一个是 webob.Response，包含了标准 WSGI 响应的所有要素。此外，还有一个 webob.exc 对象，可以针对 HTTP 错误代码进行封装。

除了这 3 个对象，WebOb 还提供了一个修饰符（decorator）"webob.dec.wsgify"，以便我们可以不使用原始的 WSGI 参数和返回格式，而全部使用 WebOb 替代。例如：

```
@wsgify
def myfunc(req):
    return webob.Response('hey there')
```

在调用时，有两种选择：

```
app_iter = myfunc(environ, start_response)
```

或者

```
resp = myfunc(req)
```

第一种是最原始和标准的 WSGI 格式，第二种则是 WebOb 在封装后的格式。

我们也可以使用参数对 wsgify 修饰符进行定制，比如，使用 webob.Request 的子类，对真正的 Request 进行一些判断或过滤：

```
class MyRequest(webob.Request):
    @property
    def is_local(self):
        return self.remote_addr == '127.0.0.1'
@wsgify(RequestClass=MyRequest)
def myfunc(req):
    if req.is_local:
        return Response('hi!')
    else:
```

```
        raise webob.exc.HTTPForbidden
```

以 Nova 为例：

```
# nova/api/wsgi.py

import webob

class Request(webob.Request):
    """继承 webob.Request"""
    def __init__(self, environ, *args, **kwargs):
        if CONF.wsgi.secure_proxy_ssl_header:
            scheme = environ.get(CONF.wsgi.secure_proxy_ssl_header)
            if scheme:
                environ['wsgi.url_scheme'] = scheme
        super(Request, self).__init__(environ, *args, **kwargs)

class Middleware(Application):

    """指定 wsgify 修饰符的参数"""
    @webob.dec.wsgify(RequestClass=Request)
    def __call__(self, req):
        response = self.process_request(req)
        if response:
            return response
        response = req.get_response(self.application)
        return self.process_response(response)
```

6. Pecan

随着 OpenStack 项目的发展，Paste 组合框架的 RESTful API 代码的弊端也逐渐显现：代码过于臃肿，导致项目的可维护性变差。为了解决这个问题，一些新项目选择使用 Pecan 框架来实现 RESTful API。

Pecan 是一个轻量级的 WSGI 网络框架，其设计思想并不是解决 Web 世界的所有问题，而是主要集中在对象路由和 RESTful 支持上，并不提供对话（session）和数据库支持。用户可以自由选择其他模块与之组合。

Pecan 的配置多位于 config.py 文件，以 Ironic 项目为例：

```
# ironic/api/config.py

# 服务器相关配置
server = {
    'port': '6385',
    'host': '0.0.0.0'
}
```

```
# Pecan app 配置
app = {
    'root': 'ironic.api.controllers.root.RootController',
    'modules': ['ironic.api'],
    'static_root': '%(confdir)s/public',
    'debug': False,
    'acl_public_routes': [
        '/',
        '/v1',
        # IPA ramdisk methods
        '/v1/lookup',
        '/v1/heartbeat/[a-z0-9\-]+',
        # Old IPA ramdisk methods - will be removed in the Ocata release
        '/v1/drivers/[a-z0-9_]*/vendor_passthru/lookup',
        '/v1/nodes/[a-z0-9\-]+/vendor_passthru/heartbeat',
    ],
}

# wsme 配置，关闭 debug 模式
wsme = {
    'debug': False,
}
```

Pecan 配置文件使用的也是 Python 语言，每个配置选项都是一个 Python 字典，其中 server 指定了 WSGI 应用运行的主机和端口，app 指定了 WSGI Application 有关的一些配置值。

modules 是一个 Python 模块列表，Pecan 会在 modules 里寻找 WSGI Application。Pecan 使用了对象路由的方式把一个 HTTP 请求映射到 Controller 的方法上，具体来说，当用户访问某个 URL 时，Pecan 会将路径分割成许多部分，从根控制器（Root Controller）开始沿着对象路径找到要执行的函数，root 指定了根控制器的位置。下面是一个 Pecan 对象路由的例子：

```
from pecan import expose

class BooksController(object):
    @expose()
    def index(self):
        return "Welcome to book section."

    @expose()
    def bestsellers(self):
        return "We have 5 books in the top 10."

class CatalogController(object):
    @expose()
    def index(self):
```

```
        return "Welcome to the catalog."

    books = BooksController()

class RootController(object):
    @expose()
    def index(self):
        return "Welcome to store.example.com!"

    @expose()
    def hours(self):
        return "Open 24/7 on the web."

    catalog = CatalogController()
```

当用户访问/catalog/books/bestsellers 目录时，URL 会被分解成 catalog、books、bestsellers 三部分，Pecan 会在 Root Controller 上寻找 catalog，然后在 catalog 对象上查找 books，最终执行 books 对象上的 bestsellers 方法。

4.4 Eventlet 和 AsyncIO

目前，OpenStack 中的绝大部分项目都采用所谓的协程（coroutine）模型。从操作系统的角度来看，一个 OpenStack 服务只会运行在一个进程中，但是在这个进程中，OpenStack 利用 Python 库 Eventlet 可以产生许多个协程，这些协程之间只有在调用到了某些特殊的 Eventlet 库函数时（如 sleep、I/O 调用等）才会发生切换。

与线程类似，协程也是一个执行序列，拥有自己独立的栈与局部变量，同时与其他协程共享全局变量。协程与线程的主要区别是：多个线程可以同时运行，而在同一时间只能有一个协程运行。由于协程无须考虑很多有关锁的问题，因此其开发和调试更简单、方便。

在使用线程时，线程的执行完全由操作系统控制，进程调度会决定哪个线程在何时应该占用 CPU。而在使用协程时，协程的执行顺序与时间完全由程序自己决定，如果某个工作比较耗费时间，或者需要等待某些资源，则协程可以自己主动让出 CPU，其他的协程在工作一段时间后同样会主动让出 CPU，这样一来，我们可以控制各个任务的执行顺序，从而最大限度地利用 CPU 的性能。

协程的实现主要是在协程休息时把当前的寄存器保存起来，在重新工作时再将其恢复，可以简单理解为，在单个线程内部有多个栈用来保存切换时的线程上下文，因此，协程可以被理解为一个线程内的伪并发方式。

1. Eventlet

Eventlet 是一个 Python 的网络库，它可以通过协程的方式来实现并发。Eventlet 将协程称为

GreenThread（绿色线程），所谓的并发，就是创建多个 GreenThread，并对其进行管理。

一个最简单的使用 Eventlet 的例子如下：

```
import eventlet

def my_func(param):
…
return 0

gt = eventlet.spawn(my_func, work_to_process)
result = gt.wait()
```

eventlet.spawn()函数会新建一个 GreenThread 来运行 my_func()函数。由于 GreenThread 不会进行抢占式调度，所以此时这个新建的 GreenThread 只是被标识为可调度，并不会被立即调度执行。只有当主线程执行到 gt.wait()函数时，这个 GreenThread 才有机会被调度去执行 my_func()函数，进而开始自己的"神奇之旅"。

2. AsyncIO

由于 Eventlet 本身的一些局限性，如不支持 Python3，只支持 CPython，不支持 PyPy 和 Jython 等，目前 OpenStack 社区正在考虑使用 AsyncIO 代替 Eventlet。

AsyncIO 的设计标准定义在 PEP 3156 中，并且在 Python 3.4 中成了标准内建模块，提供了一套用来写单线程并发代码的基础架构，其中包括协程、I/O 多路复用，以及信号量、队列、锁等一系列同步原语。AsyncIO 可以被看作许多第三方 Python 库的超集，包括 Twisted、Tornado、Gevent、Eventlet 等。

由于 OpenStack 的目标是支持从 Python 2.6 到 Python 3.7 的各个版本，而 AsyncIO 只支持 Python 3.4 及其以后的版本，因此 eNovance 公司开发了 trollius 库，把 AsyncIO 移植到了 Python 2.x 中，trollius 库支持从 Python 2.6 到 Python 3.5 的所有版本。

不过需要注意的是，trollius 库目前处于"已经过时，不再维护"的状态，官方推荐使用 Python 3 的 AsyncIO 库。

4.5　命令行构建

Cliff（Command Line Interface Formulation Framework）可以用来帮助构建命令行程序。开发者利用 Cliff 框架可以构建类似于 SVN、Git 的支持多层命令的命令行程序。主程序只负责基本的命令行参数的解析，然后调用各个子命令去执行不同的操作。利用 Python 动态代码载入的特性，Cliff 框架中的每个子命令都可以和主程序分开地进行实现、打包和分发。

整个 Cliff 框架主要包括以下 4 种不同类型的对象。

- cliff.app.App：主程序对象，用来启动程序，并且负责一些对所有子命令都通用的操作，如设置日志选项和输入、输出等。
- cliff.commandmanager.CommandManager：主要用来载入每个子命令插件。默认通过 Setuptools 的 entry points 来载入。
- cliff.command.Command：用户可以通过实现 cliff.command.Command 的子类来实现不同的子命令，这些子命令被注册在 Setuptools 的 entry points 中，被 CommandManager 载入。每个子命令都可以有自己的参数解析（一般使用 argparse），同时需要实现 take_action()方法以完成具体的命令。
- cliff.interactive.InteractiveApp：实现交互式命令行。一般使用框架提供的默认实现。

Cliff 源码中附带了一个示例 DemoAPP，下面我们结合这个示例来了解 Cliff 的大致接口：

```python
# main.py

import sys

from cliff.app import App
from cliff.commandmanager import CommandManager


class DemoApp(App):

    log = logging.getLogger(__name__)

    def __init__(self):
        super(DemoApp, self).__init__(
            description='cliff demo app',
            version='0.1',
            command_manager=CommandManager('cliff.demo'),
            )

    def initialize_app(self, argv):
        self.LOG.debug('initialize_app')

    def prepare_to_run_command(self, cmd):
        self.LOG.debug('prepare_to_run_command %s',
                       cmd.__class__.__name__)

    def clean_up(self, cmd, result, err):
        self.LOG.debug('clean_up %s', cmd.__class__.__name__)
        if err:
            self.LOG.debug('got an error: %s', err)
```

```
def main(argv=sys.argv[1:]):
    myapp = DemoApp()
    return myapp.run(argv)


if __name__ == '__main__':
    sys.exit(main(sys.argv[1:]))
```

上面是主程序的代码，它新建了一个 DemoAPP 对象实例，并且调用其 run()方法运行。DemoApp 是 cliff.app.App 的子类，它的初始化函数的原型定义为：

```
class cliff.app.App(description, version, command_manager,
                    stdin=None, stdout=None, stderr=None,
                    interactive_app_factory=<class cliff.
                                            interactive. InteractiveApp>
```

其中，stdin、stdout、stderr 可以用来定义用户自己的标准输入、输出、错误，command_manager 必须指向一个 cliff.commandmanager.CommandManager 的对象实例，这个实例用来载入各个子命令插件。

cliff.commandmanager.CommandManager 类的初始化函数的原型定义为：

```
class cliff.commandmanager.CommandManager(namespace,
                                          convert_underscores=True)
```

其中，namespace 用来指定 Setuptools entry points 的命名空间，cliff.commandmanager. CommandManager 只会从这个命名空间中载入插件，convert_underscores 用来指定是否需要把 entry points 中的下画线转化为空格。

我们可以利用 cliff.app.App 类的方法 initialize_app()进行一些初始化工作，这个方法会在主程序 解析完用户的命令行参数后被调用，而且只会被调用一次。

prepare_to_run_command()方法可以被用来进行一些针对某个具体子命令的初始化工作，它将在 该子命令被执行之前调用。clean_up()方法会在某个具体子命令完成后被调用，用来进行一些清理工作。

某个具体子命令的实现通过继承 cliff.command.Command 来完成：

```
# simple.py

import logging

from cliff.command import Command


class Simple(Command):
    "A simple command that prints a message."

    log = logging.getLogger(__name__)
```

```
    def take_action(self, parsed_args):
        self.log.info('sending greeting')
        self.log.debug('debugging')
        self.app.stdout.write('hi!\n')
```

子命令的实际工作由 take_action()方法完成。在这个例子里，simple 子命令向标准输出打印一个字符串，它的实现代码由 cliff.commandmanager.CommandManager 通过 Setuptools entry points 来载入：

```
# setup.py

from setuptools import setup, find_packages

setup(
    name='cliffdemo',
    version='0.1',
    …
    install_requires=['cliff'],
    namespace_packages=[],
    packages=find_packages(),
    …

    entry_points={
        'console_scripts': [
            'cliffdemo = cliffdemo.main:main'
        ],
        'cliff.demo': [
            'simple = cliffdemo.simple:Simple',
        ],
    },
)
```

在 Setuptools entry points 的命名空间 cliff.demo 中，定义了 simple 命令所对应的插件实现是 Simple 类。Cliff 主程序在解析用户的输入后，会通过这里定义的对应关系调用不同的实现类。

simple 命令执行的结果为：

```
$ cliffdemo simple
sending greeting
hi!

$ cliffdemo -v simple
prepare_to_run_command Simple
sending greeting
debugging
hi!
clean_up Simple
```

4.6　OpenStack 通用库 Oslo

OpenStack 通用库 Oslo 包含了许多不需要重复发明的"轮子"。当开发者认为现有的代码中有适合被其他 OpenStack 项目共用的部分时，可以向 oslo-specs 提交 blueprint 来提出创建新的 Oslo 项目。

4.6.1　oslo.config

oslo.config 用于解析命令行和配置文件中的配置选项。下面通过几个应用场景来介绍 oslo.config 的使用方法。

1. 定义和注册配置选项

```python
# file: service.py

from oslo.config import cfg
# cfg.CONF 是 oslo.config 中定义的一个全局对象实例

OPTS = [
    cfg.StrOpt('host',
               default=socket.gethostname(),
               help='Name of this node'),
    cfg.IntOpt('collector_workers',
               default=1,
               help='Number of workers for collector service.'),
]
# 注册配置选项
cfg.CONF.register_opts(OPTS)

# 将配置选项注册为命令行选项
CLI_OPTIONS = [
    cfg.StrOpt('os-tenant-id',
               deprecated_group="DEFAULT",
               default=os.environ.get('OS_TENANT_ID', ''),
               help='Tenant ID to use for OpenStack service access.'),
    cfg.BoolOpt('insecure',
                default=False,
                help='Disables X.509 certificate validation when an '
                  'SSL connection to Identity Service is established.'),
]
cfg.CONF.register_cli_opts(CLI_OPTIONS,
                           group="service_credentials")
```

配置选项有不同的类型，目前 oslo.config 支持的配置选项类型如表 4-4 所示。

表 4-4　oslo.config 支持的配置选项类型

类　名	说　明
oslo.config.cfg.StrOpt	字符串类型
oslo_config.cfg.SubCommandOpt	字符串类型
oslo.config.cfg.BoolOpt	布尔型
oslo.config.cfg.IntOpt	整数类型
oslo.config.cfg.FloatOpt	浮点数类型
oslo_config.cfg.PortOpt	端口类型（0～65535）
oslo.config.cfg.ListOpt	字符串列表类型
oslo.config.cfg.DictOpt	字典类型，字典中的值需要是字符串类型
oslo.config.cfg. MultiStrOpt	可以分多次配置的字符串列表类型
oslo.config.cfg. IPOpt	IP 地址类型
oslo_config.cfg.HostnameOpt	域名类型
oslo_config.cfg.HostAddressOpt	机器地址类型（只接受合法的机器名或 IP 地址）
oslo_config.cfg.URIOpt	URI 类型

　　定义好的配置选项，必须在注册后才能使用。此外，配置选项还可以注册为命令行选项，之后，这些配置选项的值就可以从命令行中读取，并覆盖从配置文件中读取的值。

　　在注册配置选项时，可以把某些配置选项注册在一个特定的组下。这样可以帮助管理员更好地组织配置选项文件。如果没有指定这个特定的组，则默认的组是 DEFAULT。

　　在 1.3.0 版本的 oslo.config 中，增加了一种新的定义配置选项的方式：

```
from oslo.config import cfg
from oslo.config import types

PortType = types.Integer(1, 65535)

common_opts = [
    cfg.Opt('bind_port',
            type=PortType(),
            default=9292,
            help='Port number to listen on.')
]
```

　　相比于前面的方法，这种定义配置选项的方式能够更好地支持选项值的合法性检查，还能支持自定义选项类型。因此，建议新的项目使用这种方式定义配置选项。但由于目前很多 OpenStack 项目还在采用旧方式，因此为了方便读者理解代码，这里我们仍然采用旧方式。

2. 使用配置文件和命令行选项指定配置选项

为了正确使用 oslo.config，应用程序一般需要在启动时进行初始化，例如：

```
from oslo.config import cfg

conf(sys.argv[1:], project = 'xyz')
```

在初始化后，应用程序才能正常解析配置文件和命令行选项。最终用户可以使用默认的命令行选项--config-file 或--config-dir 来指定配置文件名或位置。如果没有明确指定，则默认按下面的顺序寻找配置文件：

```
~/.xyz/xyz.conf  ~/xyz.conf  /etc/xyz/xyz.conf  /etc/xyz.conf
```

配置文件一般采用类似.ini 文件的格式，其中每一个 section 对应着 oslo.config 中定义的一个配置选项组，如 section [DEFAULT]对应了默认组 DEFAULT：

```
[DEFAULT]
host = 1.1.1.1
collector_workers = 3
[service_credentials]
insecure = True
```

在使用命令行指定配置选项值时，如果该配置选项是定义在某个选项组中的选项，则命令行选项名需要使用该组名作为前缀：

```
--service_credentials-os-tenant-id ab23ef67
```

3. 使用其他模块中已经注册过的配置选项

对于已经注册过的配置选项，开发者可以直接访问：

```
from oslo.config import cfg
import service

hostname = cfg.CONF.host
tenant_id = cfg.CONF.service_credentials.os-tenant-id
```

这里导入 service 模块是因为选项 host 和 os-tenant-id 是在 service 模块中注册的。从编码风格来看，上述代码比较古怪，虽然导入了 service 模块，但是没有直接使用它。所以，我们也可以使用 import_opt 来申明在其他模块中定义的配置选项：

```
from oslo.config import cfg

cfg.CONF.import_opt('host', 'service')
hostname = cfg.CONF.host
```

4.6.2　oslo.db

oslo.db 是针对 SQLAlchemy 访问的抽象。下面通过几个不同的使用范例来介绍 oslo.db 中主要接口的使用方法。

1. 使用 SQLAlchemy 的 session 和 connection

oslo.db 提供了 oslo_db.sqlalchemy.enginefacade 模块来获取 session 和 connection。该模块有两种调用方式，即函数装饰器（decorator）和上下文管理器（Context Manager），这两种调用方式都需要提供一个上下文对象。上下文对象可以是任何 Python 类。这样做的目的是提供一个统一规范的 session 使用模式，避免调用者使用不当造成数据库事务（transaction）的滥用和嵌套。例如：

```
from oslo.db.sqlalchemy import enginefacade

class MyContext(object):
    "User-defined context class."

def some_reader_api_function(context):
    with enginefacade.reader.using(context) as session:
        return session.query(SomeClass).all()

def some_writer_api_function(context, x, y):
    with enginefacade.writer.using(context) as session:
        session.add(SomeClass(x, y))

def run_some_database_calls():
    context = MyContext()

    results = some_reader_api_function(context)
    some_writer_api_function(context, 5, 10)
```

当使用装饰器模式时，需要对 Context 对象进行特殊处理，可以调用 transaction_context_provider 装饰 Context 对象：

```
from oslo_db.sqlalchemy import enginefacade

@enginefacade.transaction_context_provider
class MyContext(object):
    "User-defined context class."

@enginefacade.reader
def some_reader_api_function(context):
    return context.session.query(SomeClass).all()


@enginefacade.writer
def some_writer_api_function(context, x, y):
    context.session.add(SomeClass(x, y))
```

```
def run_some_database_calls():
    context = MyContext()

    results = some_reader_api_function(context)
    some_writer_api_function(context, 5, 10)
```

管理员可以通过配置文件来配置 oslo.db 的许多选项，例如：

```
[database]
connection = mysql://root:123456@localhost/ceilometer?charset=utf8
```

也可以在使用数据库之前调用 oslo_db.sqlalchemy.enginefacade.configure 来改变已有的配置。

常用的 olso.db 配置选项如表 4-5 所示。

表 4-5　常用的 olso.db 配置选项

配置选项 = 默认值	说　　明
backend = sqlalchemy	（字符串类型）后台数据库标识
connection = None	（字符串类型）SQLAlchemy 用此来连接数据库
connection_debug = 0	（整型）SQLAlchemy 的 debug 等级，0 表示不输出任何调试信息，100 表示输出所有调试信息
connection_trace = False	（布尔型）是否把 Python 的调用栈信息加入 SQL 的注释中
db_inc_retry_interval = True	（布尔型）在连接重试时，是否增加重试之间的时间间隔
db_max_retries = 20	（整型）连接重试的最多次数（-1 表示一直重试）
db_max_retry_interval = 10	（整型）连接重试时间间隔的最大值，单位为秒
db_retry_interval = 1	（整型）连接重试时间间隔，单位为秒
idle_timeout = 3600	（整型）连接被回收之前的空闲时间，单位为秒
max_overflow = None	（整型）如果设置了，这个参数会被直接传给 SQLAlchemy
max_pool_size = None	（整型）在一个连接池中，最大可同时打开的连接数
max_retries = 10	（整型）打开连接时最大的重试次数（-1 表示一直重试）
retry_interval = 10	（整型）打开连接时重试的间隔时间

2. 使用 OpenStack 中通用的 SQLAlchemy model 类

```
from oslo_db import models


class ProjectSomething(models.TimestampMixin, models.ModelBase):
    id = Column(Integer, primary_key=True)
```

...

oslo.db.models 模块目前只定义了两种 Mixin：TimestampMixin 和 SoftDeleteMixin。在使用
TimestampMixin 时，SQLAlchemy model 中会多出两列，即 created_at 和 updated_at，分别表示记录
的创建时间和上一次的修改时间。

SoftDeleteMixin 支持使用 soft delete 功能，例如：

```python
from oslo_db import models

class BarModel(models.SoftDeleteMixin, models.ModelBase):
    id = Column(Integer, primary_key=True)
    ...
...
count = model_query(BarModel).find(some_condition).soft_delete()
if count == 0:
    raise Exception("0 entries were soft deleted")
```

3. 不同 DB 后端的支持

```python
from oslo_config import cfg
from oslo_db import api as db_api

# 定义不同 Backend 所对应的实现
# 如果配置选项 conf.database.backend 的值为 sqlalchemy，就使用
# project.db.sqlalchemy.api 模块中的实现
_BACKEND_MAPPING = {'sqlalchemy': 'project.db.sqlalchemy.api'}

IMPL = db_api.DBAPI.from_config(cfg.CONF,
                                backend_mapping=_BACKEND_MAPPING)

def get_engine():
    return IMPL.get_engine()

def get_session():
    return IMPL.get_session()

# DB-API method
def do_something(somethind_id):
    return IMPL.do_something(somethind_id)
```

不同 Backend 在具体实现时，需要定义如下函数返回，具体 DB API 的实现类：

```python
def get_backend():
    return MyImplementationClass
```

4.6.3　oslo.i18n

oslo.i18n 是对 Python gettext 模块的封装，主要用于字符串的翻译和国际化。在使用 oslo.i18n 之前，需要先创建一个集成模块：

```
# 将文件命名为_i18n.py，表示该文件是私有实现细节，并不希望在相关代码之外的地方被使用
# myapp/_i18n.py

import oslo_i18n

DOMAIN = "myapp"

_translators = oslo_i18n.TranslatorFactory(domain=DOMAIN)

# 主要的翻译函数，类似于 gettext 中的 "_" 函数
_ = _translators.primary

# 有上下文的翻译函数需要 oslo.i18n >=2.1.0
_C = _translators.contextual_form

# 复数形式的翻译函数需要 oslo.i18n >=2.1.0
_P = _translators.plural_form

def get_available_languages():
    return oslo_i18n.get_available_languages(DOMAIN)
# 自 Pike 发行版开始，OpenStack 不再支持 log 翻译
# 下述代码既无必要且不会再被使用
#
# 目前有一些项目中还有遗留的旧代码
# 这里保留这些过时信息，主要是方便开发人员阅读和理解旧代码
# 但是在新开发的代码中，不要尝试 log 翻译
_LI = _translators.log_info
_LW = _translators.log_warning
_LE = _translators.log_error
_LC = _translators.log_critical
```

之后，在程序中就可以比较容易地使用该模块：

```
from myapp._i18n import _
from myapp._i18n import _LW, _LE              # 过时的导入语句

LOG.warn(_LW('warning message: %s'), var) # 过时的 log 翻译
…
try:
    …
```

```
except Exception:
    LOG.exception('There was an error.') # log 不再翻译
…
    raise ValueError(_('error: v1=%(v1)s v2=%(v2)s') % {'v1': v1, 'v2': v2})
```

4.6.4 oslo.messaging

oslo.messaging 为 OpenStack 各个项目使用 RPC 和事件通知（Event Notification）提供了一套统一的接口。

为了支持不同的 RPC 后端实现，oslo.messaging 对以下对象进行了统一。

1. Transport

Transport（传输层）主要用于实现 RPC 底层的通信，以及事件循环、多线程等其他功能。可以通过 URL 获得指向不同 Transport 实现的句柄。URL 的格式如下：

```
transport://user:pass@host1:port[,hostN:portN]/virtual_host
```

目前支持的 Transport 有 rabbit、qpid 与 zmq，分别对应不同的后端消息总线。用户可以使用 olso.messaging.get_transport()函数来获得 Transport 对象实例的句柄。

2. Target

Target 封装了指定某条消息最终目的地的所有信息，Target 对象属性如表 4-6 所示。

表 4-6　Target 对象属性

参数 = 默认值	说　　明
exchange = None	（字符串类型）指定 Topic 所属的范围，若不指定，则默认使用配置文件中的 control_exchange 选项
topic = None	（字符串类型）指定 Topic 可以用来标识服务器所暴露的一组接口（一个接口包含多个可被远程调用的方法）。允许多个服务器暴露同一组接口，消息会以轮转的方式发送给多个服务器中的某一个
namespace = None	（字符串类型）标识服务器所暴露的某个特定接口（多个可被远程调用的方法）
version = None	（字符串类型）指定服务器所暴露的接口支持的 M.N 类型的版本号。次版本号（N）的增加表示新的接口向前兼容，主版本号（M）的增加表示新接口和旧接口不兼容。RPC 服务器可以实现多个不同的主版本号接口
server = None	（字符串类型）客户端可以指定此参数来要求消息的目的地是某个特定的服务器，而不是一组同属某个 Topic 的服务器中的任意一台
fanout = None	（布尔型）当设置为真时，消息会被发送到同属某个 Topic 的所有服务器上，而不是其中的一台

在不同的应用场景下，构造 Target 对象需要不同的参数：在创建一个 RPC 服务器时，需要参数

topic 和 server，参数 exchange 是可选的；在指定一个 Endpoint 的 Target 时，参数 namespace 和 version 是可选的；在客户端发送消息时，需要参数 topic，其他参数是可选的。

3. Server

一个 RPC 服务器可以暴露多个 Endpoint，每个 Endpoint 包含一组方法，这组方法可以被客户端通过某种 Transport 对象远程调用。在创建 Server 对象时，需要指定 Transport、Target 和一组 Endpoint。

4. RPC Client

使用 RPC Client 可以远程调用 RPC Server 上的方法。在远程调用时，需要提供一个字典对象来指明调用的上下文、调用方法的名称和传递给调用方法的参数（用字典表示）。

远程调用方式有 cast 和 call 两种：通过 cast 方式进行远程调用，在请求发送后就直接返回了；通过 call 方式进行远程调用，需要等响应从服务器返回。

5. Notifier

Notifier 用来通过某种 Transport 发送通知消息。通知消息遵循如下格式：

```
{'message_id': six.text_type(uuid.uuid4()),    # 消息 id
 'publisher_id': 'compute.host1',              # 发送者 id
 'timestamp': timeutils.utcnow(),              # 时间戳
 'priority': 'WARN',                           # 通知优先级
 'event_type': 'compute.create_instance',      # 通知类型
 'payload': {'instance_id': 12, … }            # 通知内容
}
```

Notifier 可以在不同的优先级上发送通知，这些优先级包括 sample、critical、error、warn、info、debug、audit 等。

6. Notification Listener

Notification Listener 和 Server 类似，一个 Notification Listener 对象可以暴露多个 Endpoint，每个 Endpoint 包含一组方法。但是与 Server 对象中的 Endpoint 不同的是，这里的 Endpoint 中的方法对应通知消息的不同优先级。例如：

```
from oslo import messaging

class ErrorEndpoint(object):
    def error(self, ctxt, publisher_id, event_type, payload, metadata):
        do_something(payload)
        return messaging.NotificationResult.HANDLED
```

Endpoint 中的方法如果返回 messaging.NotificationResult.HANDLED 或 None，则表示这个通知消息已经确认被处理；如果返回 messaging.NotificationResult.REQUEUE，则表示这个通知消息要重新进入消息队列。

下面是一个利用 oslo.messaging 来实现远程过程调用的示例：

```python
# server.py 服务器端

from oslo.config import cfg
import oslo_messaging
import time

class ServerControlEndpoint(object):
    target = messaging.Target(namespace='control',
                              version='2.0')

    def __init__(self, server):
        self.server = server

    def stop(self, ctx):
        if self.server:
            self.server.stop()

class TestEndpoint(object):
    def test(self, ctx, arg):
        return arg

transport = oslo_messaging.get_transport(cfg.CONF)
target = oslo_messaging.Target(topic='test', server='server1')
endpoints = [
    ServerControlEndpoint(None),
    TestEndpoint(),
]
server = oslo_messaging.get_rpc_server(transport, target, endpoints,
                                       executor='blocking')
try:
    server.start()
    while True:
        time.sleep(1)
except KeyboardInterrupt:
    print("Stopping server")

server.wait()
```

在这个例子里，定义了两个不同的 Endpoint：ServerControlEndpoint 与 TestEndpoint。这两个 Endpoint 中的 stop()方法和 test()方法都可以被客户端远程调用。

在创建 RPC Server 对象之前，需要先创建 Transport 对象和 Target 对象，这里使用 get_transport() 函数来获得 Transport 对象的句柄，get_transport()函数的参数如表 4-7 所示。

表 4-7   get_transport()函数的参数

参数 = 默认值	说　明
conf	（oslo.config.cfg.ConfigOpts 类型）oslo.config 配置选项对象
url = None	（字符串或 oslo.messaging.Transport 类型）Transport URL。如果为空，则采用 conf 配置中的 transport_url 项所指定的值
allowed_remote_exmods = None	（列表类型）Python 模块的列表。客户端可用列表里的模块来 deserialize（反序列化）异常
aliases = None	（字典类型）Transport 别名和 Transport 名称之间的对应关系

在 conf 对象里，除了包含 transport_url，还可以包含 control_exchange。control_exchange 用来指明参数 topic 所属的默认范围，默认值为 openstack。可以使用 oslo.messaging.set_ transport_defaults() 函数来修改默认值。

此处构建的 Target 对象是用来建立 RPC Server 的，所以需要指明参数 topic 和 server。用户定义的 Endpoint 也可以包含一个 target 属性，用来指明这个 Endpoint 所支持的特定的 namespace 和 version。

这里使用 get_rpc_server()函数创建 Server 对象，然后调用 Server 对象的 start()方法开始接收远程调用。get_rpc_server()函数的参数如表 4-8 所示。

表 4-8   get_rpc_server()函数的参数

参数 = 默认值	说　明
transport	（Transport 类型）Transport 对象
target	（Target 类型）Target 对象，用来指明监听的 Exchange、Topic 和 Server
endpoints	（列表类型）包含 Endpoint 对象实例的列表
executor = 'blocking'	（字符串类型）用来指明消息接收的方式，目前支持两种方式。 　　blocking：在这种方式中，在用户调用 start()方法后，会在 start()方法中开始请求处理循环，若用户线程阻塞，则处理下一个请求。直到用户调用 stop()方法后，才会退出这个处理循环。消息的接收和分发处理都在调用 start()方法的线程中完成。 　　eventlet：在这种方式中，会有一个协程 GreenThread 来处理消息的接收，然后由其他不同的 GreenThread 来处理不同消息的分发。调用 start()方法的用户线程不会被阻塞
serializer = None	（Serializer 类型）用来序列化/反序列化消息
access_policy = None	访问权限控制，默认使用 LegacyRPCAccessPolicy

例如：

```
# client.py 客户端
```

```
from oslo.config import cfg
import oslo_messaging

transport = oslo_messaging.get_transport(cfg.CONF)
target = oslo_messaging.Target(topic='test')
client = oslo_messaging.RPCClient(transport, target)
ret = client.call(ctxt = {},
                  method = 'test',
                  arg = 'myarg')

cctxt = client.prepare(namespace='control', version='2.0')
cctxt.cast({},'stop')
```

这里在构造 Target 对象时，必须有的参数只有 topic，在创建 RPC Client 对象时，可以接受的参数如表 4-9 所示。

表 4-9 RPC Client 对象可以接受的参数

参数 = 默认值	说　　明
transport	（Transport 类型）Transport 对象
target	（Target 类型）该 Client 对象的默认 Target 对象
timeout = None	（整数或浮点数类型）客户端使用 call 方式调用时的超时时间（秒）
version_cap = None	（字符串类型）所支持的最大版本号。当超过该版本号时，会抛出 RPCVersionCapError 异常
serializer = None	（Serializer 类型）用来序列化/反序列化消息
retry = None	（整数类型）连接重试次数 None 或-1：一直重试 0：不重试 >0：重试次数

在远程调用时，需要传入调用上下文、调用方法的名称和传给调用方法的参数。

Target 对象的属性在构造 RPC Client 对象以后，还可以通过 prepare()方法修改。可以修改的属性包括 exchange、topic、namespace、version、server、fanout、timeout、version_cap 和 retry。修改后的 Target 对象的属性只在这个 prepare()方法返回的对象中有效。

下面介绍一个利用 oslo.messaging 实现消息通知处理的例子：

```
# notification_listner.py 消息通知处理

from oslo.config import cfg
import oslo_messaging
```

```
class NotificationEndpoint(object):
    filter_rule = oslo_messaging.NotificationFilter(
        publisher_id='^compute.*')

    def warn(self, ctxt, publisher_id, event_type, payload, metadata):
        do_something(payload)

class ErrorEndpoint(object):
    filter_rule = oslo_messaging.NotificationFilter(
        event_type='^instance\..*\.start$',
        context={'ctxt_key': 'regexp'})

    def error(self, ctxt, publisher_id, event_type, payload, metadata):
        do_something(payload)

transport = oslo_messaging.get_transport(cfg.CONF)
targets = [
    oslo_messaging.Target(topic='notifications')
    oslo_messaging.Target(topic='notifications_bis')
]
endpoints = [
    NotificationEndpoint(),
    ErrorEndpoint(),
]
pool = "listener-workers"
listener = oslo_messaging.get_notification_listener(transport, targets,
                                                    endpoints, pool=pool)
listener.start()
listener.wait()
```

消息通知处理的 Endpoint 对象和远程过程调用的 Endpoint 对象不同，对象定义的方法需要和通知消息的优先级一一对应。我们可以为每个 Endpoint 指定所对应的 Target 对象。

最后调用 get_notification_listener()函数构造 Notification Listener 对象，get_notification_ listener()函数的参数如表 4-10 所示。

表 4-10　get_notification_listener()函数的参数

参数 = 默认值	说　明
transport	（Transport 类型）Transport 对象
target	（列表类型）Target 对象的列表，用来指明 endpoints 列表中的每一个 Endpoint 所侦听处理的 Exchange 和 Topic
endpoints	（列表类型）包含 Endpoint 对象实例的列表

参数 = 默认值	说　明
executor = 'blocking'	（字符串类型）用来指明消息接收的方式。目前支持 3 种方式：blocking、eventlet 和 threading 　　blocking：在这种方式中，在用户调用 start()方法后，会在 start()方法中开始请求处理循环，若用户线程阻塞，则处理下一个请求。直到用户调用 stop()方法后，才会退出这个处理循环。消息的接收和分发处理都在调用 start()方法的线程中完成。 　　eventlet：在这种方式中，会有一个协程 GreenThread 来处理消息的接收，然后由其他不同的 GreenThread 来处理不同消息的分发。调用 start()方法的用户线程不会被阻塞
serializer = None	（Serializer 类型）用来序列化/反序列化消息
allow_requeue = False	（布尔类型）如果为真，则表示支持 NotificationResult.REQUEUE
pool = None	（字符串类型）当多个 Listener 订阅相同的 Target 对象时，可以通过设置 pool 来改变消息传递的模式，部分 Driver 不支持设置 pool

相应的发送消息通知的代码如下：

```
# notifier_send.py

from oslo.config import cfg
import oslo_messaging

transport = oslo_messaging.get_transport(cfg.CONF)
notifier = messaging.Notifier(transport,
                              driver='messaging',
                              topic='notifications')
notifier2 = notifier.prepare(publisher_id='compute')
notifier2.error(ctxt={},
        event_type='my_type',
        payload = {'content': 'error occurred'})
```

在发送消息通知时，首先要构造 Notifer 对象，此时可能需要指定的 Notifer 对象参数如表 4-11 所示。

表 4-11　Notifer 对象参数

参数 = 默认值	说　明
transport	（Transport 类型）Transport 对象
topics = None	（字符串列表）发送消息的 Topic 列表，如果没有指定，则会使用配置文件中 oslo_messaging_notifications 段下的 topics 的值

参数 = 默认值	说　明
publish_id = None	（字符串类型）发送者 id
driver = None	（字符串类型）指定后台驱动。一般采用 messaging。如果没有指定，则会使用配置文件中 notification_driver 的值
topic = None	（字符串类型）发送消息的 Topic。如果没有指定，则会使用配置文件中的 notification_topics 的值
serializer = None	（Serializer 类型）用来序列化/反序列化消息
retry = None	（整数类型）连接重试次数 None 或 -1：一直重试 0：不重试 >0：重试次数

因为初始化 Notifier 对象的操作比较复杂，所以可以使用 prepare()方法修改已创建的 Notifier 对象，prepare()方法返回的是新的 Notifier 对象的实例。它的参数如表 4-12 所示。

表 4-12　prepare ()方法的参数

参数 = 默认值	说　明
publish_id = None	（字符串类型）发送者 id
retry = None	（整数类型）连接重试次数 None 或 -1：一直重试 0：不重试 >0：重试次数

最后，我们可以调用 Notifier 对象的不同方法（如 error、criticial、warn 等）发送不同优先级的消息通知。

4.6.5　stevedore

利用 Python 语言的特性，在运行时动态载入代码变得更加容易。很多 Python 应用程序利用这样的特性在运行时发现和载入所谓的"插件"（Plugin），使得自己更易于扩展。Python 库 stevedore 就是在 Setuptools 的 entry points 基础上，构造了一层抽象层，使开发者可以更容易地在运行时发现和载入插件。

在 entry points 的每个命名空间里，可以包含多个 entry points。stevedore 要求每一项都符合如下格式：

```
name = module:importable
```

其中，左边是插件的名称，右边是它的具体实现，中间使用等号分隔。插件的具体实现用"模块:可导入的对象"的形式来指定，以 Ceilometer 为例：

```
ceilometer.compute.virt =
  libvirt = ceilometer.compute.virt.libvirt.inspector:LibvirtInspector
  hyperv = ceilometer.compute.virt.hyperv.inspector:HyperVInspector
  vsphere = ceilometer.compute.virt.vmware.inspector:VsphereInspector
  xenapi = ceilometer.compute.virt.xenapi.inspector:XenapiInspector

ceilometer.hardware.inspectors =
  snmp = ceilometer.hardware.inspector.snmp:SNMPInspector
```

在上述示例中，显示了两个不同的 entry points 的命名空间，即 ceilometer.compute.virt 和 ceilometer.hardware.inspectors，分别注册有 4 个和 1 个插件。每个插件都符合"名称 = 模块:可导入对象"的格式，在 ceilometer.compute.virt 命名空间里的 libvirt 插件，它的具体可载入实现是 ceilometer.compute.virt.libvirt.inspector 模块中的 LibvirtInspector 类。

根据每个插件在 entry points 中的名称和具体实现数量的对应关系，stevedore 提供了多种不同的类来帮助开发者发现和载入插件，如表 4-13 所示。

表 4-13　插件名称和具体实现数量的对应关系

插件名称：具体实现数量	建议选用 stevedore 中的类
1：1	stevedore.driver.DriverManager
1：n	stevedore.hook.HookManager
n：m	stevedore.extension.ExtensionManager

使用 stevedore 帮助程序动态载入插件的过程主要分为 3 部分：插件的实现、插件的注册及插件的载入。下面我们以在 Ceilometer 里动态载入 Compute Agent 上的 Inspector 驱动为例来分别进行介绍。

1. 插件的实现

Ceilometer 的 Inspector 驱动为从不同类型 Hypervisor 中获取相关数据提供统一的接口，以供 Compute Agent 调用。下面是它的基类：

```
# ceilometer/compute/virt/inspector.py

class Inspector(object):

    def inspect_cpus(self, instance_name):
        """Inspect the CPU statistics for an instance.

        :param instance_name: the name of the target instance
        :return: the number of CPUs and cumulative CPU time
```

```
        """
        raise NotImplementedError()

    ...
```

ceilometer/compute/virt/libvirt/inspector.py、ceilometer/compute/virt/hyperv/inspector.py、ceilometer/compute/virt/vmware/inspector.py 和 ceilometer/compute/virt/xenapi/inspector.py 分别为 kvm、hyperv，vsphere 和 xenapi 四种不同 Hypervisor 的具体实现，例如：

```python
# ceilometer/compute/virt/libvirt/inspector.py

from ceilometer.compute.virt import inspector as virt_inspector

class LibvirtInspector(virt_inspector.Inspector):

    per_type_uris = dict(uml='uml:///system',
                         xen='xen:///',
                         lxc='lxc:///')

    def __init__(self):
        self.uri = self._get_uri()
        self.connection = None

    ...

    def inspect_cpus(self, instance_name):
        domain = self._lookup_by_name(instance_name)
        dom_info = domain.info()
        return virt_inspector.CPUStats(number=dom_info[3], time=dom_info[4])

    ...
```

2. 插件的注册

上述插件需要在 Setuptools 的相关文件中注册后，才能被 stevedore 所认识：

```
# setup.cfg

ceilometer.compute.virt =
  libvirt = ceilometer.compute.virt.libvirt.inspector:LibvirtInspector
  hyperv = ceilometer.compute.virt.hyperv.inspector:HyperVInspector
  vsphere = ceilometer.compute.virt.vmware.inspector:VsphereInspector
  xenapi = ceilometer.compute.virt.xenapi.inspector:XenapiInspector
```

这 4 个插件注册在命名空间 ceilometer.compute.virt 下，分别叫作 libvirt、hyperv、vsphere 和 xenapi。

3. 插件的载入

```
# ceilometer/compute/virt/inspector.py

from oslo.config import cfg
from stevedore import driver

def get_hypervisor_inspector(conf):
    try:
        namespace = 'ceilometer.compute.virt'
        mgr = driver.DriverManager(namespace,
                                   conf.hypervisor_inspector,
                                   invoke_on_load=True,
                                   invoke_args=(conf, ))
        return mgr.driver
    except ImportError as e:
        LOG.error("Unable to load the hypervisor inspector: %s" % e)
        return Inspector(conf)
```

Ceilometer 的 Compute Agent 通过调用 get_hypervisor_inspector()函数来载入具体的某个插件。此处由于插件和具体实现之间是一对一的关系，因此选用了 stevedore 的 DriverManager 类，这个类在实例化时可接受的参数如表 4-14 所示。

表 4-14　DriverManager 类在实例化时可接受的参数

参数 = 默认值	说　　明
namespace	（字符串类型）命名空间
name	（字符串类型）插件名
invoke_on_load = False	（布尔类型）是否调用 entry points 所返回的插件对象（在这个例子中，由于 entry points 所指向的对象是类，相当于是否实例化类对象）
invoke_arg s= ()	（元组类型）调用插件对象时所需的位置参数（positional argument）
invoke_kwd s= {}	（字典类型）调用插件对象时所需的命名参数（named argument）
on_load_failure_callback= None	（函数类型）载入某个 entry points 失败时的回调函数，参数为（manager, entrypoint, exception）
verify_requirements = False	（布尔类型）是否用 Setuptools 来确保此插件的依赖关系都能满足

注意这里我们使用的命名空间 ceilometer.compute.virt 需要和 Setuptools 中注册的命名空间名称一致。具体需要载入的插件名称从配置选项 hypervisor_inspector 中读入。

4.6.6　TaskFlow

使用 TaskFlow 可以更容易地控制任务的执行。

1. task、flow 和 engine

我们利用下面的示例来了解 TaskFlow 中几个基本的概念，包括 task、flow 和 engine：

```python
import taskflow.engines
from taskflow.patterns import linear_flow as lf
from taskflow import task

class CallJim(task.Task):
    def execute(self, jim_number, *args, **kwargs):
        print("Calling jim %s." % jim_number)

    def revert(self, jim_number, *args, **kwargs):
        print("Calling %s and apologizing." % jim_number)


class CallJoe(task.Task):
    def execute(self, joe_number, *args, **kwargs):
        print("Calling joe %s." % joe_number)

    def revert(self, joe_number, *args, **kwargs):
        print("Calling %s and apologizing." % joe_number)


class CallSuzzie(task.Task):
    def execute(self, suzzie_number, *args, **kwargs):
        raise IOError("Suzzie not home right now.")

flow = lf.Flow('simple-linear').add(
    CallJim(),
    CallJoe(),
    CallSuzzie()
)
try:
    taskflow.engines.run(flow,
                         engine_conf = {'engine': 'serial'},
                         store=dict(joe_number=444,
                                    jim_number=555,
                                    suzzie_number=666))
except Exception as e:
    print("Flow failed: %s" % e)
```

这个示例首先定义了 3 个 task：CallJim、CallJoe 和 CallSuzzie。在 TaskFlow 库中，task 是拥有执行（execute）和回滚（revert）功能的最小单位（TaskFlow 中的最小单位是 atom，其他所有类包括 Task 类都是 Atom 类的子类）。在 Task 类中，允许开发者定义自己的 execute()和 revert()函数，分别

用来执行 task 和回退 task 到之前一次的执行结果。

然后新建一个线性流，并在其中顺序加入上述 3 个 task。TaskFlow 中的流（flow）用来关联各个 task，并且规范这些 task 之间的执行和回滚顺序。TaskFlow 支持的 flow 类型如表 4-15 所示。

表 4-15　TaskFlow 支持的 flow 类型

flow 类型	说　明
linear_flow.Flow	线性流，流中的 task/flow 按加入顺序执行，按加入顺序的倒序回滚
unordered_flow.Flow	无顺序流，流中的 task/flow 的执行和回滚可以按任意顺序
graph_flow.Flow	图流，流中的 task/flow 按照显式指定的依赖关系，或者通过 provides 和 requires 属性之间的隐含依赖关系来执行或回滚

在这个示例中，由于采用的是线性流，因此在这个流中，task 执行的顺序为 CallJim→CallJoe→CallSuzzie，回滚的顺序是其倒序。由此，它的输出结果如下：

```
Calling jim 555.
Calling joe 444.
Calling 444 and apologizing.
Calling 555 and apologizing.
Flow failed: Suzzie not home right now.
```

流中不仅可以加入任务，还可以嵌套其他的流。此外，流还可以通过 retry 来控制当错误发生时如何进行重试。TaskFlow 支持的 retry 类型如表 4-16 所示。

表 4-16　TaskFlow 支持的 retry 类型

retry 类型	说　明
AlwaysRevert	在错误发生时，回滚子流
AlwaysRevertAll	在错误发生时，回滚所有的流
Times	在错误发生时，重试子流
ForEach	在每次错误发生时，为子流中的 atom 提供一个新的值，然后重试，直到成功，或者此 retry 中定义的值用光为止
ParameterizedForEach	类似于 ForEach，但是它是从后台存储中获取重试的值

比如，在下面的示例中，构造了一个线性流 f1，它按顺序执行任务 t1、子流 f2 和任务 t4。子流 f2 按顺序执行任务 t2 和 t3。

子流 f2 中定义了 ForEach 类型的 retry "r1"。当任务 t2 或 t3 失败时，子流 f2 首先会回滚，然后 r1 会指导子流 f2 使用值 a 来重新运行。如果再次失败，则子流 f2 在回滚后会再次使用值 b 运行；在仍然失败后，会回滚后使用值 c 运行。如果值 c 也运行失败，由于 r1 中能提供的值已经被用完，子流 f2 在回滚后不会重新运行。例如：

```
flow = linear_flow.Flow('f1').add(
```

```
        EchoTask('t1'),
        linear_flow.Flow('f2', retry=retry.ForEach(values=['a', 'b', 'c'],
                                         name='r1', provides='value')).add(
            EchoTask('t2'),
            EchoTask('t3', requires='value')),
        EchoTask('t4'))
```

TaskFlow 库中的 engine 用来载入一个 flow，然后驱动该 flow 中的 task/flow 运行。我们可以通过 engine_conf 来指明不同的 engine 类型，TaskFlow 支持的 engine 类型如表 4-17 所示。

表 4-17　TaskFlow 支持的 engine 类型

engine 类型	说　　明
'serial'	所有的 task 都在调用 engine.run 的那个线程中运行
'parallel'	task 可能会被调度到不同的线程中并发运行
'worker-based'	task 会被调度到不同的 worker 中运行。一个 worker 是一个单独的、专门用来运行某些特定 task 的进程，这个 worker 进程可以在远程机器上利用 AMQP 来通信

2. task 和 flow 的输入和输出

我们利用另一个示例来了解 task 和 flow 的输入和输出：

```
import taskflow.engines
from taskflow.patterns import graph_flow as gf
from taskflow.patterns import linear_flow as lf
from taskflow import task


class Adder(task.Task):
    def execute(self, x, y):
        return x + y


flow = gf.Flow('root').add(
    lf.Flow('nested_linear').add(
        # 从后台存储中读取名为 y3 和 y4 的参数值，并以参数 x、y 传递给 execute() 方法
        # x2 = y3+y4 = 12
        Adder("add2", provides='x2', rebind=['y3', 'y4']),
        # x1 = y1+y2 = 4
        Adder("add1", provides='x1', rebind=['y1', 'y2'])
    ),
    # x5 = x1+x3 = 20
    Adder("add5", provides='x5', rebind=['x1', 'x3']),
    # x3 = x1+x2 = 16
    Adder("add3", provides='x3', rebind=['x1', 'x2']),
    # x4 = x2+y5 = 21
```

```
    Adder("add4", provides='x4', rebind=['x2', 'y5']),
    # x6 = x5+x4 = 41
    Adder("add6", provides='x6', rebind=['x5', 'x4']),
    # x7 = x6+x6 = 82
    Adder("add7", provides='x7', rebind=['x6', 'x6']))

# 为流 root 提供所需要的输入参数
store = {
    "y1": 1,
    "y2": 3,
    "y3": 5,
    "y4": 7,
    "y5": 9,
}

result = taskflow.engines.run(
    flow, engine_conf='serial', store=store)
print("Single threaded engine result %s" % result)

result = taskflow.engines.run(
    flow, engine_conf='parallel', store=store)
print("Multi threaded engine result %s" % result)
```

在上面的示例中，定义了一个 task：Adder，作用是完成一个加法。然后生成了一个图类型的流 root，其中的 task 都通过 provides 和 rebind 属性来指明它们的输出和输入。

在 engine 运行时，会通过参数 store 为流 root 提供所需要的输入参数，engine 会把 store 中的值保存在后台存储中；在执行各个 task 的过程中，各个 task 的输入都从后台存储中获取，输出都保存在后台存储中。这个程序的输出结果是：

```
    Single threaded engine result {'y2': 3, 'x6': 41, 'y4': 7, 'y1': 1, 'x2': 12,
'x3': 16, 'y3': 5, 'x1': 4, 'y5': 9, 'x7': 82, 'x4': 21, 'x5': 20}
    Multi threaded engine result {'y2': 3, 'x6': 41, 'y4': 7, 'y1': 1, 'x2': 12, 'x3':
16, 'y3': 5, 'x1': 4, 'y5': 9, 'x7': 82, 'x4': 21, 'x5': 20}
```

如前文所述，TaskFlow 中的 Task 类和 Retry 类都是 Atom 的子类。对于任何一种 Atom 对象，都可以通过 requires 属性来了解它所要求的输入参数，或者通过 provides 属性来了解它能够提供的输出结果的名称。requires 和 provides 属性的类型都是包含参数名称的集合（set）。

Task 对象的 requires 属性可以由其 execute()方法获得。比如，对于上述示例中的 Adder 对象，由于 execute()方法的参数是 execute(self, x, y)，所以它的 requires 属性为：

```
>>> Adder().requires
set(['y', 'x'])
```

注意，execute()方法中的可选参数*args 和**kwargs 并不会出现在 requires 属性中：

```
>>> class MyTask(task.Task):
…       def execute(self, spam, eggs=()):
…           return spam + eggs
…
>>> MyTask().requires
set(['spam'])
>>>
>>> class UniTask(task.Task):
…       def execute(self, *args, **kwargs):
…           pass
…
>>> UniTask().requires
set([])
```

此外，也可以在创建 task 时明确指定它的输入参数要求，这些参数在调用 execute()方法时可以通过**kwargs 获得：

```
>>> class Dog(task.Task):
…       def execute(self, food, **kwargs):
…           pass
>>> dog = Dog(requires=("water", "grass"))
>>> sorted(dog.requires)
['food', 'grass', 'water']
```

在某些情况下，传递给某个 task 的输入参数名称和其所需要的参数名称不同，这时可以通过 rebind 属性来处理：

```
class SpawnVMTask(task.Task):
    def execute(self, vm_name, vm_image_id, **kwargs):
        pass

# engine 在执行下面这个 task 时，会从后台存储中获取名称为'name'的参数值
# 然后把它当作参数 vm_name 传递给 task 的 execute()方法
SpawnVMTask(rebind={'vm_name': 'name'})

# engine 在执行下面这个 task 时，会从后台存储中获取名称为'name', 'image_id'
# 和'admin_key_name'的参数值，把 name 和 image_id 的值分别当作参数 vm_name
# 和 vm_image_id，把 admin_key_name 当作参数**kwargs 中的某一项传递
# 给 task 的 execute()方法
SpawnVMTask(rebind=('name', 'image_id', 'admin_key_name'))
```

task 的输出结果一般是指其 execute()方法的返回值。但是由于 Python 的返回值是没有名称的，所以需要通过 Task 对象的 provides 属性指明返回值以什么名称存入后台存储中。根据 execute()方法的返回值类型，provides 属性可以通过不同的方式指定。

- 如果 execute()方法返回的是一个单一的值，则通过如下方式指定 provides 属性：

```
class TheAnswerReturningTask(task.Task):
    def execute(self):
        return 42

# 指明此 task 的返回值以名称 the_answer 保存在后台存储中
TheAnswerReturningTask(provides='the_answer')

# 此 task 执行完毕后
>>> storage.fetch('the_answer')
24
```

- 如果 execute()方法返回的是元组 tuple，则通过如下方式指定 provides 属性：

```
class BitsAndPiecesTask(task.Task):
    def execute(self):
        return 'BITs', 'PIECEs'

# 指明此 task 的返回值分别以名称 bits 和 pieces 保存在后台存储中
BitsAndPiecesTask(provides=('bits', 'pieces'))

# 此 task 执行完毕后
>>> storage.fetch('bits')
'BITs'
>>> storage.fetch('pieces')
'PIECEs'
```

- 如果 execute()方法返回的是一个字典，则通过如下方式指定 provides 属性：

```
class BitsAndPiecesTask(task.Task):
    def execute(self):
        return {
            'bits': 'BITs',
            'pieces': 'PIECEs'
        }

# provides 是 set 类型，表示返回的是字典类型
BitsAndPiecesTask(provides=set(['bits', 'pieces']))

# 此 task 执行完毕后
>>> storage.fetch('bits')
'BITs'
>>> storage.fetch('pieces')
'PIECEs
```

4.6.7　cookiecutter

可以利用 GitHub 上的 cookiecutter 模板，新建一个符合惯例的 OpenStack 项目。例如：

```
# 安装 cookiecutter
$ sudo pip install cookiecutter

# 利用 cookiecutter 模板新建 OpenStack 项目
$ cookiecutter https://git.openstack.org/openstack-dev/cookiecutter.git
Cloning into 'cookiecutter'…
module_name (default is "replace with the name of the python module")? abc
repo_group (default is "openstack")? stackforge
repo_name (default is "replace with the name for the git repo")? abc
launchpad_project (default is "replace with the name of the project on launchpad")?
abc
project_short_description (default is "OpenStack Boilerplate contains all the
boilerplate you need to create an OpenStack package.")? "test project for OpenStack"

# 初始化 Git 代码库
$ cd abc
$ git init
Initialized empty Git repository in /tmp/abc/.git/
$ git add .
$ git commit -a

$ ls
abc                 LICENSE              setup.cfg
babel.cfg           MANIFEST.in          setup.py
CONTRIBUTING.rst openstack-common.conf test-requirements.txt
doc                 README.rst           tox.ini
HACKING.rst         requirements.txt
```

我们可以看到，在利用 cookiecutter 模板建立起来的项目中，顶层目录下包含如表 4-18 所示的文件和目录。

表 4-18　基于 cookiecutter 模板的项目顶层目录

文　　件	说　　明
abc	代码目录
babel.cfg	babel 配置文件。babel 是一个用来帮助代码国家化的工具
CONTRIBUTING.rst	开发者文档
doc	文档目录

文　件	说　明
HACKING.rst	编码规范文件
LICENSE	项目许可证信息
MANIFEST.in	MANIFEST 模板文件
openstack-common.conf	项目所用到的 oslo-incubator 库里的模块
README.rst	项目说明文件
requirements.txt	项目所依赖的第三方 python 库
setup.cfg	Setuptools 配置文件
setup.py	Setuptools 主文件
test-requirements.txt	项目测试时所需要依赖的第三方 Python 库
tox.ini	项目测试的 Tox 环境配置文件

4.6.8　oslo.policy

Policy 用于控制用户的权限，指定用户能够执行什么样的操作。OpenStack 的每个项目都有一个 /etc/<project>/policy.json 文件，可以通过配置这个文件来实现对用户的权限管理。

将 Policy 操作的公共部分提取出来，就形成了 oslo.policy，它会负责 Policy 的验证和 Rules 的管理。Rules 有两种格式：可以是列表，也可以是 Policy 自定义的形式。Policy 模块中有专门的两个方法对两种格式的 Rules 进行解析。

Rules 的两种格式如下：

```
[["role:admin"],["project_id:%(project_id)s", "role:projectadmin"]]
role:admin or (project_id:%(project_id)s and role:projectadmin)
```

使用第二种格式，Policy 规则支持 or、and、not 等逻辑的组合，而且可以是带有"http"的 URL 形式的 Rules。

Policy 的验证，其实就是对字典 key 和 value 的判断，如果匹配成功，则验证通过，否则验证失败。

各个工程的 API 通过 Policy 来检测用户身份群权限的规则，例如，有些 API 只允许管理员执行，有些 API 允许普通用户执行，在代码中的体现就是判断 Context 上下文的 project_id 和 user_id 是不是合法的类型。下面是 Nova API 的一个示例：

```
# nova/policy.py

def authorize(context, action, target, do_raise=True, exc=None):
    """验证用户行为的权限"""
    init()
```

```
        credentials = context.to_policy_values()
    if not exc:
        exc = exception.PolicyNotAuthorized
    try:
        result = _ENFORCER.authorize(action, target, credentials,
                                do_raise=do_raise, exc=exc, action=action)
    except policy.PolicyNotRegistered:
        with excutils.save_and_reraise_exception():
            LOG.exception(_LE('Policy not registered'))
    except Exception:
        with excutils.save_and_reraise_exception():
            LOG.debug('Policy check for %(action)s failed with credentials '
                    '%(credentials)s',
                    {'action': action, 'credentials': credentials})
    return result
```

相应的/etc/nova/policy.json 文件内容如下：

```
"context_is_admin": "role:admin",
"admin_or_owner": "is_admin:True or project_id:%(project_id)s",
"admin_api": "is_admin:True"
…
```

从上面的示例可以看到，Nova Pause 的 Rules 是"is_admin:True or project_id:%(project_id)s"，需要通过 Policy 来验证用户是不是 admin 或者 project_id 是不是匹配。

4.6.9　oslo.rootwrap

oslo.rootwrap 可以让其他 OpenStack 服务以 root 用户身份执行 shell 命令。一般来说，OpenStack 服务都是以非特权用户的身份运行的，但是当它们需要以 root 用户身份运行某些 shell 命令时，就需要利用 oslo.rootwrap 的功能。

oslo.rootwrap 首先会从配置文件所定义的 Filter 文件目录中读入所有 Filter 的定义，然后检查要运行的 shell 命令是否和 Filter 中定义的相匹配，若匹配则运行，若不匹配则不运行。

1. 构造 rootwrap shell 脚本

在使用 rootwrap 时，需要在一个单独的 Python 进程中以 root 用户身份调用 Python 函数 oslo.rootwrap.cmd.main()。我们可以通过 Setuptools 中的 console script 来构造这样一个 shell 脚本，以 Nova 为例：

```
# setup.cfg

console_scripts =
    nova-all = nova.cmd.all:main
    …
```

```
nova-rootwrap = oslo.rootwrap.cmd:main
```

可以看到，在构造一个名称为 nova-rootwrap 的 shell 脚本时，会调用 oslo.rootwrap.cmd.main() 函数。在运行 python setup.py install 之后，就会生成 nova-rootwrap 脚本。

2. 调用 rootwrap shell 脚本

rootwrap shell 脚本需要以 sudo 方式调用，例如：

```
sudo nova-rootwrap /etc/nova/rootwrap.conf COMMAND_LINE
```

其中，/etc/nova/rootwrap.conf 是 oslo.rootwrap 的配置文件名，COMMAND_LINE 表示希望以 root 用户身份运行的 shell 命令。

由于 rootwrap shell 脚本需要以 sudo 方式调用，因此我们还需要配置 sudoers 文件：

```
nova ALL = (root) NOPASSWD: /usr/bin/nova-rootwrap /etc/nova/rootwrap.conf *
```

这里我们假设 Nova 服务一般会以 nova 用户身份运行，相关的 rootwrap shell 脚本是/usr/bin/nova-rootwrap。

3. rootwrap 配置文件

rootwrap 配置文件是以 INI 的文件格式存放的，相关的配置选项如表 4-19 所示。

表 4-19　rootwrap 配置文件相关的配置选项

配置选项 = 默认值	说　　明
filters_path	包含 Filter 定义文件的目录，用逗号分隔 比如，filters_path=/etc/nova/rootwrap.d,/usr/share/nova/rootwrap
exec_dir =$PATH	shell 可执行命令的搜索目录，用逗号分隔 比如，exec_dirs=/sbin,/usr/sbin,/bin,/usr/bin 默认使用系统环境变量 PATH 中的值
use_syslog=False	是否使用 syslog
syslog_log_facility=syslog	syslog 的 facility level，可选的其他选项有 auth、authpriv、syslog、user0、user1 等
syslog_log_level=ERROR	需要记录的 syslog 等级

4. Filter

Filter 定义文件一般以 ".filters" 为后缀，存放在配置选项 filters_path 所指定的目录中。这些定义文件以 INI 格式存放，Filter 的定义被存放在[Filters]中。定义的格式如下：

```
Filter 名: Filter 类, [Filter 类参数1, Filter 类参数2, ...]
```

目前，rootwrap 所支持的 Filter 类型如表 4-20 所示。

表 4-20　rootwrap 所支持的 Filter 类型

表 4-20　rootwrap 所支持的 Filter 类型

Filter 类型	说　明
CommandFilter	只检查运行的 shell 命令。类参数为： ● 可运行的 shell 命令 ● 以什么用户身份运行此命令 比如，下面的定义允许以 root 用户身份运行 kpartx 命令： kpartx: CommandFilter, kpartx, root
RegExpFilter	首先检查运行的 shell 命令，然后用正则表达式检查所有的命令行参数。类参数为： ● 可运行的 shell 命令 ● 以什么用户身份运行此命令 ● 用来匹配第一个命令行参数的正则表达式 ● 用来匹配第二个命令行参数的正则表达式 …… 比如，下面的定义允许以 root 用户身份运行/usr/sbin/tunctl，在运行时只允许有 3 个参数，并且第一个和第二个参数分别是-b 和-t： tunctl: /usr/sbin/tunctl, root, tunctl, -b, -t, .*
PathFilter	检查命令行参数中的目录是否合法。类参数为： ● 可运行的 shell 命令 ● 以什么用户身份运行此命令 ● 第一个命令行参数 ● 第二个命令行参数 …… 此处的命令行参数可以有 3 种不同类型的参数定义。 ● pass：允许任何命令行参数 ● 以"/"开头的字符串：命令行参数里的目录在此目录下 ● 其他字符串：只允许此字符串为命令行参数 比如，下面的定义允许用户对/var/lib/images 目录下的任何文件运行 chown nova 命令： chown: PathFilter, /bin/chown, root, nova, /var/lib/images
EnvFilter	允许设置额外的环境变量。类参数为： ● env ● 以什么用户身份运行此命令 ● （多个）允许设置的环境变量名，用"="结尾 ● 可运行的 shell 命令 比如，下面的定义允许以 root 用户身份运行类似于 CONFIG_FILE=foo NETWORK_ID=bar dnsmasq 的命令： dnsmasq: EnvFilter, env, root, CONFIG_FILE=, NETWORK_ID=, dnsmasq

Filter 类型	说　明
ReadFileFilter	允许使用 cat 命令读取文件。类参数为： ● 允许以 root 用户身份读取的文件 比如，下面的定义允许以 root 用户身份运行 cat /foo/bar： read_initiator: ReadFileFilter, /foo/bar
KillFilter	允许对特定进程发送特定信号。类参数为： ● 以什么用户身份运行 kill 命令 ● 只向执行此命令的进程发送信号 ● （多个）允许发送的信号 比如，下面的定义允许向 /usr/sbin/dnsmasq 进程发送信号-9 或-HUP： kill_dnsmasq: KillFilter, root, /usr/sbin/dnsmasq, -9, -HUP
IpFilter	允许运行 ip 命令（除 ip netns exec 命令外）。类参数为： ● ip ● 以什么用户身份运行 ip 命令 比如，ip: IpFilter, ip, root
IpNetnsExecFilter	允许运行 ip netns exec <namespace> <command>命令，但是其中的<command>必须通过其他 Filter 定义的检查。类参数为： ● ip ● 以什么用户身份运行 ip 命令 比如，ip: IpNetnsExecFilter, ip, root
ChainingRegExpFilter	ChainingRegExpFilter 首先使用 RegExpFilter 类的方式检查在此类参数定义的前面几个命令行参数，剩下的命令行参数由其他 Filter 定义检查。类参数为： ● 可运行的 shell 命令 ● 以什么用户身份运行此命令 ● （多个）命令行参数 比如，下面的定义允许以 root 用户身份运行/usr/bin/nice，但是第一个参数必须是-n，第二个参数必须是整数，接下去的参数由其他 Filter 定义检查： nice: ChainingRegExpFilter , /usr/bin/nice, root, nice, -n, -?\d+

4.6.10　oslo.test

oslo.test 提供单元测试的基础框架。oslo.test 基于 testtools 库定义了 oslotest.base.BaseTestCase 类，该类可以作为其他 OpenStack 项目单元测试类的基类，比如：

```
from oslotest import base

class MyTestCases(base.BaseTestCase):
    def setUp(self):
```

```
        super(MyTestCases, self).setUp()
        //my setup things
…
```

在使用 BaseTestCase 作为基类时，单元测试中创建的所有临时文件都会被存放在一个单独的目录中，此时系统环境变量 HOME 也会被设置成一个临时的目录。

BaseTestCase 类提供了 create_tempfiles()方法来创建临时文件：

```
create_tempfiles(files, ext='.conf')
参数：files（元组的列表）- 包含了类似（文件名，文件内容）的元组的列表
      ext（字符串）- 新建文件扩展名
返回：所有新建的文件名列表
```

此外，在使用 BaseTestCase 类时，还可以通过设置如表 4-21 所示的环境变量来控制单元测试中的一些功能。

表 4-21　控制单元测试功能的环境变量

环 境 变 量	说　　　明
OS_TEST_TIMEOUT	如果设置的环境变量为整数，则可以控制单元测试用例的最长可运行时间。超过了此时间限制的测试用例会被认为是失败的
OS_STDOUT_CAPTURE	如果此环境变量为真，则用一个假的流对象代替系统标准输出 stdout
OS_STDERR_CAPTURE	如果此环境变量为真，则用一个假的流对象代替系统标准输出错误 stderr
OS_DEBUG	如果此环境变量为真，则 logging level 会被设置成 debug 等级
OS_LOG_CAPTURE	如果此环境变量为真，则会用一个假 logging 对象代替 Python 的 logging

除了提供上面的基类，oslo.test 还提供了两个通用的 fixture，即 oslotest.mockpatch 和 oslotest.moxstubout 供其他 OpenStack 项目开发单元测试用例。一般建议使用 oslotest.mockpatch。例如：

```
from oslotest import mockpatch

def setUp(self):
        super(TestSNMPInspector, self).setUp()
        self.inspector = snmp.SNMPInspector()
        # 用 faux_getCmd()函数替换 self.inspector._cmdGen.getCmd()函数
        self.useFixture(mockpatch.PatchObject(
            self.inspector._cmdGen, 'getCmd', new=faux_getCmd))
…

# 调用 keystoneclient.v2_0.client.Client 返回的类对象实例会被替换
# mock.Mock 类对象实例
self.useFixture(mockpatch.Patch(
            'keystoneclient.v2_0.client.Client',
            return_value=mock.Mock()))
```

oslo.test 还提供一个 debug 脚本用来支持在测试中使用 pdb。

（1）在代码中设置断点：

```
import pdb; pdb.set_trace()
```

（2）在 OpenStack 项目的 tox.ini 配置文件中加入如下内容：

```
[testenv:debug]
commands = oslo_debug_helper.sh {posargs}
```

（3）运行类似于下面的命令触发断点，进入 python debugger：

```
$ tox -e debug
$ tox -e debug test_collector
$ tox -e debug test_collector.TestCollector
$ tox -e debug test_collector.TestCollector.test_only_rpc
```

4.6.11　oslo.versionedobjects

我们知道，在项目的不断迭代和升级过程中，数据库结构和 API 接口的改动是不可避免的，如果没有一个版本控制的概念在里面，则新旧两种不同的模块在交互时很容易出现问题。oslo.versionedobjects 提供了一种通用的自带版本的对象模型，该模块自带序列化功能，可以很容易地和 oslo.messaging 结合进行远程调用。

使用 oslo.versionedobjects 构建独立于外部 API 和数据库的数据模型，可以很好地保证数据库结构升级后的兼容性。

oslo.versionedobjects 代码多位于项目的 objects 目录下，通常包括 base.py、fields.py 及不同资源的抽象对象文件，以 Nova 为例：

```
# nova/objects/base.py

from oslo_versionedobjects import base as ovoo_base
…
from nova.objects import fields as obj_fields

class NovaObject(ovoo_base.VersionedObject):
    # 用于序列化的命名空间
    OBJ_SERIAL_NAMESPACE = 'nova_object'
    OBJ_PROJECT_NAMESPACE = 'nova'


class NovaObjectDictCompat(ovoo_base.VersionedObjectDictCompat):
    def __iter__(self):
        for name in self.obj_fields:
            if (self.obj_attr_is_set(name) or
                    name in self.obj_extra_fields):
```

```
            yield name

    def keys(self):
        return list(self)

# 在早期 oslo.versionedobjects 中，未实现 TimestampedObject 类
# Nova 项目开发了自己的 NovaTimestampObject 类
# 随着公用的 TimestampedObject 类被集成到 oslo.versionedobjects 中
# 以下代码已经过时且已经从 Nova 项目中被移除
# class NovaTimestampObject(object):
#    fields = {
#        'created_at': obj_fields.DateTimeField(nullable=True),
#        'updated_at': obj_fields.DateTimeField(nullable=True),
#        }

# 现在 Nova 实现中直接使用 oslo.versionedobjects 中的 TimestampedObject 类
NovaTimestampObject = ovoo_base.TimestampedObject

class NovaPersistentObject(object):
    fields = {
        'created_at': obj_fields.DateTimeField(nullable=True),
        'updated_at': obj_fields.DateTimeField(nullable=True),
        'deleted_at': obj_fields.DateTimeField(nullable=True),
        'deleted': obj_fields.BooleanField(default=False),
        }
```

这里 Nova 创建了自己的版本对象 NovaObject 来继承 VersionedObject，所有需要版本化的 Nova 资源对象，如 Instance、Flavor、Security Group 等，都可以继承 NovaObject 来定义自己的对象。

NovaObjectDictCompat、NovaTimestampObject 和 NovaPersistentObject 抽象了某些特有的需求，可以在构建 NovaObject 子类时作为 Mixin 使用。NovaObjectDictCompat 为对象提供了 dict 的一些接口，可以像操作 dict 一样去使用类实例。通过设置 VersionedObject 的 fields 属性，NovaTimestampObject 包括了数据库中的时间戳字段，NovaPersistentObject 则包括了持久化到数据库里的必备字段，子类通过继承这两个 Mixin 可以省去定义这些字段的工作。

VersionedObject 既然是数据模型的一种抽象，当然也会包括对象里的各种字段，这些字段的抽象一般位于 objects 目录下的 fields.py 文件中：

```
# nova/objects/fields.py

from oslo_versionedobjects import fields

BooleanField = fields.BooleanField
UnspecifiedDefault = fields.UnspecifiedDefault
IntegerField = fields.IntegerField
```

```
UUIDField = fields.UUIDField
FloatField = fields.FloatField
StringField = fields.StringField
…
Enum = fields.Enum


class BaseNovaEnum(Enum):
    def __init__(self, **kwargs):
      super(BaseNovaEnum,self).__init__(valid_values=self.__class__.ALL)

class Architecture(BaseNovaEnum):
    ALL = arch.ALL

    def coerce(self, obj, attr, value):
        try:
            value = arch.canonicalize(value)
        except exception.InvalidArchitectureName:
            msg = _("Architecture name '%s' is not valid") % value
            raise ValueError(msg)
        return super(Architecture, self).coerce(obj, attr, value)
…
```

fields.py 文件里定义了所有需要的字段类型，除了使用 oslo.versionedobjects 自带的常用类型，也通过继承常用类型实现了许多 Nova 需要的复杂字段。通过这些字段的组合，我们就拥有了定义各种资源对象模型的能力。例如：

```
# nova/objects/instance.py

from nova.objects import fields

# register 装饰器对定义的 VersionedObject 进行注册
@base.NovaObjectRegistry.register
class Instance(base.NovaPersistentObject, base.NovaObject,
               base.NovaObjectDictCompat):
    # 不同版本的注释
    # Version 2.0: Initial version
    # Version 2.1: Added services
    # Version 2.2: Added keypairs
    # Version 2.3: Added device_metadata
    # Version 2.4: Added trusted_certs
    VERSION = '2.4'

    fields = {
        'id': fields.IntegerField(),
```

```
        'user_id': fields.StringField(nullable=True),
        'project_id': fields.StringField(nullable=True),

        'image_ref': fields.StringField(nullable=True),
        'kernel_id': fields.StringField(nullable=True),
        'ramdisk_id': fields.StringField(nullable=True),
        'hostname': fields.StringField(nullable=True),
        …
        }

    def obj_make_compatible(self, primitive, target_version):
        super(Instance, self).obj_make_compatible(primitive, target_version)
        target_version = versionutils.convert_version_to_tuple(target_version)
        if target_version < (2, 3) and 'device_metadata' in primitive:
            del primitive['device_metadata']
        if target_version < (2, 2) and 'keypairs' in primitive:
            del primitive['keypairs']
        if target_version < (2, 1) and 'services' in primitive:
            del primitive['services']

    # remotable_classmethod 装饰的函数具备了远程调用的能力
    @base.remotable_classmethod
    def get_by_uuid(cls, context, uuid, expected_attrs=None, use_slave=False):
        if expected_attrs is None:
            expected_attrs = ['info_cache', 'security_groups']
        columns_to_join = _expected_cols(expected_attrs)
        db_inst = cls._db_instance_get_by_uuid(context, uuid,
                                               columns_to_join,
                                               use_slave=use_slave)
        return cls._from_db_object(context, cls(), db_inst,
                                   expected_attrs)
```

上述示例通过继承 NovaObject 和 Mixin 类，创建了 Instance 的数据模型。Instance 类实现了一些接口供调用者查询 Instance 实例，如 get_by_uuid()函数，可以通过给定的 Instance UUID 返回数据库中的 Instance 信息。remotable_classmethod 是 oslo.versionedobjects 提供的 RPC 装饰器，其在 Nova 里读写数据库需要通过 Nova Conductor 以远程调用的方式来执行，所以这里的 get_by_uuid()函数实际远程执行了 Conductor 上的相同函数来访问数据库。

我们可以从 version 属性看出 Instance 对象目前的最新版本号是 2.4，之前几次版本升级分别添加了 services、keypairs、device_metadata、trusted_certs 这 4 个字段。obj_make_compatible()函数的作用是根据特定的版本号把数据还原成那个版本所支持的格式。假设一个最新版本号是 2.4 的 Nova 计算节点收到了一个 2.5 版本的 Instance 对象，就超出了计算节点所能支持的版本上限，此时计算节点可以通过 RPC 请求 Nova Conductor 提供 2.4 版本的数据，Nova Conductor 会通过 obj_make_compatible()函数将数据转化成计算节点可以理解的 2.4 版本，这个过程称为 backport。

## 第 5 章

计算

几乎所有的编程语言给出的第一个示例都是打印出"Hello world!"，我们从另外一个角度去理解这两个单词的含义，就是"欢迎来到虚拟机的世界"。

如果我们将 OpenStack 环境里运行在各个物理节点上的各种服务看作一系列有机的生命体，而不是死板的指令集合，那么这就是一个虚拟机的世界。只不过与我们人类世界不同的是，在虚拟机世界里的个体是虚拟机，而不是人。人的世界有道德与法律的制约，虚拟机的世界同样有自己的管理结构，这就是本章所要展示的 OpenStack 计算组件。

OpenStack 的计算组件，也就是 Nova 项目为我们实现的这个虚拟机世界的抽象，控制着一个个虚拟机的状态变迁与"生老病死"，管理着它们的资源分配。

作为 OpenStack 中历史悠久的项目之一，Nova 一直都处于所有 OpenStack 项目的核心，演绎着最为重要的角色，拥有着最多的开发者。OpenStack 基金会的用户调查也显示 Nova 一直都是部署最多的项目，这主要是因为人们大多使用 OpenStack 部署 IaaS，而计算组件必然是其中的核心。

OpenStack 在由 NASA 与 Rackspace 发起之初，仅有 Nova 和 Swift 两个项目，其中 Nova 包含了3 个核心的领域，即 Compute、Storage 及 Network。但是随着云技术的发展，虚拟化存储和虚拟化网络技术越来越复杂，逐渐从 Nova 中分离出来，从而有了 Neutron 与 Cinder 两个独立的项目，这两个项目分别负责虚拟化网络和虚拟化存储技术。随后 Scheduler 也被独立出来，成为一个独立的项目。最终 Nova 将缩减其项目范围，实现更加专注的目标，这样 Nova 的复杂度将得以控制。OpenStack 官方对于 Nova 的定义如下：

To implement services and associated libraries to provide massively scalable, on demand, self service access to compute resources, including bare metal, virtual machines, and containers.

从中可知，Nova 将专注于提供统一的计算资源抽象，这些计算资源可以是物理机、虚拟机，甚至是容器。

当然，迄今为止 Nova 仍然是很复杂的项目，为了提供真正可用的计算资源给用户，它还需要与 Neutron 和 Cinder 协同工作。Nova 的代码中也包含一些历史问题。社区开发者一直在努力减轻这些技术债务，消除这些历史问题，从而让 Nova 的代码的可维护性更好。

5.1 Nova 体系结构

Nova 由多个提供不同功能的独立组件组成，对外通过 RESTful API 进行通信，对内通过 RPC 进行通信，使用一个中心 DB 来存储数据。每个组件都可以部署一个或多个以实现横向扩展。这样的架构也被大部分 OpenStack 项目所采用。Nova 体系结构如图 5-1 所示。

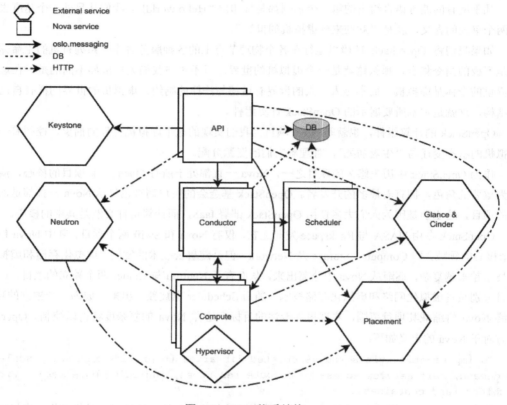

图 5-1　Nova 体系结构

由图 5-1 可以看出，目前的 Nova 主要由 API、Compute、Conductor、Scheduler 四个核心组件组成，它们之间通过 RPC 进行通信。此外，Nova 与包括 Keystone、Neutron、Glance&Cinder 和 Placement 等在内的其他 OpenStack 服务一起提供了虚拟机的基本功能。

API 是进入 Nova 的 HTTP 接口，可以部署多个以实现横向扩展。API 依据请求是长时任务还是短时任务，将请求发送给 Conductor 或 Compute。长时任务请求会被发送到 Conductor，由 Conductor 负责对其全程跟踪和调度。对于新建虚拟机或迁移类需要调度的请求，Conductor 会向 Scheduler 请求一台符合要求的计算节点，随后，Conductor 会把请求最终发送到合适的计算节点上。除了长时任务，Conductor 还负责代理其他节点的 DB 访问，主要是为了解决安全问题和实现在线升级功能。最终，对虚拟机的操作请求都会被发送到 Compute，并由 Compute 负责与 Hypervisor 进行通信，实现对虚拟机的生命周期管理。对各个 Hypervisor 的支持通过 Virt Driver 框架来实现。

为了简化用户对 RESTful API 的使用，Nova 提供了官方的 API 封装 python-novaclient 作为 Client。python-novaclient 提供了命令行供用户直接访问 Nova，也提供了 SDK 供用户编写客户端应用程序。由于社区希望 OpenStack 对用户提供一致的用户体验，python-novaclient 最终会被遗弃，并被 OpenStack 各项目统一的 Client 实现所取代。

以创建虚拟机为例，首先用户执行 Nova Client 提供的用于创建虚拟机的命令，API 服务监听到 Nova Client 发送的 HTTP 请求并将它转换成 AMQP 消息，然后通过消息队列（Queue）调用 Conductor 服务。在 Conductor 服务通过消息队列接收到任务之后，会进行一些准备工作（如汇总虚拟机参数等），再通过消息队列告诉 Scheduler 选择一个满足虚拟机创建要求的主机。Conductor 在获知 Scheduler 提供的目标主机之后，会要求 Compute 服务创建虚拟机。

然而，并不是所有的业务流程都像创建虚拟机那样需要所有的服务，对于一些短时任务，如删除虚拟机，就不需要 Scheduler 服务，API 通过消息队列告诉 Compute 删除指定虚拟机，然后由 Compute 通过 Conductor 更新数据库，即可完成业务的流程。

Nova 源码目录结构如下：

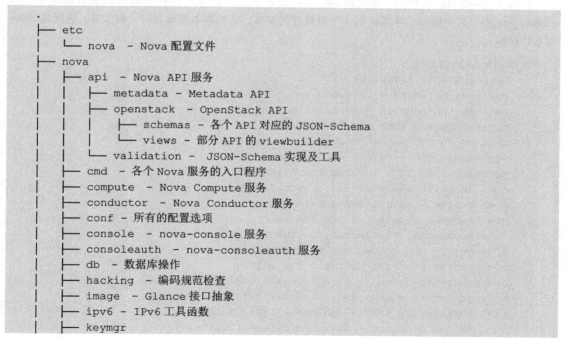

```
.
├── etc
│   └── nova - Nova 配置文件
├── nova
│   ├── api - Nova API 服务
│   │   ├── metadata - Metadata API
│   │   ├── openstack - OpenStack API
│   │   │   ├── schemas - 各个 API 对应的 JSON-Schema
│   │   │   └── views - 部分 API 的 viewbuilder
│   │   └── validation - JSON-Schema 实现及工具
│   ├── cmd - 各个 Nova 服务的入口程序
│   ├── compute - Nova Compute 服务
│   ├── conductor - Nova Conductor 服务
│   ├── conf - 所有的配置选项
│   ├── console - nova-console 服务
│   ├── consoleauth - nova-consoleauth 服务
│   ├── db - 数据库操作
│   ├── hacking - 编码规范检查
│   ├── image - Glance 接口抽象
│   ├── ipv6 - IPv6 工具函数
│   ├── keymgr
```

```
|       ├── locale - 国际化相关文件
|       ├── network - nova-network 服务
|       ├── objects - Objects Module
|       ├── pci - PCI/SR-IOV 支持
|       ├── policies - 所有 Policy 的默认规则
|       ├── scheduler - Scheduler 服务
|       ├── servicegroup
|       ├── tests - 单元测试
|       ├── virt - Hypervisor Driver
|       ├── vnc
|       └── volume - Cinder 接口抽象
├── setup.cfg
├── setup.py
├── tools
└── tox.ini
```

对于 OpenStack 新人来说，这里面最为重要的文件应该是 setup.cfg。作为 OpenStack 中的源码地图，毫不夸张地说，setup.cfg 文件是我们浏览 OpenStack 代码时最为倚仗的文件，它可以引导我们去认识一个新的项目，并了解其代码的结构。

而 entry_points 作为 setup.cfg 文件中非常重要的一个 section，通过对它的分析，我们可以相对容易地找到所要研究代码的突破口。

在每个 setup.cfg 文件的 entry_points 中，都会有一个相对比较特殊的组，或者说命名空间 console_scripts，其中的每一项都表示一个可执行的脚本，这些脚本在部署时会被安装，这就是 Nova 各个组件的入口：

```
console_scripts =
    nova-api = nova.cmd.api:main
    nova-api-metadata = nova.cmd.api_metadata:main
    nova-api-os-compute = nova.cmd.api_os_compute:main
    nova-compute = nova.cmd.compute:main
    nova-conductor = nova.cmd.conductor:main
    nova-console = nova.cmd.console:main
    nova-consoleauth = nova.cmd.consoleauth:main
    nova-dhcpbridge = nova.cmd.dhcpbridge:main
    nova-manage = nova.cmd.manage:main
    nova-network = nova.cmd.network:main
    nova-novncproxy = nova.cmd.novncproxy:main
    nova-policy = nova.cmd.policy_check:main
    nova-rootwrap = oslo_rootwrap.cmd:main
    nova-rootwrap-daemon = oslo_rootwrap.cmd:daemon
    nova-scheduler = nova.cmd.scheduler:main
    nova-serialproxy = nova.cmd.serialproxy:main
    nova-spicehtml5proxy = nova.cmd.spicehtml5proxy:main
```

```
    nova-api-wsgi = nova.api.openstack.compute.wsgi:init_application
    nova-xvpvncproxy = nova.cmd.xvpvncproxy:main
wsgi_scripts =
    nova-api-wsgi = nova.api.openstack.compute.wsgi:init_application
    nova-metadata-wsgi = nova.api.metadata.wsgi:init_application
```

对于 Nova 来说，我们可以看到，除了图 5-1 所示的几个主要服务，如 API、Conductor、Scheduler 与 Compute，它还提供了很多其他服务。

- nova-api：Nova 对外提供的 RESTful API 服务。目前 Nova 共提供两种 API 服务，即 nova-api-metadata 及 nova-api-os-compute。nova-api 会通过设置配置文件/etc/nova/nova.conf 的 enable_apis 选项来启动这两种服务。

- nova-api-metadata：接收虚拟机实例 Metadata（元数据）相关的请求。目前这部分工作由 Neutron 项目完成，而 nova-api-metadata API 服务只有在采用多计算节点部署，并且使用 nova-network 的情况下才使用。

- nova-api-os-compute：OpenStack API 服务。

- nova-compute：Compute 服务。

- nova-conductor：Conductor 服务。

- nova-console：允许用户通过代理访问虚拟机实例（Instance）的控制台，已经在 Grizzly 版本 中被 nova-xvpvncproxy 所取代。

- nova-novncproxy：Nova 提供了 novncproxy 代理，用来支持用户通过 VNC 访问虚拟机，提供 完整的 VNC 访问功能，涉及几个 Nova 服务。nova-consoleauth 提供认证授权，nova-novncproxy 用于支持基于浏览器的 VNC 客户端，nova-xvpvncproxy 用于支持基于 Java 的 VNC 客户端。

- nova-dhcpbridge：管理 nova-network 的 DHCP Bridge。

- nova-manage：提供很多与 Nova 的维护和管理相关的功能，如用户创建、VPN 管理等。

- nova-network：提供网络服务，已经被 Neutron 所取代。目前只有在使用 Devstack 部署 OpenStack 时才会使用 nova-network。

- nova-rootwrap：用于在 OpenStack 运行过程中以 root 用户身份运行某些 shell 命令。

- nova-scheduler：Scheduler 服务。

- nova-xvpvncproxy：支持基于 Java 的 VNC 客户端，在 Stein 版本中已弃用，将在之后的版本 中被删除。

其中，nova-api 会读取 api-paste.ini，并从中加载整个 WSGI stack。最终 API 的入口点都位于 nova.api.openstack.compute 路径中。我们如果希望研究某个 API 的实现细节，则可以将这些入口点中 指定的代码路径作为突破口切入，从而更为有效地厘清 Nova 的脉络。

Nova 各个服务之间的通信使用了基于 AMQP 实现的 RPC 机制，其中，nova-compute、nova-conductor 和 nova-scheduler 在启动时都会注册一个 RPC Server，而 nova-api 因为 Nova 内部并没有服务调用它提供的接口，所以无须注册。以 nova-compute 服务为例：

```
# nova/compute/rpcapi.py

class ComputeAPI(object):

    def start_instance(self, ctxt, instance):
        version = '5.0'
        cctxt = self.router.client(ctxt).prepare(
                server=_compute_host(None, instance), version=version)
        # RPC cast 主要用于异步形式，如创建虚拟机，创建过程可能需要很长时间
        # 如果使用 RPC call，则显然对性能有很大影响
        # cast()的第二个参数是 RPC 调用的函数名，后面的参数将作为参数被传入该函数
        cctxt.cast(ctxt, 'start_instance', instance=instance)
```

类 nova.compute.rpcapi.ComputeAPI 中的函数即为 Compute 服务提供给 RPC 调用的接口，其他服务在调用前需要先 import 这个模块，例如：

```
# nova/compute/api.py

    def start(self, context, instance):
        LOG.debug("Going to try to start instance", instance=instance)

        instance.task_state = task_states.POWERING_ON
        instance.save(expected_task_state=[None])

        self._record_action_start(context, instance,
                                  instance_actions.START)
        # 调用类 nova.compute.rpcapi.ComputeAPI 中的接口
        self.compute_rpcapi.start_instance(context, instance)
```

nova.compute.rpcapi.ComputeAPI 只是暴露给其他服务的 RPC 调用接口，Compute 服务的 RPC Server 在接收到 RPC 请求后，真正完成任务的是 nova.compute.manager 模块。例如：

```
# nova/compute/manager.py

class ComputeManager(manager.Manager):
    target = messaging.Target(version='5.1')
    @wrap_exception()
    @reverts_task_state
    @wrap_instance_event(prefix='compute')
    @wrap_instance_fault
    def start_instance(self, context, instance):
        """Starting an instance on this host."""
        …
```

从 nova.compute.rpcapi.ComputeAPI 到 nova.compute.manager.ComputeManager 的过程就是 RPC 调用的过程。

5.2 Nova API

Nova API 是访问并使用 Nova 所提供的各种服务的公共接口。作为客户端和 Nova 的中间层，Nova API 扮演了一个桥梁，或者说中间人的角色。Nova API 把客户端的请求传达给 Nova，待 Nova 处理完请求后再将处理结果返回给客户端。

基于这样的特性，Nova API 被要求保持高度的稳定性，它们的名称及返回的数据结构都不能轻易地做出改变。因此，与 Nova API 有关的 patch 都有着非常严格的评审规范，任何修改都需要一个专门的 bp（blueprint）和 Nova Spec 进行阐释。

Nova API 自 Icehouse 开始便一直变革，这其中还走了一些弯路，但经过几个 release 之后还是找到了最终的方向。这其中的变化可能令初学者产生了不少困惑。因此我们逐一地描述一下这些 API 的变化。

- Nova v2 API：自 OpenStack 诞生以来，Nova 所拥有的 API 支持通过 Extention 来启用/禁用 Nova RESTful API 的一部分。在 Newton 版本中，v2 API 被删除，v2 Endpoint 被指向 v2.1 代码库。

- Nova v2.1 API：社区所创建的新 API，在 Kilo 中被标记为当前的 API，而在 Liberty 中作为默认 API。任何新功能都会在此 API 上进行开发。v2.1 API 提出了 Microversion 概念，这是一种对 API 更改进行版本转换的方法。

- Nova EC2 API：一个 EC2 兼容 API，便于一些基于 AWS EC2 API 的应用程序在 OpenStack Cloud 环境中仍然可以运行。但实际情况是社区并没有太多的贡献者有兴趣维护此 API，在 Liberty 中被标记为 deprecated。一些对此兼容 API 感兴趣的贡献者创建了另一个独立的项目来基于 Nova API 实现一个 EC2 兼容 API。

5.2.1 Nova v2.1 API

Nova v2 API 是 Nova 自诞生以来就存在的 API，但是它存在的一些问题使得其不能满足 OpenStack 的发展。由于 Nova v2 API 没有提供添加新 Feature 的机制，因此开发者一直使用 Extension 作为扩展 API 的机制，这使得 Nova v2 API 拥有了大量的 Extension，而且如果继续使用这种方式，则 Extension 的数量会持续增长。而 Extension 机制本身也并不符合 OpenStack 的发展，随着越来越多的 OpenStack 部署的出现，不同的 OpenStack 部署通过 Extension 机制来扩展或裁剪 API，就导致 OpenStack 完全失去了互操作性。除此之外，Nova v2 API 的框架本身还有一些问题，它没有正确的处理错误的机制，这导致有些 DB 层差异被暴露在 RESTful API 当中，同样损害了 OpenStack 的互操作性。

因此，Nova v2.1 API 诞生了，Nova v2.1 API 改进了错误处理方式，消除了不同 DB 之间的差异。其中最重要的是它引入了一个新的机制来扩展 Nova API，就是 Microversion。

自此，Extension 在 Nova v2.1 API 中彻底被删除，用户不得再私自扩展 Nova API 和剪裁 Nova API，用户应该将他们的需求返回到社区中，然后通过 Microversion 来实现这些需求。最终 OpenStack 将拥有一个统一的 API 来实现互操作性。

Microversion 是 Nova v2.1 API 中最重要的机制。Microversion 引入了一种改变 API 的机制，而且可以实现兼容性，由此改进了 Nova API 的互操作性。随后也有多个项目实现了此机制。

Microversion 是单调递增的，表现为 X.Y 的形式。X 只有在非常重大的改变并影响了整个 API 时才会发生改变，实际上这种情况很少发生。而其他任何 API 的改变都需要改变 Y，无论是 API 的请求返回还是语义改变。只有 Bug 才不需要 Microversion 的变化。

在 Nova 中，任何 Nova API 的改变都需要提交 nova-specs，需要严格的 Review 以防止未预期的改变破坏 API 的兼容性。

系统拥有一个最小版本号和一个最大版本号，只要请求在这个范围之内就会被接受。最小和最大版本号可通过 version API 来查询：

```
GET /
{
"versions": [
    {
        "id": "v2.0",
        "links": [
            {
                "href": "http://openstack.example.com/v2/",
                "rel": "self"
            }
        ],
        "status": "SUPPORTED",
        "version": "",
        "min_version": "",
        "updated": "2011-01-21T11:33:21Z"
    },
    {
        "id": "v2.1",
        "links": [
            {
                "href": "http://openstack.example.com/v2.1/",
                "rel": "self"
```

```
            }
        ],
        "status": "CURRENT",
        "version": "2.74",
        "min_version": "2.1",
        "updated": "2013-07-23T11:33:21Z"
    }
  ]
}
```

从以上请求可以看出，系统中有两个 API。id 是这个 API 的标识。可以看出，v2.0 状态是 SUPPORTED。version 和 min_version 为空，代表这个 API 不支持 Microversion。这个 v2.0 就是我们所说的旧的 v2 API。v2.1 的状态则为 CURRENT，version 表示最大的 Microversion 版本号为 2.74，最小的 Microversion 版本号为 2.1。这就是 Nova 当前所支持的 API。在编写客户端程序时，可以通过此 version API 来识别所访问的 API 的信息，以及所支持的 Microversion 范围。Microversion 2.1 是一个与 Nova v2 API 兼容的 API。

客户可以通过以下的 HTTP 头发送请求：

```
OpenStack-API-Version: compute 2.25
```

compute 代表所请求的服务类型，Nova 所对应的服务类型是 compute。2.25 代表请求所对应的 Microversion 版本号。如果没有发送此 HTTP 头，则代表请求的是最小版本。如果请求的版本号未在最小版本号到最大版本号范围内，则系统会返回 "HTTP Not Acceptable 406"。这里还有一个特殊的关键字 latest，这个关键字代表请求最新的版本，这是一个用来方便测试的关键字，在实际生产中，需要指定请求所对应的版本号，否则在系统升级后，最新的 API 很可能已经不兼容。

5.2.2 Nova API 实现

Nova API 的代码位于 nova/api/ 目录下，其目录结构如下：

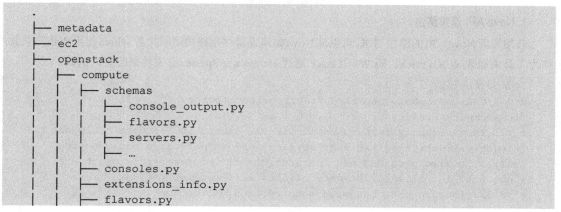

```
.
├── metadata
├── ec2
├── openstack
│   ├── compute
│   │   ├── schemas
│   │   │   ├── console_output.py
│   │   │   ├── flavors.py
│   │   │   ├── servers.py
│   │   │   ├── …
│   │   ├── consoles.py
│   │   ├── extensions_info.py
│   │   ├── flavors.py
```

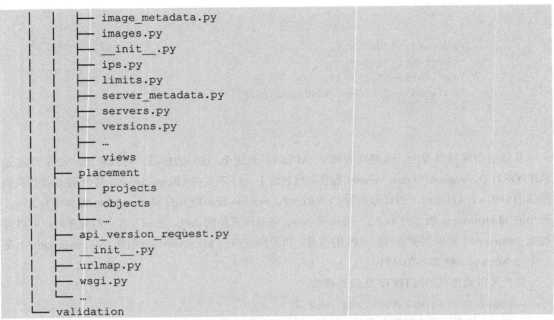

```
        |   |   ├── image_metadata.py
        |   |   ├── images.py
        |   |   ├── __init__.py
        |   |   ├── ips.py
        |   |   ├── limits.py
        |   |   ├── server_metadata.py
        |   |   ├── servers.py
        |   |   ├── versions.py
        |   |   ├── …
        |   |   └── views
        |   ├── placement
        |   |   ├── projects
        |   |   ├── objects
        |   |   └── …
        |   ├── api_version_request.py
        |   ├── __init__.py
        |   ├── urlmap.py
        |   ├── wsgi.py
        |   └── …
        └── validation
```

  metadata 目录下对应的是 Metadata API，这是提供给所创建的虚拟机来获得一些配置信息的 API。openstack 目录下对应的是 Nova v2.1 API。为了降低维护成本，Nova v2 API 已经从 Nova 的代码中被删除了。Nova v2 API 是通过在 v2.1 API 代码上执行一个兼容模式来实现的。

  Nova API 是基于 WSGI 实现的。nova/api/openstack/目录下包含着 WSGI 基础架构的代码，其中包含一些 Nova WSGI stack 中需要的 Middleware，以及如何解析请求与分发请求的核心代码。在 nova/api/openstack/compute 中可以找到对应每个 API 的入口点。当前 Nova API 使用 JSON-Schema 来验证输入，这些 JSON-Schema 都位于 nova/api/openstack/compute/schemas/目录下，并使用与相应 API 所在文件相同的模块名称。JSON-Schema 的验证实现则位于 nova/api/validation/目录下。

1. Nova API 请求路由

  若想弄清Nova API的路由请求，可以从Nova如何设置这些路由请求来看。Nova 使用 Python Paste 作为工具来加载 WSGI stack，而 WSGI stack 通过 etc/nova/api-paste.ini 文件来配置，例如：

```
[composite:osapi_compute]
use = call:nova.api.openstack.urlmap:urlmap_factory
/: oscomputeversions
# v21 is an exactly feature match for v2, except it has more stringent
# input validation on the wsgi surface (prevents fuzzing early on the
# API). It also provides new features via API microversions which are
# opt into for clients. Unaware clients will receive the same frozen
# v2 API feature set, but with some relaxed validation
```

```
/v2: openstack_compute_api_v21_legacy_v2_compatible
/v2.1: openstack_compute_api_v21
```

从以上配置可以看出 Nova API 提供的 Endpoint 有哪些。"/"对应的是 version API，根据前面章节的讲解，可以通过这个 API 获得所访问的 API 可以提供哪些版本的 API，以及 API 所支持的 Microversion 信息。"/v2"是我们所说的 Nova v2 API，当前它通过一个兼容模式在 v2.1 代码上运行。"/v2.1"就是 Nova 当前的 API。例如：

```
[composite:openstack_compute_api_v21]
use = call:nova.api.auth:pipeline_factory_v21
noauth2 = cors http_proxy_to_wsgi compute_req_id faultwrap request_log sizelimit
osprofiler noauth2 osapi_compute_app_v21
keystone = cors http_proxy_to_wsgi compute_req_id faultwrap request_log
sizelimit osprofiler authtoken keystonecontext osapi_compute_app_v21
```

nova.api.auth:pipeline_factory_v21 是这个 API stack 的一个工厂函数，负责加载每一个 Middleware。根据配置可以选择没有验证的 noauth2 stack 或 Keystone stack。noauth2 一般被 funtional 测试所使用，在实际生产环节中，都是使用 Keystone 来进行验证的。这里可以看到整个 stack 当中都包含了哪些 Middleware。最后一个 Middleware "osapi_compute_app_v21" 就是 v2.1 本身。在这之前的 Middleware 都会对请求或返回进行一些处理，比如，添加请求 id 用来帮助调试，对错误返回进行统一的包装，以及对请求进行 Token 验证等。例如：

```
[app:osapi_compute_app_v21]
paste.app_factory = nova.api.openstack.compute:APIRouterV21.factory
```

最后我们就可以找到 Nova v2.1 API 的入口了。nova.api.openstack.compute:APIRouterV21.factory 也是一个工厂函数，用来创建 Nova v2.1 API。

APIRouterV21 主要用来完成路由规则的创建：

```
# nova/api/openstack/compute/routes.py

basic_controller = functools.partial(
    _create_controller, basic_api.BasicController, [], [])

ROUTE_LIST = (
    ('/basic', {
        'GET': [basic_controller, 'index'],
        'POST': [basic_controller, 'create']
    }),
    …
)

# Router 类对 WSGI routes 模块进行了简单的封装
class APIRouterV21(base_wsgi.Router):
```

```
        API_EXTENSION_NAMESPACE = 'nova.api.v21.extensions'

    def __init__(self, custom_routes=None):
        super(APIRouterV21, \
                self).__init__(nova.api.openstack.ProjectMapper())

        if custom_routes is None:
            custom_routes = tuple()

        for path, methods in ROUTE_LIST + custom_routes:
            if isinstance(methods, six.string_types):
                self.map.redirect(path, methods)
                continue

            for method, controller_info in methods.items():
                controller = controller_info[0]()
                action = controller_info[1]
                self.map.create_route(path, method, controller, action)
```

从上面的代码可以看出，ROUTE_LIST 中保存了 URL 与 Controller 之间的对应关系。APIRouterV21 基于 ROUTE_LIST，使用 Routes 模块作为 URL 映射的工具，将各个模块所实现的 API 对应的 URL 注册到 mapper 中，并把每个资源都被封装成一个 nova.api.openstack.wsgi.Resource 对象。当解析每个 URL 请求时，可以通过 URL 映射找到 API 对应的 Resource Object：

```
# nova/wsgi.py

class Router(object):

    def __init__(self, mapper):
        self.map = mapper
        # 使用 routes 模块将 mapper 与_dispatch()关联起来
        # routes.middleware.RoutesMiddleware 会调用 mapper.routematch()函数来
        # 获取 URL 的 controller 等参数，将其保存在 match 中，并设置 environ 变量
        # 供_dispatch()使用
        #     environ['wsgiorg.routing_args'] = ((url), match)
        #       environ['routes.url'] = url
        self._router = routes.middleware.RoutesMiddleware(self._dispatch,
                                            self.map)

    @webob.dec.wsgify(RequestClass=Request)
    def __call__(self, req):
        # 根据 mapper 将请求路由到适当的 WSGI 应用，即资源上
        # 每个资源会在自己的__call__()方法中，根据 HTTP 请求的 URL 将其路由到
        # 对应 Controller 上的方法
```

```
        return self._router

    @staticmethod
    @webob.dec.wsgify(RequestClass=Request)
    def _dispatch(req):
        # 读取HTTP请求的environ信息并根据前面设置的environ找到URL对应的Controller
        match = req.environ['wsgiorg.routing_args'][1]
        if not match:
            return webob.exc.HTTPNotFound()
        app = match['controller']
        return app
```

追溯到 nova.api.openstack.APIRouterV21 的父类，可以看到，请求会调用 Python routes 模块提供的 RoutesMiddleware 来解析之前创建的 URL mapping，然后会通过_dispatch()函数回调回来，并取出其中的 Resource 对象，再调用 Resource 对象的__call__()方法，这其中进行了一些 API 所需的处理，如 Microversion 解析和请求数据类型的解析。最终会通过请求调用 API 对应的模块中的方法。

2. Nova API 的实现

Resource 对象会将请求的 API 映射到对应的 Controller 方法上，并且根据请求找到对应 Microversion 的 Controller 方法。

每个 API 对应的 Controller 方法都在 nova/api/openstack/compute/目录下的各个 API 对应的模块中。这些模块注册就是 setup.cfg 文件中所描述的。

例如，Keypairs API 可以根据 nova/api/openstack/compute/routes.py 中的 ROUTE_LIST 定位到对应的 Keypair API Controller 为 nova.api.openstack.compute.keypairs.KeypairController。

首先我们来看一个新资源的 Controller 方法是如何实现的：

```
class KeypairController(wsgi.Controller):

    @wsgi.Controller.api_version("2.10")
    @wsgi.response(201)
    @extensions.expected_errors((400, 403, 409))
    @validation.schema(keypairs.create_v210)
    def create(self, req, body):
        user_id = body['keypair'].get('user_id')
        return self._create(req, body, type=True, user_id=user_id)

    @wsgi.Controller.api_version("2.2", "2.9")  # noqa
    @wsgi.response(201)
    @extensions.expected_errors((400, 403, 409))
    @validation.schema(keypairs.create_v22)
    def create(self, req, body):
        return self._create(req, body, type=True)
```

```python
@wsgi.Controller.api_version("2.1", "2.1")  # noqa
@extensions.expected_errors((400, 403, 409))
@validation.schema(keypairs.create_v20, "2.0", "2.0")
@validation.schema(keypairs.create, "2.1", "2.1")
def create(self, req, body):
    return self._create(req, body)
…


@wsgi.Controller.api_version("2.1", "2.1")
@wsgi.response(202)
@extensions.expected_errors(404)
def delete(self, req, id):
    self._delete(req, id)


@wsgi.Controller.api_version("2.2", "2.9")     # noqa
@wsgi.response(204)
@extensions.expected_errors(404)
def delete(self, req, id):
    self._delete(req, id)


@wsgi.Controller.api_version("2.10")     # noqa
@wsgi.response(204)
@extensions.expected_errors(404)
def delete(self, req, id):
    # handle optional user-id for admin only
    user_id = self._get_user_id(req)
    self._delete(req, id, user_id=user_id)
…


@wsgi.Controller.api_version("2.10")
@extensions.expected_errors(404)
def show(self, req, id):
    # handle optional user-id for admin only
    user_id = self._get_user_id(req)
    return self._show(req, id, type=True, user_id=user_id)


@wsgi.Controller.api_version("2.2", "2.9")  # noqa
@extensions.expected_errors(404)
def show(self, req, id):
    return self._show(req, id, type=True)


@wsgi.Controller.api_version("2.1", "2.1")  # noqa
@extensions.expected_errors(404)
```

```
def show(self, req, id):
    return self._show(req, id)
…

@wsgi.Controller.api_version("2.35")
@extensions.expected_errors(400)
def index(self, req):
    user_id = self._get_user_id(req)
    return self._index(req, links=True, type=True, user_id=user_id)

@wsgi.Controller.api_version("2.10", "2.34")  # noqa
@extensions.expected_errors(())
def index(self, req):
    # handle optional user-id for admin only
    user_id = self._get_user_id(req)
    return self._index(req, type=True, user_id=user_id)

@wsgi.Controller.api_version("2.2", "2.9")  # noqa
@extensions.expected_errors(())
def index(self, req):
    return self._index(req, type=True)

@wsgi.Controller.api_version("2.1", "2.1")  # noqa
@extensions.expected_errors(())
def index(self, req):
    return self._index(req)
…
```

在 KeypairController 中，公共方法有 4 类，即 index、create、get 和 delete，这在 API 中分别对应如下几种。

- index：GET /v2.1/os-keypairs。
- create：POST /v2.1/os-keypairs。
- get：GET /v2.1/os-keypairs/{id}。
- delete：DELETE /v2.1/os-keypairs/{id}。

可以发现这 4 类方法有多个声明，这多个声明代表对应不同版本的 Microversion。方法所对应的 Microversion 通过 decorator "wsgi.Controller.api_version" 来指定，分别对应以下版本。

- @wsgi.Controller.api_version("2.1", "2.1")：Microversion 为 2.1 版本。
- @wsgi.Controller.api_version("2.2", "2.9")：Microversion 为 2.2 到 2.9 版本。
- @wsgi.Controller.api_version("2.10")：Microversion 为 2.10 到最新版本。

方法中的其他 decorator 也十分重要，它们分别代表的意思如下所述。

- @extensions.expected_errors((400, 403, 409))：API 所允许的错误返回码。它拦截了所有未预期的错误。
- @validation.schema(keypairs.create_v21, "2.1", "2.1")：在 Microversion 为 2.1 版本时，请求所对应的 JSON-Schema。
- @wsgi.response(201)：API 请求正常返回码。

API 输入请求的格式验证是通过 JSON-Schema 进行的，比如，create 方法对应 Microversion 2.1 的 JSON-Schema，位于 nova/api/openstack/compute/schemas/keypairs 目录下：

```
create = {
    'type': 'object',
    'properties': {
        'keypair': {
            'type': 'object',
            'properties': {
                'name': parameter_types.name,
                'public_key': {'type': 'string'},
            },
            'required': ['name'],
            'additionalProperties': False,
        },
    },
    'required': ['keypair'],
    'additionalProperties': False,
}
```

这个 JSON-Schema 表示接受一个字典，root 层级只接受一个 key，即 keypair，并且必须出现。keypair 的 value 同样是一个字典，接受两个 key，即 name 和 public_key。其中，name 必须提供，public_key 可选择性提供。不能有任何其他的 key。public_key 接受一个字符串。name 接受的类型在变量 parameter_types.name 中：

```
name = {
    # NOTE: Nova v2.1 API contains some 'name' parameters such
    # as keypair, server, flavor, aggregate and so on. They are
    # stored in the DB and Nova specific parameters.
    # This definition is used for all their parameters.
    'type': 'string', 'minLength': 1, 'maxLength': 255,
    'format': 'name'
}
```

name 同样接受一个字符串，最短为 1 个字符，最长为 255 个字符。name 格式的定义可以到 nova/api/validation/validators 目录下找到：

```
@jsonschema.FormatChecker.cls_checks('name', exception.InvalidName)
```

```
def _validate_name(instance):
    regex = parameter_types.valid_name_regex
    try:
        if re.search(regex.regex, instance):
            return True
    except TypeError:
        # The name must be string type. If instance isn't string type, the
        # TypeError will be raised at here.
        pass
    raise exception.InvalidName(reason=regex.reason)
```

这是将一个 FormatChecker 注册到 schema validator 中。可以看出，这个实现就是定义了一个正则表达式，然后通过正则表达式来验证这个 Instance。

下面介绍在一个方法中如何具体实现一个 API 的功能。其实剩下的已经很简单了。通过方法的接口可以得到 webob.Request 对象，从 Request 对象中可以获取其他请求参数，如 HTTP 请求头和 Query 参数。同时对于单个资源，参数中提供了资源对应的 id。通过这些参数，可以执行 API 对应的业务逻辑。最终 API 的返回也是一个字典。

除了这些标准的 CURD 方法，还可以添加 action。从 nova/api/openstack/compute/evacuate.py 文件中可以看到如何注册 Evacuate action：

```
@extensions.expected_errors((400, 404, 409))
@wsgi.action('evacuate')
@validation.schema(evacuate.evacuate, "2.1", "2.12")
@validation.schema(evacuate.evacuate_v214, "2.14", "2.28")
@validation.schema(evacuate.evacuate_v2_29, "2.29")
def _evacuate(self, req, id, body):
    …
```

@wsgi.action('evacuate')用来标识这个方法对应的 action。

5.3 Rolling Upgrade

OpenStack 每半年发布一个版本，每个版本包含大量的 Bug 修复和新功能。因此，可否持续升级 OpenStack 成了很重要的问题。

在初始阶段，各个项目只能做到完全 offline 的升级，造成很长的 downtime，这对于用户来说是很糟糕的体验。随后 Nova 开始实现 Rolling Upgrade，使得整个系统不必在一个原子的升级操作中完成，而是可以分步地将系统的一小部分进行升级，通过多步升级，减少了系统的 downtime。然后各个项目开始复制该功能，得以用最小的 downtime 来升级整个 OpenStack 部署。终极目标是实现"Live Upgrade：Zero downtime"。

Nova 所实现的 Rolling Upgrade 基本规则如下所述。

- 保证数据平面没有任何 downtime。对于 Nova 来说，数据平面就是虚拟机。在整个升级过程中，所有的 VM 可以继续保持正常的运行。控制平面应尽量减少 downtime，并且实现滚动升级。
- 仅提供从 N 到 $N+1$ 版本的升级，并不提供跨版本升级。如果需要一次升级多个版本，则必须逐版本升级到最终所需版本。

Nova 所实现的 Rolling Upgrade 的基本步骤和原理如下所述。

（1）更新控制节点上的 Nova 代码，包括所有的 Python 依赖。此刻只是代码更新了，Nova 的服务进程并没有重启，仍然使用内存中已经加载的旧代码运行。

（2）在新的代码上通过 nova-manage db sync 和 nova-manage api_db sync 升级数据库的 schema，在多 cell 环境中，必须在每个 cell 中运行 nova-manage db sync。在 schema 升级之后，新的 column 和 table 会被添加。也就是说，数据库的 schema 已经处于 $N+1$ 版本，代码仍然处于 N 版本。为了保证正常工作，数据库的 schema 值会进行向后兼容的改变。

（3）Nova 服务依赖外部的 Placement 服务，虽然 Nova 可以使用旧版本的 Placement API，但最好在升级 Nova 之前升级 Placement 服务。

（4）在重启 Nova 服务之前，先使用 nova-status 进行升级检查。

（5）重启 Nova 控制服务进程。可以通过友好的方式退出服务进程，如发送 SIG_TERM 信号。这样一来，服务进程在退出前可以完成现有的请求，使得用户不会遇到突然的服务中断，或者产生未完成的数据。在服务进程重启后，新代码将被运行。也就是说，所有控制节点位于 $N+1$ 版本上，所有计算节点仍处于 N 版本上。

（6）重启 Nova 计算服务进程，滚动升级计算节点。同样可以通过友好的方式中止服务进程。此时集群中会有 N 和 $N+1$ 版本的计算节点。$N+1$ 版本的控制器和计算服务进程会照顾好兼容性。

（7）在所有计算节点升级完成之后，发送 SIG_HUP 信号给所有服务进程，使得所有服务进程开始使用新的 RPC 接口进行通信。此时所有服务都升级完成，并且所有的新功能也完全启用。

（8）在线升级运行数据。

在步骤 2 中，只有数据库的 schema 升级了，数据并没有迁移升级。数据的迁移升级是在运行时进行的。通常我们会在有机会接触某个数据时顺便对其进行迁移升级。只有在所有数据完成迁移升级后才算彻底升级完成。当用户想进行下一版本升级时，需要彻底完成上一版本的升级。因此 Nova 也提供了工具用来强制执行所有数据迁移，以确保上次升级的所有数据完成迁移。

在整个升级过程中，唯一的 downtime 位于步骤 5，而这个 downtime 也很短暂，只是一个服务重启的过程。

实现 Rolling Upgrade 需要通过多种技术，而其中较为重要的几项技术如下：

- RPC Versioning。
- Versioned Object Model。

- Conductor。

RPC Versioning 保证了不同组件在不同版本上的通信兼容性，VersionedObject 保证了组件通信对于复杂数据的兼容性，而 Conductor 就是为了帮助翻译这些数据。

1. RPC Versioning

为了保证各个组件可以在不同版本上工作，就要保证各个组件在通信方式上兼容。Nova 各个组件的通信是通过消息队列进行的，并且通过对 RPC 接口的版本化来实现兼容性。

这个版本化是在各个组件的客户端接口中实现的。nova-compute 的 RPC 接口位于 nova/compute/rpcapi.py：

```
class ComputeAPI(object):
    '''Client side of the compute rpc API.

    API version history:

        * 1.0 - Initial version.
        * 1.1 - Adds get_host_uptime()
        * 1.2 - Adds check_can_live_migrate_[destination|source]
        * 1.3 - Adds change_instance_metadata()
        * 1.4 - Remove instance_uuid, add instance argument to
                reboot_instance()
        * 1.5 - Remove instance_uuid, add instance argument to
                pause_instance(), unpause_instance()
...
```

在 ComputeAPI 对象的开端，通过注释记录了各个版本的改动。以 4.7 版本为例：

```
* 4.7 - Add attachment_id argument to detach_volume()
```

上述代码表示 4.7 版本为 detach_volume 接口添加了一个新的参数 attachment_id。下面介绍接口是如何实现兼容的：

```
def detach_volume(self, ctxt, instance, volume_id, attachment_id=None):
    extra = {'attachment_id': attachment_id}
    version = '4.7'
    client = self.router.by_instance(ctxt, instance)
    if not client.can_send_version(version):
        version = '4.0'
        # 当发现当前的RPC通信版本不支持最新版本时，则将 attachment_id 弹出参数列表
        extra.pop('attachment_id')
    cctxt = client.prepare(server=_compute_host(None, instance),
            version=version)
    cctxt.cast(ctxt, 'detach_volume',
            instance=instance, volume_id=volume_id, **extra)
```

可以看到，如果当前的 RPC Version Pinning 不是 4.7 及以上版本时，则新的参数 attachment_id 会被弹出参数列表，也就是说，被调用端并不会看到这个新参数。因此被调用端处于旧版本时仍然可以继续工作，不会因为未知的新参数而发生错误。

2. Conductor

Conductor 服务 nova-conductor 最初在 Grizzly 版本中被发布，是 Nova 项目的核心模块之一，它在整个 Nova 中相当于组织者的角色，主要提供了 3 项基础功能。

由于 nova-conductor 连接了 nova-api、nova-compute 和 nova-scheduler 服务，因此它提供了长时任务编排（task orchestration）功能。Nova 将所有耗时长、跨节点、易错但相对固定的处理流程抽象为任务，包括虚拟机启动、热迁移、冷迁移等。Conductor 作为任务的组织者，不仅能对同时进行的多个任务的状态进行跟踪，还能完成错误处理、恢复等一系列功能。

其次，nova-conductor 为 nova-compute 提供了数据库的代理访问机制，它不仅是对数据库访问的一层安全保障，还在数据库升级过程中为旧的 nova-compute 节点提供了向下的兼容性。

在模块间通信的过程中，由于不同的服务可能运行在不同的代码版本上，因此 Conductor 为传输的数据对象提供了版本兼容功能，可以让处于不同版本的 Nova 服务识别 RPC 请求中数据对象的版本，并完成不兼容对象的自动转换。

由于 Conductor 服务本身是无状态的，因此用户可以在运行过程中任意调整 Conductor 的数量和位置。在性能和稳定性要求高的部署环境中，用户可以非常容易地对 Conductor 服务实现高可用，以及性能的横向扩展。

Conductor 服务的源码位于 nova/conductor 目录下：

```
.
├── api.py
├── manager.py
├── rpcapi.py
└── tasks  - 任务管理代码
    ├── live_migrate.py
    └── migrate.py
```

一般来说，rpcapi.py 文件与 RPC 相关，其他服务只要将这个模块导入就可以使用它提供的接口远程调用 nova-conductor 提供的服务，在 nova-conductor 注册的 RPC Server 接收到 RPC 请求后，再由 manager.py 文件中的类 ComputeTaskManager 和 ConductorManager 来完成任务的编排，以及数据库访问的代理。但是由于 Conductor 服务访问的特殊性，api.py 文件中又对接口的调用进行了一层封装，其他模块需要导入的是 api 模块，而不是 rpcapi 模块。

数据库代理为 nova-compute 的数据库访问提供了一层额外的安全保障。在此之前，nova-compute 都是直接访问数据库的，一旦其被攻击，数据库就会面临直接暴露的危险。此外，代理机制也使得 nova-compute 与数据库解耦，因此在保证 Conductor API 兼容性的前提下，数据库的 schema 在升级的同时并不需要升级 nova-compute。

由于 Conductor 服务的横向扩展能力，nova-compute 对数据库访问的性能也有相应的保障。在此之前，当使用协程时，Compute 服务的所有数据库访问都是阻塞的。在引入 nova-conductor 之后，nova-compute 就可以创建多个协程并通过 nova-conductor 使用非阻塞的 RPC 协议来访问数据库。当然这样会不可避免地产生一些限制：RPC 调用是有延时的，nova-conductor 本身访问数据库也是阻塞的，当部署的 nova-conductor 实例过少时，阻塞和延时会更加突出性能的问题。

截至目前，如图 5-2 所示，nova-compute 的所有访问数据库的动作都要通过 Nova Object 交给 nova-conductor 完成。为了保证安全性，nova-conductor 和 nova-compute 不能部署在同一服务器上。

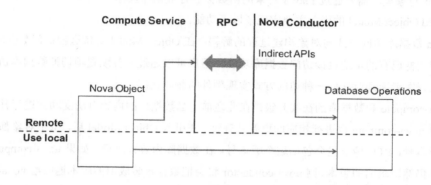

图 5-2　数据库代理

在服务启动时，Nova 其他组件会通过 nova.conductor.API 类使用 RPC 请求并通过 Conductor 间接访问数据库。nova-compute 通常会被部署在多个独立的物理主机中，而代码升级往往会导致多个 Compute 服务运行在不同的版本上，这就需要 Conductor 的数据库代理功能为旧版本的 Compute 服务提供兼容性支持。非 Compute 服务，如 nova-api 和 nova-scheduler，则没有数据库代理功能，这是因为非 Compute 服务往往会被统一部署在控制节点中，可以一并升级，并且直接访问数据库可以降低 Conductor 服务的压力。

Nova 子服务对数据库的访问，无论是本地访问还是通过 RPC 远程调用，最终真正完成数据库操作的都是 conductor/manager.py 里的类 ConductorManager。由于 Nova 中几乎所有的数据库操作都被封装在对应 Nova Object 的类方法和对象方法中，因此 ConductorManager 只需要实现 oslo_versionedobjects 所定义的 VersionedObjectIndirectionAPI，即可作为服务端提供代理服务。实现的接口包括 object_action、object_class_action_versions 和 object_backport_versions，分别用于 VersionedObject 内部关于远程对象方法、类方法及对象版本兼容的服务端实现。

关于旧 Compute 服务数据库访问的兼容功能，Nova 是通过 RPC 服务中实现的对象版本自动兼容来实现的。它主要对应 Conductor 的 object_backport_versions 接口，并且依赖 oslo_messaging 对

oslo_versionedobjects 序列化功能的支持，其具体的实现为下一节的主要内容。

3. Versioned Object Model

Versioned Object Model 由红帽的 Dan Smith 提出，在 Icehouse 版本中开始添加，在 Juno 版本中基本实现了所有的功能。

Versioned Object Model 可以说是 Nova 中数据管理方式的"分水岭"，在此之前，对数据库表的操作都存放在同一个文件里，如 flavor.py 文件，在使用时直接调用这个文件中的函数去修改数据库即可。而在引入 Object Model 后，新建了 Flavor 对象与 flavor 表相对应，并将对 flavor 表的操作都封装在 Flavor 对象里，需要通过 Flavor 对象的函数去进行数据库操作。

Versioned Object Model 的引入主要实现了以下功能。

- Nova 数据库访问方式与对象构建过程的解耦：在 Object Model 支持远程访问数据库的同时，也能支持已有的本地直接访问数据库功能。用户可以通过服务配置项切换数据库访问方式，并且开发者无须对任何一种访问方式实现额外的兼容代码。

- nova-compute 和数据库的在线升级：在此之前，当数据库的内容有所变动并进行升级时，必须对 nova-compute 也进行相应的更新并升级。在引入 Object Model 后，每个对象都会维护一个版本号，RPC 请求里会包括这个版本号。在数据库内容升级后，如果 nova-compute 没有升级且仍然请求旧的版本，则 nova-conductor 将会把数据封装成旧的版本返回给 nova-compute。

- 例如，nova-compute 节点上对象的版本是 1.1，而 nova-conductor 节点上对象的版本是 1.2，在 1.2 版本中新增了一个变量 new_value，当 nova-compute 发送 RPC 请求给 nova-conductor 时，nova-conductor 会根据 1.1 版本的消息生成新的对象，并将 new_value 赋值为 None。

- 对象属性类型的声明：Python 的一大特色就是无须声明变量类型，可以自动判断变量类型。但是像 MySQL 这样的数据库就没有这么智能了，经常会发生把 int 类型的变量当成 str 类型的变量存进数据库的情况。为了减少这方面的 Bug，对象的属性就需要明确声明自己的类型。

- 减少写入数据库的数据量：在每次修改数据库中的表，或者 nova-compute 更新对象属性时，只需要进行增量更新，并不需要将整个对象的所有属性都更新一遍，每个对象都有一个 _change_field 属性用来记录变化的内容，从而减少写入数据库的数据量。

Object Model 并不是一个单独的服务，它使用了面向对象的思想对数据进行了封装，并为封装的数据提供了数据库代理、RPC 版本兼容、流量优化等一系列高级功能。

Object Model 代码位于 nova/objects 目录下，其中的每个类都对应数据库中的一张表，比如，类 ComputeNode 对应了数据库的 compute_nodes 表：

```
# nova/objects/compute_node.py

# 基类 base.NovaObject 中会记录变化的字段，在更新数据库时只更新这些变化的字段
```

```
class ComputeNode(base.NovaPersistentObject, base.NovaObject):
    # Version 1.0: Initial version
    # Version 1.1: Added get_by_service_id()
    # Version 1.2: String attributes updated to support unicode
    # Version 1.3: Added stats field
    # Version 1.4: Added host ip field
    # Version 1.5: Added num_topology field
    # …
    # Version 1.16: Added disk_allocation_ratio
    # Version 1.17: Added mapped
    # Version 1.18: Added get_by_uuid().
    # Version 1.19: Added get_by_nodename().

    # VERSION 是 ComputeNode 对象的版本号，当添加或删除下面 fields 里的 key
    # 或类 ComputeNode 中的方法时，都必须增加版本号

    VERSION = '1.19'

    # 字典 fileds 是 ComputeNode 对象所维护的信息，这个字典的值并不一定包含
    # Compute_nodes 表内的所有信息。每个值的类型都是 nova.object.fields 模块中定义的
    # 一个类型，当对其赋值时，若传入的数据类型不匹配，就会抛出异常。fileds 支持
    # 的类型有 Integer、Bool 和 Object 等
    fields = {
        'id': fields.IntegerField(read_only=True),
        'uuid': fields.UUIDField(read_only=True),
        'service_id': fields.IntegerField(nullable=True),
        'host': fields.StringField(nullable=True),
        'vcpus': fields.IntegerField(),
        'memory_mb': fields.IntegerField(),
        'local_gb': fields.IntegerField(),
        'vcpus_used': fields.IntegerField(),
        'memory_mb_used': fields.IntegerField(),
        'local_gb_used': fields.IntegerField(),
        'hypervisor_type': fields.StringField(),
        'hypervisor_version': fields.IntegerField(),
        'hypervisor_hostname': fields.StringField(nullable=True),
        'free_ram_mb': fields.IntegerField(nullable=True),
        'free_disk_gb': fields.IntegerField(nullable=True),
        'current_workload': fields.IntegerField(nullable=True),
        'running_vms': fields.IntegerField(nullable=True),
        'cpu_info': fields.StringField(nullable=True),
        'disk_available_least': fields.IntegerField(nullable=True),
        'metrics': fields.StringField(nullable=True),
        'stats': fields.DictOfNullableStringsField(nullable=True),
```

```
        'host_ip': fields.IPAddressField(nullable=True),
        'numa_topology': fields.StringField(nullable=True),
        'supported_hv_specs': fields.ListOfObjectsField('HVSpec'),
        'pci_device_pools': fields.ObjectField('PciDevicePoolList',
                                       nullable=True),
        'cpu_allocation_ratio': fields.FloatField(),
        'ram_allocation_ratio': fields.FloatField(),
        'disk_allocation_ratio': fields.FloatField(),
        'mapped': fields.IntegerField(),
        }

    def obj_make_compatible(self, primitive, target_version):
        …

    @base.remotable_classmethod
    def get_by_id(cls, context, compute_id):
        db_compute = db.compute_node_get(context, compute_id)
        return cls._from_db_object(context, cls(), db_compute)
    …

    @base.remotable
    def destroy(self):
        db.compute_node_delete(self._context, self.id)
```

  nova.objects.base 中定义了两个非常重要修饰符函数：remotable_classmethod 和 remotable。前者用于修饰类的方法，后者用于修饰类实例的方法。这两个方法由 oslo_versionedobjects 提供实现，会自动调用 VersionedObject 类加载的 indirection_api 来实现对数据库的远程调用。例如，在 nova-compute 服务的启动过程中，会将 ConductorAPI 加载至 NovaObject 类中：

```
# nova/cmd/compute.py
def main():
    …
    cmd_common.block_db_access('nova-compute')
    objects_base.NovaObject.indirection_api = \
        conductor_rpcapi.ConductorAPI()
    objects.Service.enable_min_version_cache()
    server = service.Service.create(binary='nova-compute',
                                  topic=compute_rpcapi.RPC_TOPIC)
    service.serve(server)
    service.wait()
```

  为了使不同代码版本的 Nova 服务之间互相兼容，Nova 为消息通信实现了特制的序列化工具类 NovaObjectSerializer，并且在服务启动时加载到 RPC Server 中。该类不仅能够将 Nova Object 与最基础的字典对象进行互相转换，使其能够以字符串的形式在网络中传输，还能在发现客户端与服务端要求的数据格式版本不一致时，与 Conductor 服务通信自动完成兼容。

对象版本兼容过程的实现如图 5-3 所示。当 Object a 需要从 Service A 传输到 Service B 时，RPC Server 会调用 NovaObjectSerializer 的 serialize_entity()方法将其转换成最简单的字典对象，并以字符串形式发送至 Service B。NovaObjectSerializer 会在 B 端尝试将字典对象恢复为同样的 Object a，但由于 Service A 与 Service B 不一定运行在同一个代码版本上，它们支持的数据格式也不一定一致。NovaObjectSerializer 可以将字典对象中的 nova_object.name 和 nova_object.version 值与当前代码所对应的 Nova Object 类的版本比较，以确定数据格式是否兼容。通常来说，当主版本号相同，并且次版本号比字典对象的次版本号新时，NovaObjectSerializer 就会认定版本兼容，并将字典内容恢复为 Nova Object。否则当版本不兼容时，NovaObjectSerializer 会调用 Conductor 的 object_backport_versions()方法将 Object 调整为与 Service B 兼容的版本。Conductor 能够为所有 Nova 子服务实现对象版本兼容的原因是，在进行代码升级时，Conductor 服务总是保证第一个更新，这样 Conductor 就具有最新的 Nova Object 的实现和对应的兼容逻辑，所以能够为所有其他的服务进行数据兼容。

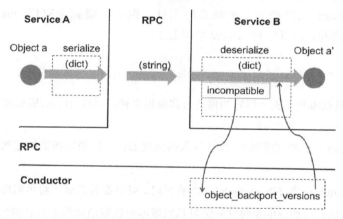

图 5-3　对象版本兼容过程的实现

在进行版本兼容时，Conductor 会调用对应 Nova Object 的 obj_make_compatible()方法来实现数据内容的调整。例如，Instance 对象的兼容方法就是根据传入的参数 target_version 来控制 primitive 字典的向下兼容：

```
# nova/objects/instance.py

def obj_make_compatible(self, primitive, target_version):
    super(Instance, self).obj_make_compatible(primitive, target_version)
        target_version = versionutils.convert_version_to_tuple(target_version)
        if target_version < (2, 4) and 'trusted_certs' in primitive:
            del primitive['trusted_certs']
        if target_version < (2, 3) and 'device_metadata' in primitive:
```

```
        del primitive['device_metadata']
    ...
```

5.4 Scheduler

在人类世界中，所有人都在分享同一个地球，而在虚拟机世界中，多个虚拟机会分享一台或多台主机。既然是分享而不是独占，就必须使用某种规则来进行协调。如果采用了不好的规则，某些个体就会占有过多资源，相应地，其他个体就会因缺少资源而无法生存。

在虚拟机世界里，由 Scheduler（调度器）服务 nova-scheduler 来决定虚拟机的生存空间与资源分配，即是否有一台主机能够容纳新的虚拟机，它会通过各种规则，考虑内存使用率、CPU 负载等多种生存因素，为虚拟机选择一个合适的主机。

类似于 nova-volume 被剥离为 Cinder，以及 nova-network 被剥离为 Neutron，从 Ocata 开始，社区也在致力于剥离 nova-scheduler 为独立的 Placement，从而提供一个通用的调度服务来被多个项目使用。目前 Placement 已经成为一个独立的项目，但是不能完全取代 nova-scheduler，因此 nova-scheduler 仍然存在，可以与 Placement 协同工作。

5.4.1 调度器

选择一台虚拟机在哪台主机上运行的调度方式有很多种，目前 Nova 所实现的可以在 setup.cfg 文件中找到。

- FilterScheduler（过滤调度器）：默认载入的调度器，可以根据指定的过滤条件及权重挑选最佳节点。
- CachingScheduler：与 FilterScheduler 功能相同，可以在其基础上将主机资源信息缓存在本地内存中，然后通过后台的定时任务定时从数据库中获取最新的主机资源信息。
- ChanceScheduler（随机调度器）：从所有 nova-compute 服务正常运行的节点中随机选择的调度器。
- FakeScheduler（伪调度器）：用于单元测试，没有任何实际功能的调度器。

为了便于扩展，Nova 将一个调度器必须实现的接口提取出来成为 nova.scheduler.driver.Scheduler。只要继承虚类 Scheduler 并实现其中的接口，就可以实现一个自己的调度器。

不同的调度器并不能共存，需要在/etc/nova/nova.conf 文件中通过 scheduler_driver 选项指定，默认使用和被广泛使用的是 FilterScheduler：

```
[default]
scheduler_driver = filter_scheduler
```

FilterScheduler 的工作流程如图 5-4 所示。

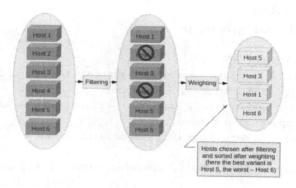

图 5-4　FilterScheduler 的工作流程

　　FilterScheduler 首先使用指定的 Filter（过滤器）得到符合条件的主机，如可用内存大于 2GB，然后通过配置 Weight 对得到的主机列表计算权重并排序，以获得最佳的一台主机。这个过程可以分为几个阶段：从 nova.scheduler.rpcapi.SchedulerAPI 发出 RPC 请求到 nova.scheduler.manager.SchedulerManager；将 RequestSpec 转换成 ResourceRequest，向 Placement 请求资源，获取 Resource Provider 列表和相应的 allocations 资源分配；从 SchedulerManager 到调度器实例（继承自 driver.Scheduler）；调度器根据 Placement 的返回结果，为每个返回的 Resource Provider 创建 HostState 对象，将信息维护在缓存中；使用过滤器选择符合要求的主机列表；最后调用指定的各种 Weigher 模块为最终主机列表计算权重并排序。

　　我们可以看到，在引入 Placement 之后，调度流程较之前发生了一些改变，简单来说，整个调度流程需要先通过 Placement 进行一次预筛选，即 nova-scheduler 向 Placement 发送请求以获得满足初始资源需求的 Resource Provider 和相应资源分配。

　　从 SchedulerAPI 到 SchedulerManager 的 RPC 请求过程与 Nova 其他服务均保持一致。从 SchedulerManager 到 driver.Scheduler 的过程，会在类 SchedulerManager 初始化时，根据配置文件的指定初始化相应的调度器。

　　因此我们重点介绍接下来的 3 个阶段，也是 FilterScheduler 工作的核心，即调度器缓存更新、Filtering（过滤）与 Weighting（权重计算与排序）。

1. 调度器缓存更新

　　nova-scheduler 在进行调度决策前需要从数据库中得到各个主机的资源数据，这些数据的收集与存储都由 nova-compute 负责。nova-compute 对数据的更新会实时更新到数据库，并由周期性任务保证资源数据的准确性。同时，由于 nova-scheduler 无法更新数据库，因此其在选择最佳主机时，需要在内存中保存先前决策情况，这是通过在调度器内存中单独维护一份缓存实现的。缓存里面包含了最近一次读取的数据库情况，以及最近调度器决策导致的资源变化。这部分工作是由 nova.scheduler.

host_manager.HostState 完成的：

```python
# nova/scheduler/host_manager.py

class HostState(object):
    def update(self, compute, service, aggregates, inst_dict):
        @utils.synchronized(self._lock_name)
        def _locked_update(self, compute, service, aggregates, inst_dict):
            if compute is not None:
                self._update_from_compute_node(compute)
            …
        return _locked_update(self, compute, service, aggregates, inst_dict)

    def _update_from_compute_node(self, compute):
        if (self.updated and compute.updated_at
                and self.updated > compute.updated_at):
            return
        all_ram_mb = compute.memory_mb
        free_gb = compute.free_disk_gb
        least_gb = compute.disk_available_least
        …
```

由于调度器会同时处理多个调度请求，所以在更新共享资源 HostState 时，需要加锁（@utils.synchronized）以保证数据的一致性。HostState 会从数据库和缓存中更新主机数据（compute），服务状态（service），主机聚合 / 分组信息（aggregates）和所有相关的虚拟机状态（inst_dict）。

在更新主机数据时，如果数据库中某条主机数据的更新时间 updated_at 小于 nova-scheduler 所维护数据的更新时间（self.updated），则说明该条数据已经过时了，此时并不需要在数据库中更新。这样简单的假定可能导致数据库虽然有更新，但由于更新时间小于缓存时间，结果并没有被应用于缓存。但是在另一方面，这也保证了基于缓存的决策影响不被丢失，是现有架构下最合适的更新机制。

显然，为了保持自己所维护缓存的准确性，nova-scheduler 在为一个虚拟机启动请求做出决策后，都需要将其更新并从主机可用的资源中去除虚拟机使用的部分，同时更新 self.updated。

2. Filtering

Filtering 就是使用配置文件指定的 Filter 来过滤掉不符合条件的主机。这个阶段首先要做的一件事情是，根据各台主机当前可用的资源情况，如内存的容量等，过滤掉那些不能满足虚拟机要求的主机。

在调度器缓存被更新后，各个 Filter 便"登场"了。在 Ocata 中，Nova 支持的 Filter 共有 30 个，能够处理各类信息。

- 主机可用资源：内存、磁盘、CPU、PCI 设备、NUMA 拓扑等。
- 主机类型：虚拟机类型及版本、CPU 类型及指令集等。
- 主机状态：主机是否处于活动状态、CPU 使用率、虚拟机启动数量、繁忙程度、是否可信等。

- 主机分组情况：Available Zone、Host Aggregates 信息。
- 启动请求的参数：请求的虚拟机类型（flavor）、镜像信息（image）、请求重试次数、启动提示信息（hint）等。
- 虚拟机亲合性（affinity）及反亲合性（anti-affinity）：与其他虚拟机是否在同一主机上。
- 元数据处理：主机元数据、镜像元数据、虚拟机类型元数据、主机聚合（Host Aggregates）元数据。

一些常用的 Filter 如下所述。

- AllHostsFilter：不进行任何过滤。
- ComputeFilter：挑选出所有处于激活状态（active）的主机。
- NUMATopologyFilter：挑选出符合虚拟机 NUMA 拓扑请求的主机。
- PciPassthroughFilter：挑选出提供 PCI SR-IOV 支持的主机。

所有的 Filter 实现都位于 nova/scheduler/filters 目录下，每个 Filter 都继承自 nova.scheduler.filters.BaseHostFilter：

```
# nova/scheduler/filters/__init__.py

class BaseHostFilter(filters.BaseFilter):
    def _filter_one(self, obj, spec):
        from nova.scheduler import utils
        if not self.RUN_ON_REBUILD and utils.request_is_rebuild(spec):
            return True
        else:
            return self.host_passes(obj, spec)

    def host_passes(self, host_state, filter_properties):
        raise NotImplementedError()
```

我们自己也可以很方便地通过继承类 BaseHostFilter 来创建一个新的 Filter，并且新建的 Filter 只需实现一个函数 host_passes()，返回结果只有两种：若满足条件，则返回 True，否则返回 False。

不同的 Filter 可以共存，比如，我们配置了 Filter1、Filter2 与 Filter3，并且有 3 台主机 Host1、Host2、Host3，按照 Filter 的顺序，如果 Host1 和 Host3 通过了 Filter1，则在调用 Filter2 时，只考虑 Host1 和 Host3；然后如果只有 Host1 通过了 Filter2，则在调用 Filter3 时，只需要考虑 Host1。

具体使用哪些 Filter 需要在配置文件中指定：

```
[filter_scheduler]
available_filters= nova.scheduler.filters.all_filters
enable_filters=
ComputeFilter,AvailabilityZoneFilter,ComputeCapabilitiesFilter,ImagePropertiesFilter,ServerGroupAntiAffinityFilter,ServerGroupAffinityFilter
```

其中，available_filters 用于指定所有可用的 Filter，enable_filters 则表示针对可用的 Filter，nova-scheduler 默认会使用哪些。

3. Weighting

Weighting 是指对所有符合条件的主机计算权重（Weight）并排序，从而得出最佳的主机。

经过各种过滤器过滤之后，会得到一个最终的主机列表。该列表保存了所有通过指定过滤器的主机，由于列表中可能存在多台主机，因此调度器需要在它们当中选择最优的一个。类似于 Filtering，这个过程需要调用指定的各种 Weigher 模块，得出每台主机的总权重值。

所有的 Weigher 实现都位于 nova/scheduler/weights 目录下，比如 RAMWeigher：

```
class RAMWeigher(weights.BaseHostWeigher):
    # 设置 maxval 或 minval 属性，用来指明权重的最大或最小值
    minval = 0

    # 权重的系数，在最终排序时需要将每种 Weigher 得到的权重分别乘上它对应的系数
    # 在有多个 Weigher 时才有意义。对于 RAMWeigher，这个值可通过配置选项
    # ram_weight_multiplier 进行指定，默认为 1.0
    def weight_multiplier(self):
        return utils.get_weight_multiplier(
            host_state, 'ram_weight_multiplier',
            CONF.filter_scheduler.ram_weight_multiplier)

    # 计算权重值，对于 RAMWeigher 仅仅返回可用内存的大小
    def _weigh_object(self, host_state, weight_properties):
        return host_state.free_ram_mb
```

5.4.2　Resource Tracker

nova-compute 需要在数据库中更新主机的资源使用情况，包括内存、CPU、磁盘等，以便 nova-scheduler 获取选择主机的依据，这就要求我们在每次创建、迁移、删除一台虚拟机时，都需要更新数据库中的相关的内容。

Nova 使用 ComputeNode 对象保存计算节点的配置信息及资源使用状况。nova-compute 服务在启动时会为当前主机创建一个 ResourceTracker 对象，其主要任务就是监视本机资源变化，并更新 ComputeNode 对象在数据库中对应的 compute_nodes 表。

nova-compute 服务通过两种途径来更新当前主机对应的 ComputeNode 数据库记录：一种是使用 Resource Tracker 的 Claim 机制；另一种是使用周期性任务（Periodic Task）。

1. 使用 Claim 机制

当一台主机被 nova-scheduler 的多个决策同时选中并发送创建虚拟机的请求时，这台主机并不一

定有足够的资源来满足这些虚拟机的创建要求。Claim 机制就是在创建虚拟机之前预先测试一下主机的可用资源能否满足新建虚拟机的需要，如果能够满足，则更新数据库，并将虚拟机申请的资源从主机可用的资源中减掉，如果在后来创建时失败，则会通过 Claim 机制还原之前减掉的部分：

```python
# nova/compute/resource_tracker.py

from nova.compute import claims

@utils.synchronized(COMPUTE_RESOURCE_SEMAPHORE)
def instance_claim(self, context, instance, nodename, limits=None):

    …
    # 如果 Claim 返回为 None，即主机的可用资源满足不了新建虚拟机的需求，则 Resource Tracker
    # 不会减去 Instance 占用的资源并抛出 ComputeResourcesUnavailable 异常
    # 如果在 Claim 成功后，虚拟机在创建过程中失败（检测到任何异常）
    # 则会调用__exit__()方法将占用的资源返还到主机的可用资源中
    claim = claims.Claim(context, instance, nodename, self, cn,
                         pci_requests, limits=limits)
    # 通过 Conductor 更新 Instance 的 host、node 与 launched_on 属性
    self._set_instance_host_and_node(instance, nodename)
    # 根据新建虚拟机的需求计算主机的可用资源
    self._update_usage_from_instance(context, instance, nodename)
    elevated = context.elevated()
    # 根据最新的计算结果更新数据库，并上报给 Placement
    self._update(elevated, cn)
```

2. 使用 Periodic Task

在 nova.compute.manager.ComputeManager 类中有一个周期性任务，该周期性任务会调用位于 Resource Tracker 中的 update_available_resource()函数（用于更新主机的资源数据），计算所有可用的资源和消耗的资源，更新数据库，同时上报给 Placement：

```python
# nova/compute/manager.py

class ComputeManager(manager.Manager):
    # 修饰符 periodic_task 表示此函数是一个周期性任务，会被周期性地调用
    @periodic_task.periodic_task(spacing=CONF.update_resources_interval)
    def update_available_resource(self, context):
        compute_nodes_in_db = self._get_compute_nodes_in_db(context,
                                                            use_slave=True)
        nodenames = set(self.driver.get_available_nodes())
        try:
            nodenames = set(self.driver.get_available_nodes())
        except exception.VirtDriverNotReady:
            …
```

```
        …
        # 更新所有主机数据库中的资源数据
        for nodename in nodenames:
            self._update_available_resource_for_node(context, nodename)

    def _update_available_resource_for_node(self, context, nodename,
                                            startup=False):
        try:
            # 调用 ResourceTracker.update_available_resources
            self.rt.update_available_resource(context, nodename,
                                              startup=startup)
        exception …
```

两种更新途径并不冲突，Claim 机制会在每次主机资源消耗发生变化时更新，能够保证数据库里的可用资源被及时更新，以便为 nova-scheduler 提供最新的数据；周期性任务则是为了保证数据库内信息的准确性，它每次都会通过 Hypervisor 重新获取主机的资源信息，并将这些信息更新到数据库中。

3. 上报资源情况给 Placement

无论是使用 Claim 机制还是 Periodic Task，最后都会执行更新数据库的操作，并上报资源情况给 Placement：

```
# nova/compute/resource_tracker.py

class ResourceTracker(object):
    def _update_to_placement(self, context, compute_node, startup):
        nodename = compute_node.hypervisor_hostname
        prov_tree = self.reportclient.get_provider_tree_and_ensure_root(
            context, compute_node.uuid,
            name=compute_node.hypervisor_hostname)
        allocs = None
        try:
            try:
                self.driver.update_provider_tree(prov_tree, nodename)
            …
            try:
                inv_data=self.driver.get_inventory(nodename)
            …
            prov_tree.update_inventory(nodename, inv_data)
        self.reportclient.update_from_provider_tree(context, prov_tree,
                                                    allocations=allocs)
```

ProviderTree 对象中包含各个 Provider 和对应的 Inventory 信息，这是 Placement 需要的关键信息，Inventory 中包含所有的 Resource Class 及其对应的 Resource 数量等信息，具体的 Inventory 结构参考

Placement 的相关章节。对于不同的 Virt Driver，需要实现 update_provider_tree()方法，更新 ProviderTree 对象，以便于实现不同 Hypervisor 的资源上报。

5.4.3 调度流程

如果将 Nova 比作一个生物体，则调度在 Nova 中的作用相当于神经系统，它会根据变化的环境（主机的组织结构、状态及其使用情况）和刺激（虚拟机启动请求）进行决策（调度决定），并做出一系列行为反应（在选择的主机上启动虚拟机，并保存调度结果），而调度器在这个庞大的系统中相当于神经中枢。如果想要了解完整的调度是如何完成的，我们就需要对整个调度子系统有一个基本的了解。调度子系统如图 5-5 所示。

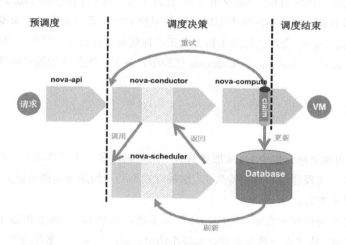

图 5-5 调度子系统

整个调度子系统主要由 Nova 的四大子服务组成，即 nova-api、nova-conductor、nova-scheduler 和 nova-compute 服务。当用户发起一个新的请求时，该请求会先在 nova-api 中处理。nova-api 会对请求进行一系列检查，包括请求是否合法，配额是否足够，是否有符合要求的网络、镜像及虚拟机类型等。当检查通过后，nova-api 就会为该请求分配一个唯一的虚拟机 ID，并在数据库中新建对应的项来记录虚拟机的状态。然后，nova-api 会将请求发送给 nova-conductor 处理。

作为一个协调者，nova-conductor 主要管理服务之间的通信并进行任务处理。它在接收到请求之后，会为 nova-scheduler 创建一个 RequestSpec 对象用来包装与调度相关的所有请求资料，然后远程调用 nova-scheduler 服务的 select_destination 接口。

nova-scheduler 则会通过接收到的 RequestSpec 对象，首先将 RequestSpec 对象转换成 ResourceRequest 对象，并将该对象发送给 Placement 进行一次预筛选（nova-scheduler 负责与 Placement

通信），然后会根据数据库中最新的系统状态做出调度决定，并告诉 nova-conductor 把该请求调度到合适的计算节点上。nova-conductor 在得知调度器的决定后，会把请求发送给对应的 nova-compute 服务。

每个 nova-compute 服务都有独立的资源监视器（Resource Tracker）用来监视本地主机的资源使用情况。当计算节点接收到请求时，资源监视器能够检查主机是否有足够的对应资源。如果对应资源足够，nova-compute 就会允许在当前主机中启动请求所要求的虚拟机，并在数据库中更新虚拟机状态，同时将最新的主机资源情况更新到数据库中。若当前主机不符合请求的资源要求时，则 nova-compute 会拒绝启动虚拟机，并将请求重新发送给 nova-conductor 服务，从而重试整个调度过程。

整个调度过程可以分为 3 个主要阶段，预调度阶段，主要进行安全检查，并为将要进行的调度过程准备相应的数据项和请求对象；调度决策阶段，在此阶段 Nova 可能会进行超过一次的调度决策，最终将确定系统是否有能力创建相应的虚拟机，以及应当创建在哪台主机上；调度结束阶段，当调度决策完成后，nova-compute 会在选择的主机上真正消耗资源，启动虚拟机和对应的网络存储设备。在冷迁移、热迁移、Resize、Rebuild 和 Evacuate 过程中，各个子服务的功能和职责都是类似的，详见 5.6 节。

5.5　Cells v2

在 Cells 的概念出现之前，整个 Nova 服务只有一个数据库和一个消息队列，并且所有节点都基于该数据库和消息队列实现通信和数据持久化。这种方式不利于为系统提供方便的伸缩和容错功能，所以对于部署人员并不友好。

为了更好地支持系统伸缩和容错功能，Nova 引入了新特性 Cells，其最初的版本被称为 Cells v1。大型部署可以使用 Cells 特性将计算节点划分为较小的组，每组对应一个数据库和一个消息队列。这似乎是一种很受欢迎且易于理解的资源安排，但它的实现存在维护和正确性方面的问题。因此在 16.0.0 Pike 版本后，Cells v1 被弃用，Cells v2 应运而生。目前 Cells v1 仅作为测试版本使用，相关的测试比 Nova 项目的其他部分要少很多，例如，它没有 Cells v1 和 Neutron 的联合测试。

核心团队专注于实现 Cells v2，并且把 Cells v1 的相关功能迁移到 Cells v2 中。Cells v1 目前处于限制开发阶段，即关于 Cells v1 的新特性提议将不会被社区接受，并且由 Cells v1 设计引起的 Bug 不会被修复。

服务通常具有定义良好的通信模式，在一个较小的、简单的场景中，所有服务都可以在一个消息总线和一个单元数据库中进行通信。然而，随着部署规模的增长，扩展和安全问题可能会导致服务的分离和隔离。

如图 5-6 所示，这是一个简单的单 Cell 场景下的 Nova 服务部署架构，展示了 Nova 各组件之间的通信通路。所有服务都被配置为通过相同的消息总线进行通信，并且只有一个 Cell 数据库留存活动实例数据。Cell 0 数据库是必需的，没有计算节点与它连接，它只包含调度失败的实例信息。

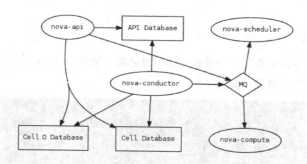

图 5-6　单 Cell 场景下的 Nova 服务部署架构

　　为了将服务分割成多个单元，必须执行一些操作。首先，必须将 Cell 数据库和消息总线同时分割为多个部分。其次，必须为 API 级服务运行专用的 nova-conductor 服务，用于访问 API 数据库和专用的消息队列。我们将这个 Conductor 服务称为 nova-super-conductor，并将它的位置和用途与每个 Cell 中的 nova-conductor 服务区分开。

　　如图 5-7 所示，这是一个多 Cell 场景下的 Nova 服务部署架构。需要注意的是，类似于 Cell 1 和 Cell 2 这种"低级"Cell 中的服务只能调用 Placement API，不能通过 RPC 访问任何其他 API 层服务，也不能访问 API 数据库。这是有意为之的，并且提供了安全性和故障域隔离，但是这也会对一些需要这种"任意对任意"（any-to-any）通信风格的内容产生影响。检查 Nova 版本的发布说明，可以获得关于这种影响的最新信息。

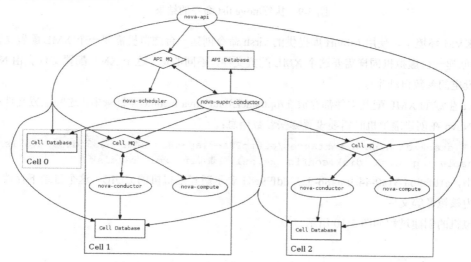

图 5-7　多 Cell 场景下的 Nova 服务部署架构

5.6 典型工作流程

5.6.1 创建虚拟机

创建一台虚拟机至少需要指定 3 个参数：虚拟机名称、镜像、flavor。执行 nova image-list 命令，可以看到目前可用的虚拟机镜像，如图 5-8 所示。

```
stack@tianst:/opt/stack/nova$ nova image-list
+--------------------------------------+------------------------------------+--------+--------+
| ID                                   | Name                               | Status | Server |
+--------------------------------------+------------------------------------+--------+--------+
| 1de090e2-3cab-4ca3-82ce-7167e61c1bd4 | Fedora-x86_64-20-20140618-sda      | active |        |
| 394c3019-d602-4096-a2d5-71ebfe8a5c75 | cirros-0.3.2-x86_64-uec            | active |        |
| 86872e30-1bac-41dc-afce-683dfbb471d5 | cirros-0.3.2-x86_64-uec-kernel     | active |        |
| 225ed79b-0a35-4ace-956a-92de69b3f6bd | cirros-0.3.2-x86_64-uec-ramdisk    | active |        |
+--------------------------------------+------------------------------------+--------+--------+
```

图 5-8　虚拟机镜像列表

比如，创建一台名称为 test 的虚拟机，并使用 flavor 类型 m1.tiny：

```
$ nova boot --flavor m1.tiny --image cirros-0.3.4-x86_64-uec test
```

在虚拟机创建之后，可以执行 nova list 命令来查看虚拟机是否正常运行，如图 5-9 所示。

```
+--------------------------------------+------+--------+------------+-------------+------------------+
| ID                                   | Name | Status | Task State | Power State | Networks         |
+--------------------------------------+------+--------+------------+-------------+------------------+
| 2dd52014-78f5-4d9b-a65e-8190421d89d6 | test | ACTIVE | -          | Running     | private=10.0.0.2 |
+--------------------------------------+------+--------+------------+-------------+------------------+
```

图 5-9　执行 nova list 命令的结果

在 KVM 环境下，使用 Libvirt 库提供的 virsh 命令创建一台虚拟机需要一个 XML 配置文件。在 Nova 中创建一台虚拟机同样需要这个 XML 配置文件，不同的是，这个 XML 配置文件会由 Nova 根据用户设定的参数自动生成。

Nova 生成的 XML 配置文件都存放在/opt/stack/data/nova/instances/目录中，这些配置文件很好地体现了 Nova 在创建虚拟机时需要设置哪些参数信息：

```
/opt/stack/data/nova/instances/e16fc90a-31a0-44cc-a48b-5a33ddf99ed1$ ls
console.log disk disk.config kernel libvirt.xml ramdisk
```

其中，e16fc90a-31a0-44cc-a48b-5a33ddf99ed1 表示新建虚拟机的 UUID，这个目录下存放了该虚拟机的内核镜像等文件。

虚拟机的创建过程如图 5-10 所示。

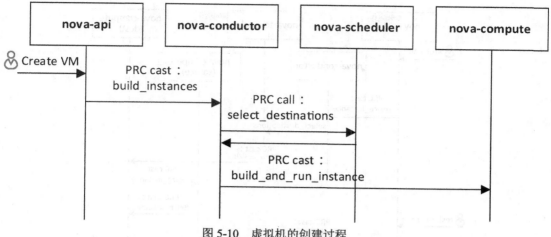

图 5-10　虚拟机的创建过程

如前文所述，创建虚拟机等 TaskAPI 任务已经由 nova-conductor 承担，因此 nova-api 在监听到创建虚拟机的 HTTP 请求后，会通过 RPC 调用 nova.conductor.manager.ComputeTaskManager 中的 build_instances()方法。

nova-conductor 会在 build_instances()方法中生成 request_spec 对象，其中包括详细的虚拟机信息，nova-scheduler 会依据这些信息为虚拟机选择一个最佳的主机，然后 nova-conductor 会通过 RPC 调用 nova-compute 来创建虚拟机。

nova-compute 首先会使用 Resource Tracker 的 Claim 机制检测主机的可用资源能否满足新建虚拟机的需要，然后通过具体的 Virt Driver 创建虚拟机。

5.6.2　冷迁移与 Resize

迁移是指将虚拟机从一个计算节点转移到另一个计算节点上的过程。冷迁移是相对于热迁移而言的，区别在于在冷迁移过程中虚拟机处于关机或不可用的状态，而在热迁移过程中则需要保证虚拟机时刻运行。

Resize 是指根据需求调整虚拟机的计算能力和资源的过程。Resize 和冷迁移的工作流程相同，区别在于在 Resize 时必须保持新的 flavor 配置大于旧的 flavor 配置，而冷迁移则要求两者相同。Resize 的工作流程如图 5-11 所示。

首先，nova-api 将虚拟机的状态修改为 RESIZE_PREP，由于 Resize 与冷迁移属于 TaskAPI 任务，因此 nova-api 会通过 nova.conductor.rpcapi.ComputeTaskAPI 提供的 RPC 接口 migrate_server()调用 nova-conductor。

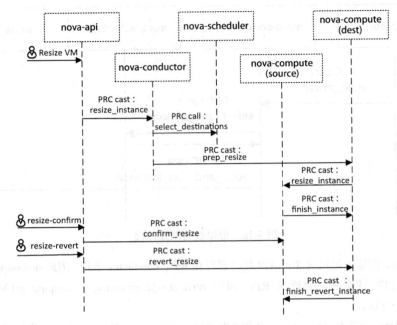

图 5-11　Resize 的工作流程

　　然后，nova-conductor 根据参数选择 Resize 的流程，生成 request_spec 对象，并调用 nova-scheduler 选择一个合适的目标主机，最后调用目标主机的 nova-compute。

　　目标主机需要进行一些准备的工作，比如，通过 Resource Tracker 的 Claim 机制检测一下主机是否满足条件等，之后通过 RPC 回到源主机上并由源主机的 nova-compute 服务完成迁移。

　　在源主机上，nova-compute 可以获取虚拟机的磁盘、网络等信息，使用 cp 或 scp 命令拷贝需要迁移的资源到目标主机，修改虚拟机的状态为 RESIZE_MIGRATED，并通过 RPC 回到目标主机上完成虚拟机的 Resize。

　　接下来，目标主机的 nova-compute 根据新虚拟机的参数信息准备资源并创建虚拟机，然后将虚拟机的状态修改为 RESIZED。待目标节点的虚拟机启动后，Resize 阶段结束。最后，将 task 状态修改为 None，将虚拟机的 vm_state 修改为 RESIZED。

　　管理员确认是否完成 Resize 的方式有两种：确认完成和回退。当确认完成时，会清理源主机上的资源。如果选择回退，则会先到目标主机上清理资源，再到源主机上恢复到未 Resize 时状态。

　　如果希望能够在本地 Resize，则必须在/etc/nova/nova.conf 文件中配置 allow_resize_to_same_host 选项的值为 True，在默认情况下，执行的 Resize 都是针对非本地情况的，即将虚拟机从一台源主机迁移到另一台目标主机的情况。执行 Resize：

```
/opt/stack/data/nova/instances$ ls
```

```
456d21b4-1707-4a08-b4f0-4d36df3cb84b _base compute_nodes
locks 456d21b4-1707-4a08-b4f0-4d36df3cb84b_resize
```

首先源主机上的虚拟机 456d21b4-1707-4a08-b4f0-4d36df3cb84b 会被关闭,并被拷贝为 456d21b4-1707-4a08-b4f0-4d36df3cb84b_resize,然后以新的拷贝机为基础完成到目标主机的拷贝。

如果源主机和目标主机共享存储,则源主机会直接在共享的存储上使用 mkdir 命令建立新目录 456d21b4-1707-4a08-b4f0-4d36df3cb84b,否则,源主机需要通过 SSH 连接到目标主机来建立这个目录。

在新目录成功建立后,源主机需要将虚拟机的镜像转换为 RAW 格式,并使用 cp(前提是源主机和目标主机共享存储)或 scp 命令将其拷贝到刚才新建的目录里。

5.6.3 热迁移

热迁移是指虚拟机在正常工作的情况下从一个计算节点迁移到其他的计算节点上的过程,如图 5-12 所示。

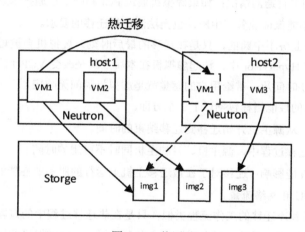

图 5-12 热迁移

通过图 5-12 可知,host1 与 host2 主机共享存储 Storage,虚拟机 VM1 从 host1 主机迁移到 host2 主机,在业务不中断的条件下将虚拟机的内存拷贝到 host2 主机上,镜像的存储路径并没有发生改变。

虚拟机的热迁移在生产环境中具有极大的用处。在各个厂商的产品中,热迁移已经成为一个重要指标。热迁移有很多特点,如下所述。

- 动态调整每个计算节点的负载,使资源得到最大限度的使用。例如,通过检测虚拟机 CPU 使用的情况,我们可以把空闲的虚拟机迁移到一些节点上,这样就可以关闭一些节点。在这个资源匮乏的时代,节能就意味着利润。

- 在线升级及节点维护。很多云系统和 OpenStack 一样，在升级时都需要重启服务，有的甚至需要重启节点，但是有些应用场景，比如，移动的服务器需要保证业务是几乎 100%不中断的，即使在深夜也不允许业务中断，那么此时要升级怎么办？如果没有热迁移特性，就需要不同机房之间进行业务备份，既耗时又耗材。使用热迁移特性，在深夜业务量较小时，可以将一部分节点的虚拟机迁移到其他节点上，在升级完之后再迁移回来，然后升级另外一部分。

由于热迁移要求虚拟机业务不中断，因此一般都是在共享存储的条件下，这时影响热迁移的关键因素有两个：一个是虚拟机内存中产生"脏页"的速度，迭代拷贝是以页为单位的；另一个是网络带宽，如果产生"脏页"的速度远大于迭代拷贝内存页的速度，则在一段时间内迁移是不成功的。

在两个计算节点之间的虚拟机是否可以自由迁移，还受其他因素的制约，如下所述。

- CPU 兼容性：需要保证不同厂家、不同系列的 CPU 兼容性。通常生产环境的一个集群都使用同一厂家的 CPU，但即使都是英特尔的 CPU，不同型号之间的 CPU 也有不同的特性。在一般情况下，如果源计算节点的 CPU 特性是目标节点的 CPU 特性的子集，则可以迁移。
- 是否有 PCI、网卡直通的情况：如果虚拟机通过 PCI 和网卡直通技术直接使用物理设备，则在迁移过程中不能保证业务不中断，也无法满足热迁移的要求。

其实热迁移并不是业务不中断的，只是在迁移的最后时刻，虚拟机会被短暂挂起，并快速完成最后一次内存拷贝。在 Hypervisor 中，挂起虚拟机在本质上就是改变 VCPU 的调度，暂时不分配给虚拟机可用的物理 CPU 时间片，带给用户的感觉就是虚拟机瞬间无响应。

虚拟机进行热迁移的性能指标包括以下 3 个方面。

- 整体迁移时间：从源主机开始迁移到迁移结束的时间。
- 停机时间：在迁移过程中，源主机、目的主机同时不可用的时间。
- 对应用程序的性能影响：迁移对于在被迁移主机上运行的服务的性能的影响程度，数据拷贝会提高主机 CPU 和网络流量。

热迁移的工作流程和冷迁移的工作流程类似，只是在热迁移过程中的兼容性判断比较多，而冷迁移过程其实就是使用原来所需的资源在目标节点上重新创建一台虚拟机的过程，这样是不需要考虑很多兼容性问题的。热迁移的工作流程如图 5-13 所示。

与虚拟机创建、冷迁移、Resize 一样，热迁移也属于 TaskAPI 任务，nova-api 在将虚拟机的状态修改为 MIGRATING 后，会通过 nova.conductor.rpcapi.ComputeTaskAPI 提供的 RPC 接口 migrate_server()调用 nova-conductor。

nova-conductor 会先检查虚拟机的状态（必须是正常运行状态 RUNING），如果没有指定源主机，则与冷迁移一样调用 nova-scheduler 选择一个可用的主机，然后调用 nova-compute 完成迁移。

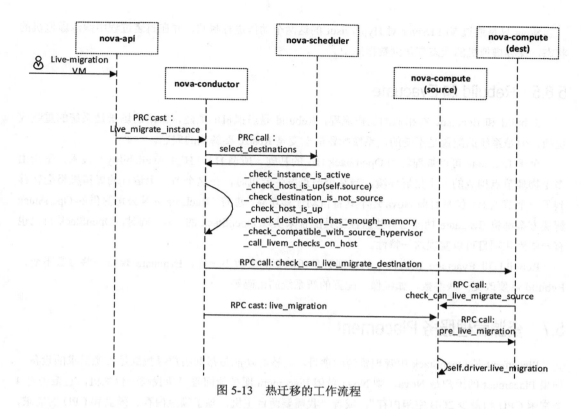

图 5-13 热迁移的工作流程

在完成迁移之前，nova-compute 还有很多工作，比如，在源主机执行动作之前需要到目标主机上验证是否满足迁移的条件，判断磁盘是否共享、是否为 Block 迁移等。目标主机会将验证的结果返回给源主机，然后由源主机 nova-compute 调用 Virt Driver，如 Libvirt 的接口完成最终的迁移动作。

5.6.4 挂起和恢复

从 Hypervisor 的角度来看，挂起和恢复虚拟机的方式都有两种：挂起方式为 Suspend 和 Pause，对应的恢复方式为 Resume 和 Unpause。

Suspend 和 Pause 都是挂起虚拟机的方式，从 Hypervisor 的角度来看，两者的区别是，在使用 Suspend 挂起虚拟机时，会通知虚拟机，虚拟机内部会进行挂起的动作。比如，Xen 环境下 Window 7 的虚拟机，在安装 PV Driver 的情况下，Hypervisor 会通知 PV Driver，PV Driver 在收到通知后，会先挂起网卡，再挂起磁盘设备，最后挂起 PCI 总线。相应地，在使用 Resume 时，也是由虚拟机主动恢复的。

在使用 Pause 和 Unpause 方式时，虚拟机是被动的，Hypervisor 会直接从 CPU 调度方面挂起虚拟机，虚拟机本身是感知不到的。

Nova 只是通过 Virt Driver 对 Hypervisor 的这两个动作进行封装，并在封装过程中跟踪虚拟机的状态，保存虚拟机的状态变化到数据库中。

5.6.5 Rebuild 和 Evacuate

Rebuild 和 Evacuate 有相似的工作流程，Rebuild 是虚拟机的重建，常用的场景是系统的重装或更换，但是系统的配置是不变的，系统配置的改变是 Resize 要解决的问题。

至于 Evacuate 可以被理解为 OpenStack HA 的基础。所谓 HA（High Availability）技术，是指由多个物理节点构成的一个集群环境，当某个节点发生宕机时，在这个节点上运行的虚拟机将会转移到另一个节点上。但是目前 Nova 还不具备自动迁移功能，惠普、Rackspace 等公司提供的 OpenStack 解决方案都将 Evacuate 功能与一些监控工具配合来实现 OpenStack 的 HA。同时，OpenStack 自己也有一些孵化项目可以实现这一特性。

Rebuild 和 Evacuate 在流程上的区别只是所需要的参数不一样，Evacuate 保持一些参数不变，Rebuild 需要改变一些参数，如镜像、配置的新系统的密码等。

5.7 资源管理服务 Placement

Placement 是 OpenStack 中管理资源的项目，其核心功能是帮助用户寻找满足资源需求的设备。如果 Placement 的用户是 Nova，则 Nova 希望 Placement 服务能回答"帮我找一台主机，它至少有 4 个空闲 CPU 和最少 2GB 空闲内存"，或者"我需要两台主机，除了满足内存、磁盘和 CPU 的需求，我还希望这两台主机连接到同一共享存储池"等问题。

在 Stein 版本之后，Placement 服务从 Nova 项目里被剥离，开始拥有独立的代码仓库、独立的数据库，成为一个真正意义上的独立 OpenStack 项目。而在这之前，Placement 服务作为 Nova 项目的一个子服务，是与 Nova 轻度耦合在一个项目里的。

Placement 项目的出发点是服务于任何有资源管理需求的项目。除了使用 Placement 服务来管理计算节点上的 CPU、内存和磁盘等资源的 Nova 项目，目前 OpenStack 里的 Cyborg 和 Neutron 项目也都在使用这个服务。在 Cyborg 项目中，Placement 用于管理 FPGA 等加速卡资源；在 Neutron 项目中，Placement 用于管理云环境里的网络资源。

Placement 项目引入了一套专业术语来描述相关概念，如下所述。

- Resource Provider：能够提供构建云计算所需资源的各种设备或部件。比如，计算节点就是一个典型的 Resource Provider，在构建虚拟机时，虚拟机从计算节点中获得 CPU、内存和磁盘等资源。另外，一张 GPU 卡可以为虚拟机提供浮点计算功能，也可以被称为一个 Resource Provider。

- Resource Class：代表某个资源的类型。CPU 就是一种资源类型，内存、GPU 和磁盘也是资源类型。OpenStack 在 os-resource-classes 库里定义了标准的 Resource Class，比如 VCPU 代表可以被多个虚拟机共享的 CPU，PCPU 代表只能被一个虚拟机独占的 CPU，DISK_GB 则代表以 1 GB 为分配单位的磁盘。对于没有被标准化的 Resource Class，则可以通过加"CUSTOM_" 前缀的方式来自定义资源类型。

- Resource Provider Aggregate：用于将众多具有相同特性或相同用途的 Resource Provider 分组。比如，一组高性能主机可以归为一组 Resource Provider Aggregate，或者一批新上架的存储节点也可以归为一组 Resource Provider Aggregate。

- Resource Trait：用于描述和区别 Resource Provider 特性。比如，可以使用某个 Resource Trait 来标识性能相对较低的机械硬盘和性能稍高的 SSD 硬盘。常用的特性定义存放在 os-traits 标准库里。对于没有在标准库中定义的特性，用户可以自己定义以 "CUSTOM_" 开头的非标准 Resource Trait。Resource Trait 既可以描述 Resource Provider 里某个 Resource Class 的特性，也可以描述整个 Resource Provider 的某一特性。比如，os_traits.HW_CPU_X86_AVX512VNNI 表明 VCPU 和 PCPU 资源类型是否支持英特尔的 AVX512-VNNI 指令集。

- Resource Provider Inventory：指 Resource Provider 上所能供给资源的清单列表。该清单会详细列出每种资源的总量，以及在分配时的最小、最大单位，以及分配粒度等信息。

- Resource Usage：Inventory 用于描述设备的总资源清单及分配特性，而 Resource Usage 用于表明目前的资源消耗情况，以便让用户了解 Resource Provider 还有多少可用资源。

- Resource Allocation：指的是期望从某个 Resource Provider 获得的资源类型和数量。每个 Resource Allocation 都是相对于某个 Resource Provider 而言的，每个 Resource Allocation 所请求的资源是该 Resource Provider 所拥有资源的一个子集。

5.7.1 Placement API

类似于其他 OpenStack 项目，Placement 服务的接口也采用 REST 风格的 HTTP API 请求。通过向 Placement 服务节点发送 HTTP 请求，可以实现创建、删除及修改 Placement 对象，为 Resource Provider 登记 Resource Inventory，以及请求资源分配等任务。

对于 Placement 的 Nova 用户，如果在 Placement 管理的集群中，有一个新的计算节点加入，则该计算节点需要向 Placement 节点发送 POST /resource_providers 请求，并且在 HTTP 请求消息里指定用于标识此节点的名称和 UUID 等参数。如果请求成功完成，则 Placement 会创建代表该计算节点的 Resource Provider，并返回 HTTP 状态码 200 或 201。如果系统中已经有一个相同名称或相同 UUID 的 Resource Provider，则 Placement 会返回状态码 409，表明出现了冲突，用户需要检查 HTTP 请求参数是否正确。

对于一个刚刚创建的计算节点 Resource Provider 来说，还需要将计算节点上有多少 CPU、占用多大的内存和多大容量的磁盘等资源信息通过 POST /resource_providers/{uuid}/inventories 请求，在 Placement 节点进行注册。如果资源列表注册请求成功完成，则该 HTTP 请求会返回状态码 200。

Placement 可以通过 HTTP 的 GET、PUT、POST、DELETE 等方法实现 Placement 对象的查询、更新、创建和删除等操作。Placement 使用 JSON 风格的数据格式进行数据交换，客户端在发送 PUT 或 POST 请求时，需要将 HTTP 头部 Content-Type 域设置为 application/json。

5.7.2　API 版本管理

自 Newton 版本以来，Placement 服务的功能被不断完善和更新。每个版本迭代都会增加若干个新的接口，同时对于已经存在的接口，也会进行一些参数增删、返回值调整等操作。Placement 使用 Microversion 机制管理 HTTP API 版本，每次新增或修改的 HTTP API 接口，都会使 Microversion 版本号递增。在 Train 版本发布后，Placement API 最高版本号是 1.36。

设定 Placement HTTP 请求的版本号有很多种方法。比如，若想请求 1.36 版本的 HTTP，用户可以直接在 HTTP 请求的头部设定 `OpenStack-API-Version` 字段：

```
OpenStack-API-Version: placement 1.36
```

当用户使用 openstackclient 工具管理 OpenStack 集群时，也可以添加 --os-placement-api-version 参数来设定 API 请求版本，比如：

```
openstack --os-placement-api-version 1.36 resource class list
```

通过添加环境变量也可以指定默认的 Microversion 版本号：

```
export OS_PLACEMENT_API_VERSION=1.36
```

用户需要关心请求的版本号，是因为即使该请求是同一 API 请求，在不同的 Microversion 版本下，也可能会有不一样的请求参数，可能会返回不同的请求响应，还有可能会返回不一样的状态码。因此，在 Placement 请求里，需要在 HTTP 的头部，通过 OpenStack-API-Version 字段指定 API 请求的版本号。如果没有指定版本号，则用户的 HTTP 请求将使用系统支持的最小的 Microversion 版本号，而这一版本的 Placement API 是功能相当匮乏的。

下面举例说明。Placement 的请求 PUT /resource_providers/{uuid}/aggregates 用于将多个 Resource Provider Aggregate 与 UUID 为{uuid}的 Resource Provider 相关联，同时删除不在列表内的 Resource Provider Aggregate。为了处理多个终端用户在同时修改 Resource Provider 时可能出现的竞争问题，在 1.19 版本中对该请求的参数进行了修改，新加入了 resource_provider_generation 字段。因为该请求会修改 Resource Provider 并创建新的 Resource Provider Aggregate 组，所以以 1.19 版本之后的 Placement 服务在处理该请求时，都会对比该请求参数中的 resource_provider_generation 字段的值是否和数据库里的 Resource Provider 的 generation 值一致。如果不一致，说明 Resource Provider 已经别被人修改过

了，则不允许该请求增加或删减 Resource Provider Aggregate。

如表 5-1 所示，1.18 版本之前的 Placement 不支持该字段，不会试图处理可能出现的竞争问题，所以 Placement 用户需要自己处理竞争问题，保证 Resource Provider 在修改前没有被其他用户修改，确保资源的一致性。

表 5-1　PUT /resource_providers/{uuid}/aggregates 请求参数（1.1～1.18 版本）

参　　数	位　　置	类　　型	说　　明
uuid	path	String	Resource Provider 的 UUID
aggregates	body	Array	Aggregate 组的 UUID 列表。如果该列表中某个 Aggregate 组并不存在，则该请求会创建一个新的组

对于 1.18 版本及之前的版本，请求的内容应该为：

```
# JSON 格式的 API 参数
[
    "42896e0d-205d-4fe3-bd1e-100924931787",
    "5e08ea53-c4c6-448e-9334-ac4953de3cfa"
]
```

1.19 版本及之后的 API 请求格式如表 5-2 所示。

表 5-2　PUT /resource_providers/{uuid}/aggregates 请求参数（1.19 版本及之后的版本）

参　　数	位　　置	类　　型	说　　明
uuid	path	string	Resource Provider 的 UUID
aggregates	body	array	Aggregate 组的 UUID 列表。如果该列表中某个 Aggregate 组并不存在，则该请求会创建一个新的组
resource_provider_generation	body	integer	Resource Provider 的 generation 字段。用于处理多个同时发生的 Resource Provider 修改或删除请求引发的竞争问题

对于 1.19 版本及之后的版本，请求的内容应该为：

```
# JSON 格式的 API 参数
{
    "aggregates": [
        "b395feed-b90a-40b4-a4de-a5d2c61184e8",
        "4bfe1a31-a6b2-44fc-89d3-210df09c146e"
    ],
```

```
    "resource_provider_generation": 9
}
```

5.7.3 错误机制

当 Placement HTTP API 请求出错时，Placement 服务会返回状态码、错误码和错误信息来标识错误发生的原因。

- HTTP 状态码：在 HTTP 响应的状态头部会包含一个遵从 RFC7231 第 6 节规范的代码。这个代码也会被包含在请求响应的 status 属性中。常见的 HTTP 状态码包括：400 表示请求错误，404 表示没有发现请求项，409 表示有冲突发生。
- 错误信息：如果发生了错误，则在 API 响应中会出现一个 detail 字段，该字段会以文本的形式描述错误发生的相关消息。
- 错误码：从 1.23 版本开始，如果请求发生了错误，则在请求响应的 JSON 文本中会增加一个 code 字段，用于显示出现了何种错误，其中，代码 placement.undefined_code 表示发生了未知原因的错误。

5.7.4 管理 Nova 资源

目前 Placement 服务的用户有 Nova、Cyborg 和 Neutron 等项目。

使用 Placement 服务进行资源管理，基本上可分为 3 个步骤。首先需要根据设备资源情况，使用 Placement 对象对设备进行建模。一般来说，需要明确使用几个 Resource Provider 来管理设备资源，上报何种 Resource Class，有什么样的 Resource Trait，并且各 Resource Provider 之间的关系是什么。在建模完成后，向 Placement 节点发送 HTTP 请求创建 Resource Provider，并上报每个 Resource Provider 对应的资源清单及 Resource Trait。然后在申请资源之前，查询哪些设备可以满足所需要的资源，并确定最优的资源申请方式。最后向 Placement 节点发送资源占用申请，并获得其使用权。

Placement 服务在创建之初仅仅是为了服务于 Nova 项目，并管理计算节点上的 CPU、内存和磁盘等资源。如今，Placement 已经从 Nova 里独立出来，但 Nova 仍是 Placement 的主要用户。Nova 计划利用 Placement 服务逐步取代 nova-scheduler 服务里 Filtering 的功能。当 Nova 项目演进到 Train 版本，原来由 nova-scheduler 完成的 core-filter、disk-filter 和 ram-filter 的计算节点筛选工作已经由 Placement 的 API 接口所替代了。接下来，在 Ussuri 版本中，Nova 项目和 Placement 项目的一个开发重点为使用 Placement 服务进一步替代 nova-scheduler 里的 NUMA 主机过滤功能。社区计划使用 Placement 管理带 NUMA 结构的计算节点，并直接在 Placement API 里处理虚拟机的带 NUMA 亲缘性的 CPU、内存和 PCI 设备的主机过滤任务。

如图 5-14 所示，Nova 在使用 Placement 服务时也分为 3 个阶段，即计算节点资源上报、满足资源需求的设备筛选和请求相应资源，下面详细描述 Nova 在各阶段是如何同 Placement 节点进行交互的。

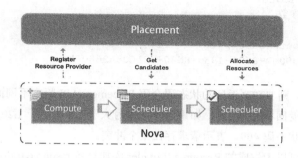

图 5-14　Nova 和 Placement 节点的交互

1. 计算节点建模与资源上报

使用 Placement 为设备建模，就是运用 Placement 对象对设备及其拥有的资源进行抽象、概括和表述。如果考虑到设备上多个资源之间可能具有的依赖、共存关系，则同一设备可能有不同的建模方式。对于计算节点及其拥有的 CPU、内存及磁盘，如果我们认为每种资源类型都是无差别的，则可以简单地使用一个 Resource Provider 和 3 种 Resource Class 来描述它。如果考虑到虚拟机使用 CPU 方式的差异，有些主机 CPU 会被虚拟机独占，有些主机 CPU 会被多个虚拟机共享，则可以选用另一种主机模型，将主机 CPU 资源进一步分为独占的 Resource Class——PCPU，以及可被共享的 Resource Class——VCPU，该计算节点就可以被一个 Resource Provider 和 4 种 Resource Class 的 Placement 对象模型所描述。

如果考虑到 CPU 的 NUMA 拓扑结构，则还可以为该计算节点建立一个更复杂、资源控制更精细的 Placement 模型。一个计算节点有多个 NUMA 节点，这意味着主机上的 CPU 和内存，CPU 和 PCI 设备都是带 NUMA 远近亲缘性的。从远端 NUMA 节点上的 CPU 访问内存或 PCI 设备会产生跨 socket 的额外数据传输成本，所以性能会相对较差。为了获得更高的延时性能，我们总是希望 CPU 对内存和 PCI 的访问是本地的。对于具有这种需求的计算节点，我们可以为每个 NUMA 节点注册一个 Resource Provider，并把同一 NUMA 节点的本地 CPU 和内存上报为该 Resource Provider 的资源。在用户发送资源的 HTTP 请求时，可以指明是否需要位于同一 NUMA 节点上的 CPU、内存、PCI 设备等资源。

在 Nova 项目里，一直到 Train 版本，都使用的是相对较简单的计算节点表示方式，也就是单一 Resource Provider 的方式。在 Train 版本中，计算节点上一般会有 4 种资源，按照 Placement 术语，也就是 4 种 Resource Class，即 MEMORY_MB、VCPU、PCPU 和 DISK_GB。这 4 种 Resource Class 已经被定义在标准库 os-resource-classes 里。当 Nova 创建虚拟机时，nova-compute 服务会调用下面的 Placement 接口并设置参数 name 及 uuid 来创建 Resource Provider：

```
# API
POST /resource_providers
# JSON 格式的 API 参数
{
    "name": "computenode0",
    "uuid": "f63d90d7-8684-493d-8d80-e016056268d0"
}
```

如果请求正确完成，则 HTTP 返回的状态码会因 Placement API 版本不同而不同。如果 API 版本号大于或等于 1.20，则返回状态码 200；如果 API 版本号大于 1.0 而小于 1.20，则返回状态码 201。如果请求出错，则返回状态码 409，表示请求存在某个冲突。

nova-compute 服务可以为生成的 Resource Provider 添加设备 resource trait：

```
#API
PUT /resource_providers/f63d90d7-8684-493d-8d80-e016056268d0/traits
# JSON 格式的 API 参数
{
    "resource_provider_generation": 0,
    "traits": [
        "CUSTOM_HW_FPGA_CLASS1",
        "CUSTOM_HW_FPGA_CLASS3"
    ]
}
```

如果 Placement 返回状态码 200，则表示请求已经被正确完成，相应的 Resource Trait 已经被正确创建。如果请求出错，则可能返回状态码 400、404 或 409，分别代表参数错误、缺失数据项或发生某种冲突。

计算节点上的资源列表会通过如下方式进行上报：

```
# API
PUT /resource_providers/f63d90d7-8684-493d-8d80-e016056268d0/inventories
# JSON 格式的 API 参数
{
    "inventories": {
        "MEMORY_MB": {
            "allocation_ratio": 1.5,
            "max_unit": 95356,
            "step_size": 1,
            "reserved": 512,
            "total": 95356
        },
        "VCPU": {
            "allocation_ratio": 16.0,
```

```
            "reserved": 2,
            "min_unit": 1,
            "max_unit": 32,
            "step_size": 1,
            "total": 32
        },
        "PCPU": {
            "allocation_ratio": 1.0,
            "reserved": 0,
            "min_unit": 1,
            "max_unit": 32,
            "step_size": 1,
            "total": 32
        }
    },
    "resource_provider_generation": 1
}
```

在这里，用户注册了 VCPU、PCPU 和 MEMORY_MB 三种资源类型。其中，VCPU 和 PCPU 的分配粒度为 1，每次最小请求单位是 1，最多有 32 个 VCPU 和 32 个 PCPU。PCPU 代表只能被某一台虚拟机使用的主机 CPU，而 VCPU 代表的是可以被多个虚拟机共享的主机 CPU，它最多可以被 16 个虚拟机共享。内存资源 MEMORY_MB 的容量是 95356MB，其中系统保留了 512MB，剩余的内存会按每兆字节给设备进行分配。

至此，随着计算节点加入 OpenStack 集群，其资源也被 Nova 上报到集群中的 Placement 节点上了。在有创建虚拟机需求时，Placement 可以告诉 nova-scheduler 自己有什么样的可分配资源。

2. 查询备选资源设备

nova-scheduler 在虚拟机创建过程中的作用就是为虚机挑选合适的设备，包括具备 CPU、内存、磁盘资源的计算节点，有网络接口的网络节点，以及其他类型的设备。而 Nova 社区正在努力地使用通用的 Placement 服务来取代 nova-scheduler 服务。Nova 使用 Placement 的 GET /allocation_candidates 请求获取满足资源需求的设备列表，通常在这个列表里有多组设备。Nova 会从中挑选一组设备作为虚拟机来提供必要资源。

筛选具有至少两个 VCPU、至少 512MB 空闲内存的计算节点的请求通常是这样的：

```
GET /allocation_candidates?resources=VCPU:2,MEMORY_MB:512
```

如果命令被成功完成，则会返回如下信息：

```
# 从 Placement 获得的主机信息
{
  "allocation_requests": [
    {
      "allocations": {
```

```json
          "928fd122-0958-42af-8302-dd8c178bc5af": {
            "resources": {
              "VCPU": 2,
              "MEMORY_MB": 512
            }
          }
        },
        "mappings": {
          "": [
            "928fd122-0958-42af-8302-dd8c178bc5af"
          ]
        }
      }
    ],
    "provider_summaries": {
      "928fd122-0958-42af-8302-dd8c178bc5af": {
        "resources": {
          "VCPU": {
            "capacity": 1280,
            "used": 0
          },
          "MEMORY_MB": {
            "capacity": 142258,
            "used": 0
          },
          "DISK_GB": {
            "capacity": 195,
            "used": 0
          }
        },
        "traits": [
          "COMPUTE_VOLUME_EXTEND",
          "COMPUTE_IMAGE_TYPE_AMI",
          "COMPUTE_IMAGE_TYPE_ISO",
          "COMPUTE_TRUSTED_CERTS",
          "HW_CPU_X86_SVM",
          "HW_CPU_X86_SSE2",
          "COMPUTE_NET_ATTACH_INTERFACE",
          "COMPUTE_IMAGE_TYPE_AKI",
          "COMPUTE_VOLUME_ATTACH_WITH_TAG",
          "COMPUTE_NET_ATTACH_INTERFACE_WITH_TAG",
          "COMPUTE_DEVICE_TAGGING",
          "HW_CPU_X86_SSE",
          "HW_CPU_HYPERTHREADING",
```

```
        "COMPUTE_NODE",
        "HW_CPU_X86_MMX",
        "COMPUTE_VOLUME_MULTI_ATTACH",
        "COMPUTE_IMAGE_TYPE_QCOW2",
        "COMPUTE_IMAGE_TYPE_RAW",
        "COMPUTE_IMAGE_TYPE_ARI"
      ],
      "parent_provider_uuid": null,
      "root_provider_uuid": "928fd122-0958-42af-8302-dd8c178bc5af"
    }
  }
}
```

请求的响应消息里主要包括两部分信息。

- allocation_requests：包含了可提供用户所请求的全部资源的 Resource Allocation 列表，每组 Resource Allocation 列表可能包括一个 Resource Provider，也可能包括多个 Resource Provider。用户只需从中选择一组 Resource Provider，就会得到 CPU 和内存等创建一台虚拟机所需要的资源。

- provider_summaries：提供了一个或多个 Resource Provider 的资源列表的 Inventory 信息和用量信息。这些 Resource Provider 都是在上面的 allocation_requests 部分出现过的。用户根据请求响应中的每个 Resource Provider 的用量及容量等信息进行判读，即可从 allocation_requests 里选择一组 Resource Allocation。

上面所举的例子几乎是 Placement 里遇到的最简单的资源筛选的例子。Placement 还可以满足更复杂的情形。比如，使用以下命令可以寻找集群里所有具有至少两个空闲 VCPU、至少 512MB 空闲内存，并且 CPU 支持 AVX512-VNNI 指令集的计算节点，而这样的计算节点通常比较适合运行机器学习类的任务：

```
GET /allocation_candidates?resources=VCPU:2,MEMORY_MB:512 &
required=HW_CPU_X86_AVX512VNNI
```

在 Nova 集群里通常将有相同硬件功能，或者有相同用途的主机使用 Nova Aggregate 进行分组。Placement 也支持类似的 Aggregate 分组。Placement 使用 member_of 关键字指定 Resource Provider 的组别。如果我们希望寻找所有具有至少两个空闲 VCPU、至少 512MB 空闲内存，并且 CPU 支持 AVX512-VNNI 机器学习加速指令集的位于西二旗机房的主机，那么 API 请求可以是这样的：

```
GET /allocation_candidates?resources=VCPU:2,MEMORY_MB:512 &
required=HW_CPU_X86_AVX512VNNI &
member_of =<西二旗机房 aggregate uuid>
```

3. 申请资源

用户使用 Placement 服务的目的就是使用 OpenStack 集群上的资源，这个资源可能来自计算节点，可能来自存储节点，也可能是某个 PCI 设备的 VF 接口。在 GET /allocation_candidates 命令返回若干个代表着各个资源分配方案的 Resource Allocation 组之后，接下来的任务就是挑选最合适的资源节点组。

我们知道，成功返回的 GET /allocation_candidates 的请求响应里包括 allocation_requests 和 allocation_summaries，用户需要制定策略，借助 allocation_summaries 信息从 allocation_requests 里挑选一组最佳 Resource Allocation，然后向 Placement 发送 PUT /allocations/{consumer_uuid}请求以占用相应的资源，在 Nova 中，{consumer_uuid}通常是虚拟机的 UUID。这个 API 可能是这样的：

```
# API
PUT /allocations/995d281f-7ad1-47e6-8178-950457d55379
# JSON 格式的 API 参数
{
  "allocations": {
    "928fd122-0958-42af-8302-dd8c178bc5af": {
      "resources": {
        "MEMORY_MB": 512,
        "VCPU": 2
      }
    }
  },
  "consumer_generation": 1,
  "user_id": "e19a37a0-94f6-498c-905c-458d45326c3a",
  "project_id": "c651b58a-ac68-4ec9-a296-a638c4a6abc0"
}
```

若请求返回状态码 204，则表示设备资源申请成功。如果请求失败，则可能是请求参数出错（状态码 400），某个对象不存在（状态码 404），或者发生了某种冲突（状态码 409）。返回状态码 409 的原因可能是自从上次调用 GET /allocation_candidates 之后，Resource Provider 被其他用户访问并被改动了，用户需要重新查询 Resource Provider，并使用最新的 generation 字段。

如果用户请求的是多种资源，而这些资源是存在于多个设备上的，则 GET /allocation_candidates 返回的 Resource Allocation 会是多个 Resource Provider。Nova 经常遇到的情况是，用户想要创建虚拟机，虽然 CPU 和内存位于同一主机上，但计算节点并没有足够的磁盘空间，大容量的磁盘存储空间位于一个计算节点间共享的存储节点上，所以会返回两个 Resource Provider 的 Allocation。在资源申请时，我们可以使用同一个 PUT /allocations{consumer_uuid} 请求，同时向两个 Resource Provider 请求资源：

```
# API
PUT /allocations/995d281f-7ad1-47e6-8178-950457d55379
# JSON 格式的 API 参数
{
  "allocations": {
    "30fd4de2-c40b-4493-bcb7-97bbfaa7084b": {
      "resources": {
        "DISK_GB": 20
      }
```

```
    },
    "4f9044fa-0c60-406c-b2ef-fee103e1c558": {
      "resources": {
        "MEMORY_MB": 1024,
        "VCPU": 1
      }
    }
  },
  "consumer_generation": 1,
  "user_id": "e19a37a0-94f6-498c-905c-458d45326c3a",
  "project_id": "c651b58a-ac68-4ec9-a296-a638c4a6abc0"
}
```

5.7.5 查看资源消耗

资源消耗情况也是用户十分关心的问题。Placement 服务提供了接口来查询资源设备 Resource Provider 的资源消耗，结合 Resource Inventory 我们可以获知设备上还有多少资源可分配。查看某个 Resource Provider 资源消耗的请求如下：

```
# API
GET /resource_providers/{uuid}/usages
```

这里的参数{uuid}是待查的 Resource Provider 的 UUID。一个 JSON 格式的设备资源消耗如下：

```
{
    "resource_provider_generation": 1,
    "usages": {
        "DISK_GB": 1,
        "MEMORY_MB": 512,
        "VCPU": 1
    }
}
```

Placement 还可以查询某个项目，甚至项目中某个用户的资源消耗信息，请求格式如下：

```
# API
GET /usages
# JSON 格式的 API 参数
{
    "project_id": {uuid}
}
```

如果想进一步知道该项目中一个用户的资源消耗，则需要再加上一个参数 user_id，请求格式如下：

```
# API
GET /usages
# JSON 格式的 API 参数
{
```

```
        "project_id": {uuid},
        "user_id": {uuid},
    }
```

项目或项目中用户的资源消耗的请求和 Resource Provider 的响应消息类似，但没有 generation 字段的信息：

```
    {
        "usages": {
            "DISK_GB": 5,
            "MEMORY_MB": 512,
            "VCPU": 2
        }
    }
```

5.7.6　Placement 的发展

Placement 作为 OpenStack 的新兴项目，目前仍然处于不断的开发过程中。在 Train 版本之前，其开发重点是完善资源筛选功能，以逐步取代 Nova Scheduler Filter。目前，nova-scheduler 服务中内存、CPU、磁盘主机的 Filter 功能都已经被 Placement 服务所取代，并计划在 Ussuri 版本中实现 NUMA Filter 的功能替换。

## 第 6 章

存储

存储是 OpenStack 所管理的重要的资源之一。

Nova 实现了 OpenStack 虚拟机世界的抽象,并利用主机的本地存储为虚拟机提供"临时存储"(Ephemeral Storage)。如果虚拟机被删除了,则挂载在这个虚拟机上的任何临时存储都将自动释放。存放在临时存储上的数据是高度不可靠的,任何虚拟机和主机的故障都可能导致数据丢失。因此,基于临时存储的虚拟机就是"无根浮萍",没有确切的归属,在它生命周期终止时,所有发生在它身上的"故事"及一切的痕迹都将被抹去。

而基于 SAN、NAS 等不同类型的存储设备,Swift(对象存储)与块存储(Cinder)引入了"永久存储"(Persistent Storage),共同为这个虚拟机世界的主体——虚拟机提供了安身之本,负责为每台虚拟机本身的镜像及它所产生的各种数据提供一个"家",尽量实现"居者有其屋"。

6.1 Swift

Swift 的前身是 Rackspace Cloud Files 项目,由 Rackspace 于 2010 年贡献给 OpenStack,并与 Nova 一起作为最初仅有的两个项目开启了 OpenStack 元年。

6.1.1 Swift 体系结构

作为对象存储(Object-Based Storage)的一种,Swift 比较适合存放静态数据。所谓的静态数据,是指长期不会发生更新的数据,或者在一定时期内更新频率比较低的数据,如虚拟机的镜像、多媒体数据及数据的备份。如果需要实时地更新数据,那么 Swift 并不是一个特别好的选择。在这种情况下,使用 Cinder 更为合适。

既然是对象存储,Swift 所存储的逻辑单元就是对象(Object),而不是一般概念中的文件。在一个传统的文件系统实现里,文件通常都由两部分来描述:文件本身的内容,以及与其相关的元数据(Metadata)。而 Swift 中的对象涵盖了内容与元数据两部分的内容。

如图 6-1 所示,与其他 OpenStack 项目一样,Swift 提供了 RESTful API 作为访问的入口,存储的每个对象都是一个 RESTful 资源,并且拥有一个唯一的 URL。我们既可以发送 HTTP 请求将一些数据作为一个对象传递给 Swift,也可以从 Swift 中请求一个之前存储的对象。至于该对象以何种形式存在,或者存储于何种设备的什么位置,我们并不需要关心。

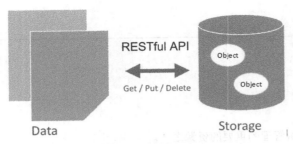

图 6-1　Swift 对象存储

如图 6-2 所示，Swift 从架构上可以划分为两个层次：访问层（Access Tier）与存储层（Storage Nodes）。访问层的功能类似于网络设备中的 Hub，主要包括两部分，即 Proxy Node（代理服务节点）与 Authentication（认证），分别负责 RESTful 请求的处理与用户身份的认证。

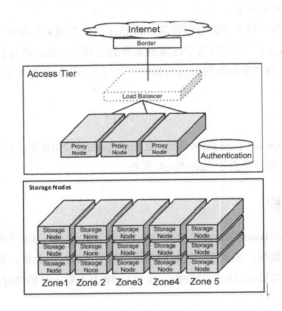

图 6-2　Swift 架构 1

在 Proxy Node 上运行着 Proxy Server，用来负责处理用户的 RESTful 请求，在接收到用户请求时，需要对用户的身份进行认证，此时用户所提供的身份资料会被转发给认证服务进行处理。Proxy Server 可以使用 Memcached（高性能的分布式内存对象缓存系统）进行数据和对象的缓存，减少数据库读取的次数，提高用户的访问速度。

存储层由一系列的物理存储节点组成，负责对象数据的存储。Proxy Node 在收到用户的访问请求时，会将其转发到相应的存储节点上。为了在系统出现问题的情况下有效地将故障隔离在最小的物理范围内，存储层在物理上又分为以下层次。

- Region：地理上隔绝的区域，也就是说不同的 Region 通常会按地理位置被隔绝开。比如，两个数据中心可以被划分为两个 Region。每个 Swift 系统默认至少有一个 Region。
- Zone：在每个 Region 的内部又划分了不同的 Zone 来实现硬件上的隔绝。一个 Zone 可以是一个硬盘、一台主机、一个机柜或一个交换机，但是我们可以简单地将其理解为一个 Zone 代表了一组独立的存储节点。
- Storage Node：存储对象数据的物理节点，基于通用标准的硬件设备提供了不亚于专业存储设备的对象存储服务。
- Device：可以被简单理解为磁盘。
- Partition：这里的 Partition 仅仅是指在 Device 上的文件系统中的目录，和我们通常所理解的硬盘分区是完全不同的概念。

如图 6-3 所示，每个 Storage Node 上存储的对象在逻辑上又由 3 个层次组成：Account、Container 和 Object。

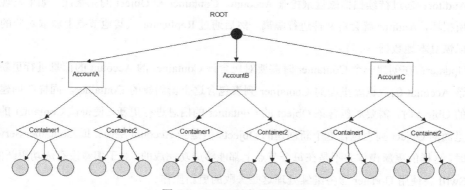

图 6-3　Swift 对象组织结构

这里的每一层所包含的节点数都没有限制，可以任意进行扩展。Account 在对象的存储过程中实现顶层的隔离，所代表的并不是个人账户，而是租户。一个 Account 可以被多个个人账户共同使用。Container 代表了一组对象的封装，类似于文件夹或目录，但是 Container 不能嵌套，不能包含下级的 Container。位于最后一个层次的是具体的对象，由元数据和内容两部分组成。Swift 要求一个对象必须存储在某个 Container 中，因此一个 Account 应该至少由一个 Container 来提供对象的存储。

与上述的 3 层组织结构相对应，在 Storage Node 上可以运行以下 3 种服务。

- Account Server：提供 Account 相关服务，包括 Container 列表及 Account 的元数据等。Account 的信息被存储在一个 SQLite 数据库中。

- Container Server：提供 Container 相关服务，包括 Object 的列表及 Container 的元数据等。与 Account 一样，Container 的信息也被存储在一个 SQLite 数据库中。
- Object Server：提供对象的存取和元数据服务，每个对象的内容会以二进制文件的形式存储在文件系统中，元数据会作为文件的扩展属性来存储，也就是说，在存储对象的物理节点上，本地文件系统必须支持文件的扩展属性，有些文件系统（如 ext3）的文件扩展属性默认是关闭的。

为了保证数据在某个存储硬件损坏的情况下也不会丢失，Swift 为每个对象都建立了一定数量的副本（Replica，默认为 3 个），并且每个副本被存放在不同的 Zone 中，这样即使某个 Zone 发生故障，Swift 也仍然可以通过其他 Zone 继续提供服务。

在 Swift 中，副本是以 Partition 为单位的。也就是说，对象的副本其实是通过 Partition 的副本来实现的。Swift 管理副本的粒度是 Partition，而非单个对象。

既然一个对象并不是只保存了一份，那么对象和其副本之间的数据一致性问题就必须得到解决，在对象内容更新时副本也必须同时更新，而且在其中一个损坏时必须能够迅速复制一份以进行完整替换。Swift 通过以下 3 种服务来解决数据一致性的问题。

- Auditor：通过持续扫描磁盘来检查 Account、Container 和 Object 的完整性。如果发现数据有所损坏，Auditor 就会对文件进行隔离，然后通过 Replicator 从其他节点上获取对应的副本用以恢复本地数据。
- Updater：在创建一个 Container 时需要对包含该 Container 的 Account 的信息进行更新，使得该 Account 的数据库里面的 Container 列表包含这个新创建的 Container。同样在创建一个新的 Object 时，需要对包含该 Object 的 Container 的信息进行更新，使得该 Container 的数据库里面的 Object 列表包含这个新创建的 Object。但是当 Account Server 或 Container Server 繁忙时，这样的更新操作并不是在每个节点上都能够成功完成的。对于那些没有成功更新的操作，Swift 会使用 Updater 服务继续处理这些失败的更新操作。
- Replicator：负责检测各个节点上的数据及其副本是否一致。当发现不一致时，就将过时的副本更新为最新版本，并且负责将标记为删除的数据真正从物理介质上删除。

到目前为止，我们可以看到 Proxy Server 负责处理用户的对象存取请求，认证服务负责对用户的身份进行认证，Proxy Server 在接收到用户请求后，会把请求转发给存储节点上的 Account Server、Container Server 与 Object Server 进行具体的对象操作，而对象与其各个副本之间的数据一致性则由 Auditor、Updater 与 Replicator 来负责。

虽然对象最终仍然以文件的形式存储在存储节点上，但是在 Swift 中并没有路径及文件夹这样传统文件系统中的概念，那么剩下的问题就是，Swift 如何将对象与真正的物理存储位置进行映射。Swift 引入了环（Ring）的概念来解决这个问题。

Ring 记录了存储对象与物理位置的映射关系，Account、Container 和 Object 都有自己独立的 Ring。当 Proxy Server 接收到用户请求时，会根据所操作的实体（Account、Container 或 Object）寻找对应的 Ring，来确定它们在存储服务器集群中的具体位置。至于 Account、Container 和 Object 在 Ring 中的位置信息，也由 Proxy Server 来进行维护。

Ring 通过 Zone、Device、Partition 和 Replica 的概念来维护映射信息。每个 Partition 的位置都由 Ring 来维护，并且存储在映射中。Ring 需要在 Swift 部署时使用 swift-ring-builder 工具手动构建，之后在每次增减存储节点时，都需要重新平衡（rebalance）一下 Ring 文件中的项目，以保证系统因此发生迁移的文件数量最少。

所以，如图 6-2 所示的 Swift 架构可以演化为如图 6-4 所示的形式。

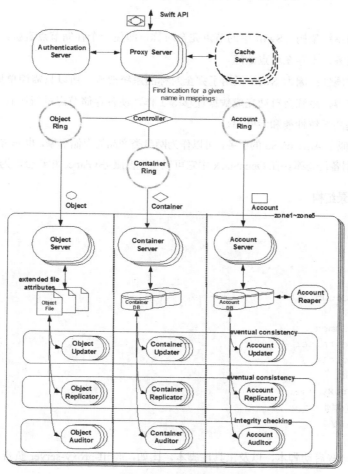

图 6-4　Swift 架构 2

Proxy Server 是运行在 Proxy Node 上的 WSGI Server，Account Server、Container Server 与 Object Server 是运行在存储节点上的 WSGI Server，Proxy Server 在收到用户的 HTTP 请求后，会将请求路由到相应的 Controller（AccountController、ContainerController 与 ObjectController），Controller 会从相应的 Ring 文件中获取到请求数据所在的存储节点，然后将这个请求转发给该节点上的 WSGI Server（Account Server、Container Server 与 Object Server）。

由上述的 Swift 架构可以看出，Swift 的设计有很多的优点。

- 极高的数据持久性：数据的持久性是指数据在存储到系统中后，到某一天数据丢失的可能性。比如，Amazon S3 的数据持久性是 11 个 9，即如果存储 1 万个文件到 S3 中，则在 1000 万年之后，可能会丢失其中的 1 个文件。Swift 通过采用副本等冗余技术达到了极高的数据持久性。

- 完全对称的系统架构：Swift 中的节点完全对称，即使一个存储节点宕机，也不会影响 Swift 所提供的服务，不存在单点故障。

- 无限的可扩展性：因为 Swift 采用了完全对称的系统架构，所以只需简单地增加节点即可实现系统的扩容，系统会自动完成数据迁移等工作，使各存储节点重新达到平衡状态，同时可以线性地提高系统性能和吞吐率。

Swift 提供了类似于 Amazon S3 的服务，可以作为网盘类产品的存储引擎，也非常适合用于存储日志文件，或者作为数据备份仓库。在 OpenStack 中它可以与镜像服务 Glance 相结合，为其存储镜像文件。

1. Swift 源码目录结构

```
.
├── api-ref
├── bin
├── etc
├── swift
│   ├── account
│   ├── cli
│   ├── common
│   ├── container
│   ├── locale
│   ├── obj
│   └── proxy
├── setup.cfg
├── setup.py
└── test
```

- bin：存储一些启动脚本，以及工具性脚本。比如，swift-proxy-server 负责启动 Proxy Server，swift-ring-builder 用来创建 Ring。

- swift：存储 Swift 的核心代码。account、container、obj、proxy 子目录分别用来存储 Account、Container、Object、Proxy 服务的具体实现。common 子目录用来存储一些可以被多个组件共用的公共代码，比如，Account、Container 及 Object 服务都有 Ring 的操作，那么这些共用的代码就存放在 common 子目录下。
- etc：存储配置文件模板，包括 Paste 配置文件等。

2. setup.cfg 文件

按照惯例，在理解具体的实现之前，我们需要仔细浏览 setup.cfg 文件，例如：

```
scripts =
    bin/swift-account-audit
    bin/swift-account-auditor
    bin/swift-account-info
    bin/swift-account-reaper
    bin/swift-account-replicator
    bin/swift-account-server
    bin/swift-config
    bin/swift-container-auditor
    bin/swift-container-info
    bin/swift-container-replicator
    bin/swift-container-server
    bin/swift-container-sync
    bin/swift-container-updater
    bin/swift-container-reconciler
    bin/swift-reconciler-enqueue
    bin/swift-dispersion-populate
    bin/swift-dispersion-report
    bin/swift-drive-audit
    bin/swift-form-signature
    bin/swift-get-nodes
    bin/swift-init
    bin/swift-object-auditor
    bin/swift-object-expirer
    bin/swift-object-info
    bin/swift-object-replicator
    bin/swift-object-server
    bin/swift-object-updater
    bin/swift-oldies
    bin/swift-orphans
    bin/swift-proxy-server
    bin/swift-recon
    bin/swift-recon-cron
```

```
bin/swift-ring-builder
bin/swift-ring-builder-analyzer
bin/swift-temp-url
```

对于 Swift 来说，setup.cfg 文件中值得关注的是 scripts 关键字所对应的内容，其中的每一项都代表了一个被安装在系统里的可执行脚本。与前面所介绍的架构对照分析，我们可以更好地理解 Swift 的工作，它们是 Swift 各项工作的入口，完全可以作为我们理解 Swift 具体实现的起点。

- swift-proxy-server：代理服务（Proxy Server）进程，通常运行这个进程的服务器又被称为代理服务器。

- *-auditor：swift-account-auditor、swift-container-auditor、swift-object-auditor 分别对应了 Account、Container 和 Object 的 Auditor（审计）进程。

- *-updater：swift-container-updater 与 swift-object-updater 分别对应了 Container 和 Object 的 Updater 进程，并不存在 Account 的 Updater 进程。

- *-replicator：基于 Account、Container 和 Object 存储方式的不同，它们的 Replicator 进程分为两类，一类是针对 Account 与 Container 这两种以数据库形式存在的数据，swift-account-replicator 与 swift-container-replicator 完成的是数据库的复制；另一类是针对 Object，swift-object-replicator 完成的是对象数据的复制。

- swift-account-server、swift-container-server 与 swift-object-server 分别对应了 Account、Container 和 Object 的服务进程。

- swift-account-audit：与*-auditor 不同，swift-account-audit 并不是一个后台服务进程，它只是一个命令行工具，可以用来手动地对指定的 Account、Container 或 Object 的数据进行完整性检测。在指定了 Container 时，将会递归检测该 Container 下的每个 Object，同理，在指定了 Account 时，将会递归检测该 Account 下的每个 Container，并进一步递归检测每个 Container 下的每个 Object。

- *-info：打印 Account、Container 和 Object 的内容或元数据等信息。

- swift-account-reaper：Account 收割器，负责清除被删除的 Account 中所包含的数据。

- swift-container-sync：实现 Container 同步功能。一个 Container 的所有内容可以通过后台同步镜像到另一个 Container（两个 Container 可以在同一个集群也可以在完全不同的集群）。比如，使用这个功能可以实现 Account 的迁移，将旧 Account 中的所有 Container 都同步到新的 Account 中。利用这个功能，数据也可以在不同的云服务提供商之间迁移，而不会被锁定为一个特定的供应商，比如，数据可以从私人的 Swift 集群迁移到一个公共 Swift 云。

- swift-container-reconciler：伴随 Storage Policies（存储策略）而出现的一个后台进程，简单来说，一种 Storage Policy 就是一种存储的方式。比如，在创建 2 个副本或 3 个副本时，

swift-container-reconciler 主要负责将位于错误 Storage Policy 中的对象迁移到正确的 Storage Policy 中。

- swift-dispersion-report：通过检测 Container 和 Object 是否在集群中合适的位置来估计整个集群的健康状态。比如，每个对象有 3 个副本，如果 3 个副本中只有两个在合适的位置上，这个对象的健康值就是 66.66%，最佳健康值为 100%。如果我们在占集群一定百分比的 Partition 中（如 1%）创建足够的对象，就可以获得一个对整个集群健康度状态相当有效的估计。为了估计健康状态，我们所要做的第一件事就是创建一个专门用于该工作的 Account，然后，我们需要向不同的 Partition 中放置容器和对象。swift-dispersion-populate 工具能完成这个工作，它会创建随机的 Container 和 Object，直到它们落在不同的 Partition 里。最后，我们运行 swift-dispersion-tool 来进行检测。

- swift-drive-audit：经验表明，当一个设备将要出故障时，错误信息会涌入/var/log/kern.log。此时我们可以通过 cron 运行 swift-drive-audit 脚本来寻找坏掉的硬盘并将其卸载，从而使 Swift 绕开它工作。

- swift-get-nodes：如果我们希望知道对象在哪个存储节点上，则可以使用这个工具。

- swift-init：启动 Swift 的基本服务。

- swift-object-expirer：在指定时间内删除对象。当对象过期并达到删除的时间节点时，Swift 会停止向用户提供针对该对象的服务，并在短时间内把该对象删除。

- swift-oldies：可以列出运行时间很长的 Swift 服务进程，比如，使用 swift-oldies -a 48 命令可以打印出已经运行超过 48 小时的那些进程。

- swift-orphans：可以用于清除那些"孤儿"进程（父进程已经退出）。

- swift-recon：可以用于收集一些 Swift 统计数据，如 Account、Container 和 Object 的数量等。

- swift-ring-builder：用于构建 Ring。

- swift-ring-builder-analyzer：用于快速地测试不同的 Ring 配置。

6.1.2 Ring

Swift 通过引入 Ring 来实现对物理节点的管理，包括记录对象与物理存储位置的映射关系，以及物理节点的添加和删除等。

针对决定某个对象存储在哪个节点上等问题，最常规的做法就是采用 Hash 算法。如果存储节点的数量固定，普通的 Hash 算法就能满足要求。但是由于 Swift 通过增减存储节点来实现无限的可扩展性，存储节点的数量可能会发生变动，此时所有对象的 Hash 值都会改变，这对于部署了极多节点的 Swift 来说，使用普通的 Hash 算法不太现实。因此 Swift 采用了一致性 Hash 算法来构建 Ring。

1. 一致性 Hash 算法

假设有 N 台存储节点，为了使负载均衡，需要把对象均匀地映射到每个节点上，这通常使用 Hash 算法来实现：普通的 Hash 算法首先计算对象的 Hash 值 Key，然后计算"Key mod N"（Key 对 N 取模）的结果，得到的余数即为数据存放的节点号。比如，N 等于 2，则值为 0、1、2、3、4 的 Key 按照取模的结果将分别存放在 0、1、0、1、0 号节点上。如果哈希算法是均匀的，则数据会被平均分配在两个节点中。如果每个数据的访问量比较平均，则负载也会被平均分配到两个节点上。

当然，这只是理想中的情况。在实际使用中，当数据量和访问量进一步增加，两个节点无法满足需求的时候，就需要增加一个节点来服务用户的访问请求，此时 N 增加为 3，映射关系变为 Key mod $(N+1)$，上述哈希值为 2、3、4 的对象就需要被重新分配。如果存储节点的数量，以及对象的数量很多时，迁移所带来的代价就会非常大。

为了减少节点增减所带来的代价，Swift 采用了一致性 Hash 算法，在存储节点的数量发生改变时，可以尽量少地改变已经存在的对象与节点间的映射关系，从而大大减少需要迁移的对象数量。

一致性 Hash 算法的过程由以下几个步骤组成。

- 计算每个对象名称的 Hash 值并将它们均匀地分布到一个虚拟空间中，一般用 2^{32} 标识该虚拟空间。
- 假设有 2^m 个存储节点，则将虚拟空间均匀地分为 2^m 份，每份长度为 2^{32-m}。
- 假设一个对象名称在进行 Hash 计算之后的结果是 n，则该对象对应的存储节点为 $n/2^{32-m}$，转换为二进制位移操作，就是将 Hash 计算之后的结果向右位移 $32-m$ 位。

如图 6-5 所示，以 $m=3$ 为例，演示了一致性 Hash 算法的具体映射过程。一般将虚拟空间用一个环（Ring）表示，这也是 Swift 用 Ring 来表示从对象到物理存储位置的映射的原因。

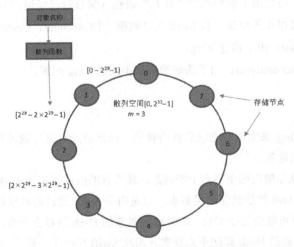

图 6-5　一致性 Hash 算法的具体映射过程

2. Ring 数据结构

在 Swift 中，所谓的 Ring 就是基于一致性 Hash 算法所构造的环，Ring 数据结构如图 6-6 所示。

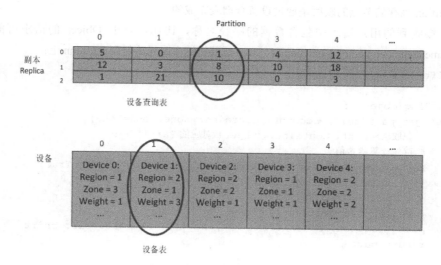

图 6-6　Ring 数据结构

Ring 包括以下 3 种重要的数据结构（信息）。

- 设备表：Swift 会对所有 Device 进行编号，设备表中的每一项都对应一个 Device，其中记录
  了该 Device 的具体位置信息，包括 Device ID、所在的 Region、Zone、IP 地址及端口号，以
  及用户为该 Device 定义的权重（Weight）等。

在 Device 的容量大小不一时，可以通过 Weight 值保证 Partition 均匀分布。容量较大的 Device
会拥有更大的权重，也会容纳更多的 Partition。比如，一个容量为 1TB 左右的 Device 的权重为 100，
而一个容量为 2TB 左右的 Device 的权重为 200。

- 设备查询表（Device Lookup Table）：存储 Partition 的各个副本（默认为 3 个）与具体 Device
  的映射信息。设备查询表中的每一列对应一个 Partition，每一行对应 Partition 的一个副本，
  每张表格中的信息表示设备表中 Device 的编号，根据这个编号，可以去设备表中检索到该
  Device 的具体连接信息（Device ID、IP 地址及端口号等信息）。
- Partition 位移值（Partition Shift Value）：表示在 Hash 计算之后将 Object 名称进行二进制位移
  的位数。

为了减少由于增加、减少节点所带来的数据迁移，Swift 在对象和存储节点的映射之间增加了
Partition 的概念，使对象到存储节点的映射变成了由对象到 Partition 再到存储节点的映射。Partition
的个数一旦确认，则它在整个运行过程中是不会改变的，所以对象到 Partition 的映射是不会变化的。

在增加或减少节点的情况下，只能通过改变 Partition 到存储节点的映射来完成数据的迁移。

而对象到 Partition 这层映射是通过哈希函数及二进制位移操作，即这里的 Partition Shift Value 完成的，Partition 到存储节点的映射是通过设备查询表完成的。

Swift 接收到的用户请求中包含数据的路径名称，比如，对于 Object 的请求可能为 GET account_name/container_name/object_name，Swift 需要将这个路径映射到 Partition 上：

```python
# swift/common/ring/ring.py

class Ring(object):
    def get_part(self, account, container=None, obj=None):
        # 获取 Account、Container、Object 对应的 Partition
        # 首先计算哈希值
        key = hash_path(account, container, obj, raw_digest=True)
        if time() > self._rtime:
            self._reload()
        # 然后位移得到 Partition
        part = struct.unpack_from('>I', key)[0] >> self._part_shift
        return part
```

3. 构建 Ring

Swift 使用 swift-ring-builder 工具构建 Ring。而构建 Ring 就是构建设备查询表的过程。构建过程大致上分为以下 3 个步骤。

1）创建 Ring 文件

```
swift-ring-builder <builder_file> create <part_power> <replicas> <min_part_
hours>
```

其中，replicas 是副本的个数；builder_file 是 Ring 的名称；min_part_hours 的单位为小时，一般设置为 24 小时，表示某个 Partition 在移动后必须等待指定的时间后才能再次移动。

2）添加设备到 Ring 中

```
swift-ring-builder <builder_file> add \
[r<region>] z<zone>-<ip>:<port>/<device_name>_<meta> <weight>
```

其中，region 和 zone 表示 Region 和 Zone 的编号；ip 和 port 表示该设备所在节点的 IP 地址及提供服务的端口号；device_name 是该设备在该节点的名称（如 sdb1）；meta 是该设备的元数据，其结构为字符串；weight 是该设备的权重。

在这个步骤里，并没有任何 Partition 被实际分配到新设备上，直到执行下面的 rebalance 操作。这样做的目的是能够一次增加多个设备，然后批量地将 Partition 重新分配。

3）分配 Partition

```
swift-ring-builder <builder_file> rebalance
```

rebalance 操作会根据 builder_file 的定义将 Partition 分配到不同的设备上。在进行 rebalance 操作之后，需要把生成的 Ring 文件复制到所有运行相应服务（Account、Container 或 Object）的节点上，然后使用该 Ring 文件作为参数启动相应的服务。

接下来我们通过源码来了解 Ring 的构建过程。根据 setup.cfg 文件，我们可以知道 swift-ring-builder 工具的源码入口位于 bin/swift-ring-builder 脚本中。这个脚本仅仅是对 swift.cli.ringbuilder 模块的封装，直接调用了 swift.cli.ringbuilder 中的 main()函数：

```python
def main(arguments=None):

    if len(argv) == 2:
        command = "default"
    else:
        command = argv[2]
    if argv[0].endswith('-safe'):
        try:
            with lock_parent_directory(builder_file), 15):
                getattr(Commands, command, Commands.unknown)()
        except exceptions.LockTimeout:
            print "Ring/builder dir currently locked."
            exit(2)
    else:
        # 调用 Commands 类的名称为 command 的函数，如果该函数不存在，则调用 Commands 类的
        # unknown()函数，对于 Ring 的创建，应该使用 create()函数
        getattr(Commands, command, Commands.unknown)()
```

在完成一定的参数解析等工作后，最终使用 swift.cli.ringbuilder.Commands 类的 create()函数去完成 Ring 的创建：

```python
def create():
    if len(argv) < 6:
        print Commands.create.__doc__.strip()
        exit(EXIT_ERROR)
    # 创建 RingBuilder 对象的实例
    builder = RingBuilder(int(argv[3]), float(argv[4]), int(argv[5]))
    # 为 builder 文件创建一个备份目录，该目录下会备份 builder 文件
    backup_dir = pathjoin(dirname(builder_file), 'backups')
    try:
        mkdir(backup_dir)
    except OSError as err:
        if err.errno != EEXIST:
            raise
    # 将 Ring 的初始化信息保存到备份文件中
    builder.save(pathjoin(backup_dir,
                          '%d.' % time() + basename(builder_file)))
    # 将 Ring 的初始化信息保存到 builder 文件中
```

```
    builder.save(builder_file)
    exit(EXIT_SUCCESS)
```

这个函数的逻辑非常简单，主要就是创建一个 swift.common.ring.builder.RingBuilder 类的实例，然后将它的初始化信息保存到 Ring 的 builder 文件和备份文件中：

```python
# swift/common/ring/builder.py

class RingBuilder(object):
    def __init__(self, part_power, replicas, min_part_hours):
        self.part_power = part_power
        self.next_part_power = None
        self.replicas = replicas
        self.min_part_hours = min_part_hours
        self.parts = 2 ** self.part_power
        self.devs = []
        self.devs_changed = False
        self.version = 0
        self.overload = 0.0
        self._id = None

        # _replica2part2dev 是一个二维数组，第一维从 Replica 映射到 Partition
        # 第二维从 Partition 映射到 Device。所以对于一个 Replica 个数为 3
        # Partition 个数为 2^23 的 Ring 来说，_replica2part2dev 是一个 3*2^23 数组
        # 该数组的每个元素都是 Device ID (数据类型为 unsigned short)
        self._replica2part2dev = None

        # _last_part_moves 是一个长度为 2^23 的数组，数组的每个元素为 unsigned byte
        # 这个数组的每个元素表示该元素所对应的 Partition 距离上次移动的时间
        # (以小时为单位)。这个数组存在的目的是保证同一个 Partition 在一定的
        # 时间内 (一般是 24 小时) 不会被移动两次。但是删除一个设备，或者把一个设备
        # 的 Weight 设为 0 不受这个时间的限制。这是因为删除设备，或者把 Weight
        # 设为 0，代表该设备已经出现故障
        # _last_part_moves_epoch 表示 _last_part_moves 的基准时间
        self._last_part_moves = array('B', itertools.repeat(0, self.parts))
        self._part_moved_bitmap = None
        self._last_part_moves_epoch = 0

        self._last_part_gather_start = 0
        self._dispersion_graph = {}
        self.dispersion = 0.0
        self._remove_devs = []
        self._ring = None
```

RingBuilder 类实例初始化时，在保存了传递进来的 part_power、replicas 及 min_ part_hours 等参

数之后，初始化了一个重要的二维数组_replica2part2dev。

_replica2part2dev 数组就是我们前面所提到的设备查询表，它的第一维以 Replica 为索引，也就是说如果设定 Replicas 等于 3，那么该数组的第一维就有 3 个成员，每一个成员都是一个数组（数组的第二维）。数组的第二维负责 Partition 到 Device 的映射，长度为 Partition 的个数。

除了_replica2part2dev，还有一个重要的数组为 devs[]数组，该数组就是我们前面所提到的设备表。根据从_replica2part2dev 中检索到的设备号，可以到该表中查找设备的具体位置信息。目前设备表的内容为空，因为此时还不知道设备的情况。

至此，构建 Ring 的第一个步骤"创建 Ring 文件"已经完成，我们需要执行 swift-ring-builder 的 add 命令，添加设备到 Ring 中。与 create 命令类似，add 命令由 swift.cli.ringbuilder.Commands 类的 add()函数完成：

```
# swift/cli/ringbuilder.py

def add():
    # _parse_add_values()函数解析参数，并返回一个 Device 的列表，然后检查新添加的
    # Device 是否已经在这个列表中。如果没有，则通过 RingBuilder 类的 add_dev()函数
    # 将新的 Device 添加到 Ring 中
    try:
        for new_dev in _parse_add_values(argv[3:]):
            for dev in builder.devs:
                if dev is None:
                    continue
                if dev['ip'] == new_dev['ip'] and \
                        dev['port'] == new_dev['port'] and \
                        dev['device'] == new_dev['device']:
                    print('Device %d already uses %s:%d/%s.' %
                        (dev['id'], dev['ip'],
                         dev['port'], dev['device']))
                    print("The on-disk ring builder is unchanged.\n")
                    exit(EXIT_ERROR)
            dev_id = builder.add_dev(new_dev)
            print('Device %s with %s weight got id %s' %
                (format_device(new_dev), new_dev['weight'], dev_id))
    except ValueError as err:
        print(err)
        print('The on-disk ring builder is unchanged.')
        exit(EXIT_ERROR)

    builder.save(builder_file)
    exit(EXIT_SUCCESS)
```

然后使用前面创建的 swift.common.ring.builder.RingBuilder 类实例的 add_dev()函数完成设备的添加：

```
# swift/common/ring/builder.py

    def add_dev(self, dev):
        """
        将一个设备添加到 Ring 里。这个设备的 dict 数据至少需要包含以下键值（key）:
        === ========================================================
        id      设备的唯一编号（类型为整数）。如果"id" key 在 dict 中没有被指定，则默认
                该设备的 id 为系统中下一个可用的 id
        weight  这个设备相对于其他设备的权重（类型为浮点数）。这个权重用来表示
                有多少个 Partition 会被分配到这个设备上
        region  设备所在的 Region 号（类型为整数）
        zone    设备所在的 Zone 号（类型为整数）。一个 Partition 会被尽可能地分配到
                分布在不同的 Region 或 Zone 的设备上
        ip      设备的 IP 地址
        port    该设备的 TCP 端口
        device  该设备的名称（如 sdb1）
        meta    元数据，用于存储用户的自定义数据，如设备上线时间、硬件描述等
        === ========================================================

        注意：添加一个设备不会立即进行 rebalance 操作，因为用户可能想在添加多个设备
             之后统一进行 rebalance 操作
        """
        if 'id' not in dev:
            dev['id'] = 0
            if self.devs:
                try:
                    dev['id'] = self.devs.index(None)
                except ValueError:
                    dev['id'] = len(self.devs)
        if dev['id'] < len(self.devs) and self.devs[dev['id']] is not None:
            raise exceptions.DuplicateDeviceError(
                'Duplicate device id: %d' % dev['id'])
        while dev['id'] >= len(self.devs):
            self.devs.append(None)
        required_keys = ('ip', 'port', 'weight')
        if any(required not in dev for required in required_keys):
            raise ValueError(
                '%r is missing at least one the required key %r' % (
                    dev, required_keys))
        dev['weight'] = float(dev['weight'])
        dev['parts'] = 0
        dev.setdefault('meta', '')
        self.devs[dev['id']] = dev
        self.devs_changed = True
```

```
        self.version += 1
        return dev['id']
```

这个函数会先计算新添加设备的 id，id 值可以不是连续的，在设备表中间允许空洞的存在。然后将该设备加入 Ring 的设备表中，最后设置相关 flag，devs_changed 表示设备表有变化，需要进行 rebalance 操作。

在这个函数返回相应值之后，swift.cli.ringbuilder.Commands 类的 add() 函数会再次调用 RingBuilder 类的 save() 函数将更新过的 Ring 信息写入 builder 文件中。

至此，构建 Ring 的第二个步骤"添加设备到 Ring 中"已经完成，接下来我们需要执行 swift-ring-builder 的 rebalance 操作：

```
# swift/cli/ringbuilder.py


def rebalance():
    devs_changed = builder.devs_changed
    min_part_seconds_left = builder.min_part_seconds_left
    try:
        last_balance = builder.get_balance()
        last_dispersion = builder.dispersion
        # 调用 RingBuilder 类的 rebalance() 函数
        parts,balance,removed_devs=builder.rebalance(seed=get_seed(3))
        dispersion = builder.dispersion
    except exceptions.RingBuilderError as e:
        print('-' * 79)
        print("An error has occurred during ring validation. Common\n"
            "causes of failure are rings that are empty or do not\n"
            "have enough devices to accommodate the replica count.\n"
            "Original exception message:\n %s" %
            (e,))
        print('-' * 79)
        exit(EXIT_ERROR)
    if not (parts or options.force or removed_devs):
        # 没有 Partition 需要移动的情况有两种，一种是经过 rebalance 操作的计算后
        # 确实没有 Partition 需要移动。另一种是由于 min_part_hours 参数
        # 的限制，在 min_part_hours 时间内只允许移动一个 Partition
        print('No partitions could be reassigned.')
        print('There is no need to do so at this time')
        exit(EXIT_WARNING)
    …
    try:
        # 验证生成的 Ring 的一致性
        builder.validate()
    except exceptions.RingValidationError as e:
```

```
            print('-' * 79)
            print("An error has occurred during ring validation. Common\n"
                  "causes of failure are rings that are empty or do not\n"
                  "have enough devices to accommodate the replica count.\n"
                  "Original exception message:\n %s" %
                  (e,))
            print('-' * 79)
            exit(EXIT_ERROR)
        print('Reassigned %d (%.02f%%) partitions. '
              'Balance is now %.02f. '
              'Dispersion is now %.02f' % (
                  parts, 100.0 * parts / builder.parts,
                  balance,
                  builder.dispersion))
    status = EXIT_SUCCESS
```

　　rebalance()函数首先调用 swift.common.ring.builder.RingBuilder 类的 get_balance()函数来获取当前 Ring 的 balance 值，这个值标识了一个 Ring 的平衡程度，也就是健康状况，这个值越高表示这个 Ring 越需要进行 rebalance 操作。一个健康的 Ring 的 balance 值应该是 0。

　　Ring 的 balance 值取决于所有 Device 的 balance 值，一个 Device 的 balance 值是指将超过这个 Device 所希望接纳的 Partition 个数的 Partition 数量除以该 Device 所希望接纳的 Partition 个数，然后乘以 100 所得到的值。比如，一个 Device 所希望接纳的 Partition 个数是 123 个，结果现在它接纳了 124 个 Partition，那么这个 Device 的 balance 的值就是（124-123）/123×100 = 0.83。在一个 Ring 中，取所有 Device 的 balance 值的最大值作为该 Ring 的 balance 值。

　　如果 Ring 没有 Device 的变化（添加或删除），并且在进行 rebalance 操作之前和之后的 balance 值相差小于 1，则认为该 Ring 不需要 rebalance，不会生成新的 Ring 文件。

　　同前两个步骤一样，rebalance 操作的实际工作仍然是由 swift.common.ring.builder.RingBuilder 类的 rebalance()函数来完成的：

```
# swift/common/ring/builder.py

    def rebalance(self, seed=None):
        """
        这是 RingBuilder 的主要功能函数。它会根据设备权重、Zone 的信息（尽可能地
        将 Partition 的副本分配到不在一个 Zone 的设备上），以及近期的分配情况等
        信息，重新对 Partition 进行分配

        这个函数并不是 partition 分配的最佳方法（最佳方法会进行更多的分析从而占用
        更多的时间）。因此，此函数会一直进行 rebalance 操作直到这个 Ring 的 balance 值
        小于 1%，或者 balance 值的变化小于 1%
        """
```

6.1.3 Swift API

Swift 以 RESTful API 的形式提供自己的 API。Proxy Server 承担了类似于 nova-api 服务的角色，负责接收并转发用户的 HTTP 请求。

Swift API 主要提供了以下功能。

- 存储对象，并没有限制对象的个数。单个对象的大小默认最大值为 5GB，这个最大值是用户可以自行配置的。
- 对于超过最大值的对象，可以通过大对象（Large Object）中间件进行上传和存储。
- 压缩对象。
- 删除对象，可以批量删除。

Swift 的对象在逻辑上分为 Account、Container 和 Object 三个层次，Swift API 也可以被分为针对 Account 的操作、针对 Container 的操作及针对 Object 的操作，比如，针对 Account 可以列出其中的所有 Container。

如果从 swiftclient 开始算起，Swift API 的执行过程主要包括几个阶段：swiftclient 将用户命令转换为标准 HTTP 请求；Paste Deploy 将请求路由到 proxy-server WSGI Application；根据请求内容调用相应的 Controller（AccountController、ContainerController 或 ObjectController）来处理请求，该 Controller 会将请求转发给特定存储节点上的 WSGI Server（Account Server、Container Server 或 Object Server）；Account Server、Container Server 或 Object Server 接收到 Proxy Server 转发的 HTTP 请求并进行处理。

第一个阶段的过程与 Nova API 相同，因此我们从第二个阶段开始介绍 Swift API 的执行过程。

1. HTTP 请求到 WSGI Application

Proxy Server 的入口是 bin/swift-proxy-server 文件：

```
from swift.common.wsgi import run_wsgi

if __name__ == '__main__':
    conf_file, options = parse_options()
    sys.exit(run_wsgi(conf_file, 'proxy-server', **options))
```

run_wsgi()函数会启动 Proxy Server 监听用户的 HTTP 请求，Paste Deploy 会在这个 WSGI Server 创建时参与进来，基于 Paste 配置文件/etc/swift/proxy-server.conf 加载 WSGI Application。

在之后 swift-proxy-server 的运行过程中，Paste Deploy 会将监听到的 HTTP 请求根据 Paste 配置文件准确地路由到特定的 WSGI Application 中：

```
[pipeline:main]
pipeline = catch_errors gatekeeper healthcheck proxy-logging cache container_sync
bulk tempurl ratelimit tempauth container-quotas account-quotas slo dlo proxy-logging
proxy-server
```

```
[app:proxy-server]
account_autocreate = true
conn_timeout = 20
node_timeout = 120
use = egg:swift#proxy

[filter:slo]
use = egg:swift#slo
```

在 pipeline 里除了最后一个 proxy-server，其他 WSGI Application 都是作为 Filter 的角色。egg:swift#proxy 表示使用 Swift 包中的 proxy 模块，egg:swift#slo 表示使用 Swift 包中的 slo 模块。这些模块都在 setup.cfg 文件的 entry_points 中进行了配置，可以使用 Setuptools 加载：

```
[entry_points]
paste.app_factory =
    proxy = swift.proxy.server:app_factory
    object = swift.obj.server:app_factory
    mem_object = swift.obj.mem_server:app_factory
    container = swift.container.server:app_factory
    account = swift.account.server:app_factory

paste.filter_factory =
    dlo = swift.common.middleware.dlo:filter_factory
    slo = swift.common.middleware.slo:filter_factory
    …
```

根据 setup.cfg 文件的配置，Paste Deploy 最终将使用 swift.proxy.server 模块的 app_factory()函数构建 proxy-server 这个 WSGI Application。

2. WSGI Application 到对应的 Controller

proxy-server 将根据请求中的信息调用相应 Controller 中的函数进行处理。与对象的 3 个层次相对应，Controller 有 3 种：AccountController、ContainerController 和 ObjectController。这 3 种 Controller 的实现都位于 swift/proxy/controllers 目录下。下面以 AccountController 为例：

```
class AccountController(Controller):
    @public
    def PUT(self, req):
        # account_ring 即为 Proxy Server 在初始化时为 Account 创建的 Ring
        # get_nodes()函数返回包含该 Account 内容的 Partition
        account_partition, accounts = \
            self.app.account_ring.get_nodes(self.account_name)
        headers = self.generate_request_headers(req, transfer=True)
        clear_info_cache(self.app, req.environ, self.account_name)
        # make_requests()函数会首先获得包含该 Partition 及其副本的所有节点，然后依次
        # 将请求发送到每个节点，直到其中一个节点返回正确的结果为止
```

```
        resp = self.make_requests(
            req, self.app.account_ring, account_partition, 'PUT',
            req.swift_entity_path, [headers] * len(accounts))
    self.add_acls_from_sys_metadata(resp)
    return resp
```

3. 存储节点上的 Account Server、Container Server 或 Object Server

用户的 HTTP 请求被 AccountController、ContainerController 与 ObjectController 分别转发给存储节点上的 Account Server、Container Server 和 Object Server。这 3 个服务与 Proxy Server 一样也是 WSGI Server，并通过 run_wsgi() 函数启动，通过 Paste Deploy 加载对应的 WSGI Application。

1）Account Server

Account Server 的 Paste 配置文件位于/etc/swift/account-server/目录下：

```
[pipeline:main]
pipeline = healthcheck recon account-server

[app:account-server]
use = egg:swift#account
```

类似于前文对 Proxy Server 的分析，结合 Paste 配置文件与 setup.cfg 文件中的设置，Paste Deploy 最终将使用 swift.account.server 模块的 app_factory() 函数加载 Account Server 的 WSGI Application，即 swift.account.server.AccountController。

这里的 Controller 与上述 swift/proxy/controllers 目录下的 Controller 不同，后者的作用是将用户的 HTTP 请求转发给 Account Server，而前者则是对该请求的最终处理。

下面以 PUT 操作为例，针对 Account 的 PUT 操作有两种语义：创建一个 Account；创建 Account 中的 Container。它们的区别在于路径参数是否包含 Container 的信息。例如：

```
class AccountController(object):
    def PUT(self, req):
        """Handle HTTP PUT request."""
        # 从请求参数 req 中获取 Drive、Partition、Account 及 Container 的信息
        drive, part, account, container = \
            get_container_name_and_placement(req)
        try:
            check_drive(self.root, drive, self.mount_check)
        except ValueError:
            return HTTPInsufficientStorage(drive=drive, request=req)
        if not self.check_free_space(drive):
            return HTTPInsufficientStorage(drive=drive, request=req)
        # 如果 Container 的信息不为空，则将该请求视为创建某 Account 中的 Container
        if container:
            if 'x-timestamp' not in req.headers:
```

```
        timestamp = Timestamp(time.time())
    else:
        timestamp = valid_timestamp(req)
    pending_timeout = None
    container_policy_index = \
        req.headers.get('X-Backend-Storage-Policy-Index', 0)
    if 'x-trans-id' in req.headers:
        pending_timeout = 3

    # 构建并返回一个 AccountBroker 类的实例。AccountBroker 类继承于
    # DatabaseBroker 类，其内部包含针对 Account 数据库文件的操作函数
    # 如前文所述，我们可以把 Partition 理解为一个目录，每一个 Partition 中
    # 的 Account 数据是以这个目录中的数据库文件的形式而存在的
    # 该 Partition 中的每一个 Account 都对应着一个数据库文件
    # AccountBroker 类将操作 Account 数据库文件的函数加以封装
    # 作为其成员函数来使用
    broker = self._get_account_broker(drive, part, account,
                                      pending_timeout=pending_timeout)

    # 如果该 Account 的数据库文件尚未存在，则调用 AccountBroker 类的
    # initialize() 函数创建该数据库文件
    if account.startswith(self.auto_create_account_prefix) and \
            not os.path.exists(broker.db_file):
        try:
            broker.initialize(timestamp.internal)
        except DatabaseAlreadyExists:
            pass
    if req.headers.get('x-account-override-deleted','no').lower()\
        != 'yes' and broker.is_deleted():
        return HTTPNotFound(request=req)

    # 通过调用 AccountBroker 类的 put_container() 函数将 Container 的信息
    # 写入该 Account 的数据库文件中
    broker.put_container(container,req.headers['x-put-timestamp'],
                         req.headers['x-delete-timestamp'],
                         req.headers['x-object-count'],
                         req.headers['x-bytes-used'],
                         container_policy_index)
    if req.headers['x-delete-timestamp'] > \
            req.headers['x-put-timestamp']:
        return HTTPNoContent(request=req)
    else:
        return HTTPCreated(request=req)
# 如果 Container 的信息为空，则将该请求视为创建 Account
```

```
else:
    timestamp = valid_timestamp(req)

    # 获取一个 AccountBroker 类的实例
    broker = self._get_account_broker(drive, part, account)
    # 如果该 Account 的数据库文件尚未存在，则创建该数据库文件
    if not os.path.exists(broker.db_file):
        try:
            broker.initialize(timestamp.internal)
            created = True
        except DatabaseAlreadyExists:
            created = False
    elif broker.is_status_deleted():
        return self._deleted_response(broker, req, HTTPForbidden,
                                      body='Recently deleted')
    else:
        created = broker.is_deleted()
        broker.update_put_timestamp(timestamp.internal)
        if broker.is_deleted():
            return HTTPConflict(request=req)
    self._update_metadata(req, broker, timestamp)
    if created:
        return HTTPCreated(request=req)
    else:
        return HTTPAccepted(request=req)
```

2）Container Server

类似于 Account Server，Paste Deploy 最终将使用 swift.container.server 模块的 app_factory()函数加载 Container Server 的 WSGI Application，即 swift.container.server.ContainerController。

下面以 GET 操作为例：

```
class ContainerController(object):
    def GET(self, req):
        """Handle HTTP GET request."""
        # 从请求参数 req 中获取 Drive、Partition、Account、Container
        # 及 Object 的信息
        drive, part, account, container, obj = \
            get_obj_name_and_placement(req)
        # prefix、delimiter、marker、end_marker 可以作为查询 Object 的条件
        # 比如，可以利用参数 prefix 查询前缀为某个字符串的 Object
        path = get_param(req, 'path')
        prefix = get_param(req, 'prefix')
        delimiter = get_param(req, 'delimiter')
        marker = get_param(req, 'marker', '')
```

```
        end_marker = get_param(req, 'end_marker')
        limit = constraints.CONTAINER_LISTING_LIMIT
        given_limit = get_param(req, 'limit')
        reverse = config_true_value(get_param(req, 'reverse'))
        out_content_type = get_listing_content_type(req)

        # 获取一个 ContainerBroker 类的实例。与 Account Server 类似
        # Container 的相关信息也是作为一个 SQLite 数据库文件存放于相应 Partition 的
        # 目录下的。ContainerBroker 类封装了对该数据库文件进行访问的方法
        broker =self._get_container_broker(drive, part, account, container,
                                    pending_timeout=0.1,
                                    stale_reads_ok=True)
        # 判断是否被删除
        info, is_deleted = broker.get_info_is_deleted()
        …

        # 调用 ContainerBroker 类的 list_objects_iter() 函数读取 Container 数
        # 据库文件，返回 Object 信息的列表
        container_list = broker.list_objects_iter(
            limit, marker, end_marker, prefix, delimiter, path,
            storage_policy_index=info['storage_policy_index'])
        return self.create_listing(req, out_content_type, info,
                resp_headers, broker.metadata, container_list, container)
```

3）Object Server

同样，Paste Deploy 最终将使用 swift.obj.server 模块的 app_factory()函数加载 Object Server 的 WSGI Application，即 swift.obj.server.ObjectController。

下面以 DELETE 操作为例：

```
class ObjectController(object):
    def DELETE(self, request):
        """Handle HTTP DELETE requests for the Swift Object Server."""
        # 从请求参数 req 中获取 Device、Partition、Account、Container、Object
        # 及 Storage Policy 的相关信息
        device, partition, account, container, obj, policy = \
            get_obj_name_and_placement(request)
        req_timestamp = valid_timestamp(request)
        next_part_power =request.headers.get('X-Backend-Next-Part-Power')
        try:
            # Swift 将 Object 在磁盘上的二进制数据抽象为一个 DiskFile 类，该类封装了
            # 创建、删除及读写 Object 等方法。通过使用不同的 DiskFile 类可以
            # 达到实现不同 Object Server 的目的
            # 此处通过调用 get_diskfile()方法获取一个 DiskFile 类的实例
            disk_file = self.get_diskfile(
```

```
                device, partition, account, container, obj,
                policy=policy)
        except DiskFileDeviceUnavailable:
            return HTTPInsufficientStorage(drive=device, request=request)
        try:
            # 读取元数据
            orig_metadata = disk_file.read_metadata()
        except DiskFileXattrNotSupported:
            return HTTPInsufficientStorage(drive=device, request=request)
        except DiskFileExpired as e:
            # 过期处理
            orig_timestamp = e.timestamp
            orig_metadata = e.metadata
            response_class = HTTPNotFound
        except DiskFileDeleted as e:
            # 已经被删除
            orig_timestamp = e.timestamp
            orig_metadata = {}
            response_class = HTTPNotFound
        except (DiskFileNotExist, DiskFileQuarantined):
            # 不存在或被 Auditor 隔离（数据损坏）
            orig_timestamp = 0
            orig_metadata = {}
            response_class = HTTPNotFound
        else:
            orig_timestamp = Timestamp(orig_metadata.get('X-Timestamp', 0))
            if orig_timestamp < req_timestamp:
                response_class = HTTPNoContent
            else:
                response_class = HTTPConflict
        response_timestamp = max(orig_timestamp, req_timestamp)

        # Swift 为 Object 提供了名称为 X-Delete-At 的 Metadata。X-Delete-At
        # 的意思是如果到了 X-Delete-At 所表示的时间戳，则将 Object 删除
        # 这个功能主要是为 object-expirer 准备的。object-expirer 是一个后台程序
        # 它会定期检查，并且删掉那些已经过期的 Object
        # 参数 x-if-delete-at 的意思是如果 X-Delete-At 的值等于 x-if-delete-at
        # 则删掉该 Object
        orig_delete_at = int(orig_metadata.get('X-Delete-At') or 0)
        try:
            req_if_delete_at_val = request.headers['x-if-delete-at']
            req_if_delete_at = int(req_if_delete_at_val)
        except KeyError:
            pass
```

```
        except ValueError:
            return HTTPBadRequest(
                request=request,
                body='Bad X-If-Delete-At header value')
        else:
            if not orig_timestamp:
                return HTTPNotFound()
            if orig_delete_at != req_if_delete_at:
                return HTTPPreconditionFailed(
                    request=request,
                    body='X-If-Delete-At and X-Delete-At do not match')
            else:
                response_class = HTTPNoContent
    if orig_delete_at:
        # 更新 Container 的 delete_at 信息
        self.delete_at_update('DELETE', orig_delete_at, account,
                              container, obj, request, device,
                              policy)
    if orig_timestamp < req_timestamp:
        # 删除 Object 二进制文件，这里并没有真正地将文件删除，而是创建了一个
        # 后缀为.ts（tombstone）的文件作为这个 Object 的最新版本，后续由
        # Replicator 来进行真正的删除操作。Replicator 是后台程序，不需要占用
        # DELETE 操作的时间
        try:
            disk_file.delete(req_timestamp)
        except DiskFileNoSpace:
          return HTTPInsufficientStorage(drive=device, request=request)
        # 更新 Container
        self.container_update(
            'DELETE', account, container, obj, request,
            HeaderKeyDict({'x-timestamp': req_timestamp.internal}),
            device, policy)
    return response_class(
        request=request,
        headers={'X-Backend-Timestamp': response_timestamp.internal})
```

6.1.4　认证

Swift 通过 Proxy Server 接收用户 RESTful API 请求时，需要先通过认证服务对用户的身份进行认证，在认证通过后，Proxy Server 才会真正地处理用户请求并响应。

Swift 支持外部和内部两种认证方式。一般来说，外部的认证是指通过 Keystone 服务来认证，内部的认证是指通过 Swift 的 WSGI 中间件 Tempauth 来认证。无论通过何种方式，用户都需要先将自

己的 Credential 提交给认证系统,然后认证系统会返回给用户一个文本形式的 Token。这个 Token 有一定的时效性,并且 Token 验证的结果会被缓存。用户可以在 Token 尚未过期的时间内通过在请求中指定 Token 来访问 Swift 服务。

具体使用何种认证方式可以在 Proxy Server 的 Paste Deploy 配置文件/etc/swift/proxy-server.conf 中进行设置:

```
[pipeline:main]
pipeline = catch_errors gatekeeper healthcheck proxy-logging cache container_sync
bulk tempurl ratelimit tempauth container-quotas account-quotas slo dlo proxy-logging
proxy-serve
```

Swift 默认采用 Tempauth 认证方式。由于该认证方式采用 WSGI 中间件的形式,因此我们可以很容易地实现一个自己的认证服务,用来替换 Keystone 或 Tempauth。下面以 Keystone 为例介绍 Swift 认证过程,如图 6-7 所示。

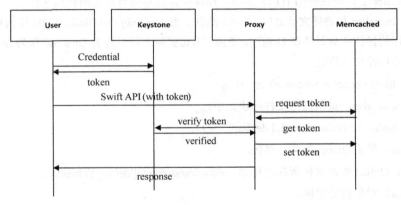

图 6-7 Swift 认证过程

如果使用 Tempauth 认证方式,则需要在 proxy-server.conf 的 tempauth 部分定义用户的信息,其格式如下:

```
user_<account>_<user> = <key> [group] [group] [...] [storage_url]
```

key 就是密码。group 有两种:一种是.reseller_admin,具有对任何 Account 进行操作的权限;另一种是.admin,只能对所在 Account 进行操作。如果没有设置这两种 group 的任何一个,则该用户只能访问那些.admin 与.reseller_admin 所允许的 Container。最后的 storage_url 用于在认证之后向用户返回 Swift 的 URL。以下是 proxy-server.conf.sample 中提供的例子:

```
user_admin_admin = admin .admin .reseller_admin
user_test_tester = testing .admin
user_test2_tester2 = testing2 .admin
user_test_tester3 = testing3
```

如果希望使用 Keystone 认证方式，则需要在 pipeline 中指定 authtoken 及 keystoneauth 中间件，并且 authtoken 需要排在 keystoneauth 之前，同时需要在 proxy-server.conf 中进行相应的配置。

6.1.5 对象管理与操作

我们已经知道，Swift 通过 Account、Container 与 Object 三个层次进行对象的组织与管理，同时对象最终将以二进制文件的形式存储在物理的存储节点上，那么这里的问题就是 Swift 如何描述一个对象，并将抽象的对象与实际的文件联系起来。

1. DiskFile

通常为了描述一个 Account、Container 或对象，我们应该以 class Account 的形式去定义一个类，并将相关的操作进行封装，但是在 Swift 中，只能以 class AccountController 的形式去定义一个类，并由各个 Controller 去处理接收的 HTTP 请求，操作保存在存储节点上的相应文件。

在 ObjectController 与物理文件之间，Swift 提供了类 swift.obj.diskfile.DiskFile 作为桥梁，所有针对具体对象文件的操作都被封装在 DiskFile 里面，因此实际上可以将类 DiskFile 作为 Swift 对对象的描述，它的部分属性如下所述。

- name，值为/<account>/<container>/<obj>。
- disk_chunk_size，每次操作文件的块大小。
- device_path，如/srv/node/node['device']。
- data_file，存放 Object 的文件路径。
- datadir，Object 数据文件所在的目录，如/srv/node/node['device']/objects/。
- metadata，对象的元数据。

它所封装的文件操作都对应了对象的 RESTful API，如表 6-1 所示。

表 6-1　对象的 RESTful API

方　　法	URI	描　　述
GET	/v1/{account}/{container}/{object} {?signature,expires, multipart-manifest}	下载 Object 的内容并获取该 Object 的 metadata
PUT	/v1/{account}/{container}/{object} {?multipart-manifest, signature,expires}	用传递进来的数据内容及 metadata 创建或替换一个 Object
COPY	/v1/{account}/{container}/{object}	复制一个 Object
DELETE	/v1/{account}/{container}/{object} {?multipart-manifest}	永久性删除一个 Object
HEAD	/v1/{account}/{container}/{object} {?signature,expires}	获取 Object 的 metadata
POST	/v1/{account}/{container}/{object}	创建或更新 Object 的 metadata

但是，不同的存储介质或不同的文件系统对于文件的操作方式可能会有些差异，我们无法用一个类 DiskFile 涵盖所有的情况，为了支持不同的存储后端（Storage Backend），Swift 引入了 PBE（Pluggable Backends，可插拔后端，亚特兰大 Summit 上 Swift 的热门话题之一）的概念。

PBE 通过实现特定的类 DiskFile 去支持新的存储后端，因为 ObjectController 负责响应 RESTful API 并通过类 DiskFile 进行具体的文件操作，所以所有的类 DiskFile 实现必须满足 ObjectController 处理流程的需要，官方文档中的 Back-end API for Object Server RESTful APIs 给出了需要实现的接口的详细描述，比如，所有的 DiskFile 必须实现对象内容和元数据的读写。

Swift 提供了一个简单的示例，实现了一个内存文件系统的后端接口。swift.obj.mem_diskfile 按照上面文档中的要求实现了一个新的 DiskFile 类，swift.obj.mem_server 定义了新的 ObjectController，它继承于 swift.obj.server.ObjectController，我们可以修改 Paste Deploy 配置文件/etc/swift/object-server.conf 中的[app:object-server]，使其使用新的 ObjectController：

```
[pipeline:main]
pipeline = healthcheck recon object-server

[app:object-server]
# 默认为 Object，使用 swift.obj.server.ObjectController
use = egg:swift#mem_object
```

2. Storage Policies

对象最终以二进制文件的方式存储在物理节点上，并且 Swift 通过创建多个副本等冗余技术达到了极高的数据持久性，但是副本的采用是以牺牲更多的存储空间为代价的，那么这里的另一个问题就是能否通过其他的技术来减少存储空间的占用。

Swift 在 Kilo 版本中实现了 EC（Erasure Coding）技术来减少存储空间。EC 技术将数据分块，再对每块数据加以编码，从而减少对存储空间的需求，并且可以在某块数据被损坏的情况下根据其他块的数据将其恢复，其实就是通过消耗更多计算和网络带宽资源来减少对存储资源的消耗。

为了让 EC 技术和现有的基于副本的实现并存，Storage Policies 应运而生。一个 Storage Policy 可以被简单地理解为一种存储方式或策略，比如要求为每一个 Partition 创建两个副本。

通过为每一个 Storage Policy 配备一个 Object Ring，Swift 实现了对采用不同 Storage Policy 的 Object 采取不同的存储方式。

EC 技术的实现在 Kilo 中还只是作为 beta 版本发布，但是可以说，EC 技术是 Storage Policies 提出的主要原因和动力，Storage Policies 也被设计成一种通用的实现。

举例来说，一个 Swift 的部署可能会存在两个这样的 Storage Policy：一个要求每个 Partition 都有 3 个副本；另一个只要求有两个副本，后者服务级别比较低。另外，还可以存在一个 Storage Policy 包含 SSD 硬件设备，从而使应用 Storage Policy 的用户都能得到较高的存储效率。

使用 Storage Policies 的核心问题就是如何确定一个 Object 的 Storage Policy。我们知道 Swift 按照

Account、Container 和 Object 三个层次来组织对象，一个新创建的 Object 必然包含在一个 Container 中。Swift 要求每个 Container 都有和它相关联的一个 Storage Policy。这种关联是多对一的，也就是说，多个 Container 可以关联到同一个 Storage Policy 上。这种关联关系在 Container 创建时确立，并且不可改变。这样，在某个 Container 里创建的 Object 都将采用这个 Container 所关联的 Storage Policy。

我们可以通过/etc/swift.conf 文件来配置 Storage Policies：

```
# Storage Policies 指定了关于如何存储和对待 Object 的一些属性。每个 Container
# 都与一个 Storage Policy 相关联。这种关联方式是通过为每个 Container 都指定一个
# Storage Policy 的名称来实现的。Storage Policy 的名称区分大、小写字母
# Storage Policy 的索引（index）在配置文件中的每个 Storage Policy section 的 header
# 部分指定。索引被内部代码所使用
# 索引为 0 的 Storage Policy 预留给在 Storage Policy 出现之前创建的 Container 使用
# 可以为索引为 0 的 Storage Policy 指定一个名称以便在元数据中使用
# 但是索引为 0 的 Storage Policy 的 Ring 文件的名称永远是 object.ring.gz，这是
# 为了兼容在 Storage Policy 出现之前创建的 Container
# 如果没有指定 Storage Policy，那么一个名称为 Policy-0、索引为 0 的 Storage Policy
# 会被自动创建
# 使用 default 关键字指定默认的 Storage Policy。在创建新的 Container 时如果
# 没有指定 Storage Policy，则使用默认的 Storage Policy 与其关联
# 如果没有指定默认的 Storage Policy，则将索引为 0 的 Storage Policy 视为默认值
# 如果创建了多个 Storage Policy，则必须指定一个索引为 0 的 Storage Policy 及一个
# 默认的 Storage Policy

# storage-policy:0.
[storage-policy:0]
name = Policy-0
default = yes


# 下面的 section 示范了如何创建一个名称为 silver 的 Storage Policy
# 每一个 Storage Policy 都有一个 Object Ring，在创建这个 Ring 时所指定
# 的副本个数也就是这个 Storage Policy 的副本个数
# 在这个例子中，silver 可以有比上述 Policy-0 多或少的副本数量
# 这个 Storage Policy 的 Ring 文件名称是 object-1.ring.gz
# 如果把 silver 作为默认的 Storage Policy，则当一个 Container 被创建时
# 没有指定 Storage Policy，这个 Container 就会与 silver 相关联
# 但是如果 Swift 访问的是一个在 Storage Policy 出现之前创建的 Container
# 则该 Container 所关联的依然是索引号为 0 的 Storage Policy
# [storage-policy:1]
# name = silver
```

下面以 Policy-0 为例，[storage-policy:0]说明 Storage Policy 的索引（index）是 0。Storage Policies 的内部实现采用索引而非名称来检索。

name = Policy-0 说明该 Storage Policy 的名称为 Policy-0。

---

default = yes 说明该 Storage Policy 是默认的 Storage Policy。

可以看到，在定义 Policy-0 之后，在注释里面又定义了一个名称为 silver、索引为 1 的 Storage Policy。

Storage Policy 和 Object Ring 之间的 1∶1 映射是通过索引来建立的。索引为 0 的 Storage Policy 所对应的 Ring 文件的名称为 object.ring.gz。索引为 1 的 Storage Policy 所对应的 Ring 文件的名称为 object-1.ring.gz，以此类推。

那么如何在创建一个 Container 时指定使用何种 Storage Policy 呢？这可以通过一个特殊的 Request header——X-Storage-Policy 来实现。如果通过 X-Storage-Policy 指定了所使用的 Storage Policy 的名称，则 Container 就和该 Storage Policy 相关联，否则就关联到默认的 Storage Policy 上。

Storage Policy 的数据结构为类 swift.common.storage_policy.StoragePolicy，我们并不需要通过实例化类 StoragePolicy 来创建 Storage Policy，而是推荐使用 swift.common.storage_policy.reload_ storage_policies()函数从 Swift 配置文件/etc/swift/swift.conf 中加载 Storage Policy。

StoragePolicy 类最重要的成员就是 object_ring，也就是 Storage Policy 所对应的 Object Ring。object_ring 既可以在初始化时作为参数被传递进来，也可以通过调用 load_ring()函数从一个 Ring 文件中被读取出来。

那么写在 Swift 配置文件中的 Storage Policy 又是何时被加载到 Swift 的运行系统的呢？这个操作是在 Proxy Server 中完成的。swift.proxy.server 从 swift.common.storage_policy 中 import 了全局变量 POLICIES，并且在 swift.proxy.server.Application 类的 __init__()函数中进行加载：

```
# ensure rings are loaded for all configured storage policies
for policy in POLICIES:
        policy.load_ring(swift_dir)
```

其实质就是为每一个 Storage Policy 加载相应的 Ring。

6.1.6 数据一致性

到目前为止，我们主要介绍的都只是如何在磁盘上存储数据并向用户提供 RESTful API，这看起来并不是难以解决的问题，但是为了能够应用于实际的云环境，Swift 必须考虑应该如何面对数据的损坏或硬件的故障等问题。

Swift 通过为对象引入多个副本来保障数据的损坏或部分硬件的故障不会引起数据的丢失，并通过 Storage Policies 来减轻多个副本所带来的存储资源消耗，但是因此引入了另一个问题：同一对象的多个副本之间的一致性如何保证？

1. NWR 策略

Swift 保证数据一致性的理论依据是 NWR 策略（又称为 Quorum 仲裁协议），其中，N 为数据的副本总数，W 为更新一个数据对象时需要确保成功更新的份数，R 为读取一个数据时需要读取的副本个数。

如果 $W+R>N$，则可以保证某个数据不能同时被两个不同的事务读写。否则，如果有两个事务同时对同一个数据进行读写，则在 $W+R>N$ 的情况下，必然会有至少一个副本发生读写冲突。

如果 $W>N/2$，则可以保证两个事务不能并发写同一个数据，否则，必然会有至少一个副本发生写冲突。

既然 Swift 使用了多个副本来保证数据的高持久性，N 就必须大于 1，如果 N 为 2，则只要有一个数据损坏或存储节点故障，就会有数据单点的存在。一旦这个数据再次出错，就可能永久地丢失，所以 N 应该大于 2。但是 N 越高，系统的整体成本也就越高，所以 Swift 默认采用了 $N=3$，$W=2$，$R=2$ 的设置，表示一个对象默认有 3 个副本，至少需要更新两个副本才算写成功，至少需要读两个副本才算读成功。如果 $R=1$，则可能会读取到旧版本的数据。

2. Auditor、Updater 与 Replicator

有时同一数据的各个副本之间会出现不一致的情况，比如，在更新一个 Object 时，依照 NWR 策略，只要有两个副本更新成功，这个更新操作就被认为是成功的，剩下的那个没有更新成功的副本就会与其他两个副本不一致。这时就需要有一种机制来保证各个副本之间的一致性。

Swift 中引入了 3 种后台进程来解决数据的一致性问题：Auditor、Updater 和 Replicator。Auditor 负责数据的审计，通过持续地扫描磁盘来检查 Account、Container 和 Object 的完整性，如果发现数据有所损坏，Auditor 就会对文件进行隔离，然后从其他节点上获取一份完好的副本来替代它，而这个副本的任务则由 Replicator 来完成。此外，前面已经提及，在 Ring 的 rebalance 操作中，需要 Replicator 来完成实际的数据迁移工作，在删除 Object 时，也是由 Replicator 来完成实际的删除操作。

Updater 负责处理那些因为负荷不足等而失败的 Account 或 Container 更新操作。Updater 会扫描本地节点上的 Container 或 Object 数据，然后检查相应的 Account 或 Container 节点上是否存在这些数据的记录。如果不存在这些数据的记录，则将这些数据的记录推送到该 Account 或 Container 节点上。只有 Container 和 Object 有对应的 Updater 进程，并不存在 Account 的 Updater 进程。

这 3 种进程的实现过程类似，这里以 Account 的 Replicator 进程为例。Swift 中存在着两种 Replicator：一种是 Database Replicator，针对的是 Account 和 Container 这两种以数据库形式存在的数据；另一种是 Object Replicator，服务于 Object 数据。

Account 的 Replicator 进程起点为 bin/swift-account-replicator，其工作流程的关键部分如下所述。

- 使用 swift.common.daemon.run_daemon()函数创建后台进程。

与 Account Server、Container Server、Object Server、Proxy Server 等通过 run_wsgi()函数来启动 WSIG Server 不同，Swift 的其他后台进程都是使用 run_daemon()函数来创建的。

对于 Account 的 Replicator 进程来说，它对应的实现类 swift.account.replicator.AccountReplicator 继承自类 swift.common.db_replicator.Replicator（Database Replicator 的基类，ContainerReplicator 也继承自

这个类），而这个类又是 swift.common.daemon.Daemon 的子类，并实现了 run_once()及 run_forever()等
函数来完成数据库文件的复制。

- Replicator 进程的主要工作由 run_once()函数完成：

```
def run_once(self, *args, **kwargs):
    # 从 Ring 上获取所有设备，遍历并判断是否为本地设备，如果是，则将该设备对应的
    # datadir = /srv/node/node['device']/accounts 和 node['id']
    # 作为元素存储在字典 dirs 中
    for node in self.ring.devs:
        if node and is_local_device(ips, self.port,
                                    node['replication_ip'],
                                    node['replication_port']):
            found_local = True
            if self.mount_check and not ismount(
                    os.path.join(self.root, node['device'])):
                self._add_failure_stats(
                    [(failure_dev['replication_ip'],
                      failure_dev['device'])
                     for failure_dev in self.ring.devs if failure_dev])
                self.logger.warning(
                    _('Skipping %(device)s as it is not mounted') % node)
                continue
            unlink_older_than(
                os.path.join(self.root, node['device'], 'tmp'),
                time.time() - self.reclaim_age)
            datadir = os.path.join(self.root, node['device'], self.datadir)
            if os.path.isdir(datadir):
                self._local_device_ids.add(node['id'])
                dirs.append((datadir, node['id']))
    if not found_local:
        self.logger.error("Can't find itself %s with port %s in ring "
                          "file, not replicating",
                          ", ".join(ips), self.port)
    self.logger.info(_('Beginning replication run'))
    # 遍历 node['device']/accounts 下的每个文件 object_file（这个目录中的具体
    # partition 目录下以.db 为后缀的文件，如 partition/suffix/*.db），并调用
    # _replicate_object()函数复制本地指定 Partition 中的数据到指定节点
    # 从而实现各个副本之间的同步
    for part, object_file, node_id in roundrobin_datadirs(dirs):
        self.cpool.spawn_n(
            self._replicate_object, part, object_file, node_id)
    self.cpool.waitall()
    self.logger.info(_('Replication run OVER'))
    self._report_stats()
```

- 具体的复制逻辑由_replicate_object()函数完成。

_replicate_object()函数首先获取该 Partition 所在的所有存储节点，并依次向这些目标节点发送
HTTP REPLICATE 复制请求，实现本地文件到远程指定节点的同步操作（采用 push 模式，而不是 pull
模式）。

在收到响应后，通过比较 Hash 值和同步点来判断复制后的两个副本是否一致，即复制操作是否
成功。如果判断不成功，则需要比较两个副本的差异程度。如果差异程度超过 50%，意味着差异比
较大，则可以通过 rsync 命令实现全部数据的同步。否则，只是发送自上一次同步以来的所有数据变
化来实现两个副本的一致性。

6.2　Cinder

Cinder 的前身是 Nova 中的 nova-volume 服务，在 Folsom 版本发布时，它从 Nova 中被剥离而作
为一个独立的 OpenStack 项目存在。

6.2.1　Cinder 体系结构

与 Nova 利用主机本地存储为虚拟机提供的临时存储不同，Cinder 类似于亚马逊的 EBS（Elastic
Block Storage），为虚拟机提供持久化的块存储能力，实现虚拟机存储卷（Volume）的创建、挂载、卸
载、快照（Snapshot）等生命周期管理。

不同于 Swift 在存储数据与具体存储设备和文件系统之间引入了"对象"的概念作为一层抽象，
Cinder 在虚拟机与具体存储设备之间引入了一层"逻辑存储卷"的抽象，因此 Swift 提供的 RESTful API
主要用于对象的访问，Cinder 提供的 RESTful API 则主要用于逻辑存储卷的管理。Cinder 架构如图 6-8
所示。

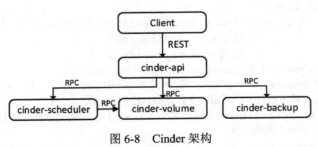

图 6-8　Cinder 架构

由图 6-8 可以看出，目前的 Cinder 主要由 cinder-api、cinder-scheduler、cinder-volume 及 cinder-backup
服务所组成，它们之间通过 AMQP 消息队列进行通信。

- cinder-api 是进入 Cinder 的 HTTP 接口。

- cinder-volume 运行在存储节点上，管理具体存储设备的存储空间。每个存储节点上都会运行一个 cinder-volume 服务，多个这样的节点共同构成了一个存储资源池。

- cinder-scheduler 会根据预定的策略（如不同的调度算法）选择合适的 cinder-volume 节点来处理用户的请求。在用户的请求没有指定具体的存储节点时，会使用 cinder-scheduler 选择一个合适的节点。如果用户的请求已经指定了具体的存储节点，则该节点上的 cinder-volume 会进行处理，并不需要 cinder-scheduler 的参与。

- cinder-backup 用于提供存储卷的备份功能，支持将块存储卷备份到 OpenStack 备份存储后端，如 Swift、Ceph、NFS 等。

如前文所述，Cinder 在虚拟机与具体存储设备之间引入了一层"逻辑存储卷"的抽象，但 Cinder 本身并不是一种存储技术，并没有实现对块设备的实际管理和服务。它只是提供了一个中间的抽象层，为后端不同的存储技术，如 DAS、NAS、SAN、对象存储及分布式文件系统等，提供了统一的接口。不同的块设备服务厂商在 Cinder 中以驱动的形式实现这些接口来与 OpenStack 进行整合。更为细化的 Cinder 架构如图 6-9 所示。

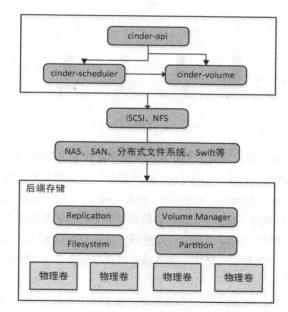

图 6-9　更为细化的 Cinder 架构

Cinder 默认使用 LVM（Logical Volume Manager）作为后端存储（Backend Storage），并由 Heinz Mauelshagen 于 Linux 2.4 内核中实现。

通常我们在 Linux 里使用 fdisk 工具来分割并管理磁盘的分区，比如，将磁盘/dev/sda 分割为/dev/sda1

与/dev/sda2 两个分区来分别满足不同的需要，但是这种手段非常生硬，比如，需要重新引导系统来使分区生效。

而 LVM 通过在操作系统与物理存储资源之间引入逻辑卷（Logical Volume）的抽象来解决传统磁盘分区管理工具的问题。LVM 将众多不同的物理存储器资源（物理卷，Physical Volume，如磁盘分区）组成卷组。卷组可以被理解为普通系统中的物理磁盘，但是在卷组上并不能创建或安装文件系统，而是需要 LVM 从卷组中创建一个逻辑卷，然后将 ext3、ReiserFS 等文件系统安装在这个逻辑卷上，我们可以在不重新引导系统的前提下，通过在卷组里划分额外的空间为这个逻辑卷动态扩容。

如图 6-10 所示，LVM 由 4 个磁盘分区组成，LVM 在由这 4 个磁盘分区组成的卷组上创建了多个逻辑卷作为逻辑分区。如果需要为一个逻辑分区扩充存储空间，则只需从剩余空间上分配一些给该逻辑分区使用。

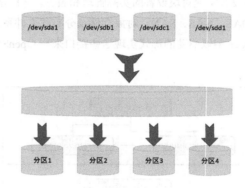

图 6-10　LVM 示例

除了 LVM，目前 Cinder 已经以驱动的形式支持众多存储技术或存储厂商的设备作为后端存储，如 SAN（Storage Area Network）、Ceph、Sheepdog，以及 EMC、华为等厂商的设备。

SAN 可以采用 FC（Fibre Channel，光线通道）技术，通过 FC 交换机连接存储阵列和服务器主机，建立专用于数据存储的区域网络。但是 FC 设备价格比较昂贵，为了降低成本，SAN 可以使用基于 IP 协议的 iSCSI 协议建立，并不受 SCSI 协议的布局限制。这是因为 SCSI 协议通常要求设备互相靠近并使用 SCSI 总线连接，而 iSCSI 协议可适用于服务器主机和存储设备在 TCP/IP 网络上进行大量数据的可靠传输。

Sheepdog 是一个类似于 Ceph 的分布式存储系统开源实现，由 NTT 的 3 名日本研究员开发。淘宝也是 Sheepdog 社区的主要贡献者。近年来，Sheepdog 已经逐渐被淘汰，目前主流使用的是 Ceph。

1. Cinder 源码目录结构

```
.
├── api-ref
```

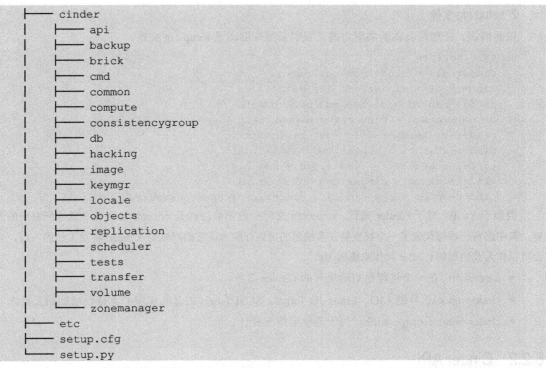

```
├──── cinder
│      ├──── api
│      ├──── backup
│      ├──── brick
│      ├──── cmd
│      ├──── common
│      ├──── compute
│      ├──── consistencygroup
│      ├──── db
│      ├──── hacking
│      ├──── image
│      ├──── keymgr
│      ├──── locale
│      ├──── objects
│      ├──── replication
│      ├──── scheduler
│      ├──── tests
│      ├──── transfer
│      ├──── volume
│      └──── zonemanager
├──── etc
├──── setup.cfg
└──── setup.py
```

- cinder：Cinder 的核心代码。比如，api、backup、scheduler、volume 子目录分别是 cinder-api、cinder-backup、cinder-scheduler、cinder-volume 等服务的具体实现。

- cinder/cmd：一些启动脚本，以及工具性脚本。比如，cinder-api 负责启动 cinder-api 服务，cinder-manage 则是用于 Cinder 管理的命令行接口。

- cinder/common：一些公共代码。比如，common/config.py 定义了一些配置参数信息。

- cinder/compute：导入 Compute API，默认为 cinder.compute.nova.API，定义了一些通过 Nova 客户端实现快照处理等操作的方法。

- cinder/image：实现使用 Glance 作为后端的镜像服务，有些操作通过 Glance 客户端调用 Glance 中的相应方法实现。

- cinder/keymgr：用于密钥管理。

- cinder/replication：管理卷的副本。卷的副本是一个对 HA（High Availability）和容灾恢复（Disaster Recovery）相当关键的存储功能。

- cinder/transfer：处理卷所有权转换相关的请求。比如，卷从一个租户转换到另一个租户。

- cinder/zonemanager：扩展 Cinder 对 FC 的支持。

- etc：配置文件模板，包括 Paste 配置文件等。

2. setup.cfg 文件

依照惯例，在理解具体的实现之前，我们需要仔细浏览 setup.cfg 文件：

```
console_scripts =
    cinder-all = cinder.cmd.all:main
    cinder-api = cinder.cmd.api:main
    cinder-backup = cinder.cmd.backup:main
    cinder-manage = cinder.cmd.manage:main
    cinder-rootwrap = oslo_rootwrap.cmd:main
    cinder-rtstool = cinder.cmd.rtstool:main
    cinder-scheduler = cinder.cmd.scheduler:main
    cinder-volume = cinder.cmd.volume:main
    cinder-volume-usage-audit = cinder.cmd.volume_usage_audit:main
```

类似于 Swift，对于 Cinder 来说，setup.cfg 文件中值得关注的是 console_scripts 关键字所对应的内容，其中的每一项都代表了一个被安装在系统里的可执行脚本，它们同时是 Cinder 各项工作的入口，完全可以作为我们理解 Cinder 具体实现的起点。

- cinder-all：在一个进程里启动所有的 Cinder 服务。

- cinder-rtstool：伴随 LIO（Linux-IO Target，SCSI Target 的开源实现）支持而增加的工具。

- cinder-volume-usage-audit：用于卷使用情况统计。

6.2.2　Cinder API

Cinder API 相关源码位于 cinder/api 目录下，具体如下：

```
.
├── contrib
├── middleware
├── openstack
├── v1
├── v2
├── v3
└── views
```

在第 5 章介绍 Nova API 时，我们提到 Nova 中的每个 API 都对应了一种资源。Nova 资源被划分为核心资源与扩展资源，扩展资源根据具体实现的不同又包含其他资源的扩展，或者自己本身就是一种新的资源。

对于 Cinder，我们同样可以如此理解，contrib 目录下存放的就是所有的扩展资源，而核心资源的实现又有 v1、v2 与 v3 这 3 个版本，分别位于 v1、v2 与 v3 目录下。这些 API 的实现主要涵盖了对 Volume、Volume 类型（Volume Type）及 Snapshot 的管理操作。

Volume 类型是用户自定义的卷的一种标识。Cinder 提供了相关的 API 用来自由地创建或删除 Volume 类型。

Snapshot 是一个 Volume 在某个特定时间点的一个快照，因此，Snapshot 是只读的、不可以被改变的。Snapshot 可以被用来创建一个新的 Volume。

与 Nova 不同的是，Nova 的 v3 和 v2.1 API 对应的所有资源作为插件在 setup.cfg 文件的 entry_points 中进行了配置，并使用 stevedore 进行加载，而 Cinder API 无论是 v1、v2 还是 v3 都与 Nova API 的 v1 版本比较类似。扫描 contrib 目录，我们会发现所有的资源依次进行加载。

但是在加载所有的扩展资源时，Cinder 根据配置文件/etc/cinder/cinder.conf 的 osapi_volume_extension 选项的值又分为两种情况：standard_extensions 与 select_extensions。standard_extensions 是指加载 contrib 目录下实现的所有资源，select_extensions 则可以指定加载哪些资源。standard_extensions 为默认的设置：

```
osapi_volume_extension = cinder.api.contrib.standard_extensions
```

如果 osapi_volume_extension 选项的值为 cinder.api.contrib.select_extensions，则可以在 osapi_volume_ext_list 选项中指定要加载资源的列表。

既然 Cinder API 采用了类似 Nova API 的实现方式，那么 Cinder API 的执行过程同样类似于 Nova API，从 cinderclient 开始算起包括 3 个阶段：cinderclient 将用户命令转换为标准 HTTP 请求的阶段；Paste Deploy 将请求路由到具体的 WSGI Application 的阶段，比如，v1 API 对应的 WSGI Application；routes 模块将请求路由到具体函数并执行的阶段。

Cinder API 服务 cinder-api 在第二个阶段开始参与，会创建一个 WSGI Server 去监听用户的 HTTP 请求。Paste Deploy 路由的过程主要依赖于配置文件/etc/cinder/api-paste.ini。例如：

```
[composite:osapi_volume]
use = call:cinder.api:root_app_factory
/: apiversions
/v1: openstack_volume_api_v1
/v2: openstack_volume_api_v2
/v3: openstack_volume_api_v3

[composite:openstack_volume_api_v1]
use = call:cinder.api.middleware.auth:pipeline_factory
noauth = request_id faultwrap sizelimit osprofiler noauth apiv1
keystone = request_id faultwrap sizelimit osprofiler authtoken keystonecontext
apiv1
keystone_nolimit = request_id faultwrap sizelimit osprofiler authtoken
keystonecontext apiv1

[composite:openstack_volume_api_v2]
use = call:cinder.api.middleware.auth:pipeline_factory
noauth = request_id faultwrap sizelimit osprofiler noauth apiv2
keystone = request_id faultwrap sizelimit osprofiler authtoken keystonecontext
apiv2
```

```
    keystone_nolimit = request_id faultwrap sizelimit osprofiler authtoken
keystonecontext apiv2

    [composite:openstack_volume_api_v3]
    use = call:cinder.api.middleware.auth:pipeline_factory
    noauth = cors http_proxy_to_wsgi request_id faultwrap sizelimit osprofiler noauth
apiv3
    keystone = cors http_proxy_to_wsgi request_id faultwrap sizelimit osprofiler
authtoken keystonecontext apiv3
    keystone_nolimit = cors http_proxy_to_wsgi request_id faultwrap sizelimit
osprofiler authtoken keystonecontext apiv3

    [app:apiv1]
    paste.app_factory = cinder.api.v1.router:APIRouter.factory

    [app:apiv2]
    paste.app_factory = cinder.api.v2.router:APIRouter.factory

    [app:apiv3]
    paste.app_factory = cinder.api.v3.router:APIRouter.factory
```

有 3 个 WSGI Application，包括 apiv1、apiv2 和 apiv3 会被加载，它们分别对应 cinder.api.v1. router.APIRouter、cinder.api.v2.router.APIRouter 和 cinder.api.v3.router:APIRouter。这 3 个类继承自 cinder.api.openstack.APIRouter 类：

```
class APIRouter(base_wsgi.Router):
    def __init__(self, ext_mgr=None):
        if ext_mgr is None:
            if self.ExtensionManager:
                ext_mgr = self.ExtensionManager()
            else:
                raise Exception(_("Must specify an ExtensionManager class"))

        mapper = ProjectMapper()
        self.resources = {}
        self._setup_routes(mapper, ext_mgr)
        self._setup_ext_routes(mapper, ext_mgr)
        self._setup_extensions(ext_mgr)
        super(APIRouter, self).__init__(mapper)
```

在 APIRouter 类初始化时，会调用_setup_routes()、_setup_ext_routes()、_setup_extensions()函数分别建立核心资源与扩展资源的路由信息。具体的资源加载过程与 API 执行过程可以查看第 5 章中关于 Nova API 的介绍。

6.2.3　cinder-scheduler

与 Nova 中的调度服务 nova-scheduler 类似，Cinder 的调度服务 cinder-scheduler 也用于选择一个合适的节点，但是不同的是，nova-scheduler 选择的是计算节点来响应用户有关虚拟机生命周期的请求，而 cinder-scheduler 选择的是 cinder-volume 节点来处理用户有关 Volume 生命周期的请求。

同样，cinder-scheduler 选择的方式也可以有很多种。为了便于之后的扩展，Cinder 将一个调度器必须实现的接口提取出来成为 cinder.scheduler.driver.Scheduler，只要继承 Scheduler 类并实现其中的接口，我们就可以实现一个自己的调度器。

目前，Cinder 中只实现了一个调度器 FilterScheduler，但是曾经存在 SimpleScheduler（选择剩余存储空间最多的 Host）和 ChanceFilter（随机挑选满足条件的 Host）两个调度器，它们现在已经被利用 FilterScheduler 的框架重新实现。

不同的调度器不能共存，需要在/etc/cinder/cinder.conf 文件中通过 scheduler_driver 选项指定，默认使用的是 FilterScheduler：

```
scheduler_driver = cinder.scheduler.filter_scheduler.FilterScheduler
```

FilterScheduler 的工作流程基本与 Nova 的 FilterScheduler 调度器相同，如图 6-11 所示。

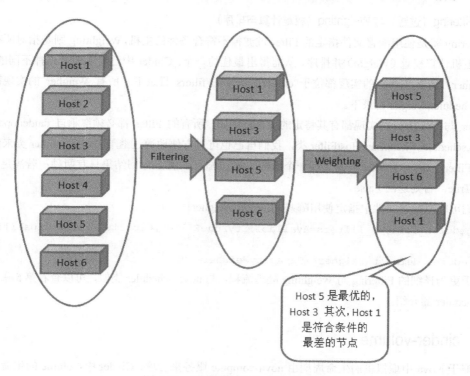

图 6-11　FilterScheduler 的工作流程

FilterScheduler 首先使用指定的 Filter（过滤器）得到符合条件的 cinder-volume 节点，然后对得到的主机列表计算权重并排序，获得最佳的一个。具体来说，这个过程可以分为以下几个阶段。

1. 通过 cinder.scheduler.rpcapi.SchedulerAPI 发出 RPC 请求

通常 OpenStack 项目中各个服务代码所在的目录都会有一个 rpcapi.py 文件，其中定义了该服务所能提供的 RPC 接口。对于 cinder-scheduler 服务来说，其他服务将 cinder.scheduler.rpcapi 模块导入，就可以使用其中定义的接口远程调用 cinder-scheduler 提供的服务。cinder-scheduler 注册的 RPC Server 在接收到 RPC 请求后，会由 cinder.scheduler.manager.SchedulerManager 真正地完成选择 cinder-volume 节点的操作。

2. 从 SchedulerManager 类到调度器（Scheduler 类）

SchedulerManager 类用于接收 RPC 请求，在经过一些参数验证之后，会将请求交由具体的调度器来处理，它在 RPC 客户端和具体的调度器之间起到一个桥梁的作用。

SchedulerManager 类在初始化时会根据配置文件/etc/cinder/cinder.conf 中的 scheduler_driver 的值初始化相应的调度器。

3. Filtering（过滤）与 Weighting（权重计算与排序）

Filtering 就是使用配置文件指定的 Filter 过滤掉不符合条件的主机，Weighting 则是指对所有符合条件的主机计算权重（Weight）并排序，从而得出最佳的一个。Cinder 中已经实现了几种不同的 Filter 和 Weigher，所有 Filter 的实现都位于 cinder/scheduler/filters 目录下，所有 Weigher 的实现都位于 cinder/scheduler/weighs 目录下。

Filter 与 Weigher 的实现都有其特定的要求，比如，所有的 Filter 都必须继承自 cinder.openstack.common.scheduler.filters.BaseHostFilter 类，我们自己也可以方便地通过继承 BaseHostFilter 类来创建一个新的 Filter。新建的 Filter 只需实现一个函数 host_passes()，并且返回结果只有两种：若满足条件，则返回 True，否则返回 False。

我们可以在配置文件中指定使用哪些 Filter 和 Weigher：

```
scheduler_default_filters=AvailabilityZoneFilter,CapacityFilter,Capabilities
Filter
scheduler_default_weighers=CapacityWeigher
```

至于更为详细的 Filtering 与 Weighting 处理流程，与 nova-scheduler 类似，可以查看第 5 章中关于 nova-scheduler 的介绍。

6.2.4 cinder-volume

类似于 Nova 中虚拟机的生命周期由 nova-compute 服务来管理，Cinder 中 Volume 的生命周期由

cinder-volume 服务来管理。

1. cinder-volume 源码目录结构

cinder-volume 服务的代码位于 cinder/volume 目录下：

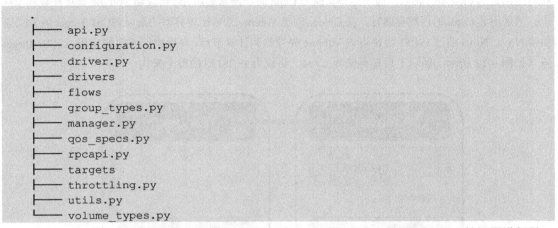

```
.
├── api.py
├── configuration.py
├── driver.py
├── drivers
├── flows
├── group_types.py
├── manager.py
├── qos_specs.py
├── rpcapi.py
├── targets
├── throttling.py
├── utils.py
└── volume_types.py
```

rpcapi.py 文件定义了提供给 RPC 调用的接口 VolumeAPI，api.py 文件又对 RPC 的调用进行了一层封装，其他模块需要导入的是 api 模块。manager.py 文件包含了 cinder-volume 最为核心的代码，其中的 VolumeManager 类用于执行接收到的 RPC 请求，所有有关 Volume 生命周期管理的函数都被包含在内。

如前文所述，不同的后端存储技术与存储厂商的设备以 Driver 的形式在 Cinder 中被支持；driver.py 文件定义了各种 Driver 的基类 VolumeDriver；所有具体 Driver 的实现都位于 drivers 子目录下；configuration.py 文件则为所有的 Driver 实现提供了一些配置相关的支持。

创建好的 Volume 一般会通过 iSCSI Target 的方式展现给 Nova，这样 Nova 可以通过 iSCSI 协议将其连接到计算节点上供虚拟机使用。Cinder 支持多种提供 iSCSI Target 的方法，包括 IET、ISER、LIO 及 TGT 等，相关实现位于 targets 目录下，默认使用的是 TGT（Linux SCSI Target Framework）。

OpenStack 在 Havana 版本中引入了 QoS 特性，并在 Cinder 中提供了一个 QoS Spec（Quality of Service Specifications）框架。每个 QoS Spec 都会与 Volume Type 关联。用户在创建一个卷时可以将该卷与一个 Volume Type 关联，这样就间接使得该卷与特定 QoS Spec 关联。qos_specs.py 文件包含了 QoS Spec 的相关实现，Volume Type 的实现位于 volume_types.py 文件中。

Cinder 大量使用了 TaskFlow 库来控制任务的执行，flows 目录即是相关的实现，其中实现的所有 Task 对象都需要继承 cinder.flow_utils.CinderTask 类。

2. iSCSI/FC/NVMEoF Target

基于 iSCSI 协议能够以较低的门槛实现 SAN 的应用。在 OSI 的七层模型中，iSCSI 属于传输层的协议，规定了 iSCSI Target 和 iSCSI Initiator 之间的通信机制。iSCSI Target 通常是指存储设备，如存放数据的硬盘或磁盘阵列，iSCSI Initiator 则是指能够基于 iSCSI 协议访问 Target 的客户端软件。

除了 iSCSI 和 FC 等传统的协议，如今高速度、低延时的设备逐渐流行，采用的是 NVMEoF 协议，相对应的是 NVMEoF Target。而当后端存储为 Ceph 时，通常采用 rbd 协议将 Volume 直接挂载到 VM 上。当采用非 Ceph 的后端存储时，在 Cinder 创建 Volume 之后比较典型的是以 iSCSI Target 的方式提供给 Nova。Nova 通过 iSCSI 协议将该 Volume 先挂载到计算节点，再提供给虚拟机使用。iSCSI Target 方式如图 6-12 所示，展示了后端存储为 LVM，协议为 iSCSI 时的整个架构。

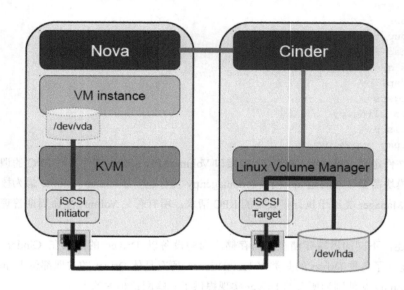

图 6-12 iSCSI Target 方式

3. 后端存储 Driver

为了支持不同的后端存储技术与设备，Cinder 创建了一个 Driver 框架，将所有 Driver 需要实现的接口包含在 cinder.volume.driver.VolumeDriver 类中，我们可以在 Cinder 配置文件中指定使用哪种后端存储的 Driver，并且以哪种方式提供 iSCSI Target，Cinder 默认使用的是 LVMISCSIDriver：

```
volume_driver = cinder.volume.drivers.lvm.LVMISCSIDriver
iscsi_helper = tgtadm
```

cinder.volume.manager.VolumeManager 类在初始化时会根据配置文件的设置初始化指定的 Driver。以默认的 LVMISCSIDriver 为例，上述 VolumeManager、VolumeDriver 与具体 iSCSI Target 提供方式的关系如图 6-13 所示。

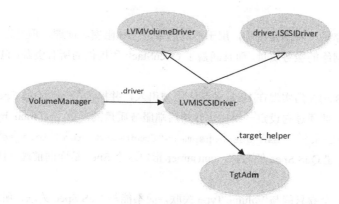

图 6-13　VolumeManager、VolumeDriver 与具体 iSCSI Target 提供方式的关系

4. Volume Type

Cinder 可以支持多个或多种存储后端（Multiple-Storage Backends）并存，每个存储后端都有自己的名称，但是这个名称并不是唯一的，可以被共用，此时 cinder-scheduler 会根据 Filter 选择在哪个存储后端上创建 Volume。

存储后端的名称通过 Volume Type 的 extra-specs 来设置。Volume Type 是卷的一种标识，可以被自由地创建和删除。在 Cinder 中，与 Volume Type 相关的资源，或者说 API 有两种：type 和 extra_specs。针对 type 的操作包括创建、删除、查询等；针对 extra_specs 的操作主要包括 set 与 unset，set 是传入一个 key/value 对，unset 只需传入一个 key 值，表示删除与这个 key 值匹配的 extra_spec。

存储后端的名称就是通过指定 volume_backend_name 的键值来进行设置的，例如：

```
$ cinder type-create lvm
$ cinder type-list
$ cinder type-key lvm set volume_backend_name=LVM_iSCSI
$ cinder extra-specs-list
```

上述命令创建了一个存储后端类型 lvm，并且指定它的名称为 LVM_iSCSI。每个存储后端在配置文件中都有一组相关的配置，比如，在使用 DevStack 部署时，默认如下：

```
default_volume_type = lvmdriver-1
enabled_backends = lvmdriver-1
[lvmdriver-1]
volume_group = stack-volumes-lvmdriver-1
volume_driver = cinder.volume.drivers.lvm.LVMVolumeDriver
volume_backend_name = lvmdriver-1
```

我们必须设置 enabled_backends 选项来指定使用的存储后端，如果有多个，则需要使用"，"隔开，比如"enabled_backends=lvmdriver-1,lvmdriver-2,lvmdriver-3"。这里存储后端 lvmdriver-1 的名称与相关配置组[lvmdriver-1]的名称相同，但它们之间并没有必然的联系。

5. QoS Spec

通常 QoS 是网络的一种安全机制，用于解决网络延迟和阻塞等问题，但是在 OpenStack 中，这里的 QoS 不仅是指网络的服务质量，而且涵盖了 OpenStack 所提供的所有资源，包括 CPU、Memory、Disk IO 等。

Cinder 中与 QoS 相关的实现在 Havana 版本中被引入，并提供了一个 QoS Spec 框架。我们可以创建一个 QoS Spec，并通过它设定一组描述存储后端服务质量的参数，如 total_bytes_sec：

```
$ cinder qos-create read_qos consumer="front-end" read_iops_sec=1000
```

read_qos 为该新建 QoS Spec 的名称，consumer 指定这个 Spec 是面向前端（Hypervisor）的还是面向存储后端的。

在 Cinder 中，一个卷只能与 Volume Type 关联，而不能与 QoS Spec 关联，所以为了将卷与 QoS Spec 关联，我们必须首先创建一个 Volume Type，然后将其与 QoS Spec 关联：

```
$ cinder qos-associate [qos-spec-id] [type-id]
```

在创建一个卷时，将该卷与 Volume Type 关联，就间接使得该卷与特定的 QoS Spec 关联，此后在将该卷附加（Attach）到一个虚拟机上时，即可实现该虚拟机的限速。如果存储后端本身就支持 QoS Spec 中的设定，如速度限制，也可以将 consumer 指定为 back-end 来通过存储后端实现。

6. Volume 创建过程

对于一个 Volume 的创建过程来说，从 cinderclient 到具体的 API 执行函数 cinder.api.v3.volumes.VolumeController.create()的过程已经在 Cinder API 部分进行了介绍，这里的内容只涉及后续的操作。

cinder.api.v3.volumes.VolumeController.create()函数会通过 RPC 远程调用 cinder-volume 服务的 cinder.volume.manager.VolumeManager.create_volume()函数来完成具体的 Volume 创建。create_volume()函数的主要工作就是利用 TaskFlow 库创建 Volume 的 flow 并执行：

```
$ cinder/volume/flows/manager/create_volume.py

def get_flow(context, manager, db, driver, scheduler_rpcapi, host, volume,
             allow_reschedule, reschedule_context, request_spec,
             filter_properties, image_volume_cache=None):
    volume_flow.add(ExtractVolumeSpecTask(db),
                    NotifyVolumeActionTask(db, "create.start"),
                    CreateVolumeFromSpecTask(manager,
                                                db,
                                                driver,
                                                image_volume_cache),
                    CreateVolumeOnFinishTask(db, "create.end"))

    return taskflow.engines.load(volume_flow, store=create_what)
```

在创建 Volume 的 flow 时，共添加了 4 个 task：ExtractVolumeSpecTask、NotifyVolumeActionTask、

CreateVolumeFromSpecTask 和 CreateVolumeOnFinishTask。其中，最重要的为 CreateVolumeFromSpecTask，它可以根据要求实现 Volume 的创建：

```
$ cinder/volume/flows/manager/create_volume.py

class CreateVolumeFromSpecTask(flow_utils.CinderTask):
    def execute(self, context, volume_ref, volume_spec):
        if create_type == 'raw':
            model_update = self._create_raw_volume(volume, **volume_spec)
        elif create_type == 'snap':
            model_update = self._create_from_snapshot(context, volume,
                                                      **volume_spec)
        elif create_type == 'source_vol':
            model_update = self._create_from_source_volume(
                context, volume, **volume_spec)
        elif create_type == 'source_replica':
            model_update = self._create_from_source_replica(
                context, volume, **volume_spec)
        elif create_type == 'image':
            model_update = self._create_from_image(context,
                                                   volume,
                                                   **volume_spec)
```

　　CreateVolumeFromSpecTask 区分了 5 种创建 Volume 的方式：建立 RAW 格式的新卷、从快照建立新卷、从已有的卷建立新卷、从副本建立新卷和从镜像建立新卷。对于建立 RAW 格式的新卷来说，可以直接调用指定 Driver 的 create_volume()函数进行创建。对于默认的 LVMVolumeDriver 来说，可以直接使用 lvcreate 命令创建 Volume。

　　至此，一个新的 Volume 被创建成功，此后，Nova 会根据 Volume 的 ID 调用 cinder.volume.manager. VolumeManager.initialize_connection()函数。该函数会根据指定的方式（如默认的 TGT）创建 iSCSI Target，并返回该 Target 的相关信息，如 iSCSI 的 IQN（iSCSI Qualified Name），之后 Nova 就可以通过该存储节点的 IP 地址和 IQN 来连接并挂载这个 Volume。

6.2.5　cinder-backup

　　cinder-backup 用于将 Volume 备份到其他存储系统上。目前支持的备份存储系统有 Swift、Ceph、IBM Tivoli Storage Manager（TSM）、GlusterFS 等，默认为 Swift。

　　cinder-backup 服务的代码位于 cinder/backup 目录下：

```
.
├── api.py
├── chunkeddriver.py
├── driver.py
```

```
├── drivers
│   ├── ceph.py
│   ├── glusterfs.py
│   ├── google.py
│   ├── nfs.py
│   ├── posix.py
│   ├── swift.py
│   └── tsm.py
├── manager.py
└── rpcapi.py
```

类似于 cinder-volume 服务，rpcapi.py 文件定义了提供给 RPC 调用的接口 BackupAPI，api.py 文件中又对 RPC 的调用进行了一层封装，其他模块需要导入的是 api 模块。manager.py 文件中存放了 cinder-backup 最为核心的代码，其中的 BackupManager 类用于执行接收到的 RPC 请求。

不同的备份存储系统以 Driver 的形式被支持，driver.py 文件定义了各种 Driver 的基类 BackupDriver，所有具体 Driver 的实现都位于 drivers 子目录下，可以通过配置文件的 backup_driver 选项指定使用的 Driver：

```
backup_driver = cinder.backup.drivers.swift
```

当前 Cinder 只支持设置一个备份存储后端。从 Mitaka 版本开始，Backup 服务和 Volume 服务解除了紧耦合，不再需要安装在同一台主机上。cinder-backup 服务在接到请求后会任意挑选一个 Backup Host 来提供备份服务。

- 创建备份：cinder-backup 通过 RPC 请求 cinder-volume 服务提供需要备份的卷（get_backup_device）。如果需要备份的卷处于 available 状态，则直接把该卷返回给 cinder-backup。如果需要备份的卷正在被使用，则先根据该卷创建一份快照或克隆卷，再返回快照或克隆卷给 cinder-backup。cinder-backup 在收到备份卷后，会把备份卷挂载到本机，将数据备份到后端备份存储中，如图 6-14 所示。

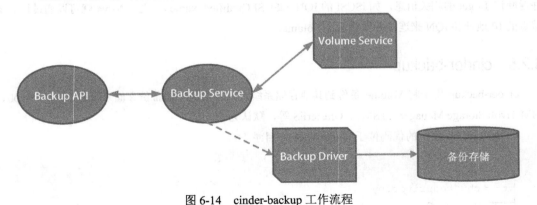

图 6-14　cinder-backup 工作流程

- 恢复备份：cinder-backup 将需要进行数据还原的卷挂载到本机，并将数据从备份存储中读出，恢复到卷上。
- 删除备份：cinder-backup 直接调用 Backup Driver 中的接口进行删除。

6.3　Glance

Glance 为 OpenStack 提供虚拟机的镜像服务。与 Cinder 一样，Glance 是存储相关的重要模块，它对镜像的存储需要依赖于 Ceph 等后端存储系统来完成。当前有些边缘计算的项目，如 StarlingX 也使用 Glance 来存储和管理镜像。

6.3.1　Glance 体系结构

由于 Glance 并不负责实际的存储，只是完成一些镜像管理的工作，因此它的功能比较单一，包含的主要组件也相对较少。Glance 的体系结构如图 6-15 所示。

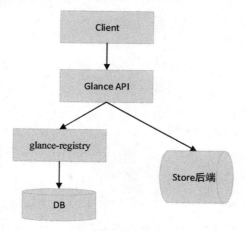

图 6-15　Glance 的体系结构

由图 6-15 可以看出，Glance 主要由 glance-api 与 glance-registry 两个服务组成。需要指出的是，从 Stein 版本开始，glance-registry 已经被废弃，并由 glance-api 代替了。glance-api 是进入 Glance 的入口，也包括了 Glance 的主要逻辑，负责接收用户的 RESTful 请求，然后通过后台的 Ceph、Swift、Amazon S3 等存储系统完成镜像的存储与获取。

Glance 的 Store 模块实现了一个存储后台的框架，并根据这个框架所提供的接口，实现了对各种不同后台存储系统的支持，包括 Amazon S3、Cinder/Swift、Ceph、Sheepdog、GlusterFS 等存储后端。在 Juno 版本之前，Store 模块的实现位于 glance/store 目录下；在 Juno 版本之后，Store 模块作为一个独立的项目 glance_store 被剥离出来，以便为更多的项目服务，如 Nova 等，但事实上，到目前为止，并没有除 Glance 以外的其他项目使用 glance_store。

与 glance-api 一样，glance-registry 也是一个 WSGI Server，但是 glance-registry 处理的是与镜像元数据相关的 RESTful 请求。glance-api 在接收到用户的 RESTful 请求后，如果该请求与元数据相关，则将其转发给 glance-registry。

原来的 glance-registry 会解析请求的内容，并与数据库进行交互，存取或更新镜像的元数据。这里的元数据是指保存在数据库中的关于镜像的一些信息，而 Glance 的 DB 模块存储的仅仅是镜像的元数据。在 v2 API 版本中，glance-registry 的内容被整合进了 glance-api。如果 glance-api 接收到与镜像元数据有关的请求，则会直接操作数据库，不需要再通过 glance-registry。

1. Glance 源码目录结构

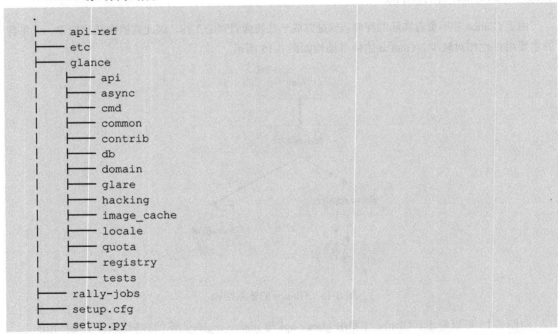

Glance 的核心代码位于 glance 目录下，所有服务及工具的执行脚本位于 glance/cmd 和 glance/api 目录下。

glance-api 可以为镜像建立本地缓存，实现 API 服务节点的数量扩展，提高多个 API 节点为同一个镜像提供服务的效率。如果只有一个 API 节点，则缓存机制并没有意义。本地的 Image Cache 是镜像文件的完全复制，这种缓存机制对用户来说是透明的，用户并不知道得到的镜像文件是来自存储后台的还是来自本地缓存的。

用户可以通过配置文件/etc/glance/glance-cache.conf 指定 Cache 文件存放的路径、本地能够用于 Cache 的存储空间等信息。镜像缓存的实现位于 glance/image_cache 目录下。

针对 import、export、clone 等镜像操作，Glance 统一引入了 Task 的概念，从而方便管理。Task 是针对镜像的异步操作，glance/async 则是部分实现。

Glance 采用了责任链（Chain of Responsibility）的设计模式来实现用户请求的处理流程。在责任链模式里，各个对象通过前一个对象对后一个对象的引用而连接起来形成一条链。请求会在这条链上传递，直到链上的某个对象决定处理此请求。发起请求的用户或客户端并不知道链上的哪一个对象最终处理了这个请求，从而使系统可以在不影响客户端的情况下动态地重新组织链和分配责任。glance/domain 目录与 glance/gateway.py 文件包含了相关的一些实现，glance.domain 模块定义了一些基类或接口，如 ImageFactory、Repo 等，而 glance.gateway.Gateway 模块则实现了责任链的建立。

Rally 是一个用于性能测试的项目，glance/rally-jobs 目录包含了一些用于 Rally 的文件或插件。

2. setup.cfg 文件

按照惯例，在分析具体的实现之前，我们首先浏览 setup.cfg 文件：

```
console_scripts =
    glance-api = glance.cmd.api:main
    glance-cache-prefetcher = glance.cmd.cache_prefetcher:main
    glance-cache-pruner = glance.cmd.cache_pruner:main
    glance-cache-manage = glance.cmd.cache_manage:main
    glance-cache-cleaner = glance.cmd.cache_cleaner:main
    glance-control = glance.cmd.control:main
    glance-manage = glance.cmd.manage:main
    glance-registry = glance.cmd.registry:main
    glance-replicator = glance.cmd.replicator:main
    glance-scrubber = glance.cmd.scrubber:main
```

在 entry_points 中的命名空间 console_scripts 里，涵盖了 Glance 所提供的所有服务及工具。其中的每一项都表示一个可执行的脚本。这些脚本在部署时会被安装，是 Glance 各项工作的入口。

- glance-cache-*：4 个对 Image Cache 进行管理的工具。比如，glance-cache-pruner 用于执行一些周期性的任务，glance-cache-cleaner 可以清理 Cache 文件并释放空间。

- glance-manage：用于 Glance 数据库的管理。

- glance-replicator：用于实现镜像的复制。

- glance-scrubber：用于清理已经删除的 Image。

- glance-control：Glance 提供了 glance-api 和 glance-registry 两个 WSGI Server，以及一个 glance-scrubber 后台服务进程，这里的 glance-control 工具用于控制 3 个服务进程，包括 start、stop、restart 等。

6.3.2 Glance API

Glance API 主要提供镜像的管理功能，如 Image 的导入/导出、镜像元数据的管理等。目前 Glance API 包括 v1 和 v2 两个版本，v2 版本整合了 glance-registry 的功能，并且采用责任链设计模式来实现 API 的处理流程。

Glance API 的执行是从 glanceclient 发送 HTTP 请求的，glance-api 接收并处理请求的整个过程与 Cinder 等其他项目基本相同，glance-api 与 glance-registry 分别有自己的 Paste Deploy 配置文件，即 /etc/glance/glance-api-paste.ini 与/etc/glance/glance-registry-paste.ini，可参考前面章节中关于其他项目的介绍。这里需要提及的是，glance-api（glance/cmd/api.py）在初始时，会导入前面所说的 glance_store 项目，并初始化后台的存储系统。

1. Image

Image 是 Glance 所管理的主要资源。类似于 VMware 的 VM 模板（Template），Image 预先安装了 OS。如果从 Image 启动 VM，则该 VM 在被删除后，Image 会依然存在，但是 Image 上不包含本次在该 VM 实例上的修改，因为 Image 只是启动 VM 的模板。

相对于整个 OpenStack，Nova 是一个虚拟机的世界。虚拟机是这个世界的主题，Glance 则是一个主体为 Image 的小世界，能够准确、完整地去描述一个 Image 必然是 Glance 的重点。Image 的相关属性如下所述。

- id，唯一标识一个 Image 的 UUID。
- name，Image 的名称。
- owner，Image 的拥有者。
- size，以字节表示的 Image 大小。
- created_at、updated_at 等，表示 Image 的"出生时间"、最后一次被修改的时间等。
- location，Image 存储的位置，如果是普通文件系统，则 URL 类似于 file:///var/lib/glance/images/12809466-fffd-4bdf-9227-c3c05c28a2c5；如果是 S3、Swift 等其他后台存储系统，则 URL 类似于 s3://<ACCESS_KEY>:<SECRET_KEY>@<S3_URL>/<BUCKET>/ <OBJ>。
- disk_format，磁盘格式，也可以理解为 Image 本身的格式。比如，RAW、QCOW2（用于 QEMU）、VDI（用于 Virtual Box）、VMDK（用于 VMware）等。
- status，镜像的状态。类似于 Nova 负责管理虚拟机的生命周期，Cinder 负责管理 Volume 的生命周期，Glance 则负责管理 Image 的生命周期。既然存在生命周期，那么 Image 必然存在各种状态及状态演变，如图 6-16 所示。
- queued，表明镜像 ID 已经被保留，但是镜像数据还没有上传。
- saving，表明镜像正在上传。

- active，Image 成功上传完毕后的状态，此时该 Image 完全可用。
- killed，表明在上传时发生错误，此时 Image 完全不可用。killed 在 v2 版本中已经被废除，如果上传失败，则状态将转变为 queued，以便重试上传操作。
- deleted，虽然此时 Glance 还保留着 Image 的相关信息，但是该 Image 已不可用，在未来某个时候会被 glance-scrubber 彻底删除。
- pending_delete，和 deleted 类似，但是并不会彻底删除 Image，此时还可以恢复 Image。

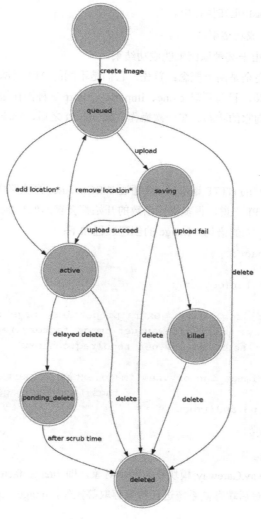

图 6-16　Image 状态演变

2. Task

一般来说，对 Image 的操作有 import、export、clone 等几种。Glance 把这些操作统一起来，抽象出了 Task 的概念以方便管理。Task 是针对 Image 的异步（Async）操作，具有的一些属性包括 id、owner、状态等。Glance 同时还实现了统一的 JSON 格式的 API 来操作这些 Task，如创建、删除、查询状态等。

在一个 Task 运行过程中，我们可以不断查询它的状态。Task 的状态有以下 4 种。

- pending，表示 Task 被创建，但并未执行。
- processing，表示 Task 正在执行中。
- success，表示 Task 成功结束。
- failure，表示 Task 由于某种原因未能成功结束。

Task 和 Image 的操作完全是两个概念：首先，它们是不同的 API 资源；其次，Task 是异步的操作，是对 Image 操作的封装，目前只对 clone、import、export 三种操作进行了封装；最后，一旦创建了 Task，就可以不断查询它的状态。在一次操作，如 import 之后，Task 可以消亡，但是此时生成的 Image 依然存在。

3. Image 创建过程

glance-api 在接收到用户的 HTTP 请求后，会通过 WSGI routes 模块路由到具体的操作函数。我们可以看到，对 v2 版本的 API 来说，很多操作函数的开始都会有形如*_factory = self.gateway.get_*()与*_repo = self.gateway.get_*()的语句。Image 的创建过程如下：

```
$ glance/api/v2/images.py

class ImagesController(object):

    def create(self, req, image, extra_properties, tags):
        image_factory = self.gateway.get_image_factory(req.context)
        image_repo = self.gateway.get_repo(req.context)
        try:
            image = image_factory.new_image(extra_properties=extra_properties,
                                            tags=tags, **image)
            image_repo.add(image)
        …

        return image
```

首先使用 glance.gateway.Gateway 模块获取两个对象，即 image_factory 和 image_repo。其中，image_factory 完成的是针对后端存储系统进行镜像存取等操作，image_repo 完成的是针对 Glance 数据库进行管理。

image_factory 和 image_repo 是 glance.gateway.Gateway 模块利用责任链设计模式建立的两条完成请求处理的责任链：

```
$ glance/gateway.py

class Gateway(object):
    def get_image_factory(self, context):
        image_factory = glance.domain.ImageFactory()
        store_image_factory = glance.location.ImageFactoryProxy(
            image_factory, context, self.store_api, self.store_utils)
        quota_image_factory = glance.quota.ImageFactoryProxy(
            store_image_factory, context, self.db_api, self.store_utils)
        policy_image_factory = policy.ImageFactoryProxy(
            quota_image_factory, context, self.policy)
        notifier_image_factory = glance.notifier.ImageFactoryProxy(
            policy_image_factory, context, self.notifier)
        if property_utils.is_property_protection_enabled():
            property_rules = property_utils.PropertyRules(self.policy)
            pif = property_protections.ProtectedImageFactoryProxy(
                notifier_image_factory, context, property_rules)
            authorized_image_factory = authorization.ImageFactoryProxy(
                pif, context)
        else:
            authorized_image_factory = authorization.ImageFactoryProxy(
                notifier_image_factory, context)
        return authorized_image_factory

    def get_repo(self, context):
        image_repo = glance.db.ImageRepo(context, self.db_api)
        store_image_repo = glance.location.ImageRepoProxy(
            image_repo, context, self.store_api, self.store_utils)
        quota_image_repo = glance.quota.ImageRepoProxy(
            store_image_repo, context, self.db_api, self.store_utils)
        policy_image_repo = policy.ImageRepoProxy(
            quota_image_repo, context, self.policy)
        notifier_image_repo = glance.notifier.ImageRepoProxy(
            policy_image_repo, context, self.notifier)
        if property_utils.is_property_protection_enabled():
            property_rules = property_utils.PropertyRules(self.policy)
            pir = property_protections.ProtectedImageRepoProxy(
                notifier_image_repo, context, property_rules)
            authorized_image_repo = authorization.ImageRepoProxy(
                pir, context)
        else:
```

```
        authorized_image_repo = authorization.ImageRepoProxy(
            notifier_image_repo, context)

    return authorized_image_repo
```

如图 6-17 所示，new_image()与 add()方法分别在责任链 image_factory 和 image_repo 上进行传递，如果这个操作在链上某个类中（如 glance.location.ImageFactoryProxy）有对应的同名方法，则调用这个方法将请求传递到下一个类，否则就直接传递至下一个类。

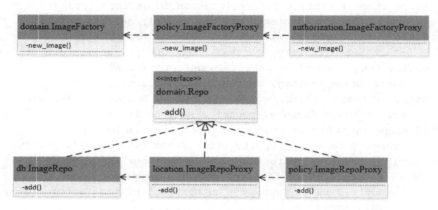

图 6-17　Image 的创建过程

6.4　Ceph

随着云计算的发展，传统的存储设备产品越来越局限，其高昂的价格及难以扩展的架构使得它难以满足很多用户的需求，而 Ceph 的创建正是为了改善这种状况。

Ceph 起源于 Sage Weil 在 2004 年发表的一篇博士论文，最初是一项关于存储系统的 PhD 研究项目，直到 2010 年 3 月，Linux 2.6.34 内核也开始对 Ceph 进行支持。

Ceph 遵循 LGPL 协议。作为一个典型的强调性能的系统项目，Ceph 使用 C++语言开发。

Ceph 从最初发布到逐渐流行经历了很多年，近年来，来自 OpenStack 社区的实际需求又让其热度骤升。目前 Ceph 已经成为 OpenStack 社区中呼声非常高的开源存储方案之一。

Ceph 的官方定义如下：

> Ceph is a unified, distributed storage system designed for excellent performance, reliability and scalability.
> Ceph 是一种为优秀的性能、可靠性和可扩展性而设计的统一的、分布式的存储系统。

这里面比较关键的两个词是 "unified"（统一的）和 "distributed"（分布式的）。"统一的" 意味着 Ceph 可以以一套存储系统同时提供对象存储、块存储和文件系统存储 3 种功能，以便在满足不同应用需求的前提下简化部署和运维。"分布式的" 则意味着系统没有中心结构，系统规模可以进行没有理论上限的扩展。

Ceph 最初针对的目标应用场景，就是大规模的、分布式的存储系统。在 Sage Weil 的思想中，Ceph 需要很好地适应这样一个大规模存储系统的动态特性（以下内容来自章宇的《Ceph 浅析》）。

- 存储系统规模的变化：这样大规模的存储系统，往往不能在建设的第一天就预料到其最终的规模，甚至根本就不存在最终规模这个概念。因为随着业务的不断开展，业务规模的不断扩大，系统会承载越来越大的数据容量。这也就意味着系统的规模会随之变化，越来越大。
- 存储系统中设备的变化：对于一个由成千上万个节点构成的系统，其节点的故障与替换必然是经常出现的情况。而系统一方面需要足够可靠，不能使业务受到这种频繁出现的硬件及底层软件问题的影响；另一方面还应该尽可能地智能化，降低相关维护操作的代价。
- 存储系统中数据的变化：对于一个大规模的，通常被应用于互联网应用中的存储系统，其中存储的数据的变化很可能是非常频繁的。随着新的数据不断写入，已有数据可能会被更新、移动乃至删除。

为了适应这样动态变化的应用场景，Ceph 在设计时就预期具有以下技术特性。

- 高可靠性。首先，针对存储在系统中的数据，应尽可能保证数据不会丢失。其次，应保证数据在写入过程中的可靠性，即在用户将数据写入 Ceph 存储系统的过程中，不会因为意外情况的出现造成数据丢失。
- 高度自动化。具体包括数据的自动 replication、自动 re-balancing、自动 failure detection 和自动 failure recovery。总体而言，这些自动化特性一方面保证了系统的高可靠性，另一方面也保障了在系统规模扩大之后，其运维难度仍然能保持在一个相对较低的水平。
- 高可扩展性。这里的"可扩展"概念比较广义，既包括系统规模和存储容量的可扩展，也包括随着系统节点数增加的聚合数据访问带宽的线性可扩展，还包括基于功能强大的底层 API 提供多种功能、支持多种应用的功能性可扩展。

针对上述技术特性，Sage Weil 对于 Ceph 的设计思路基本上可以概括为以下两点。

- 充分发挥存储设备自身的计算能力。事实上，采用具有计算能力的设备（最简单的例子就是普通的服务器）作为存储系统的存储节点，这种思路即便在 Ceph 发布时来看也并不新鲜。但是，Sage Weil 认为那些已有系统基本上都只是将这些节点作为功能简单的存储节点。而如果充分发挥节点上的计算能力，则可以实现上述预期的技术特性。这一点成了 Ceph 系统设计的核心思想。
- 去除所有的中心点。一旦在系统中出现中心点，则一方面会引入单点故障，另一方面会面临当系统规模扩大时的规模和性能瓶颈。除此之外，如果中心点出现在数据访问的关键路径上，也必然导致数据访问的延迟增加。而这些显然都是 Sage Weil 所设想的系统中不应该出现的问题。虽然在大多数系统的工程实践中，单点故障和性能瓶颈的问题可以通过为中心点增加备份来加以缓解，但 Ceph 系统最终采用创新的方法更为彻底地解决了这个问题。

一般而言，一个大规模分布式存储系统，必须能够解决两个基本的问题：

- "我应该把数据写到什么地方？"对于一个存储系统来说，当用户提交需要写入的数据时，系统必须迅速决策，为数据分配一个存储位置和空间。这个决策的速度会影响数据写入，而更为重要的是，其决策的合理性也会影响数据分布的均匀性。这又会进一步影响存储单元寿命、数据存储可靠性、数据访问速度等后续问题。

- "我之前把数据写到什么地方了？"对于一个存储系统来说，高效、准确地处理数据寻址问题也是基本能力之一。

针对上述两个问题，传统的分布式存储系统常用的解决方案是引入专用的服务器节点，并在其中存储用于维护数据存储空间映射关系的数据结构。在用户写入或访问数据时，首先会连接这一服务器进行查找操作，待决定或查找到数据的实际存储位置后，再连接对应节点进行后续操作。由此可见，传统的解决方案一方面容易导致单点故障和性能瓶颈，另一方面也容易导致更长的操作延迟。

针对这一问题，Ceph 彻底放弃了基于查表的数据寻址方式，而改用基于计算的数据寻址方式。简而言之，任何一个 Ceph 存储系统的客户端程序，仅仅使用不定期更新的少量本地元数据进行简单计算，就可以根据一个数据的 ID 决定其存储位置。在对比之后可以看出，这种方式使得传统解决方案的问题"一扫而空"。Ceph 的几乎所有优秀特性都是基于这种数据寻址方式实现的。

从软件工程的角度来看，当我们拿到一份系统需求，明白它所要解决的问题及预期拥有的技术特性和质量需求并进行架构设计时，主要完成的工作有 3 个：第一个是勾勒它的概念空间，所谓的概念空间就是将要引入的一些核心的概念，比如，在提到操作系统时，我们会想到进程、进程调度、系统调用等；第二个是分层，即从逻辑、物理、通用性等角度划分它的层次，比如，一个视频监控系统从物理上可以划分为监控端、客户端、平台层；第三个是划分模块，将之前得到的层次进行细化，或者在每个层次内部引入粒度更小的分区，或者将一些通用的机制进行提取，通过这样的手段将系统细化为不同的模块。

接下来我们从这 3 个角度对 Ceph 进行探究。

6.4.1 Ceph 体系结构

作为一个存储系统，Ceph 在物理上必然包含一个存储集群，以及一些访问这个存储集群的应用或客户端。同时 Ceph 客户端需要采用一定的协议与 Ceph 存储集群进行交互，因此 Ceph 的逻辑层次演化如图 6-18 所示。

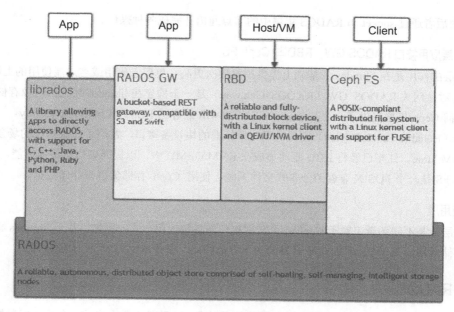

图 6-18 Ceph 的逻辑层次演化

1. Ceph 存储集群

Ceph 基于 RADOS（A reliable, autonomous, distributed object storage）提供了一个无限可扩展的存储集群。RADOS 即 "可靠的、自动化的、分布式的对象存储"，顾名思义，这一层本身就是一个完整的对象存储系统，所有存储在 Ceph 系统中的用户数据实际上最终都是由这一层来存储的。而 Ceph 的高可靠性、高可扩展性、高度自动化等特性本质上也是由这一层所提供的。因此，理解 RADOS 是理解 Ceph 的基础与关键。

在物理上，RADOS 由大量的存储设备节点组成，每个节点拥有自己的硬件资源（如 CPU、内存、硬盘、网络），并运行着操作系统和文件系统。

2. 基础库 librados

Ceph 客户端采用一定的协议和存储集群进行交互，Ceph 把此功能封装进了 librados，这样基于 librados 我们就能创建自己的定制客户端。

librados 实际上会对 RADOS 进行抽象和封装，并向上层提供 API，以便可以基于 RADOS（而不是整个 Ceph）进行应用开发。需要特别注意的是，RADOS 是一个对象存储系统，因此，librados 实现的 API 也只是针对对象存储功能的。

RADOS 采用 C++语言开发，所提供的原生 librados API 包括 C 和 C++两种。在物理上，librados 和基于其上开发的应用位于同一台机器中，因此也被称为本地 API。应用会调用本机上的 librados

API，再由后者通过 socket 与 RADOS 集群中的节点通信并完成各种操作。

3. 高层应用接口 RADOS GW、RBD 与 Ceph FS

这一层的作用是在 librados 的基础上提供抽象层次更高、更便于应用或客户端使用的上层接口。

Ceph 对象网关 RADOS GW（RADOS Gateway）是一个构建在 librados 之上的对象存储接口，为应用访问 Ceph 集群提供了一个与 Amazon S3 和 Swift 兼容的 RESTful 风格的 Gateway。

RBD（Reliable Block Device）则提供了一个标准的块设备接口，常用于在虚拟化的场景下为虚拟机创建 Volume。红帽已经将 RBD 驱动集成在 KVM/QEMU 中，以提高虚拟机访问性能。

Ceph FS 是一个 POSIX 兼容的分布式文件系统，使用 Ceph 存储集群来存储数据。

4. 应用层

这一层就是不同场景下对于 Ceph 各个应用接口的各种应用方式，例如，基于 librados 直接开发的对象存储应用，基于 RADOS GW 开发的对象存储应用，基于 RBD 实现的云硬盘等。

6.4.2 RADOS

如图 6-19 所示，RADOS 集群主要由两种节点组成：一种是为数众多的、负责完成数据存储和维护功能的 OSD（Object Storage Device），另一种则是若干个负责完成系统状态检测和维护的 Monitor。OSD 和 Monitor 之间会互相传输节点状态信息，共同得出系统的总体工作状态，并形成一个全局系统状态记录数据结构，即所谓的集群运行图（Cluster Map）。集群运行图与 RADOS 提供的特定算法配合，便实现了 Ceph 的诸多优秀特性。

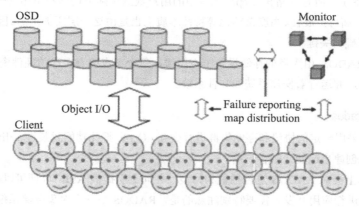

图 6-19　RADOS 集群的结构

在使用 RADOS 系统时，大量的客户端程序会向 Monitor 索取最新的 Cluster Map，然后直接在本地进行计算，在得出对象的存储位置后，即可直接与对应的 OSD 通信，完成数据的各种操作。一个 Monitor 集群确保了某个 Monitor 失效时的高可用性。

Ceph 客户端、Monitor 和 OSD 可以直接交互，这意味着 OSD 可以利用本地节点的 CPU 和内存执行那些传统集群架构中可能会拖垮中央服务器的任务，并充分发挥节点上的计算能力。

1. OSD

OSD 用于实现数据的存储与维护。根据定义，OSD 可以被抽象为两个组成部分，即系统部分和守护进程（OSD Daemon）部分。

OSD 的系统部分本质上就是一台安装了操作系统和文件系统的计算机，其硬件部分至少包括一个单核的处理器、一定数量的内存、一块硬盘及一张网卡。

由于这么小规模的 x86 架构服务器并不实用（事实上也见不到），因此在实际应用中通常将多个 OSD 集中部署在一台更大规模的服务器上。在选择系统配置时，应当能够保证每个 OSD 具有一定的计算能力、一定大小的内存和一块硬盘（在通常情况下，一个 OSD 对应一块硬盘）。同时，应当保证该服务器具备足够的网络带宽。

在上述系统平台上，每个 OSD 都拥有一个自己的 Daemon。这个 Daemon 负责完成 OSD 的所有逻辑功能，包括与 Monitor 和其他 OSD（事实上是其他 OSD 的 Daemon）通信以更新系统状态，与其他 OSD 共同完成数据的存储和维护，与 Client 通信以完成各种数据对象操作等。

RADOS 集群从 Ceph 客户端接收数据（不管是来自 Ceph 块设备、Ceph 对象存储、Ceph 文件系统的数据，还是基于 librados 的自定义实现）并存储为对象。如图 6-20 所示，每个对象都是文件系统中的一个文件，它们被存储在 OSD 的存储设备上，由 OSD 守护进程处理存储设备上的读写操作。

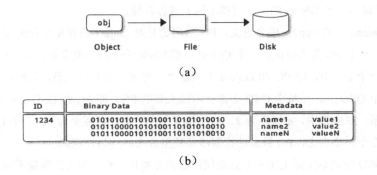

图 6-20　OSD 数据存储

OSD 在扁平的命名空间内把所有数据存储为对象（即没有目录层次）。对象包含一个标识符、二进制数据和由"名称/值"对组成的元数据，元数据语义完全取决于 Ceph 客户端。比如，Ceph FS 使用元数据存储文件属性，如文件所有者、创建日期、最后修改日期等。

2. 数据寻址

如前文所述，一个大规模分布式存储系统，必须能够解决两个基本的问题，即"我应该把数据写到什么地方"与"我之前把数据写到什么地方了"，这不可避免地会涉及数据如何寻址的问题。Ceph 的寻址流程如图 6-21 所示。

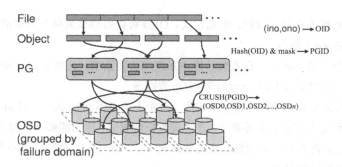

图 6-21　Ceph 的寻址流程

- **File**：此处的 File 就是用户需要存储或访问的文件。对于一个基于 Ceph 开发的对象存储应用而言，这个 File 对应于应用中的"对象"，也就是用户直接操作的"对象"。
- **Object**：此处的 Object 是 RADOS 所看到的"对象"。Object 与上面所提到的 File 的区别是，Object 的最大 size 由 RADOS 限定（通常为 2MB 或 4MB），以便实现底层存储的组织管理。因此，当上层应用向 RADOS 存入 size 很大的 File 时，需要将 File 切分成统一大小的一系列 Object（最后一个 Object 的大小可以不同）进行存储。
- **PG（Placement Group）**：顾名思义，PG 的用途是对 Object 的存储进行组织和位置映射。具体而言，一个 PG 负责组织若干个 Object（可以为数千个甚至更多个），但一个 Object 只能被映射到一个 PG 中，即 PG 和 Object 之间是"一对多"的映射关系。同时，一个 PG 会被映射到 n 个 OSD 上，而每个 OSD 上都会承载大量的 PG，即 PG 和 OSD 之间是"多对多"的映射关系。在实践中，n 至少为 2，如果用于生产环境，则至少为 3。一个 OSD 上的 PG 可达到数百个。事实上，PG 数量的设置涉及数据分布的均匀性问题。
- **OSD**：OSD 的数量实际上也关系到系统的数据分布均匀性，因此其数量不应太少。在实践过程中，至少也应该是数十个、上百个的量级才有助于 Ceph 系统发挥其应有的优势。

1）File→Object 映射

这次映射的目的是，将用户要操作的 File，映射为 RADOS 能够处理的 Object。其映射非常简单，本质上就是按照 Object 的最大 size 对 File 进行切分，相当于 RAID 中的条带化过程。这种切分的好处有两个：一个是让大小不限的 File 变成最大 size 一致且可以被 RADOS 高效管理的 Object；另一个是让对单一 File 实施的串行处理变为对多个 Object 实施的并行化处理。

每一个切分后产生的 Object 将获得唯一的 OID，即 Object ID。其产生方式也是线性映射，非常简单。在图 6-21 中，ino 是待操作 File 的元数据，可以被简单理解为该 File 的唯一 ID；ono 则是由该 File 切分产生的某个 Object 的序号；而 OID 就是将这个序号简单连接在该 File ID 之后得到的。举例而言，如果一个 ID 为 filename 的 File 被切分成了 3 个 Object，则其 Object 序号依次为 0、1 和 2，而最终得到的 OID 就依次为 filename0、filename1 和 filename2。

这里隐含的问题是，ino 的唯一性必须得到保证，否则后续映射无法正确进行。

2）Object→PG 映射

在 File 被映射为一个或多个 Object 之后，就需要将每个 Object 独立地映射到一个 PG 中。这个映射过程也很简单，如图 6-21 所示，其计算公式为

$$Hash(OID)\ \&\ mask\ \rightarrow\ PGID$$

由此可见，其计算过程由两个步骤组成。首先，使用 Ceph 系统指定的一个静态哈希函数计算 OID 的 Hash 值，将 OID 映射成为一个近似均匀分布的伪随机值。然后，将这个伪随机值和 mask 进行按位与操作，得到最终的 PG 序号（PGID）。根据 RADOS 的设计，给定 PG 的总数为 m（m 应该为 2 的整数幂），则 mask 的值为 $m-1$。因此，Hash 值的计算和按位与操作的整体结果实际上是从所有 m 个 PG 中近似均匀地随机选择一个。基于这一机制，当有大量 Object 和大量 PG 时，RADOS 能够保证 Object 和 PG 之间近似均匀映射。同时因为 Object 是由 File 切分而来的，大部分 Object 的 size 相同，所以这一映射最终保证了各个 PG 中存储的 Object 的总数据量近似均匀。

这里反复强调了"大量"，只有当 Object 和 PG 的数量较多时，这种伪随机关系的近似均匀性才能成立，Ceph 的数据存储均匀性才有保证。为保证"大量"的成立，一方面，Object 的最大 size 应该被合理配置，以使得同样数量的 File 能够被切分成更多的 Object；另一方面，Ceph 也推荐 PG 总数为 OSD 总数的数百倍，以保证有足够数量的 PG 可供映射。

3）PG→OSD 映射

第三次映射就是将作为 Object 的逻辑组织单元的 PG 映射到数据的实际存储单元 OSD。如图 6-21 所示，RADOS 采用一个名称为 CRUSH 的算法，将 PGID 代入其中，然后得到一组 OSD（共 n 个）。这 n 个 OSD 共同负责存储和维护一个 PG 中的所有 Object。n 的数值可以根据实际应用中对可靠性的需求来配置，在生产环境下通常为 3。具体到每个 OSD 来说，其上运行的 OSD Daemon 负责执行映射到本地的 Object 在本地文件系统中的存储、访问、元数据维护等操作。

和 Object→PG 映射中采用的 Hash 算法不同，这个 CRUSH 算法的结果不是绝对不变的，而是会受到其他因素的影响。其影响因素主要有以下两个。

一个是当前系统状态，也就是在前文有所提及的 Cluster Map（集群运行图）。当系统中的 OSD 状态、数量发生变化时，Cluster Map 也可能发生变化，而这种变化将会影响 PG 与 OSD 之间的映射关系。

另一个是存储策略配置。这里的策略主要与安全相关。利用策略配置，系统管理员可以指定承载同一个 PG 的 3 个 OSD 分别位于数据中心的不同服务器乃至机架上，从而进一步改善存储的可靠性。

因此，只有在当前系统状态和存储策略都不发生变化时，PG 和 OSD 之间的映射关系才是固定不变的。在实际使用中，策略一旦被配置，则通常不会改变。而当前系统状态的改变，或者是因为设备损坏，或者是因为存储集群规模扩大。好在 Ceph 本身提供了对于这种变化的自动化支持，因此，即便 PG 与 OSD 之间的映射关系发生了变化，也不会对应用造成困扰。事实上，Ceph 正是利用了 CRUSH 算法的动态特性，可以将一个 PG 根据需要动态迁移到不同的 OSD 组合上，从而自动化地实现高可靠性、数据分布 re-balancing 等特性。

之所以在此次映射中使用 CRUSH 算法，而不是其他 Hash 算法，一方面是因为 CRUSH 算法具有上述可配置特性，可以根据管理员的配置参数决定 OSD 的物理位置映射策略；另一方面是因为 CRUSH 算法具有特殊的"稳定性"，即当系统中加入新的 OSD，导致系统规模增大时，大部分 PG 与 OSD 之间的映射关系不会发生改变，只有少部分 PG 的映射关系会发生变化并引发数据迁移。这种可配置性和稳定性都不是普通 Hash 算法所能提供的。因此，CRUSH 算法的设计也是 Ceph 的核心内容之一。

至此，Ceph 通过 3 次映射，完成了从 File 到 Object、PG 和 OSD 的整个映射过程。通观整个过程，可以看到，这里没有任何的全局性查表操作需求。至于唯一的全局性数据结构 Cluster Map，它的维护和操作都是轻量级的，不会对系统的可扩展性、性能等造成不良影响。

接下来的一个问题是：为什么需要引入 PG 并在 Object 与 OSD 之间增加一层映射呢？

可以想象一下，如果没有 PG 这一层映射，又会怎么样呢？在这种情况下，一定需要采用某种算法，将 Object 直接映射到一组 OSD 上。如果这种算法是某种固定映射的 Hash 算法，则意味着一个 Object 将被固定映射在一组 OSD 上。当其中一个或多个 OSD 损坏时，Object 无法被自动迁移至其他 OSD 上（因为映射函数不允许）。当系统为了扩容新增了 OSD 时，Object 也无法被 rebalance 到新的 OSD 上（同样因为映射函数不允许）。这些限制都违背了 Ceph 系统高可靠性、高自动化的设计初衷。

如果采用一个动态算法（如仍然采用 CRUSH 算法）来完成这一映射，似乎可以避免静态映射导致的问题。但是，其结果将是各个 OSD 所处理的本地元数据量激增，由此带来的计算复杂度和维护工作量也是难以承受的。

例如，在 Ceph 的现有机制中，一个 OSD 通常需要和与其共同承载同一个 PG 的其他 OSD 交换信息，以确定各自是否工作正常，是否需要进行维护操作。由于一个 OSD 上大约承载数百个 PG，每个 PG 内通常有 3 个 OSD，因此，在一段时间内，一个 OSD 大约需要进行数百次甚至数千次 OSD 信息交换。

然而，如果没有 PG 的存在，则一个 OSD 需要和与其共同承载同一个 Object 的其他 OSD 交换信息。由于每个 OSD 上承载的 Object 很可能高达数百万个，因此，在同样长的一段时间内，一个 OSD 大约需要进行的 OSD 信息交换将暴涨至数百万次乃至数千万次。而这种状态维护成本显然过高。

综上所述，引入 PG 的好处至少有两个：一个是实现了 Object 和 OSD 之间的动态映射，从而为 Ceph 的可靠性、自动化等特性的实现留下了空间；另一个是有效简化了数据的存储组织，大大降低了系统的维护管理开销。理解这一点，对于彻底理解 Ceph 的对象寻址机制，是十分重要的。

这种分层或分级的设计思路在很多复杂系统的寻址问题上都有应用，比如，操作系统里的内存管理多级页表的使用，Intel MPX（Memory Protection Extensions）技术里 Bound Directory 的引入等。

3. 存储池（Pool）

存储池是一个逻辑概念，是对存储对象的逻辑分区。Ceph 在安装后，会有一个默认的存储池，用户也可以自己创建新的存储池，如图 6-22 所示，一个存储池包含若干个 PG 及其所存储的若干个对象。

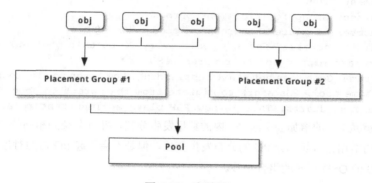

图 6-22　存储池

Ceph 客户端从监视器中获取一张集群运行图，并把对象写入存储池。存储池的 size 或副本数、CRUSH 存储规则和归置组数量决定了 Ceph 如何放置数据。我们可以使用以下命令来创建存储池：

```
ceph osd pool create {pool-name} {pg-num} [{pgp-num}] [replicated] \
    [crush-ruleset-name]
ceph osd pool create {pool-name} {pg-num} {pgp-num}  erasure \
    [erasure-code-profile] [crush-ruleset-name]
```

从中可以看出，存储池支持：

- 设置数据存储的方法属于多副本模式或纠删码模式。如果为多副本模式，则可以设置副本的数量；如果为纠删码模式，则可以设置数据块和非数据块的数量（纠删码存储池把各对象存储为 $K+M$ 个数据块，其中有 K 个数据块和 M 个编码块）。在默认情况下，数据存储的方法为多副本模式（即存储每个对象的若干个副本），副本数为 3，每个 PG 会映射到 3 个 OSD 节点。换句话说，对于每个映射到该 PG 的对象，其数据存储在对应的 3 个 OSD 节点中。

- 设置 PG 的数目。合理设置 PG 的数目，可以使资源得到较优的均衡。
- 设置 PGP 的数目。在通常情况下，与 PG 数目一致。当需要增加 PG 数目时，用户数据不会发生迁移，只有在进一步增加 PGP 数目时，用户数据才会开始迁移。
- 针对不同的存储池设置不同的 CRUSH 存储规则。比如，可以创建规则，指定在选择 OSD 时，选择拥有 SSD 的 OSD 节点。

另外，通过存储池，还可以：

- 提供针对存储池的功能，如存储池快照等。
- 设置对象的所有者或访问权限。

这里在 PG 的基础上多出了 PGP 的概念，至于 PG 与 PGP 之间的区别，可以先看 *Learning Ceph* 和 *Ceph Cookbook* 的作者 Karan Singh 的一段解释：

```
PG = Placement Group
PGP = Placement Group for Placement purpose
pg_num = number of placement groups mapped to an OSD
When pg_num is increased for any pool, every PG of this pool splits into half,
but they all remain mapped to their parent OSD.
Until this time, Ceph does not start rebalancing. Now, when you increase the pgp_num
value for the same pool, PGs start to migrate from the parent to some other OSD, and
cluster rebalancing starts. This is how PGP plays an important role.
```

总结来说，就是 PG 的增加会引起 PG 内的数据发生分裂，并且分裂到相同的 OSD 上新生成的 PG 中，而 PGP 的增加会引起部分 PG 的分布发生变化，但是不会引起 PG 内的对象发生变动。PGP 相当于存储池 PG 的 OSD 分布的组合个数。

4. CRUSH 算法

在分布式存储系统中面临的一个重要问题是如何在多个存储节点上分布数据。数据分布算法至少需要考虑以下 3 个因素：

- 故障域（Failure Domain）隔离。同一份数据的不同副本分布在不同的故障域，可以降低数据损坏的风险。
- 负载均衡。数据能够均匀地分布在磁盘容量不等的存储节点，避免部分节点空闲、部分节点超载，从而影响系统性能。
- 控制节点加入或离开时引起的数据迁移量。当节点离开时，最优的数据迁移是只有离线节点上的数据会迁移到其他节点，而正常工作的节点的数据不会发生迁移。

一致性 Hash 算法和 Ceph 的 CRUSH 算法是使用较多的数据分布算法。亚马逊的 Dynamo 键值存储系统与 Swift 都使用了一致性 Hash 算法。一致性 Hash 算法的核心思想是将 Hash 结果域做成一个虚拟空间，通常这个虚拟空间可以被描述成一个 Hash 环，所有存储节点都是这个环上的一个点。

在需要写入一个对象时，计算对象名称得到的 Hash 值肯定会属于这个 Hash 值空间，也就是说，在 Hash 环上面肯定可以找到一个与其对应的点。比如，这个点位于节点 1 和节点 2 之间，按照协议，可以选择顺时针离 Hash 值最近的节点作为数据存储点，即新写入的对象可以存入节点 1。

　　一致性 Hash 算法的最大优点在于可以避免添加存储节点之后的大规模数据迁移。比如，在节点 1 和节点 2 之间添加了一个节点 8，那么原先存入节点 1 中的部分数据需要迁移到节点 8，但是，其余节点不需要进行任何的数据迁移操作。

　　但一致性 Hash 算法的一个问题是，存储节点很难将 Hash 空间分布得足够均匀，这样就会导致部分节点的负载过重。为了尽可能地解决这一问题，虚拟节点被引入。虚拟节点是相对于物理存储节点而言的，相当于物理存储节点的复制品。一个物理节点对应了若干个虚拟节点，虚拟节点的数量是由它自己的容量决定的，虚拟节点负责的分区上的数据最终会存储到其对应的物理节点上。在一致性 Hash 算法中引入虚拟节点可以把 Hash 空间划分成更多的分区，从而让数据在存储节点上的分布更加均匀。如图 6-23 所示，Ni_0 代表该虚拟节点对应于物理节点 i 的第 0 个虚拟节点。在增加虚拟节点后，物理节点 N0 负责[N1_0, N0]和[N0, N0_0]两个分区，物理节点 N1 负责[N0_0, N1]和[N2_0, N1_0]两个分区，物理节点 N2 负责[N2, N1]和[N2_0, N2]两个分区，3 个物理节点负责的总数据量趋于平衡。

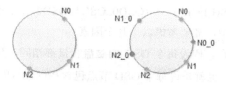

图 6-23　虚拟节点

　　虚拟节点的引入能够使每个节点负责多个部分的数据，这样在一个节点移除后，它所负责的多个分区会托管给多个节点处理，因此这种思想在一定程度上解决了数据分布不均的问题。

　　在实际应用中，可以根据物理节点的磁盘容量的大小来确定其对应的虚拟节点数目。虚拟节点数目越多，节点负责的数据区间也越大。

　　当节点加入或离开时，分区会相应地进行分裂或合并。这对新写入的数据不会构成影响，但对已经写入磁盘的数据需要重新计算 Hash 值，以确定它是否需要迁移到其他节点。因为需要遍历磁盘中的所有数据，所以这个计算过程非常耗时。为了解决这一问题，Dynamo 系统将分区和分区位置（也就是分区所对应的物理存储节点）进行分离，将 Hash 空间划分成固定的若干个分区，并维持分区数目和虚拟节点数目相等，每个虚拟节点负责一个分区，如图 6-24（a）所示的固定分区[A, B]、[B, C]、[C, D]和[D, A]，以及对应的虚拟节点 T0、T1、T2 和 T3。由于分区固定，因此在迁移数据时可以比较容易地知道哪些数据需要迁移，哪些数据不需要迁移。

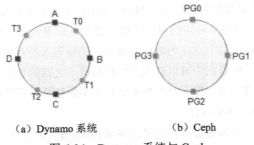

（a）Dynamo 系统　　　　　（b）Ceph

图 6-24　Dynamo 系统与 Ceph

而对于 CRUSH 算法来说，PG 的引入也类似于 Dynamo 这种划分固定分区的思想，如图 6-23（b）所示。PG 是抽象的存储节点，它不会随着物理节点的加入或离开而增加或减少。对象到 PG 的映射是稳定的。所有的 PG 相当于把 Hash 环划分成固定的分区，同时每个 PG 管理的数据区间相同，因而数据能够被均匀地分布到 PG 上。同时，PG 充当了 Dynamo 系统中虚拟节点的角色，决定了分区对应的物理存储位置（PG→OSD 映射）。

CRUSH 算法的目的是，为给定的 PG（即分区）分配一组存储数据的 OSD 节点。在图 6-21 中，PG→OSD 映射的计算公式为

$$\text{CRUSH}(PGID) \rightarrow (OSD0, OSD1, OSD2, \dots, OSDn)$$

在选择 OSD 节点的过程中，需要考虑以下几个因素。

- PG 在 OSD 间均匀分布。假设每个 OSD 的磁盘容量都相同，那么我们希望 PG 在每个 OSD 节点上是均匀分布的，也就是说每个 OSD 节点包含相同数目的 PG。假如节点的磁盘容量不相等，那么容量大的磁盘的节点能够处理更多数量的 PG。
- PG 的 OSD 分布在不同的故障域。因为 PG 的 OSD 列表用于保存数据的不同副本，而且副本分布在不同的 OSD 中可以降低数据损坏的风险。
- Ceph 使用树形层级结构描述 OSD 的空间位置及权重（同磁盘容量相关）大小。如图 6-25 所示，OSD 层级结构描述了 OSD 所在主机、主机所在机架及机架所在机房等空间位置。这些空间位置隐含了故障区域，例如，不同电源的不同机架属于不同的故障域。CRUSH 算法能够根据一定的规则将副本放置在不同的故障域。

OSD 节点在层级结构中也被称为 Device，它位于层级结构的叶子节点，所有非叶子节点称为 Bucket。Bucket 拥有不同的类型，比如，图 6-25 所示的所有机架的类型为 Rack，所有主机的类型为 Host。使用者还可以自己定义 Bucket 的类型。Device 节点的权重代表存储节点的性能，磁盘容量是影响权重大小的重要参数。Bucket 节点的权重是其子节点的权重之和。

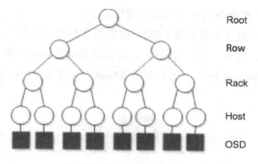

图 6-25　OSD 层级结构

CRUSH 算法通过每个设备的权重来计算数据对象的分布。对象分布是由 Cluster Map 和 Data Distribution Policy 决定的。Cluster Map 描述了可用存储资源和层级结构，比如，有多少个机架，每个机架上有多少个服务器，每个服务器上有多少个磁盘。Data Distribution Policy 由 Placement Rules 组成，决定了每个数据对象有多少个副本，以及这些副本存储的限制条件（比如，3 个副本需要放在不同的机架中）。

CRUSH 算法使用了 Cluster Map、Placement Rules 和 PGID，利用多参数 Hash 函数（Hash 函数中的参数包括 PGID），使得从 PG 到 OSD 集合是确定的和独立的。CRUSH 是伪随机算法，相似输入的结果之间没有相关性。

5. Monitor

Ceph 客户端在读写数据前必须先连接到某个 Ceph 监视器，获得最新的集群运行图副本。一个 Ceph 存储集群只需要单个监视器就能运行，但它就成了单一故障点（即如果此监视器宕机，Ceph 客户端就不能读写数据了）。为增强可靠性和容错能力，Ceph 支持监视器集群。在一个监视器集群内，延时及其他错误会导致一个或多个监视器滞后于集群的当前状态，因此，Ceph 的各监视器进程必须就集群的当前状态达成一致。

由若干个 Monitor 组成的监视器集群共同负责整个 Ceph 集群中所有 OSD 状态的发现与记录，并且形成 Cluster Map 的主拷贝，包括集群成员、状态、变更，以及 Ceph 存储集群的整体健康状况。随后，这份 Cluster Map 会被扩散至全体 OSD 及 Client。OSD 使用 Cluster Map 进行数据的维护，而 Client 使用 Cluster Map 进行数据的寻址。

在集群中，各个 Monitor 的功能在总体上是一样的，其相互的关系可以被简单地理解为主从备份关系。Monitor 并不会主动轮询各个 OSD 的当前状态。正相反，OSD 需要向 Monitor 上报状态信息。常见的上报有两种情况：一种是新的 OSD 被加入集群，另一种是某个 OSD 发现自身或其他 OSD 发生异常。在收到这些上报信息后，Monitor 将更新 Cluster Map 信息并加以扩散。

Cluster Map 实际上是多个 Map 的统称，包括 Monitor Map、OSD Map、PG Map、CRUSH Map

及 MDS Map 等。各运行图维护着各自运行状态的变更。

其中，CRUSH Map 用于定义如何选择 OSD，内容包含存储设备列表、故障域树状结构（设备的分组信息，如设备、主机、机架、行、房间等），以及在存储数据时如何利用此树状结构的规则。在如图 6-26 所示的 CRUSH Map 示例中，根节点是 default，包含 3 台主机 Host，每台 Host 主机包含 3 个 OSD 服务。

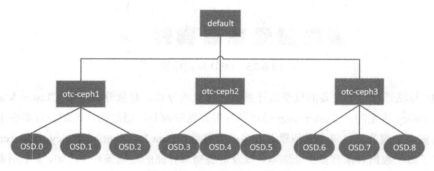

图 6-26　CRUSH Map 示例

相应的 CRUSH Map 如下：

```
"buckets": [
    {
        "id": -1,
        "name": "default",
        "type_id": 10,
        "type_name": "root",
        "weight": 280859,
        "alg": "straw",
        "hash": "rjenkins1",
        "items": [
            {
                "id": -2,
                "weight": 177209,
                "pos": 0
            },
            {
                "id": -3,
                "weight": 86376,
                "pos": 1
            },
            {
                "id": -4,
                "weight": 17274,
```

```json
            "pos": 2
        }
    ]
},
{
    "id": -2,
    "name": "otc-ceph3",
    "type_id": 1,
    "type_name": "host",
    "weight": 177141,
    "alg": "straw",
    "hash": "rjenkins1",
    "items": [
        {
            "id": 0,
            "weight": 59047,
            "pos": 0
        },
        {
            "id": 1,
            "weight": 59047,
            "pos": 1
        },
        {
            "id": 2,
            "weight": 59047,
            "pos": 2
        }
    ]
},
{
    "id": -3,
    "name": "otc-ceph2",
    "type_id": 1,
    "type_name": "host",
    "weight": 86310,
    "alg": "straw",
    "hash": "rjenkins1",
    "items": [
        {
            "id": 3,
            "weight": 28770,
            "pos": 0
        },
```

```
                {
                    "id": 4,
                    "weight": 28770,
                    "pos": 1
                },
                {
                    "id": 5,
                    "weight": 28770,
                    "pos": 2
                }
            ]
        },
        {
            "id": -4,
            "name": "otc-ceph4",
            "type_id": 1,
            "type_name": "host",
            "weight": 17274,
            "alg": "straw2",
            "hash": "rjenkins1",
            "items": [
                {
                    "id": 6,
                    "weight": 5957,
                    "pos": 0
                },
                {
                    "id": 7,
                    "weight": 5957,
                    "pos": 1
                },
                {
                    "id": 8,
                    "weight": 5360,
                    "pos": 2
                }
            ]
        }
    ],
```

如前文所述，在这个树形结构中，所有非叶子节点称为 Bucket，所有 Bucket 的 ID 号都是负数，便于和 OSD 的 ID 进行区分。在选择 OSD 时，需要先指定一个 Bucket，然后选择它的一个子 Bucket，这样一级一级递归，直到到达设备（叶子）节点。目前有 5 种算法来实现子节点的选择：Uniform、List、Tree、Straw 和 Straw2。如表 6-1 所示，这些算法的选择影响了两方面的复杂度：在一个 Bucket 中，找到对应的节点的复杂度；当一个 Bucket 中的 OSD 节点丢失或增加时，发生数据移动的复杂度。

表 6-1　不同 Bucket 算法复杂度的比较

操　作	Uniform	List	Tree	Straw/Straw2
查找	$O(1)$	$O(n)$	$O(\lg n)$	$O(n)$
增加	Poor	Optimal	Good	Optimal
删除	Poor	Poor	Good	Optimal

其中，Uniform 适用于 item 具有相同权重，并且 Bucket 很少有添加或删除 item 的情况，它的查找速度是最快的。Straw/Straw2 不像 List 和 Tree 一样都需要遍历，而是让 Bucket 所包含的所有 item 进行公平的竞争，这种算法就像抽签一样，所有的 item 都有机会被抽中（只有最长的签才能被抽中，每个签的长度与权重有关）。

除了存储设备的列表及树状结构，CRUSH Map 还包含了存储规则用来指定在每个存储池中选择特定 OSD 的 Bucket 范围，同时可以指定备份的分布规则。在默认情况下，CRUSH Map 有一个存储规则，如果用户在创建存储池时没有指定 CRUSH 规则，就会使用该规则。但是用户可以自己定义 CRUSH 规则，并指定给特定存储池使用。

下面是默认的 CRUSH 规则，重点在 steps 部分。这里指定从 default 这个 Bucket 开始，选择 3 台（Pool 创建时指定的副本数）Host 主机，在这 3 台 Host 主机中再选择 OSD。每个对象的 3 份数据将位于 3 台不同的主机上。

```
"rules": [
    {
        "rule_id": 0,
        "rule_name": "replicated_ruleset",
        "ruleset": 0,
        "type": 1,
        "min_size": 1,
        "max_size": 10,
        "steps": [
            {
                "op": "take",
                "item": -1,
                "item_name": "default"
            },
            {
                "op": "chooseleaf_firstn",
                "num": 0,
                "type": "host"
            },
            {
```

```
                    "op": "emit"
                }
            ]
        },
    ],
```

6. 数据操作流程

Ceph 的读写操作采用 Primary-Replica 模型，Client 只向 Object 所对应的 OSD 设置的 Primary 发起读写请求，这保证了数据的强一致性。当 Primary 收到 Object 的写请求时，它负责把数据发送给其他 Replica，只有这个数据被保存在所有的 OSD 上时，Primary 才会应答 Object 的写请求，这保证了副本的一致性。

这里以 Object 写入为例，假定一个 PG 被映射到 3 个 OSD 上，则对象写入流程如图 6-27 所示。

当某个 Client 需要向 Ceph 集群写入一个 File 时，首先需要在本地完成前面所述的寻址流程，将 File 变为一个 Object，然后找出存储该 Object 的一组 3 个 OSD。这 3 个 OSD 具有各自不同的序号，序号最靠前的那个 OSD 就是这一组 OSD 中的 Primary OSD，而后两个则依次是 Secondary OSD 和 Tertiary OSD。

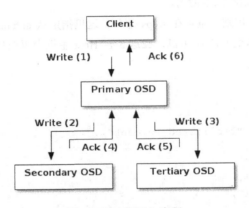

图 6-27 对象写入流程

在找出 3 个 OSD 后，Client 将直接和 Primary OSD 通信，发起写入操作（步骤 1）。Primary OSD 在收到请求后，分别向 Secondary OSD 和 Tertiary OSD 发起写入操作（步骤 2 和步骤 3）。当 Secondary OSD 和 Tertiary OSD 各自完成写入操作后，将分别向 Primary OSD 发送确认信息（步骤 4 和步骤 5）。当 Primary OSD 确认其他两个 OSD 的写入操作完成后，则自己也会完成数据写入，并向 Client 确认 Object 的写入操作完成（步骤 6）。

之所以采用这样的写入流程，本质上是为了保证写入过程中的可靠性，尽可能地避免造成数据丢失。同时，由于 Client 只需要向 Primary OSD 发送数据，因此，在 Internet 使用场景下的外网带宽和整体访问延迟又得到了一定程度的优化。

当然，这种可靠性机制必然导致较长的延迟，特别是，如果等到所有的 OSD 都将数据写入磁盘后再向 Client 发送确认信号，则整体延迟可能令人难以接受。因此，Ceph 可以分两次向 Client 进行确认。在各个 OSD 都将数据写入内存缓冲区后，先向 Client 发送一次确认信息，此时 Client 就可以向下执行；在各个 OSD 都将数据写入磁盘后，再向 Client 发送一次最终确认信息，此时 Client 可以根据需要删除本地数据。

通过分析上述流程可以看出，在正常情况下，Client 可以独立完成 OSD 寻址操作，而不必依赖于其他系统模块。因此，大量的 Client 可以同时和大量的 OSD 进行并行操作。同时，如果一个 File 被切分成多个 Object，这多个 Object 也可以被并行发送至多个 OSD。

从 OSD 的角度来看，由于同一个 OSD 在不同的 PG 中的角色不同，因此，其工作压力也可以被尽可能均匀地分担，从而避免单个 OSD 变成性能瓶颈。

如果需要读取数据，则 Client 只需完成同样的寻址过程，并直接和 Primary OSD 通信。在目前的 Ceph 设计中，被读取的数据默认由 Primary OSD 提供，但也可以设置为从其他 OSD 中获取，以分散读取压力并提高性能。

7. Cache Tiering

分布式的集群一般都采用廉价的 PC 与传统的机械硬盘搭建，所以在磁盘的访问速度上有一定的限制，没有理想的 IOPS 数据。当优化一个系统的 I/O 性能时，最先想到的应该是添加快速的存储设备作为缓存，以便数据在缓存中被访问到时，缩短数据的访问延时。Ceph 也从 Firefly 0.80 版本开始引入这种存储分层技术，即 Cache Tiering。

分层存储的原理，就是对存储数据的访问是有热点的，数据并非是被均匀访问的。这里有个通用法则叫作"二八原则"，也就是 80%的应用只访问 20%的数据，这 20%的数据就称为热点数据。如果把这些热点数据保存在性能比较高的 SSD 磁盘上，就可以提高响应时间。

Cache Tiering 的基本思想就是冷、热数据分离，使用相对快速、昂贵的存储设备（如 SSD），组成一个 Pool 来作为缓存层（Cache Tier），后端则使用相对慢速、廉价的设备组建冷数据存储池来作为后端存储层（Storage Tier）或者说 Base 层。Cache Tier 需要维护 Storage Tier 的部分数据，因此 Cache Tier 需要采用多副本模式，Storage Tier 则可以采用多副本或纠删码模式。

在 Cache Tiering 中有一个分层代理，当存储在 Cache Tier 的数据变冷或不再活跃时，该代理会把这些数据刷新到 Storage Tier，最后把它们从 Cache Tier 中移除，这些操作称为刷新（Flush）和逐出（Evict）。

如图 6-28 所示，Ceph 的对象处理器（Objecter，位于 OSD 客户端模块）决定向哪里存储对象，分层代理决定何时把 Cache Tier 内的对象刷新到 Storage Tier，所以 Cache Tier 和 Storage Tier 对 Ceph 客户端来说是完全透明的。

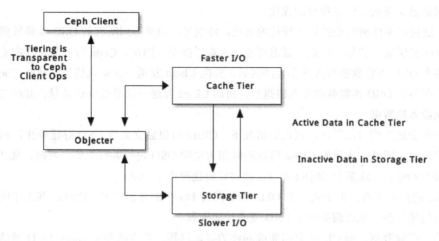

图 6-28　Cache Tiering

　　需要注意的是，Cache Tier 是基于 Pool 的，Cache Pool 对应于 Storage Pool，SSD 磁盘不是对应于机械硬盘的，所以在 Cache Tier 和 Storage Tier 之间移动数据是在两个 Pool 之间移动数据，数据可能会在不同地点的设备上移动。

　　目前，Cache Tiering 主要支持如下几种模式。

- writeback 模式：对于写请求，当请求到达 Cache Tier，并完成写操作后，会直接返回给客户端应答，再由 Cache 的 Agent 线程负责将数据写入 Storage Tier。对于读请求，则看是否命中缓存，如果命中，则直接在缓存中读；如果没有命中，则可以 redirect 到 Storage Tier 中。如果近期访问过，则说明 Object 比较热，可以 promote 到 Cache Tier 中。

- forward 模式：所有的请求都 redirect 到 Storage Tier 中。

- readonly 模式：写请求直接 redirect 到 Storage Tier 中，如果读请求命中缓存，则直接处理，否则需要从 Storage Tier 提升（promote）到 Cache Tier 中，并完成请求，在下次读取时会直接命中缓存。

- readforward 模式：读请求都 redirect 到 Storage Tier 中，写请求采用 writeback 模式。

- readproxy 模式：读请求发送给 Cache Tier，Cache Tier 从 Base Pool 中读取，在获得 Object 后，Cache Tier 自己不保存，会直接发送给客户端。写请求采用 writeback 模式。

- proxy 模式：读请求和写请求都采用 proxy 模式，不是转发而是代表 Client 进行操作，Cache Tier 自己并不保存。

　　这里频繁提及了 redirect、proxy 与 promote 等几种操作，如图 6-29 所示。

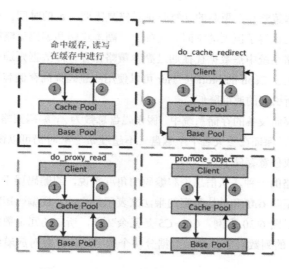

图 6-29　redirect、proxy 与 promote 操作

- redirect：客户端发送请求到 Cache Pool，Cache Pool 告诉客户端应该发送请求到 Base Pool，客户端在收到应答后，再次发送请求到 Base Pool，由 Base Pool 告诉客户端请求完成。
- proxy：客户端发送读请求到 Cache Pool，但是未命中，则 Cache Pool 会发送请求到 Base Pool，在获取数据后，由 Cache Pool 将数据发送给客户端，完成读请求。但是值得注意的是，虽然 Cache Pool 读取到了该 Object，但不会将其保存在 Cache Pool 中，下次仍然需要重新向 Base Pool 请求。
- promote：当客户端发送请求到 Cache Pool，但是 Cache Pool 未命中缓存时，Cache Pool 会选择将该 Object 从 Base Pool 提升到 Cache Pool 中，然后由 Cache Pool 进行读写操作，并在操作完成后告知客户端请求完成，同时 Cache Pool 会缓存该 Object，下次会直接在 Cache Pool 中处理，和 proxy 操作存在区别。

8. 多副本与纠删码

如前文所述，Cache Tier 需要采用多副本模式，Storage Tier 则可以采用多副本或纠删码模式。而在我们创建一个存储池时，也需要设置数据存储的方法是多副本模式还是纠删码模式。这里我们对多副本与纠删码进行更为细致的阐述。

副本策略和编码策略是保证数据冗余度的两个重要方法。当原始数据发生部分丢失时，副本策略和编码策略都可以保证数据被正确获取。副本策略将原始数据复制一份或多份进行存储，编码策略则将原始数据分块并编码生成冗余数据块，保证在丢失一定量内的数据块，仍旧可以获取原始数据。

虽然编码策略比副本策略存在更高的计算开销且修复需要一定的时间，但它能够极大地减少存储开销的优势还是为自己赢得了巨大的空间。实际上，副本策略和编码策略往往共存于一个存储系统中，比如，在分布存储系统中热数据往往通过副本策略保存，冷数据则通过编码策略保存，从而节省存储空间。因此，上述 Ceph 的 Storage Tier 可以使用纠删码提高存储容量，而 Cache Tier 可以使用多副本解决纠删码所引起的速度降低。

在以磁盘作为单位存储设备的存储系统中，假设磁盘总数为 n，编码策略通过编码 k 个数据盘得到 m 个校验盘（$n=k+m$），保证在丢失若干个磁盘（不超过 m 个）时仍可以恢复出丢失的磁盘数据。磁盘可以推广为数据块或任意存储节点。

纠删码属于编码策略的一种，从信息论和编码的角度来说，纠删码属于分组线性编码，其编码过程可以通过一个编码矩阵 GM 和分块数据的乘法来表示，也就是说编码矩阵 GM 定义了数据是如何编码为冗余数据的。以图 6-30 为例，$C0\sim C5$ 是冗余数据，所有的冗余数据可以表示为 $GM \times D$ 的乘法，编码矩阵 GM 的列数对应着原始数据分块个数（k），行数对应着编码后的所有数据块个数（n）。

$$
\begin{bmatrix}
m_{00} & m_{01} & m_{02} & m_{03} \\
m_{10} & m_{11} & m_{12} & m_{13} \\
m_{20} & m_{21} & m_{22} & m_{23} \\
m_{30} & m_{31} & m_{32} & m_{33} \\
m_{40} & m_{41} & m_{42} & m_{43} \\
m_{50} & m_{51} & m_{52} & m_{53}
\end{bmatrix}
\cdot
\begin{bmatrix}
D0 \\
D1 \\
D2 \\
D3
\end{bmatrix}
=
\begin{bmatrix}
C0 \\
C1 \\
C2 \\
C3 \\
C4 \\
C5
\end{bmatrix}
$$

图 6-30　纠删码

以一个包含 5 个 OSD 的纠删码存储池为例，它能够容忍 2 个丢失（$k=3$，$m=2$），当包含 ABCDEFGHI 的对象 NYAN 被写入存储池时，纠删编码函数把内容分割为 3 个数据块：第一个是 ABC，第二个是 DEF，第三个是 GHI，若内容长度不是 k 的倍数则需填充。此函数还会创建两个编码块：第四个是 YXY，第五个是 QGC。

对象 NYAN 中的块有相同的名字但存储在不同的 OSD 中，分块的顺序也会被保存在对象的属性中。如图 6-31 所示，包含 ABC 的块 1 存储在 OSD5 上，包含 YXY 的块 4 存储在 OSD3 上。

从纠删码存储池中读取 NYAN 对象时，只要有 3 个块被读出就可以成功调用解码函数。如图 6-32 所示，解码函数会读取 3 个块，即包含 ABC 的块 1、包含 GHI 的块 3 和包含 YXY 的块 4，然后重建对象的原始内容 ABCDEFGHI。随后解码函数被告知块 2 和块 5 丢失了，而块 5 不可读是因为 OSD4 损坏，块 2 不可读是因为 OSD2 最慢，其数据未被采纳。

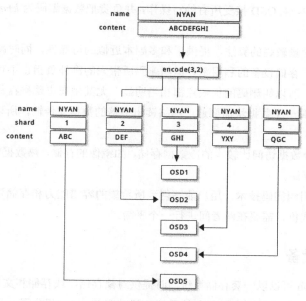

图 6-31　对象 NYAN 被写入纠删码存储池

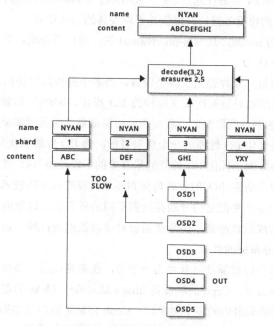

图 6-32　从纠删码存储池读取对象 NYAN

在纠删码存储池中，主 OSD 接受所有的写操作，并负责把数据编码为 $k+m$ 个块并发送给其他的 OSD。

纠删码通过技术含量较高的算法，提供了和多副本近似的可靠性，同时减小了额外所需冗余设备的数量，从而提高了存储设备的利用率。但纠删码所带来的额外负担也不可忽视，主要在于计算量和数倍的网络负载。所以纠删码的优缺点都相当明显。尤其是在出现硬盘故障后，重建数据会非常消耗 CPU，而且计算一个数据块需要通过网络读出多倍的数据并传输，所以网络负载也有数倍甚至十几倍的增加。

因此，纠删码适合数据访问比较少的冷数据存储，如镜像的存储，热数据的存储可以通过 Cache Tier 使用快速设备来存储。

整体来看，若采用纠删码技术，用户能够得到所希望的容错能力和存储资源利用率，但是需要接受一定的数据重建代价，需要在两者间进行一个平衡。

6.4.3　Ceph 块设备

如前文所述，Ceph 可以以一套存储系统同时提供对象存储、块存储和文件系统存储 3 种功能。Ceph 存储集群 RADOS 自身是一个对象存储系统，基础库 librados 提供了一系列的 API 接口，允许用户操作对象，和 OSD、MON 等进行通信。基于 RADOS 与 librados，Ceph 通过 RBD（Reliable Block Device）提供了一个标准的块设备接口，提供基于块设备的访问模式。

Ceph 中的块设备称为 Image，是 thin-provisioned 的，即按需分配，其大小可调，并且将数据条带化存储到集群内的多个 OSD。

条带化是指把连续的信息分片存储于多个设备。当多个进程同时访问一个磁盘时，可能会出现磁盘冲突。大多数磁盘系统都对访问次数（每秒的 I/O 操作，IOPS）和数据传输率（每秒传输的数据量，TPS）有限制，当达到这些限制时，后面需要访问磁盘的进程就需要等待，这时就是所谓的磁盘冲突。避免磁盘冲突是优化 I/O 性能的一个重要目标，而 I/O 性能的优化与其他资源（如 CPU 和内存）的优化有着很大的区别，优化 I/O 性能的最有效的手段是将 I/O 最大限度地进行平衡。

条带化技术就是一种自动将 I/O 的负载均衡到多个物理磁盘上的技术，条带化技术会将连续的数据分成很多相同大小的部分并把它们分别存储到不同的磁盘上。这就能使多个进程同时访问数据的多个不同部分而不会造成磁盘冲突，而且在需要对这种数据进行顺序访问时可以获得最大限度的 I/O 并行能力，从而获得非常好的性能。

条带化技术能够将多个磁盘驱动器合并为一个卷，在条带化后，条带卷所能提供的速度比单个磁盘所能提供的速度要快很多。Ceph 的块设备 Image 就对应于 LVM 的逻辑卷（Logical Volume），可以被条带化到 Ceph 存储集群内的多个对象。在 Ceph 存储集群内存储的那些对象是没有被条带化的，在客户端通过 librados 直接写入 Ceph 存储集群前，必须先条带化才能享受这些优势。

在创建 Ceph Image 时，可以指定参数，实现条带化。

- stripe-unit：条带的大小。
- stripe-count：在多少对象之间进行条带化。

如图 6-33 所示，当 stripe_count 为 3 时，Image 从[0, object-size*stripe_count-1]的地址到对象位置的映射上，每个对象都被分成 stripe_size 大小的条带，并按 stipe_count 分成一组，Image 在上面依次分布。Image 上的[0, stripe_size-1]对应对象 Object1 上的[0, stripe_size-1]，Image 上的[stripe_siz, 2*stripe_size-1]对应 Object2 上的[0, stripe_size-1]，以此类推。

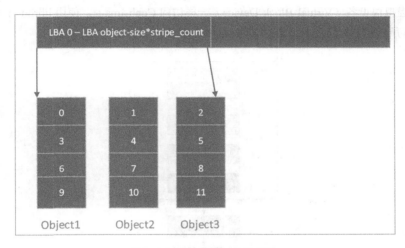

图 6-33　Ceph Image 条带化

在处理大尺寸图像、大 Swift 对象（如视频）等的时候，我们能看到条带化到一个对象集（Object Set）中的多个对象能带来显著的读写性能提升。当客户端把条带单元并行地写入相应对象时，就会产生明显的写性能提升，因为对象映射到了不同的 PG，并进一步映射到不同的 OSD，可以并行地以最大速度写入。单一磁盘的写入受限于磁头移动（如 6ms 寻道时间）和存储设备带宽（如 100Mbps）。Ceph 把写入分布到多个对象（它们映射到了不同的 PG 和 OSD），这样可减少每个设备的寻道次数，联合多个驱动器的吞吐量，达到更高的写（或读）速度。

如图 6-34 所示，使用 Ceph 块设备有两种路径。

图 6-34　Ceph 块设备的使用

- 通过 Kernel Module：在创建 RBD 设备后，把它 map 到内核中，成为一个虚拟的块设备。这时这个块设备同其他通用块设备一样，块设备文件一般为/dev/rbd0，后续直接使用这个块设备文件就可以了，既可以把/dev/rbd0 格式化后 mount 到某个目录，也可以直接作为裸设备使用。

- 通过 librbd：在创建 RBD 设备后，使用 librbd、librados 访问管理块设备。这种方式直接调用 librbd 提供的接口，实现对 RBD 设备的访问和管理，不会在客户端产生块设备文件。

第二种方式主要为虚拟机提供块存储设备。在虚拟机场景中，一般会使用 QEMU/KVM 中的 RBD 驱动部署 Ceph 块设备，宿主机通过 librbd 向客户机提供块设备服务。QEMU 可以直接通过 librbd 像访问虚拟块设备（Virtual Block Device）一样访问 Ceph Image，使用 librbd 方式时的 I/O 协议栈如图 6-35 所示。

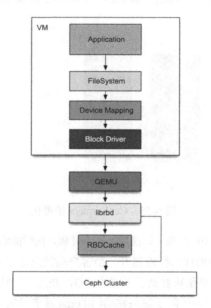

图 6-35　使用 librbd 方式时的 I/O 协议栈

librbd 使用 RBDCache 在客户端缓存数据（相应地，对于基于 Kernel Module 的第一种方式，使用 Page Cache 可以达到同样的目的）。RBDCache 主要提供了写缓存、读缓存和写合并的功能，用来提高读写性能。

- 写缓存：在启用 RBDCache 时，librbd 将数据写入 RBDCache，然后被 Flush 到 Ceph 集群，其效果就是多个写操作被合并，但是有一定的时间延迟。
- 读缓存：数据会在缓存中被保留一段时间，在此期间，如果 librbd 读数据的话，则会直接从缓存中读取，可以提高读效率。

● 写合并：同一个 OSD 上的多个写操作应该合并为一个大的写操作，以提高写入效率。

理论上，RBDCache 对顺序写的效率提升应该非常有帮助，而对随机写的效率提升应该没那么大，其原因是后者合并写操作的效率没有前者高（也就是能够合并的写操作的百分比较小）。

RBDCache 与前面所述的 RADOS 中的 Cache Tier 的主要差异在于缓存的位置不同，Cache Tier 是 RADOS 层在 OSD 端进行的数据缓存，也就是说，无论是块存储、对象存储还是文件存储都可以使用它来提高读写速度，RBDCache 是 RBD 层在客户端的缓存，只支持块存储。

因为 RBDCache 是位于客户端的缓存，当多个客户端使用同一个块设备时，存在客户端数据不一致的问题。比如，在用户 A 向块设备写入数据后，数据会停留在客户自己的缓存中，没有被立即刷新到磁盘，所以其他用户读取不到用户 A 写入的数据。但是 Cache Tier 不存在这个问题，因为所有用户的数据都会被直接写入 SSD，并且用户是在 SSD 中读取数据的，所以不存在客户端数据不一致的问题。

通常 Cache Tier 使用 SSD 作为缓存，而 RBDCache 使用内存作为缓存。SSD 和内存有两个方面的差别：一个是读写速度；另一个是掉电保护。在掉电后内存中的数据就丢失了，而 SSD 中的数据不会丢失。所以 RBDCache 需要提供一些策略来不断回写到 Ceph 集群以实现持久化。在 librbd 中有若干个选项用来控制 RBDCache 的大小和回写策略，当满足缓存回写的要求时（空间或数据保存时间达到阈值）就会回写数据。此外，librbd 也提供了 Flush 接口将缓存中的“脏数据”全部回写。

如果将 Ceph 系统与单机系统进行类比，则 RBDCache 类似于传统磁盘上的控制器缓存（这类缓存不归 Kernel 管理），也同样面临在机器掉电情况下，缓存数据丢失的情况。现代磁盘控制器都会配置一个小型电容来实现在机器掉电后对缓存数据的回写，但是 Linux Kernel 无法知晓到底是否存在这类“急救”装置来实现持久性，因此，大多数文件系统在实现 fsync 这类接口强制执行对某个文件数据的回写时，同时会使用 Kernel Block 模块提供的 API 给块设备发送一个 Flush Request，块设备在收到 Flush Request 后就会回写自身的缓存。但是如果机器上存在电容，那么实际上 Flush Request 会大大降低文件系统的读写性能，因此，文件系统会提供 barrier 选项等来让用户选择是否需要发送 Flush Request，比如 XFS 在 mount 时就支持 nobarrier 选项来选择不发送 Flush Request。

对于 RBDCache 来说，往往是在使用 QEMU 实现的 VM 上使用 RBD 块设备，那么 Linux Kernel 中的块设备驱动是 virtio_blk，它将对块设备的各种请求封装成一个消息并通过 virtio 框架提供的队列发送到 QEMU 的 I/O 线程，QEMU 在收到请求后会转给相应的 QEMU Block Driver 来完成请求。QEMU 作为最终使用 librbd 中 RBDCache 的用户，它在 VM 关闭、QEMU 支持的热迁移操作或 RBD 块设备卸载时也都会调用 QEMU Block Driver 的 Flush 接口，确保数据不会被丢失。

因此，用户在使用了开启 RBDCache 的 RBD 块设备时（此时 QEMU Block Driver 是 RBD，RBDCache 会交给 librbd 自身去维护），需要给 QEMU 传入“cache=writeback”，以确保 QEMU 知晓缓存的存在，否则 QEMU 会认为后端并没有缓存而选择将 Flush Request 忽略。

综上所述，可以发现，开启 RBDCache 的 RBD 块设备实际上就是一个不带电容的磁盘，我们需要让文件系统开启 barrier 模式，幸运的是，这也是文件系统的默认情况。除此之外，因为文件系统实际上可能管理的是通过 LVM 这种逻辑卷管理工具得到的分区，因此必须确保文件系统下面的 Linux Device Mapping 层（一种从逻辑设备到物理设备的映射框架机制，在该机制下，用户可以很方便地根据自己的需要制定实现存储资源的管理策略，LVM2 就是基于该机制实现的）也能够支持 Flush Request。LVM 在较早版本的 Kernel 中就已经支持 Flush Request，而其他 DM 模块可能会忽略该请求，这就需要用户有一个非常明确的了解。

幸运的是，RBD 会默认开启一个名称为 rbd_cache_writethrough_until_flush 的选项。该选项的作用就是避免一些不支持 Flush 的 VM 使用 RBDCache，它的主要方式是在用户开启 RBDCache 的情况下，在收到来自 VM 的第一个 Flush 请求前，不会在逻辑上启用 Cache。这样就避免了旧内核不支持 Flush 的问题。

6.4.4　Ceph FS

Ceph 文件系统（Ceph FS）提供与 POSIX 兼容的文件系统服务，它使用 Ceph 存储集群 RADOS 来存储数据，Ceph FS 内的文件会被映射到 RADOS 的对象中。

如图 6-36 所示，有两种使用 Ceph FS 的方式：一种是通过 Kernel Module，Linux 内核里包含 Ceph FS 的实现代码；另一种是通过 FUSE（用户空间文件系统）的方式，通过调用 libcephfs 库来实现 Ceph FS 的加载，而 libcephfs 库又调用 librados 库与 RADOS 进行通信。

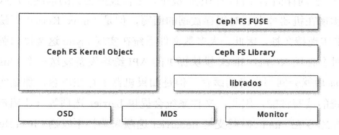

图 6-36　Ceph 文件系统

Ceph FS 要求 Ceph 存储集群内至少有一个元数据服务器（MDS），负责提供文件系统元数据（目录、文件所有者、访问模式等）的存储与操作。MDS 只为 Ceph FS 服务，如果不需要使用 Ceph FS，则不需要配置 MDS。

Ceph FS 从数据中分离出了元数据，并存储于 MDS，文件数据存储于存储集群中的一个或多个对象中。MDS（名为 ceph-mds 的守护进程）存在的原因是，简单的文件系统操作，如列出目录（ls）或进入目录（cd）会不必要地扰动 OSD，所以把元数据从数据里分离出来意味着 Ceph 文件系统既能提供高性能服务，又能减轻存储集群的负载。

6.4.5　Ceph 与 OpenStack

Ceph 提供统一的分布式存储服务，能够基于带有自我修复和智能预测故障功能的商用 x86 硬件进行横向扩展。它已经成为软件定义存储的标准。因为 Ceph 是开源的，它使许多供应商能够提供基于 Ceph 的软件定义存储系统。不仅限于红帽、SUSE、Mirantis、Ubuntu 等公司，SanDisk、富士通、惠普、戴尔、三星等公司现在也提供集成解决方案，甚至还有大规模的由社区构建的环境为上万个虚拟机提供存储服务。

Ceph 不局限于 OpenStack，这正是 Ceph 越来越受欢迎的原因。近期的 OpenStack 用户调查显示，Ceph 是 OpenStack 存储领域的领导者。2016 年 4 月，OpenStack 用户调查报告的第 42 页显示，Ceph 占 OpenStack 存储的 57%，接下来是 LVM（本地存储）占 28%，NetApp 占 9%。如果我们忽略 LVM，则 Ceph 领先其他存储公司 48%。

产生这种局面的原因有很多，最重要的有以下 3 个。

- Ceph 是一个横向扩展的统一存储平台。OpenStack 最需要的存储能力有两方面：能够与 OpenStack 本身一起扩展，并且在扩展时不需要考虑是块（Cinder）、文件（Manila）还是对象（Swift）。传统存储供应商需要提供 2 个或 3 个不同的存储系统来实现这一点。
- Ceph 具有成本效益。Ceph 利用 Linux 作为操作系统，而不是专有的系统。用户不仅可以选择向谁购买 Ceph 服务，还可以选择从哪里购买硬件，可以是同一供应商也可以是不同的供应商。用户可以购买硬件，甚至从单一供应商购买"Ceph +硬件"的集成解决方案。
- 和 OpenStack 一样，Ceph 也是开源项目，允许更紧密的集成和跨项目开发。

Ceph 与 OpenStack 集成如图 6-37 所示，该图显示了所有需要存储的不同 OpenStack 组件，以及 Ceph 如何与它们集成，Ceph 如何通过一个统一的存储系统满足所有的用例。

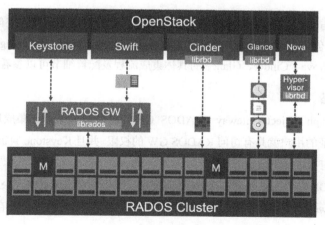

图 6-37　Ceph 与 OpenStack 集成

1. Ceph 块存储

在 OpenStack 中，有 3 个地方可以和 Ceph 块设备结合。

- Glance：Glance 是 OpenStack 中的镜像服务。在默认情况下，镜像会存储在本地，然后在被请求时复制到计算节点。计算节点会缓存镜像，但在每次更新镜像时，都需要再次复制。

Ceph 可以为 Glance 提供存储后端，允许镜像存储在 Ceph 中，而不是存储在控制节点和计算节点上。这大大减少了抓取镜像时的网络流量，提高了性能。此外，它使不同 OpenStack 部署之间的迁移变得更简单。

- Cinder：Cinder 是 OpenStack 中的块存储服务。Cinder 提供了关于块存储的抽象，并允许供应商通过提供驱动程序进行集成。在 Ceph 中，每个存储池可以映射到不同的 Cinder 后端。这允许用户创建如"金"、"银"或"铜"的存储服务，用户可以决定"金"是使用三副本的快速 SSD 磁盘，"银"是使用二副本的快速 SSD 磁盘，"铜"则是使用 EC 纠删码的慢速磁盘。

Ceph 既可以被配置为 Cinder 的存储后端，用来提供虚机的快存储，也可以作为 Cinder 的备份存储后端，用来备份 Cinder 的卷数据：

```
$Cinder.conf

volume_driver = cinder.volume.drivers.rbd.RBDDriver
backup_driver= cinder.backup.drivers.ceph
```

- Nova：在默认情况下，Nova 将虚拟 Guest Disk（装有客户操作系统的磁盘）的镜像存储在本地的 Hypervisor 上（表现为文件系统的一个文件，通常位于/var/lib/nova/instances/<uuid>/目录下，但是这会带来两个问题：镜像存储在根文件系统下，过大的镜像文件会填满整个文件系统，从而引发计算节点 crash；磁盘 crash 会引发虚拟 Guest Disk 丢失，从而无从恢复虚拟机。

Ceph 可以直接与 Nova 集成并作为虚拟 Guest Disk 的存储后端。此时，在创建 Guest Disk 时，Ceph 会通过 RBD 来创建 Ceph Image，然后虚拟机会通过 librbd 访问 Ceph Image。

Ceph 块设备与 Nova、Cinder、Glance 的具体集成流程及配置细节可以参看 Ceph 官方文档。

2. Ceph 对象存储

- Keystone：Ceph Object Gateway（RADOS GW）可以与 Keystone 集成用于认证服务，经过 Keystone 认证的用户就具有访问 RADOS GW 的权限，并且 Keystone 验证的 Token 在 RADOS GW 中同样有效。

- Swift：RADOS GW 为应用访问 Ceph 集群提供了一个与 Amazon S3 和 Swift 兼容的 RESTful 风格的 Gateway，所以可以通过 RADOS GW 来实现 OpenStack Swift 存储接口。对于 Ceph 与 Swift 的对比这里不再赘述。

3. Ceph 文件系统

目前，在 OpenStack 中能够与 Ceph FS 集成的项目为 Manila（File Share Service）。OpenStack Manila 项目从 2013 年 8 月份开始进入社区，主要由 EMC、NetApp 和 IBM 的开发者驱动，是一个提供文件共享服务 API 并封装不同后端存储驱动的 Big Tent 项目。目前，在 Manila 中已经有 Ceph FS 驱动的实现。

## 第 7 章

网络

与存储一样，网络也是 OpenStack 所管理的重要资源之一。Nova 实现了 OpenStack 虚拟机世界的抽象，Swift 与 Cinder 为虚拟机提供了"安身之本"，但是没有网络，任何虚拟机都将只是这个世界中的"孤岛"，没有自己生存的价值。

最初，OpenStack 的网络服务由 Nova 中一个单独的模块 nova-network 来提供，但是为了提供更为丰富的拓扑结构，支持更多的网络类型，具有更好的可扩展性，一个专门的项目 Neutron 被创建用于取代原有的 nova-network。

7.1 Neutron 体系结构

类似于各个计算节点在 Nova 中被泛化为计算资源池，OpenStack 所在的整个物理网络在 Neutron 中也被泛化为网络资源池。通过对物理网络资源进行灵活的划分与管理，Neutron 能够为同一物理网络上的每个租户提供独立的虚拟网络环境。

我们在 OpenStack 云环境里基于 Neutron 构建自己私有网络的过程，就是创建各种 Neutron 资源对象并进行连接的过程，完全类似于使用真实的物理网络设备来规划自己的网络环境，典型 Neutron 网络结构如图 7-1 所示。

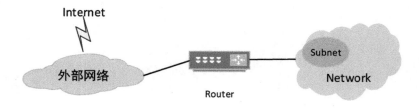

图 7-1　典型 Neutron 网络结构

首先，网络结构中应该至少有一个由管理员所创建的外部网络对象，用来负责 OpenStack 环境与 Internet 的连接，然后，租户可以创建自己私有的内部网络并在其中创建虚拟机。为了使内部网络中的虚拟机能够访问互联网，必须创建一个路由器将内部网络连接到外部网络，具体可参考使用 OpenStack Horizon 创建网络的过程。

在这个过程中，Neutron 提供了一个 L3（三层）的抽象 Router 与一个 L2（二层）的抽象 Network。Router 对应于真实网络环境中的路由器，为用户提供路由、NAT 等服务；Network 则对应于一个真实物理网络中的二层局域网（LAN），从租户的角度来看，它为租户所私有。

7.1.1　Linux 虚拟网络

Neutron 最为核心的工作是对二层物理网络 Network 的抽象与管理。在一个传统的物理网络里，可能有一组物理 Server，上面分别运行着各种各样的应用，如 Web 服务、数据库服务等。为了彼此之间能够通信，每个物理 Server 都拥有一个或多个物理网卡（NIC），这些 NIC 被连接在物理交换设备上，如交换机（Switch）。传统二层物理网络如图 7-2 所示。

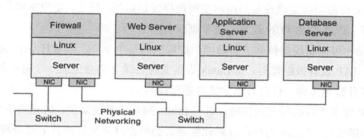

图 7-2　传统二层物理网络

在虚拟化技术被引入后，上述的多个操作系统和应用可以以虚拟机的形式分享同一物理 Server，同时虚拟机的生成与管理由 Hypervisor 或 VMM 来完成，于是图 7-2 中的网络结构被演化为如图 7-3 所示的虚拟网络结构。

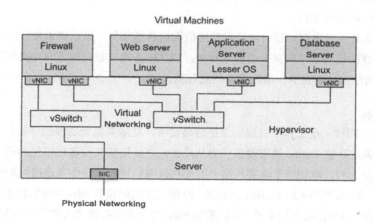

图 7-3　虚拟网络结构

虚拟机的网络功能由虚拟网卡（vNIC）提供，同时 Hypervisor 可以为每台虚拟机创建一个或多个 vNIC。从虚拟机的角度来看，这些 vNIC 等同于物理的网卡。为了实现与传统物理网络等同的网络结构，与 NIC 一样，Switch 也被虚拟化为虚拟交换机（vSwitch），然后将各个 vNIC 连接在 vSwitch 的端口上，最后这些 vSwitch 可以通过物理 Server 的物理网卡访问外部的物理网络。

由此可见，对于一个虚拟的二层网络结构来说，主要是完成两种网络设备的虚拟化：NIC 硬件与交换设备。在 Linux 环境下，网络设备的虚拟化主要有以下几种形式，Neutron 也是基于这些技术来完成项目私有虚拟网络 Network 的构建。

1. TAP/TUN/VETH

TAP/TUN 是 Linux 内核实现的一对虚拟网络设备，TAP 工作在二层，TUN 工作在三层。Linux 内核通过 TAP/TUN 设备向绑定该设备的用户空间程序发送数据，反之，用户空间程序也可以像操作硬件网络设备那样，通过 TAP/TUN 设备发送数据。

基于 TAP 驱动，可以实现虚拟网卡的功能，虚拟机的每个 vNIC 都与 Hypervisor 中的一个 TAP 设备相连。当一个 TAP 设备被创建时，在 Linux 设备文件目录下将会生成一个对应的字符设备文件，用户程序可以像打开普通文件一样打开这个文件进行读写。

当对这个 TAP 设备文件执行写操作时，对于 Linux 网络子系统来说，就相当于 TAP 设备收到了数据，并请求内核接收它。Linux 内核在收到此数据后会根据网络配置进行后续处理，处理过程类似于普通的物理网卡从外界收到数据。当用户程序执行读请求时，相当于向内核查询 TAP 设备上是否有数据需要被发送，如果有，则取出到用户程序里，从而完成 TAP 设备发送数据的功能。在这个过程中，TAP 设备可以被当作本机的一个网卡，而操作 TAP 设备的应用程序相当于另外一台计算机，它通过 read/write 系统调用，和本机进行网络通信。Subnet 属于网络中的三层概念，用于指定一段 IPv4 或 IPv6 地址并描述其相关的配置信息，它被附加在一个二层 Network 上，并指明属于这个 Network 的虚拟机可使用的 IP 地址范围。

VETH 设备总是成对出现，在一端请求发送的数据总是从另一端以请求接收的形式出现。在创建并正确配置 VETH 设备后，向其一端输入数据，VETH 会改变数据的方向并将其送入内核网络子系统，完成数据的注入，而在另一端则能读到此数据。

2. Linux Bridge

Linux Bridge（网桥）是工作于二层的虚拟网络设备，功能类似于物理的交换机。

Bridge 可以绑定其他 Linux 网络设备作为从设备，并将这些从设备虚拟化为端口，当一个从设备被绑定到 Bridge 上时，就相当于真实网络中的交换机端口插入了一个有连接终端的网线。

Linux Bridge 结构如图 7-4 所示，Bridge 设备 br0 绑定了实际设备 eth0 与虚拟设备 tap0/tap1，此时，对于 Hypervisor 的网络协议栈上层来说，只能看到 br0，并不会关心桥接的细节。当这些从设备接收到数据包时，会将其提交给 br0 决定数据包的去向，br0 会根据 MAC 地址与端口的映射关系进行转发。

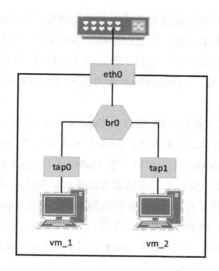

图 7-4　Linux Bridge 结构

因为 Bridge 工作在二层，所以绑定在 br0 上的从设备 eth0、tap0 与 tap1 均不需要再设置 IP 地址，对于上层路由器来说，它们都位于同一子网，因此只需为 br0 设置 IP 地址（Bridge 设备虽然工作于二层，但它只是 Linux 一种抽象的网络设备，能够设置 IP 地址也可以理解），如 10.0.1.0/24。此时，eth0、tap0 与 tap1 均通过 br0 处于 10.0.1.0/24 网段。

因为具有自己的 IP 地址，br0 可以被加入路由表，并利用它来发送数据，而最终实际的发送过程则由某个从设备来完成。

如果 eth0 本来具有自己的 IP 地址，如 192.168.1.1，在被绑定到 br0 上后，它的 IP 地址会失效，用户程序不能接收到发送到这个 IP 地址的数据。只有目的地址为 br0 的 IP 地址的数据包才会被 Linux 接收。

3. Open vSwitch

Open vSwitch 是一个具有产品级质量的虚拟交换机，它使用 C 语言进行开发，从而充分考虑了在不同虚拟化平台间的移植性，同时，它遵循 Apache 2.0 许可证，因此对商用也非常友好。

如前文所述，对于虚拟网络来说，交换设备的虚拟化是很关键的一环，vSwitch 负责连接 vNIC 与物理网卡，同时桥接同一物理 Server 内的各个 vNIC。Linux Bridge 已经能够很好地充当这样的角色，为什么我们还需要 Open vSwitch？

Open vSwitch 在 *WHY-OVS* 中首先高度赞扬了 Linux Bridge 之后，给出了详细的解答：

We love the existing network stack in Linux. It is robust, flexible, and feature rich. Linux already contains an in-kernel L2 switch (the Linux bridge) which can be used by VMs for inter-VM communication. So, it is reasonable to ask why there is a need for a new network switch.

在传统数据中心中，网络管理员通过对交换机的端口进行一定的配置，可以很好地控制物理机的网络接入，完成网络隔离、流量监控、数据包分析、QoS 配置、流量优化等一系列工作。

但是在云环境中，仅凭物理交换机的支持，管理员无法区分被桥接的物理网卡上传输的数据包属于哪个 VM、哪个 OS 及哪个用户，Open vSwitch 的引入则使得云环境中对虚拟网络的管理及对网络状态和流量的监控变得容易。

比如，我们可以像配置物理交换机一样，将接入 Open vSwitch（Open vSwitch 同样会在物理 Server 上创建一个或多个 vSwitch 供各个虚拟机接入）的各个 VM 分配到不同的 VLAN 中以实现网络的隔离。我们也可以在 Open vSwitch 端口上为 VM 配置 QoS，同时 Open vSwitch 也支持包括 NetFlow、sFlow 等很多标准的管理接口和协议，我们可以通过这些接口完成流量监控等工作。

此外，Open vSwitch 也提供了对 OpenFlow 的支持，可以接受 OpenFlow Controller 的管理。

总之，Open vSwitch 在云环境中的各种虚拟化平台上（如 Xen 与 KVM）实现了分布式的虚拟交换机（Distributed Virtual Switch），一个物理 Server 上的 vSwitch 可以透明地与另一个物理 Server 上的 vSwitch 连接在一起，如图 7-5 所示。

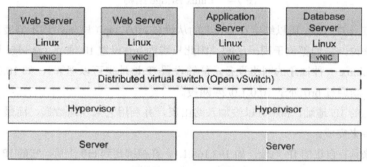

图 7-5 Open vSwitch

而 Open vSwitch 软件本身，则由内核态的模块及用户态的一系列后台程序所组成，结构如图 7-6 所示。

其中，ovs-vswitchd 是最主要的模块，实现了虚拟交换机的后台，负责同远程的 Controller 进行通信，比如，通过 OpenFlow 协议与 OpenFlow Controller 通信，通过 sFlow 协议同 sFlow Trend 通信。此外，ovs-vswitchd 也负责同内核态模块通信，基于 netlink 机制下发具体的规则和动作到内核态的 datapath，datapath 负责执行数据交换，也就是把从接收端口收到的数据包在流表（Flow Table）中进行匹配，并执行匹配到的动作。

每个 datapath 都和一个流表关联，当 datapath 接收到数据之后，会在流表中查找可以匹配的 Flow，并执行对应的动作，比如转发数据到另外的端口。

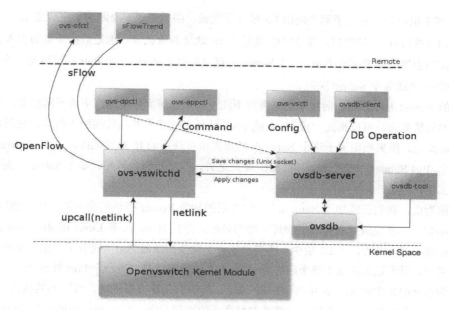

图 7-6　Open vSwitch 软件结构

7.1.2　Neutron 网络资源模型

OpenStack 项目都是通过 RESTful API 向外提供服务的，这使得 OpenStack 的接口在性能、可扩展性、可移植性、易用性等方面达到了比较好的平衡。而对于 Neutron 来说，各种 RESTful API 的背后就是 Neutron 的网络资源模型。

1. 网络资源抽象

Neutron 将其管理的对象称为资源，如 Network、Subnet。虽然这些资源概念从表面上看与传统网络中的概念一样，但是由于 Neutron 管理的范围（Data Center 内）和对象的特点（Host 内部虚机 VM）等，它们与传统网络的概念并不完全相同，甚至有些资源会令人困惑。Neutron 管理的核心网络资源如下所述。

- Network（网络）：隔离的 L2 广播域，一般为创建它的用户所有。用户可以拥有多个网络。网络是最基础的，子网和端口都需要关联到网络上，网络上可以有多个子网。同一个网络上的主机一般可以通过交换机或路由器连通起来。

- Subnet（子网）：逻辑上隔离的 L3 域，子网代表了一组 IP 地址的集合，即分配了 IP 地址的虚拟机。每个子网必须有一个 CIDR（Classless Inter Domain Routing），并关联到一个网络上。IP 地址可以从 CIDR 或用户指定池中选取。子网可能会有一个网关、一组 DHCP、DNS 服务器和主机路由。不同子网之间的 L3 域并不互通，必须通过一个路由器进行通信。

- Port（端口）：虚拟网口，是 MAC 地址和 IP 地址的承载体，也是数据流量的出入口。虚拟机、路由器均需要绑定 Port。一个 Network 可以有多个 Port，一个 Port 也可以与一个 Network 中的一个或多个 Subnet 关联。

这里的 Subnet 从 Neutron 的实现上来看并不能被完全理解为物理网络中的子网概念。Subnet 属于网络中的三层概念，可以指定一段 IPv4 或 IPv6 地址并描述与其相关的配置信息，它附加在一个二层 Network 上，用来指明属于这个 Network 的虚拟机可使用的 IP 地址范围。一个 Network 可以同时拥有一个 IPv4 Subnet 和一个 IPv6 Subnet，除此之外，即使我们为其配置多个 Subnet，也并不能使它们同时工作。

到目前为止，我们已经知道 Neutron 通过 L3 层的抽象 Router 提供路由器的功能，通过 L2 层的抽象 Network/Subnet 完成对真实二层物理网络的映射，并且 Network 有 Linux Bridge、Open vSwitch 等不同的实现方式。此外，在 L2 层中，还提供了一个重要的抽象 Port，代表了虚拟交换机上的一个虚拟交换端口，用于记录其属于哪个网络及对应的 IP 地址等信息。当一个 Port 被创建时，在默认情况下，会为它分配其指定 Subnet 中可用的 IP 地址。当我们创建虚拟机时，可以为其指定一个 Port。

对于 L2 层抽象 Network 来说，需要映射到真正的物理网络，但 Linux Bridge 与 Open vSwitch 等只是虚拟网络的底层实现机制，并不能代表物理网络的拓扑类型，目前 Neutron 主要实现了对以下几种网络类型的支持。

- Flat：Flat 类型的网络不支持 VLAN，因此不支持二层隔离，所有虚拟机都处于一个广播域。
- VLAN：与 Flat 相比，VLAN 类型的网络自然会提供对 VLAN 的支持。
- NVGRE/GRE：NVGRE（Network Virtualization using Generic Routing Encapsulation）是点对点的 IP 隧道技术，可以用于虚拟网络互联。NVGRE 允许在 GRE 内传输以太网帧，而 GRE key 被拆成了两部分：前 24 位作为 Tenant ID，后 8 位作为 Entropy，用于区分隧道两端连接的不同虚拟网络。
- VxLAN：VxLAN（Virtual Extensible LAN）技术的本质是将 L2 层的数据帧头重新定义后通过 L4 层的 UDP 协议进行传输。相较于采用物理 VLAN 实现的网络虚拟化，VxLAN 是 UDP 隧道，可以穿越 IP 网络，使得两个虚拟 VLAN 实现二层联通，并且突破 4095 的 VLAN ID 限制而提供多达 1600 万的虚拟网络容量。
- GENEVE：Generic Network Virtualization Encapsulation，即通用网络虚拟化封装，由 IETF 草案定义。在实现上，GENEVE 与 VxLAN 类似，仍然是 Ethernet over UDP，也就是使用 UDP 协议封装 Ethernet。VxLAN header 是固定长度的（8 字节，其中包含 24bit VNI），与 VxLAN 不同的是，GENEVE header 中增加了 TLV（Type-Length-Value），由 8 字节的固定长度和 0~252 字节的可变长度的 TLV 组成。GENEVE header 中的 TLV 代表了可扩展的元数据。

除了上述 L2 层与 L3 层的抽象，Neutron 还提供了一些更高层次的服务，主要有 FWaaS、LBaaS、VPNaaS。

2. Provider Network 与 Tenant Network

Provider Network（运营商网络）与 Tenant Network（租户网络）从本质上来讲都是 Neutron 的 Network 资源模型。其中，Tenant Network 是由租户创建并管理的网络，如图 7-7 所示。

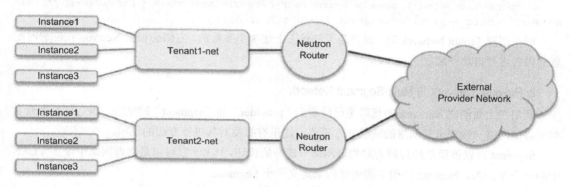

图 7-7　Tenant Network

Provider Network 如图 7-8 所示，是由 Neutron 创建并用来映射一个外部网络的。这些外部网络并不在 Neutron 的管理范围之内，因此 Provider Network 的作用就是将 Neutron 内部的虚拟机或网络通过实现的映射与外部网络联通。

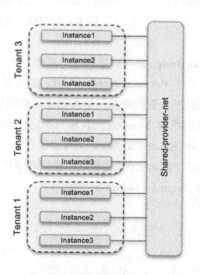

图 7-8　Provider Network

Provider Network 与 Tenant Network 的区别主要在于：

- 管理的角色与权限不同。Tenant Network 由租户创建，而 Provider Network 由 Administrator（管理员）创建。

- 在创建网络时所传入的参数不同。在创建 Provider Network 时，需要同时传入 provider-network-type、provider-physical-network 和 provider-segment 三个参数，例如：

```
$ openstack network create --provider-network-type vlan --provider-physical-
network public --provider-segment 123 provider_net;
```

而在创建 Tenant Network 时，租户是无法传入上述 3 个参数的，它们会根据 Neutron 在部署时配置的内容进行自动分配。

3. Provider Network 与 Multi-Segment Network

我们在上面创建 Network 的代码里已经看到 "provider" 与 "segment" 的字眼，因为这两个概念对于虚拟网络与物理承载网络的映射非常重要，这里有必要对其进行专门的说明。

Segment 可以被简单地理解为对物理网络一部分的描述，比如，它可以是物理网络中很多 VLAN 中的一个 VLAN。Neutron 使用下面的结构来定义一个 Segment：

```
{NETWORK_TYPE, PHYSICAL_NETWORK, and SEGMENTATION_ID}
```

如果 Segment 对应了物理网络中的一个 VLAN，则这里的 SEGMENTATION_ID 是这个 VLAN 的 VLAN ID，如果 Segment 对应的是 GRE 网络中的一个 Tunnel，则 SEGMENTATION_ID 是这个 Tunnel 的 Tunnel ID。Neutron 就使用这样简单的方式将 Segment 与物理网络对应起来。

在 Neutron 还被称为 Quantum 的时代，在创建虚拟网络时不能指定 VLAN ID 或 Tunnel ID，也就是说，如果此时数据中心已经有了一个 VLAN 的 ID 为 100，则部署一些 VM 在这个 VLAN 上会比较困难。

当时的一些 Plugin，如 Linux Bridge 是可以做到这一点的，但是问题在于并没有一个统一的方法用来达到这个目的，所以产生了对 Provider Network API 的需求。经过一段时间的发展，名称为 Provider 的 Extension API 被添加，用来管理虚拟网络与物理承载网络之间的映射。换句话说，Provider Network 的目的就是在创建虚拟网络时，Neutron 允许用户指定这个虚拟网络所占用的物理网络资源。

2013 年年初，针对 Provider Extension API，又提出了更进一步的改进需求，允许将一个虚拟 Network 与多个物理网络对应起来，换句话说，就是这个虚拟网络可以包含多个、多种不同的 Provider Network，这也就是所谓的 Multi-Segment Network，例如：

```
{
    "network": {
        "segments": [
            {
                "provider:segmentation_id": "2",
                "provider:physical_network":
```

```
"8bab8453-1bc9-45af-8c70-f83aa9b50453",
            "provider:network_type": "vlan"
        },
        {
            "provider:segmentation_id": "100",
            "provider:network_type": "gre"
        }
    ],
    "name": "net1",
    "admin_state_up": true
    }
}
```

Multi-Segment Network 能够灵活地使用现存物理网络作为承载网络，当前有 ML2 和 NSX Plugin 对其提供了支持。以一个 Multi-Segment Network 为例，如图 7-9 所示，这个虚拟网络由两个现存的物理网络 VLAN 5 和 VLAN 8 来承载。各个 Segment 中间的桥接由系统管理员负责。

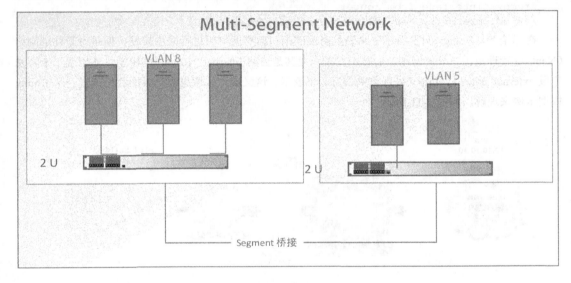

图 7-9　Multi-Segment Network

4. Router

如果说 Port 是 Neutron 资源模型的"灵魂"，Router 就是 Neutron 资源模型的"发动机"，它承担着路由转发功能。Router 的资源模型可以简单抽象为 3 部分：端口、路由表、路由协议处理单元，如图 7-10 所示。

图 7-10　Router 的资源模型

如果不看内部实现细节，仅从外部所能感受到的内容来看，Router 较关键的两个概念就是端口和路由表。Router 中使用一个数组表示路由表，每个数组元素的类型是[destination, nexthop]，其中 destination 表示目的网段（CIDR），nexthop 表示下一跳的 IP 地址。

Router 并没有使用某个字段来标识它的端口，而是提供了两个 API 以增加或删除端口：

```
#add interface to router
/v2.0/routers/{router_id}/add_router_interface
#remove interface from router
/v2.0/routers/{router_id}/remove_router_interface
```

在理论上，Router 只要有了路由表及对应的端口信息就可以进行路由转发，但是对于外部网络（Neutron 管理范围之外的网络）的路由转发，尤其是公网 Internet，Router 的模型里还用了一个特殊字段 external_gateway_info（外部网关信息）来表示。这又是什么意思呢？下面我们通过一个 Router 模型示例来理解，如图 7-11 所示。

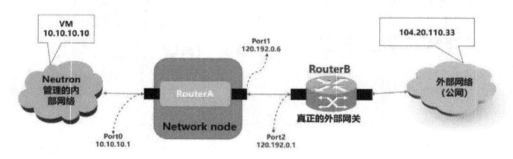

图 7-11　Router 模型示例

位于 Neutron 管理网络的内部虚拟机 VM，IP 地址为 10.10.10.10，它要访问位于公网（外部网络）的 IP 地址 104.20.110.33，需要经过公网的路由器 RouterB 才能到达。RouterB 的 Port2 直接与 Neutron 网络节点的 RouterA 的 Port1 相连（中间经过 Bridge 相连）。这个 RouterB 就是真正意义上的外部网关，RouterB 的接口 Port2 的 IP 地址 120.192.0.1 就是 Neutron 网络的外部网关 IP 地址。但是 RouterB 根本不在 Neutron 的管理范围内（RouterA 在其管理范围内），而且 Neutron 也不需要管理它。从路由转发的角度来看，RouterB 只需在 RouterA 中创建一个路由表项即可：

```
destination        next_hop    out interface
104.20.110.0/24 120.192.0.6 Port 2(120.192.0.1)
```

但是从 RouterA 的角度来看，则不仅仅是增加一个路由表项那么简单。于是，Neutron 提出了 external_gateway_info 这个模型，它由 network_id、enable_snat，external_fixed_ips 等几个字段组成，与上面的例子对应，就是：

```
"external_gateway_info":{
    "enable_snat": true,
    "external_fixed_ips": [
        {
            "ip_address": "120.192.0.6"
            "subnet_id": "b7832312223-ceb8-40ad-8b81---a332dd999dse"
        },
    ],
    "network_id": "ae3405f12-aa7d-4b87-abdd-50fccaadef453"
}
```

其中，ip_address 就是 RouterA 的 Port1 的 IP 地址，subnet_id 中对应 Subnet 的 gateway_ip 就是 RouterB 的 Port2 的 IP 地址。所以，external_gateway_info 其实隐含了 Neutron 的管理理念。

- Neutron 只能管理自己的网络。
- Neutron 不需要管理外部网络，只需要知道外部网络的网关 IP 地址即可。而它获取外部网络的网关 IP 地址的方式就是通过 subnet_id 间接获取其 gateway_ip。

7.1.3 网络实现模型

Neutron 的模型有两种：一种是前面所说的抽象的资源模型，另一种就是这种抽象模型背后的实现模型。无论一个模型多抽象或多具体，其归根结底是要有一个实现它的载体，用来承载 Neutron 抽象出的网络资源模型的方案。我们可以将其称为 Neutron 的网络实现模型。这个实现模型包含相应的网元、组网及网元上对应的配置。

Neutron 在实际组网时，有 3 类节点，如图 7-12 所示。

Neutron 组网的 3 类节点包括 Control Node（控制节点）、Compute Node（计算节点）和 Network Node（网络节点）。需要注意的是，图 7-12 只是一种参考模型，实际可分别部署于 3 台物理服务器之上，也可以部署于同一台物理机 Host 上，甚至可以部署于一个或多个 VM 中。

其中，控制节点上部署着身份认证、镜像服务、Nova 及 Neutron 的 API Server、Nova 的调度器等服务；计算节点运行着 nova-compute 及一些 Neutron 的 Agent，为 VM（虚拟机）的启动和连通服务；网络节点则通过部署一系列 Neutron 的 Agent，为整个 OpenStack 网络提供 DHCP、DNS、通过 Router 访问 Internet 的功能等。

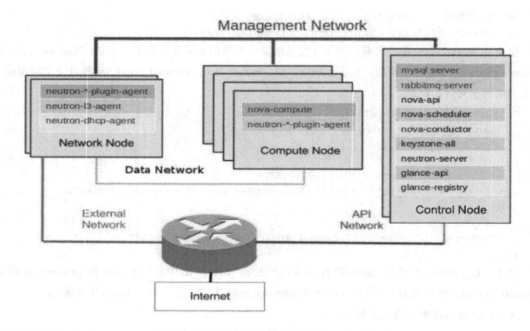

图 7-12　Neutron 组网

在控制层面上，3 类节点均通过 Management Network 进行控制面的消息传递，同时控制节点通过 API Network 接收 OpenStack 用户的管理消息；在数据层面上，计算节点与网络节点间的数据通过 Data Network 传输，同时访问或接收外部网络的流量需要通过 Network 节点的 External Network。这样根据不同层面和功能使用不同网络进行数据传递的功能，更有利于提高 Neutron 的网络性能及自身的可靠性、可用性及可服务性。

实际上，Neutron 仅仅是一个管理系统（或者说是一个控制系统），它本身并不能实现任何网络功能，它仅仅是为 Linux 相关功能做一个配置或驱动而已。下面我们就来看看，Neutron 是如何借助 Linux 来实现网络功能的。

我们已经知道，Neutron 支持 3 种主要网络类型：Flat、VLAN 和 Overlay（VxLAN、NVGRE/GRE、GENEVE）。这里我们以 VLAN 这种网络类型和 Open vSwitch 作为虚拟网络设备为例，以基于 Neutron 所管理的诸多 Linux 网元的视角，对 Neutron 网络的实现模型进行分析。计算节点上的 VLAN 网络实现模型如图 7-13 所示。Overlay 类型的流量处理与 VLAN 类型的类似，其区别仅在于将图 7-13 中的 br-eth1 替换为 br-tun 以实现 Overlay 的网络隧道即可。我们可以基于 VLAN 网络类型的实现模型进行类比理解。

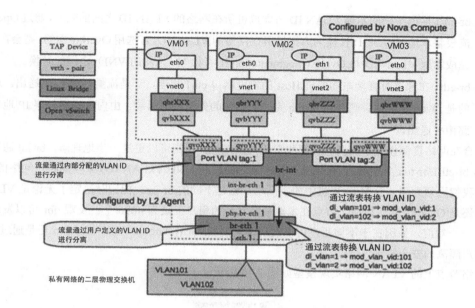

图 7-13　计算节点上的 VLAN 网络实现模型

以从虚拟机发出流量的方向为例进行分析：

- 在 VLAN ID 为 101 的 Network 中启动一台虚拟机 VM01，由 VM01 发出的流量会经过 QEMU 注入 TAP 设备中（eth0，vnet0）。

- TAP 设备连接到名称为 qbrXXX（Quantum Bridge 的缩写）的 Linux Bridge 上。这是由于先前 Open vSwitch 并不支持 Security Group（安全组）功能，Neutron 只有通过在 VM 实例和 Open vSwitch 的 br-int 之间建立 Linux Bridge 来实现 Security Group 功能。这种基于额外的 Linux Bridge 的 Security Group 实现，会带来可扩展性及性能方面的局限性。

- qbrXXX 与 br-int 间通过 veth-pair 连接，通过内核网络协议栈实现数据在虚拟设备间的相互传递，veth-pair 在 qbrXXX 上的端口为 qvbXXX（Quantum VETH Bridge），在 br-int 上的端口为 qvoXXX（Quantum VETH OVS）。

- 当流量由本地虚拟机经由 qbr 进入 br-int 时，由于 Port VLAN tag 为 1（access port），数据包会被打上 tag 为 1 的本地 VLAN，此时若为本地虚拟机之间相同 VLAN ID 的二层转发，则转发会直接在 br-int 上进行；若数据包的目的地是外部虚拟机，则 br-int 会将流量通过 int-br-eth1 上送至 Open vSwitch br-eth1 网桥。

- 在本示例中，br-int 与 br-eth1 间通过 veth-pair 相连，自 OpenStack 的 Juno 版本开始，OVS patch port 替代 veth-pair 成了虚拟网桥相连的默认方式，使网桥间的传输性能得到了进一步提高。

- br-eth1 根据维护的本地 VLAN ID 与虚拟机所在网络的 VLAN ID 之间的映射，通过 OpenFlow 流表将本地 VLAN ID 转换为虚拟机所在网络的 VLAN ID。若选用 Overlay 网络，则会在 br-tun 完成本地 VLAN ID 与 Overlay Segmentation ID（如 VxLAN 的 VNI）之间的转换。
- br-eth1 在部署时直接与物理机 Host 的物理网口 eth1 相连，于是流量通过 eth1 送出。若选用的是 Overlay 网络，则会在 br-tun 完成数据包的外层隧道封装，由内核根据外层 IP 地址进行路由并送出。

结合在网络资源模型中提及的资源租户隔离的知识，我们可以更进一步地理解，br-int 通过本地 VLAN，br-eth1/br-tun 分别通过 Neutron Network VLAN 和 VNI（VxLAN ID）来隔离租户网络的流量。这使得我们无须为同一台 Host 主机中的不同租户创建不同的 br-int，但同时决定了无论是 VLAN 网络模型还是 Overlay 网络模型，节点在本地最多支持的租户上限为 4096 个。反观 qbr 可以发现，其与 VM 一一对应，原因在于不同租户可以实现不同的 Security Group 策略。Neutron 正是通过 qbr 实现了租户隔离的安全措施。

网络节点上的 VLAN 网络实现模型如图 7-14 所示。

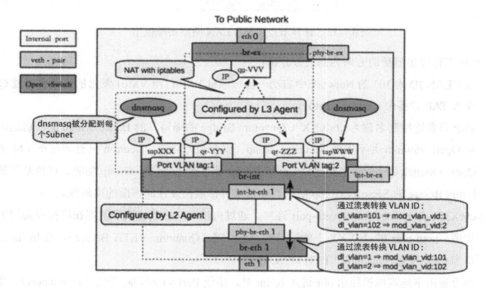

图 7-14　网络节点上的 VLAN 网络实现模型

以从计算节点流入网络节点的流量方向为例进行分析：

- 由计算节点 eth1 送出的流量到达网络节点的 eth1（物理相连）。在 br-eth 上根据与之前计算节点上类似的映射关系，完成网络 VLAN 与本地 VLAN 的转换。
- 流量继续由 br-eth1 的 phy-br-eth1 送入 int-br-eth1（veth-pair 技术）所在的 br-int。值得关注的

是，网络节点上的 br-int 连接着本地不同的 namespace，如 DHCP Agent 创建的 dhcp namespace（通过 dnsmasq 为网络中的虚拟机提供分配 IP 地址和 DNS 等功能），以及 L3 Agent 创建和配置的与 Router 相关的 namespace（处理租户内跨网段流量及公网流量）。

- 流量会继续从 qr（Quantum Router）接口送出至与 Router 相关的 namespace。若流量目的地是公共网络，则流量会在 namespace 中完成 NAT（网络地址转换）后通过 qg（Quantum Gateway）端口到达 br-ex 并最终送出至公网；若流量仅是租户跨网段流量，则会经由 namespace 中独立的网络协议栈处理（更新数据包中 MAC 地址）、路由后，再次返回 br-int 并继续转发至下一跳的 IP 地址。

结合前面介绍网络资源模型时提及的资源租户隔离的内容，由于不同租户使用不同的 dnsmasq 及 Router 实例，因此可以实现 IP 地址的隔离与复用，也可以实现租户间在一定程度上的故障隔离。

7.1.4　Neutron 软件架构

Neutron 只有一个主要的服务进程 neutron-server。该进程运行于网络控制节点上，提供 RESTful API 作为访问 Neutron 的入口。neutron-server 接收到的用户 HTTP 请求最终会由遍布于计算节点和网络节点上的各种 Agent 来完成。

Neutron 提供的众多 API 资源对应了前文所述的各种 Neutron 网络抽象，其中 L2 层的抽象 Network、Subnet、Port 可以被认为是核心资源，其他层次的抽象，包括 Router 及众多的高层次服务则是扩展资源（Extension API）。

为了更容易地进行扩展，Neutron 利用 Plugin 的方式组织代码，每个 Plugin 支持一组 API 资源并完成特定的操作，这些操作最终由 Plugin 通过 RPC 调用相应的 Agent 来完成。

这些 Plugin 又被进行了一些区分，一些提供基础二层虚拟网络支持的 Plugin 被称为 Core Plugin，它们必须至少实现 L2 层的 3 个主要抽象，管理员需要从这些已经实现的 Core Plugin 中选择一种。Core Plugin 之外的其他 Plugin 则被称为 Service Plugin，如提供防火墙服务的 Firewall Plugin。

至于 L3 层的抽象 Router，许多 Core plugin 并没有被实现，在 Havana 版本之前它们是采用 Mixin 设计模式，将标准的 Router 功能包含进来，以提供 L3 层服务给租户。在 Havana 版本中，Neutron 实现了一个专门的 L3 Router Service Plugin 来提供 Router 服务。

Agent 一般专属于某个功能，用于使用物理网络设备或一些虚拟化技术来完成某些实际的操作，比如，实现 Router 具体操作的 L3 Agent。

完整的 Neutron 软件架构如图 7-15 所示。

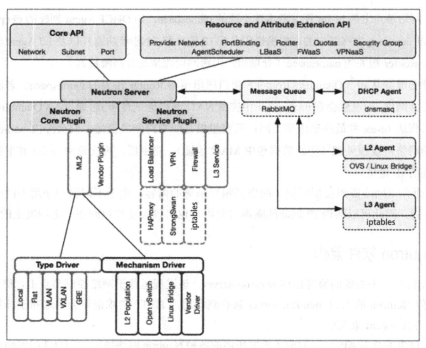

图 7-15　完整的 Neutron 软件架构

因为各种 Core Plugin 的实现之间存在很多重复的代码,比如对数据库的访问操作,所以在 Havana 版本中,Neutron 实现了一个 ML2 Core Plugin。ML2 Core Plugin 采用了更加灵活的结构进行实现,并且通过 Driver 的形式可以对现有的各种 Core Plugin 提供支持,因此可以说 ML2 Core Plugin 的出现意在取代目前的所有 Core Plugin。

对于 ML2 Core Plugin 及各种 Service Plugin 来说,虽然有被剥离出 Neutron 作为独立项目存在的可能,但它们的基本实现方式与这里所涵盖的内容相比并不会发生大的改变。

7.2　Neutron Plugin

7.2.1　ML2 Plugin

Moduler Layer 2（ML2）是 Neutron 在 Havana 版本实现的一个新的 Core Plugin,用于替代原有的 Core Plugin,如 Linux Bridge Plugin 和 Open vSwitch Plugin。

Core Plugin 负责管理和维护 Neutron 的 Network、Subnet 和 Port 的状态信息,这些信息是全局的,只需要也只能由一个 Core Plugin 管理。因此对于传统的 Core Plugin 来说,如图 7-16 所示,存在的第一个问题就是传统的 Core Plugin 与 Core Plugin Agent 是一一对应的，也就是说，如果选择了 Linux Bridge Plugin，则 Linux Bridge Agent 将是唯一选择，必须在 OpenStack 的所有节点上使用 Linux Bridge 作为虚拟交换机。同样地，如果选择了 Open vSwitch Plugin，则所有节点上只能使用 Open vSwitch Agent 作为虚拟交换机。

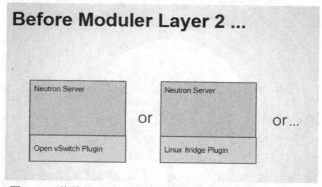

图 7-16　传统的 Core Plugin 与 Core Plugin Agent 一一对应

　　传统的 Core Plugin 存在的第二个问题是所有传统的 Core Plugin 都需要编写大量重复和类似的数据库访问代码，大大增加了 Plugin 开发和维护的工作量。

　　而 ML2 作为新一代的 Core Plugin，提供了一个框架，允许在 OpenStack 网络中同时使用多种 Layer 2 网络技术，不同的节点可以使用不同的网络实现机制。如图 7-17 所示，在采用 ML2 Plugin 后，可以在不同节点上分别部署 Linux Bridge Agent、Open vSwitch Agent、Hyper-V Agent 及其他第三方 Agent。

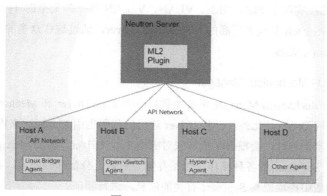

图 7-17　ML2 Plugin

　　ML2 不但支持异构部署方案，同时能够与现有的 Agent 无缝集成：以前使用的 Agent 不需要改变，只需要将 Neutron Server 上的传统 Core Plugin 替换为 ML2 即可。

ML2 采用的完整实现框架如图 7-18 所示。

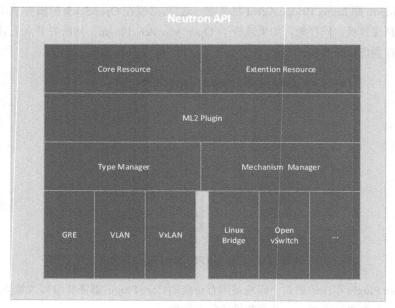

图 7-18　ML2 采用的完整实现框架

ML2 解耦了网络拓扑类型与底层的虚拟网络实现机制，并分别通过 Driver 的形式进行扩展。其中，不同的网络拓扑类型对应着 Type Driver，由 Type Manager 管理；不同的网络实现机制对应着 Mechanism Driver，由 Mechanism Manager 管理。

目前，Neutron 已经实现了 Flat、GRE、VLAN、VxLAN 等拓扑类型的 Type Driver，也实现了 Linux Bridge、Open vSwitch 及众多厂商的 Mechanism Driver。通过这些众多的 Driver，ML2 Plugin 实现了其他 Core Plugin 的功能。

1. Type Manager 与 Mechanism Manager

Type Manager 与 Mechanism Manager 负责加载对应的 Type Driver 和 Mechanism Driver，并将具体的操作分发到具体的 Driver，此外，一些 Driver 通用的代码也由 Manager 来提供。

Type Manager 在初始化时，会根据配置加载对应的 Type Driver。Type Manager 与其管理的 Type Driver 一起提供了对 Segment 的各种操作，包括存储、验证、分配和回收等。在创建一个 Network 时，需要从传递的参数中提取出与 Segment 有关的信息，进行验证。

以创建一个 Flat 类型的网络为例，如下命令提供了与 Segment 有关的全部信息：

```
$ neutron net-create public01 --tenant_id 73ddc007555840f8b2ad72997cfe8ea6
--provider:network_type flat --provider:physical_network physnet1 --debug
```

这种情况下的 Segment 称为 Provider Segment，Type Manager 会从这个命令的参数中提取出相关信息并构建一个 Segment 结构，然后告诉 Type Driver 保留这个 Provider Segment。

如果命令中没有提供这些信息：

```
$ neutron net-create tttt --tenant_id 73ddc007555840f8b2ad72997cfe8ea6 --debug
```

则此时 Type Manager 将通过 Type Driver 直接按需分配一个 Segment：

```
{'segmentation_id': 1003L, 'physical_network': None, 'network_type': 'vxlan',
'id': '07d84f9f-831f-4051-a810-1f7211bbeafc'})
```

与 Type Manager 相比，Mechanism Manager 的接口要整齐很多：一种形如"{action}-{object}-precommit"的接口在数据库 session 内调用；另一种形如"{action}-{object}-postcommit"的接口则在数据库提交完成之后调用。

Mechanism Manager 分发操作并具体传递操作到 Mechanism Driver 的方式与 Type Manager 相同，但是一个需要 Mechanism Driver 处理的操作会按照配置的顺序依次调用每个 Driver 对应的函数来完成，比如，对于需要配置交换机的操作，可能 Open vSwitch 虚拟交换机和外部真实的物理交换机（如 Cisco 交换机）都需要进行配置，这时就需要 Open vSwitch Mechanism Driver 和 Cisco Mechanism Driver 都被调用进行处理。

除了 Type Manager 与 Mechanism Manager，还定义了 Extension Manager，这是因为社区发展的趋势是将 ML2 支持的每个 Extension API 都作为单独的 Extension Driver 来实现。

2. Type Driver

Type Driver 最主要的功能是管理网络 Segment，提供 Provider Segment 和 Tenant Segment（在命令行里没有指定任何 Provider 信息时，所创建的就是 Tenant Segment，简单来说，Provider Segment 之外的 Segment 都可以被称为 Tenant Segment）的验证、分配、释放等功能。

1）Flat Type Driver

在创建 Flat 网络时，必须指定 PHYSICAL_NETWORK 信息（比如，在命令行里指定 --provider:physical_network 的值），也就是必须指定物理网络的名称，而且这个名称还必须符合配置文件的要求。但是对于 Flat 网络来说，没有所谓的 SEGMENTATION_ID，这是因为 VLAN ID、Tunnel ID 等对于 Flat 网络没有任何意义。Flat Type Driver 会根据上述要求对 Segment 进行验证。

对于 Flat 类型的网络来说，Segment 的分配很简单，就是将 Type Manager 传递过来的 Segment（从 Network 创建的命令里提取出来的结构）保存在数据库里。这个过程会检查数据库里是否已经存在相同的条目，如果存在，就说明该 Segment 已经被使用了，这个 Flat 网络的创建就会失败。如果数据库里并不存在相同的条目，则还需检查配置文件的设置，通常我们需要将要创建的 Flat 网络的物理网络名称写入配置文件，如果这个名称使用"*"通配符代替，则表示任意的物理网络名称都满足要求。

2）Tunnel Type Driver

VxLAN 和 GRE 都是 Tunnel 类型的虚拟网络。针对 Tunnel 类型的网络，ML2 引入了

TunnelTypeDriver 类。这个类除了实现了 Type Driver 要求的接口，还针对 Tunnel 类型的网络定义了一些新的接口供 VxLAN 与 GRE Driver 去实现。

3）VLAN Type Driver

VLAN 的管理则与 GRE 与 VxLAN 不同。在创建 VLAN 网络时，必须指定 PHYSICAL_NETWORK 信息，这是因为 VLAN 必须在主机的某个网络接口（如 eth0）上配置，而 VxLAN 和 GRE 不需要和主机网络接口绑定。

每个物理网络上都可以有 4095 个可用 VLAN ID，即最多可以有 4095 个 Segment。

3. Mechanism Driver

部分 Mechanism Driver，包括 Open vSwitch、Linux Bridge、Hyper-V 等都采用了已有的 Agent，也就是在 ML2 引入前那些 Plugin 所对应的 Agent 来完成具体的操作。

如果需要支持新的网络实现机制，无须从头开始开发新的 Core Plugin，只需要开发相应的 Mechanism Driver，大大减少了要编写和维护的代码量。

7.2.2　Service Plugin

在 Neutron 中，除了 Network、Port、Subnet 这几个核心资源，其他资源都被当作 Extension API 进行实现。随着 ML2 的成熟和体系架构的演变，Extension API 的实现演变为两种方式：一种是实现在某个 Core Plugin 中，如 ML2 内的 Port Binding、Security Group 等；另一种是使用 Service Plugin 的方式，比如，提供防火墙服务的 Firewall Plugin，提供负载均衡服务的 LoadBalance Plugin。

1. Firewall

FWaaS 提供虚拟防火墙给租户网络，从 Havana 版本开始支持基于 Linux iptables 的 FWaaS。FWaaS 如今已发展成为一个独立的 OpenStack 项目 openstack/neutron-fwaas。

Neutron 已有的网络安全模块是 Security Group，但是其支持的功能有限，并且只能对单个 Port 有效，不能满足很多需求，比如，租户不能选择性地应用 rule 到自己的网络中。

FWaaS 定义的数据模型有 3 个（对应数据库中的 3 个表）：firewall，policy 与 rule。租户可以创建 firewall，每个 firewall 可以关联一组 policy，而 policy 是 rule 的有序列表。policy 相当于一个模板，由 admin 用户创建的 policy 可以在租户之间共享。rule 不能直接应用到 firewall，必须加入 policy 后才能和防火墙关联。

创建 rule：

```
$ neutron firewall-rule-create --protocol {tcp|udp|icmp|any} \
--destination-port  PORT_RANGE --action {allow|deny}
```

创建 policy：

```
$ neutron firewall-policy-create --firewall-rules  \
```

```
"FIREWALL_RULE_IDS_OR_NAMES"  myfirewallpolicy
```

多个防火墙的 rule 的 ID 需要使用空格分隔，注意 rule 的排列顺序是很重要的。我们可以创建一个不包括任何 rule 的 policy，然后为其添加 rule。

创建 firewall：

```
$ neutron firewall-create FIREWALL_POLICY_UUID
```

Firewall Service Plugin 的实现借鉴了 ML2 的结构化思路，也将整个框架划分为 Plugin、Agent 和 Driver 三部分。但是与 ML2 不同的是，Firewall Plugin 的 Driver 并不是 Plugin 的组成部分，而是 Agent 的组成部分。

Firewall Plugin 的 Driver 是提供给 Agent 来操作具体的 Firewall 设备的，因此类似于 Firewall 设备对应的 Driver，如 Linux iptables 的 Driver。Firewall Plugin 没有独立运行的 Agent 进程，Firewall Agent 会以 Mixin 模式集成到 L3 Agent 之内并在网络节点上运行。Firewall Agent 没有内部的中间状态需要保存或记录到数据库中，它只起到一个中间人的作用。Firewall Service Plugin 的实现框架如图 7-19 所示。

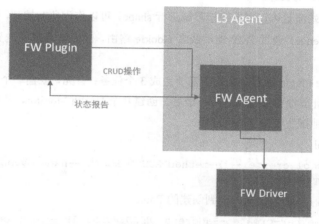

图 7-19　Firewall Service Plugin 的实现框架

Firewall Agent 内嵌于 L3 Agent，响应 Firewall Plugin 的操作，收集 Driver 所需要的信息，进而转交给 Firewall Driver 去操作具体的 Firewall 设备。

Firewall 的位置和 Router 类似，它也必须支持 DVR（Distributed Virtual Router）。在 DVR 场景下，Firewall rule 在计算节点上需要安装到 FIP（Floating IP）namespace 内，在控制节点上需要安装到 SNAT namespace 内。

2. LoadBalance

LBaaS 提供在 VM Instance 之间进行负载均衡的功能。LBaaS 的目标是提供一组 API 让用户可以在不同的 LB 后端实现之间进行无缝切换。LBaaS 后来被创建为单独的 OpenStack 项目：openstack/neutron-lbaas。目前，openstack/octavia 已经从 neutron-lbaas 分离出来（自 Kilo 版本开始），历经几个版本的迭代，已经逐渐替代 openstack/neutron-lbaas，并以非 Neutron Service Plugin 的形式为 OpenStack 提供独立的 Load Balance（负载均衡，LB）服务。这里仅以 LBaaS Service Plugin 的基本实现方式为例。

一个典型的 LB 场景是租户需要把 Web 应用部署到 n 个位于同一个虚拟网络内的 VM 来组成 HA，每个 VM 内都会运行 Web Server，如 Apache，那么 LB 需要提供一个唯一的共用 IP 地址来访问 HA 内的这些 VM，并将指向这个 IP 地址的流量负载均衡地分配给各个 VM。更进一步来讲，用户可能需要部署 m 个 HTTP Server 和 n 个 HTTPS Server，甚至这些 Server 并不在同一个虚拟网络内，也需要使用同一个 IP 地址来访问。

总体来说，LBaaS 主要提供如下功能：

- 将网络流量负载均衡到 VM 上。
- 在不同协议之间，比如在 TCP 协议和 HTTP 协议之间进行负载均衡。
- 监控应用和服务的状态。
- 链接限制，入站流量可以根据链接限制进行 shape，可以作为负载控制，防 DoS 攻击的手段。
- session persistence，通过源 IP 地址或者 Cookie 路由，保证将请求发送到负载池中的指定虚拟机。

使用 LoadBalance Plugin 配置负载均衡需要完成 3 个任务：首先，创建一个计算池，一开始可以为空；然后，为这个计算池添加几个成员；最后，创建几个 Health Monitor，并将其与计算池关联起来，同时为这个计算池配置 VIP（Virtual IP）。

创建一个 LB Pool：

```
$ neutron lb-pool-create --lb-method ROUND_ROBIN --name mypool --protocol HTTP
--subnet-id SUBNET_UUID
```

关联服务，比如，关联 Web Server 到创建的 Pool：

```
$ neutron lb-member-create --address WEBSERVER1_IP --protocol-port 80 mypool
$ neutron lb-member-create --address WEBSERVER2_IP --protocol-port 80 mypool
```

创建 Health Monitor：

```
$ neutron lb-healthmonitor-create --delay 3 --type HTTP --max-retries 3 --timeout 3
```

关联 Health Monitor 到 Pool：

```
$ neutron lb-healthmonitor-associate  HEALTHMONITOR_UUID mypool
```

创建 VIP，对此 VIP 的访问将会被负载均衡到 Pool 中的 VM：

```
$ neutron  lb-vip-create  --name  myvip  --protocol-port  80  --protocol  HTTP
--subnet-id SUBNET_UUID mypool
```

LoadBalance Service Plugin 同样采用了结构化的实现方式，将整个框架划分为 Plugin、Plugin

Driver、Agent 和设备 Driver。LoadBalance Service Plugin 的实现框架如图 7-20 所示。

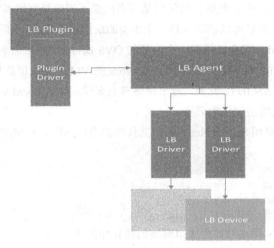

图 7-20　LoadBalance Service Plugin 的实现框架

Plugin 负责完成数据存储、请求验证及调度，其调度的目的是为一个 LB pool 分配一个 Agent，换句话说，就是分配一个 LB 设备来负责一个 LB Pool 的负载均衡。在 Plugin 端有一个 Plugin Driver，负责收集信息并将其发送至选定的 Agent。Agent 是独立的服务进程，管理具体的 LB Device。设备 Driver 是将统一的 LBaaS 数据模型部署为特定供应商的模型，并负责配置 LB 设备。

LoadBalance Plugin 支持用户在多个 LB 设备之间进行自由选择。Plugin 被部署在网络节点，而负责进行负载均衡的 LB 设备可能有多个，这个 LB 设备可以是 VM 也可以是专用设备。每个设备都需要由一个 Agent 进行管理。Plugin 会为 LB Pool 调度一个 active 的 Agent。

7.3　Neutron Agent

ML2 Plugin 的主要工作是管理虚拟网络资源，保证数据无误，而具体网络设备的设置则由 Agent 完成，这里使用 OVS Agent（Open vSwitch Agent）。

基于 Plugin 提供的信息，OVS Agent 负责在计算节点或网络节点上，通过对 OVS 虚拟交换机的管理将一个 Network 映射到物理网络。这需要 OVS Agent 执行一些与 Linux 网络和 OVS 相关的配置与操作，Neutron 提供了最为基础的操作接口，可以通过 Linux shell 命令完成 OVS 的配置。

对于 ML2 Plugin 来说，OVS 只是 VLAN、GRE、VxLAN 等不同网络拓扑类型的一种底层实现机制。对于 VLAN 类型的网络来说，首先面对的问题是在属于不同 Network 的外部流量进入一个节点时，如何对其进行隔离。OVS 的 VLAN 功能可以很好地解决这个问题，但是需要在节点的入口处创建一个 OVS 的 Bridge。通常这个 Bridge 都会被命名为 br-ethx，同时物理网络接口（如 eth0、eth1

等）会被挂接到这个 Bridge 上。

　　另一个 VLAN 类型的网络需要解决的问题是节点内部不同虚拟网络的隔离，这可以通过 Local VLAN 来完成：每个节点内部都可以被看作是一个小型的虚拟网络拓扑，不同的 VM 通过 Linux Bridge 进行桥接，这些 Linux Bridge 又会挂接在一个内部的 OVS Bridge（通常命名为 br-int）上，基于这个 OVS Bridge 可以通过内部的 VLAN 将属于不同 Network 的 VM 进行二层流量隔离，对应的 VLAN ID 又被称为 LVID（Local VLAN ID）。此外，对于网络节点来说，除了 Local VLAN，还需要利用 Linux Network namespace 进行网络协议栈的隔离。

　　我们需要一些配置信息用来帮助 Neutron 建立具体的虚拟网络，典型的 OVS 配置为：

```
[ovs]
tenant_network_type = vlan
network_vlan_ranges = physnet1:300:500
integration_bridge = br-int
bridge_mappings = physnet1:br-eth
```

基于这个配置，VLAN 网络节点内虚拟网络的拓扑如图 7-21 所示。

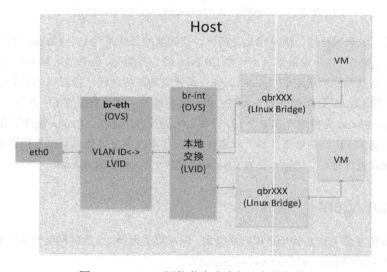

图 7-21　VLAN 网络节点内虚拟网络的拓扑

　　br-eth 用来完成外部物理 VLAN ID 到内部 LVID 的映射，也就是说，br-eth 会将外部过来的数据包中的 VLAN ID 替换为内部的 LVID。br-int 则负责处理 Local VLAN 的二层交换。qbrXXX 为 Linux Bridge，这个 Bridge 及 VM 与其的连接都由 Nova 设置，并不由 Neutron 负责。

　　而对于 VxLAN 类型的网络来说，也需要解决节点内部不同虚拟网络之间的隔离问题，并且解决这个问题的方式也与 VLAN 类型的网络相同。此外，VxLAN 类型的网络主要解决的问题是，由于 OVS 网桥无法从隧道学习 MAC 地址，因此仍然需要为每个加入 VxLAN 网络的节点建立一个 Tunnel Port，并使用和 GRE 一样的学习机制来获取远端 MAC 地址和 Tunnel Port 的对应关系。

正是因为 OVS 网桥无法从隧道学习 MAC 地址，所以才采用了和 GRE 相同的学习策略。当报文从 br-int 进入 br-tun（VxLAN 同样在节点入口处创建一个 Bridge 来负责外部流量的隔离）后，通过目的 MAC 地址应该可以找到一个单播 IP 地址和 VNI（VxLAN ID）。OVS 不能自动学习这个对应关系，需要为每个 VxLAN 端点（VxLAN 隧道两端的节点）建立一个 Tunnel Port，然后通过 OVS 流表规则学习到这个 Tunnel Port。

当单播报文从远端进入 br-tun 时，就可以确信，这个报文的源 MAC 地址对应的 VM 肯定位于此 Tunnel Port 所连接的远端主机，这就是发送报文需要的 OVS 端口。将这个对应关系作为一个规则写入 OVS 的一个流表，即可为反向的流量提供 MAC 地址到 Tunnel Port 的映射（即远端 IP 地址和 VNI）。

这个过程和一般交换机学习 MAC 地址的过程极为类似，在学习过程中使用的 OVS 流表是 LEARN_FROM_TUN，学习到的规则被存储于 UCAST_TO_TUN。

单播发送问题可以通过上述的学习过程建立映射，那么针对未知单播或广播报文又该如何处理呢？答案是通过多播或单播（根据配置）发送到所有的 Tunnel Port 上。

VxLAN 网络节点内虚拟网络的拓扑如图 7-22 所示。在 Tunnel Port 学习的基础之上辅以少量其他流表，可以完成整个 VxLAN 虚拟网络的转发。

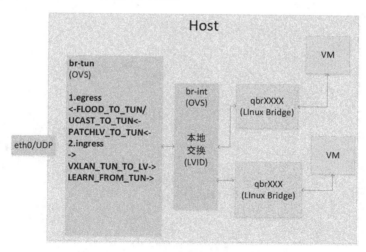

图 7-22　VxLAN 网络节点内虚拟网络的拓扑

- egress 方向（从节点内部到物理网络）：从 br-int 进入 br-tun 的数据报文首先由流表 PATCHLV_TO_TUN 根据报文是否为单播，定向到流表 UCAST_TO_TUN 或 FLOOD_TO_TUN。

流表 UCAST_TO_TUN 内是上述学习到的 MAC 地址与 Tunnel Port 的映射规则，而流表 FLOOD_TO_TUN 则会将报文发送到所有属于虚拟子网的 Tunnel Port。

- ingress 方向（从 Tunnel Port 到节点内部网络）：从 Tunnel Port 进入的报文会经过流表 VXLAN_TUN_TO_LV，此流表负责查找 VNI 对应的 LVID 并填入报文，之后将报文送到流表 LEARN_FROM_TUN 进行 MAC 地址学习。

图 7-22 中的物理网络接口 eth0 与 br-tun 之间并没有连接，对于 VxLAN 类型的网络来说，在 eth0 接收到外部进入的网络流量后，Linux 网络协议栈会将其转交给 br-tun 进行处理，因此也并不需要配置 eth0 与 br-tun 之间的 bridge-mapping。

## 第 8 章

安全

安全是每个软件都无法回避的问题。没有任何一个软件可以不需要考虑安全性因素，当然也没有任何一个软件产品可以解决所有的安全问题。即使一个小成本软件也要考虑终端用户的安全性和隐私性，更不要说是提供云基础架构服务的 OpenStack 了。

8.1 OpenStack 安全概述

随着云计算的发展，参与的人越来越多，无论是政府部门还是各种类型的企业都跟着参与到这股浪潮中。用户进行投资当然是希望得到回报的，而用户作为消费者选择云平台，当然也是因为云计算相对于传统方式来说能给自己带来费用上的节省，并且让自己获得快捷服务的体验。越来越多的用户使用各种云产品就意味着越来越多的数据会存储于"云"端，如何保障安全性无疑会成为摆在云提供商及终端用户面前的一个非常现实的问题。

2014 年年初携程的信息泄露与 2014 年下半年 iCloud 的照片泄露，像一瓢冷水一样浇在云计算这把"火"上。如何让更多的终端用户放心地参与到云计算中，依然任重道远。那么云安全主要体现在哪些方面呢？这里简要介绍一些云安全所需考虑的因素。

- 数据安全：云服务提供商需要保护云用户的数据不被窃取或丢失。强加密及密钥管理是云计算系统用以保护数据的一种核心机制。虽然加密不能保证数据不会丢失，但是对于无法获取明文的数据来说，数据被窃取的危害则显得不那么大。密钥管理则提供了对保护资源的访问控制。在 Keystone 中引入了令牌机制来管理用户对资源的访问，同时引入了 PKI（公钥基础设施）对令牌加以保护。

- 身份和访问管理安全：有效的身份和访问控制是云平台中必不可少的一个环节。对于云计算中的用户和服务认证来说，除了基于风险的认证方法，还需要注意简单性和易用性。在云计算中需要注意合理定义系统管理人员的控制边界，以防来自内部的攻击所造成的危害。Keystone 通过 Policy（访问规则）来进行基于用户角色的访问控制。

- 虚拟化安全：云计算离不开虚拟化，这是因为虚拟化技术在计算能力、网络、内存等方面的应用扩展了多租户下的云服务。然而虚拟化技术也带来了一些安全问题：如何有效地安全隔离各台虚拟机，使得数据不会被污染？如何使具有不同敏感度和安全要求的虚拟机共存，防止安全性低的虚拟机成为多租户下的瓶颈？在虚拟操作系统中缺少安全保护的有效机制时，如何对虚拟机之间的通信进行安全控制？

- 基础设施安全：基础设施安全包括服务器、存储、网络等核心 IT 基础设施的安全。对于这些基础设施的安全性的考虑历来有之，但是在云计算的环境下，相对于自建系统来说，安全性问题变得更加严重。服务器层面的安全控制措施，包括强认证、安全事件日志、基于主机的入侵检测系统或入侵防御系统等；网络层面的安全控制措施，包括传输数据加密，基于网络的入侵检测系统或入侵防御系统等。可信计算池（Trusted Compute Pools）通过对计算节点的硬件及系统内核进行度量来确定一个可信任计算节点的集合。可信计算池的引入提高了基础设置的安全性。

Keystone 作为 OpenStack 中一个独立的提供安全认证的模块，主要负责 OpenStack 用户的身份认证、令牌管理，提供访问资源的服务目录，以及基于用户角色的访问控制。用户访问系统的用户名和密码是否正确，令牌的颁发，服务端点的注册，以及该用户是否具有访问特定资源的权限等都离不开 Keystone 服务的参与。

可信计算池是英特尔提出的一个特性，管理员可以通过可信计算池来定义一组主机为可信任计算节点。可信计算池得益于英特尔可信任执行技术（TXT, Trusted Execution Technology）提供的硬件层面上的安全特性，通过信任链的建立来保证计算环境上的软硬件经过正确的度量，只有经过度量且可信任的计算节点才可以被加入可信计算池中，从而满足云用户对可信任计算环境的要求，也就是说，通过可信计算池，云用户可以将数据或业务只部署在可信任服务器上。

8.2　Keystone

OpenStack 身份管理服务（Identity Service），即 Keystone，是在 OpenStack 早期版本中就独立出来的一个核心项目。在 OpenStack 的整体框架结构中，Keystone 的作用类似于一个服务总线，Nova、Glance、Horizon、Swift、Cinder 及 Neutron 等其他服务都通过 Keystone 来注册其服务的 Endpoint（可理解为服务的访问点或 URL），针对这些服务的任何调用都需要经过 Keystone 的身份认证，并获得服务的 Endpoint 来进行访问。

8.2.1　Keystone 体系结构

对于 Keystone 来说，我们首先需要澄清一些基本的概念。

- Domain：域。Keystone 中的域是一个虚拟的概念，由特定的项目（Project）来承担。一个域是一组 User Group 或 Project 的容器。一个域可以对应一个大的机构、一个数据中心，并且必须全局唯一。云服务的客户是 Domain 的所有者，他们可以在自己的 Domain 中创建多个

Project、User、Group 和 Role。通过引入 Domain，云服务客户可以对其拥有的多个 Project 进行统一管理，而不必再像过去那样对每一个 Project 进行单独管理。

- User：用户。用户可以是通过 Keystone 访问 OpenStack 服务的个人、系统或某个服务。Keystone 会通过认证信息（Credential，如密码等）验证用户请求的合法性，通过验证的用户将会分配到一个特定的令牌，该令牌可以被当作后续资源访问的一个通行证，并非全局唯一，只需要在域内唯一即可。

- Group：用户组。用户组是一组 User 的容器，可以向 Group 中添加用户，并直接给 Group 分配角色，在这个 Group 中的所有用户就都拥有了 Group 所拥有的角色权限。通过引入 Group 的概念，Keystone 实现了对用户组的管理，达到了同时管理一组用户权限的目的。

- Project：项目。项目是各个服务中的一些可以访问的资源集合，例如，在 Nova 中，我们可以把项目理解成一组虚拟机的拥有者，在 Swift 中则是一组容器的拥有者。基于此，我们需要在创建虚拟机时指定某个项目，在 Cinder 创建卷时也需要指定具体的项目。用户总是被默认绑定到某些项目上，在用户访问项目的资源前，必须具有对该项目的访问权限，或者说在特定项目下被赋予了特定的角色。项目不必全局唯一，只需要在某个域下唯一即可。

- Role：角色。一个用户所具有的角色，角色不同意味着被赋予的权限不同，只有知道用户被赋予的角色才能知道该用户是否有权限访问某资源。用户可以被赋予一个域或项目内的角色。一个用户被赋予域的角色意味着他对域内所有的项目都具有相同的角色，而特定项目的角色只具有对特定项目的访问权限。角色可以被继承，在一个项目树下，拥有对父项目的访问权限也意味着同时拥有对子项目的访问权限。角色必须全局唯一。

- Service：服务，如 Nova、Swift、Glance、Cinder 等。一个服务可以根据 User、Tenant 和 Role 确认当前用户是否具有访问其资源的权限。服务会对外暴露一个或多个端点（Endpoint），用户只有通过这些端点才可以访问所需资源或执行某些操作。

- Endpoint：端点。端点是指一个可以用来访问某个具体服务的网络地址，我们可以将端点理解为服务的访问点。如果我们需要访问一个服务，就必须知道它的 Endpoint。一般以一个 URL 地址来表示一个端点，URL 细分为 Public、Internal 和 Admin 三种：Public URL 是为全局提供的服务端点；Internal URL 相对于 Public URL 来说，是提供给内部服务访问的；Admin URL 提供给系统管理员使用。

- Token：令牌。令牌是允许访问特定资源的凭证。无论通过何种方式，Keystone 的最终目的都是对外提供一个可以访问资源的令牌。

- Credential：凭证。用户的用户名和密码。

上述概念之间的关系如图 8-1 所示。

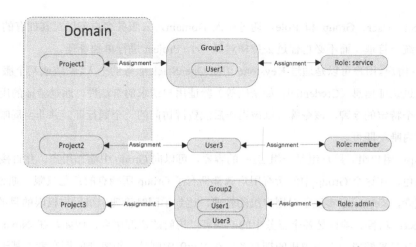

图 8-1   域、项目、用户、组与角色

基于这些核心的概念，Keystone 主要提供了 Identity（认证）、Token（令牌）、Catalog（目录）、Policy（安全策略，或者说访问控制）、Resource 和 Assignment 共 6 个方面的核心服务。

- Identity：身份服务，提供身份验证凭证及有关用户和用户组的数据。在基本情况下，这些数据由身份服务管理，该服务可以处理与这些数据关联的所有 CRUD（新建/读取/更新/删除）操作。在更复杂的情况下，数据将由权威的后端服务管理。例如，当身份服务充当 LDAP 的前端时，LDAP 服务器是数据的源头，身份服务的作用是准确地传递该信息。

- Token：在确认用户的身份之后，会给用户提供一个核实该身份且可以用于后续资源请求的令牌。Token 服务会验证并管理用于验证身份的令牌。Keystone 会颁发给通过认证服务的用户两种类型的令牌，一种是无明确访问范围的令牌（Unscoped Token），此种类型的令牌存在的主要目的是保存用户的 Credential，可以基于此令牌获取有确定访问范围的令牌（Scoped Token）。虽然意义不大，但是 Keystone 还是保留了基于 Unscoped Token 查询 Project 列表的功能：用户选择要访问的 Project，然后获取与 Project 或域绑定的令牌，只有通过与某个特定项目或域绑定的令牌，才可以访问此项目或域内的资源。令牌只在有限的时间内有效。

- Catalog：Catalog 服务对外提供一个服务的查询目录，或者说是每个服务的可访问 Endpoint 列表。服务目录存储了所有服务的 Endpoint 信息。对于服务间的资源访问来说，首先需要获取该资源的 Endpoint 信息，通常是一些 URL 列表，然后才可以根据该信息进行资源访问。从目前的版本来看，Keystone 提供的服务目录是与有访问范围的令牌同时返回给用户的。

- Policy：一个基于规则的身份验证引擎，通过配置文件来定义各种动作与用户角色的匹配关系。严格来讲，这部分内容现在已经不再隶属于 Keystone 项目了，这是因为访问控制在不同的项目中都有涉及，所以这部分内容被作为 Oslo 的一部分进行开发维护。

- Resource：Resource 服务提供关于 Domain 和 Project 的数据。
- Assignment：Assignment 服务提供关于 Role 和 Role Assignment 的数据，负责角色授权。Role Assignment 是一个包含 Role、Resource、Identity 的三元组。

通过这几个服务，Keystone 在用户与服务之间架起了一座桥梁：用户从 Keystone 获取令牌及服务列表；用户在访问服务时，发送自己的令牌；相关服务向 Keystone 求证令牌的合法性。下面以创建虚拟机为例，Keystone 的工作流程如图 8-2 所示。

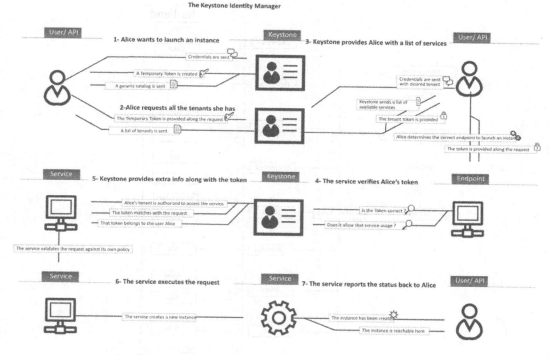

图 8-2　Keystone 的工作流程

- 用户 Alice 发送自己的凭证到 Keystone，Keystone 在认证通过后，返回给 Alice 一个 Unscoped Token 及服务目录。
- Alice 通过 Unscoped Token 向 Keystone 查询当前环境下的项目列表，Keystone 在验证 Token 成功后，返回给 Alice 一个项目列表。上述操作仅是为了查询项目，如果我们已经知道要访问的项目，则可以忽略这两个步骤，直接开始下面的流程。
- Alice 选择一个项目，并发送自己的凭证给 Keystone 以申请一个 Scoped Token，Keystone 在验证后，会返回 Scoped Token。

- Alice 凭借 Scoped Token 发送请求到计算服务的 Endpoint 以创建虚拟机，Keystone 在验证 Scoped Token（包括该 Token 是否有效，是否有权限创建虚拟机等）成功后，再把请求转发 到 Nova，最终创建虚拟机。

1. Keystone 架构

Keystone 架构如图 8-3 所示，除了 Keystone Client，Keystone 还涉及另一个子项目 Keystone Middleware。

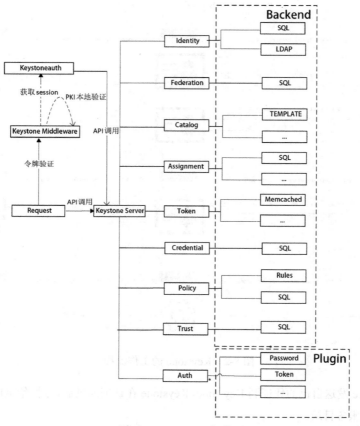

图 8-3　Keystone 架构

Keystone Middleware 是 Keystone 提供的对令牌合法性进行验证的中间件，比如，在客户端访问 Keystone 提供的资源时提供了 PKI 类型的令牌，为了不必每次都通过 Keystone 服务的直接介入来验 证令牌的合法性，通常可以在中间件上进行验证，当然这就需要中间件上已经缓存了相关的证书与密钥以对令牌进行签名认证。而如果不是 PKI 类型的令牌，则需要通过 keystoneauth 获得一个与 Keystone 服务连接的 session，并通过调用 Keystone 服务提供的 API 来验证令牌的合法性。

对于 Keystone 项目本身，除了后台的数据库，主要包括一个处理 RESTful 请求的 API 服务进程。这些 API 涵盖了 Identity、Token、Catalog 和 Policy 等 Keystone 提供的各种服务，这些不同服务所能提供的功能则分别由相应的后端 Driver（Backend Driver）实现。

Keystone 目前使用 v3 版本的 API，v2 API 被弃用。之所以没有 v1 版本的痕迹，是因为它出现在 OpenStack 诞生之前，由 Rackspace 公司实现并服务于 Rackspace 的早期公有云产品。

v3 API 的一个重要的改变是在 v2 版本的基础上引入了域（Domain）及用户组（Group）的概念。域在项目（Project，或者说 Tenant）之上。在一个域中，可以包含多个项目。域的引入可以让一个用户更好地管理自己的资源。如果用户被赋予域管理员的权限，他就可以创建属于域的用户或组，定义用户在该域内的角色。一个域管理员的权限只限于此域，不对其他域享有相同的权限，这样的设计很好地隔离了各个终端云消费者，更加贴近于实际的应用环境，而在 v2 版本中，管理员这个角色是全局的，也就是说只要你定义了一个管理员用户，该用户就是全局有效的，而非只针对某个项目而言的。

组是用户的集合，在有了组之后，域管理员就无须针对单个用户来定义其角色了，换言之，它可以直接定义一个组所对应的角色，而这个组中的所有用户都拥有该角色的权限。值得一提的是，域与角色名需要在这个云环境下唯一，而用户、项目及组只需在该域内唯一即可。

v3 API 中的令牌信息可以不直接暴露于 HTTP URL 中，无论是对令牌的请求进行响应还是对令牌的合法性进行验证，令牌 ID 都被保存在请求 header 域 X-Subject-Token 中。相对于 v2 版本的实现，从某种意义上来说，v3 版本提高了系统的安全性，避免了令牌直接暴露在 HTTP 主体（body）中。如果令牌泄露，并且没有很好的保护措施的话，则对终端云消费者来说无疑是一个灾难。虽然这种实现不能从根本上解决问题，但也算是对旧版本的一个优化。

2. Keystone 源码结构

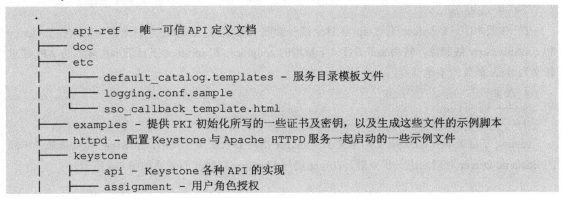

```
.
├── api-ref - 唯一可信 API 定义文档
├── doc
├── etc
│   ├── default_catalog.templates - 服务目录模板文件
│   ├── logging.conf.sample
│   └── sso_callback_template.html
├── examples - 提供 PKI 初始化所写的一些证书及密钥，以及生成这些文件的示例脚本
├── httpd - 配置 Keystone 与 Apache HTTPD 服务一起启动的一些示例文件
├── keystone
│   ├── api - Keystone 各种 API 的实现
│   ├── assignment - 用户角色授权
```

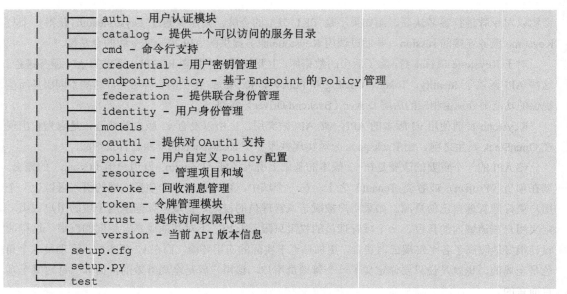

```
|       ├──  auth - 用户认证模块
|       ├──  catalog - 提供一个可以访问的服务目录
|       ├──  cmd - 命令行支持
|       ├──  credential - 用户密钥管理
|       ├──  endpoint_policy - 基于 Endpoint 的 Policy 管理
|       ├──  federation - 提供联合身份管理
|       ├──  identity - 用户身份管理
|       ├──  models
|       ├──  oauth1 - 提供对 OAuth1 支持
|       ├──  policy - 用户自定义 Policy 配置
|       ├──  resource - 管理项目和域
|       ├──  revoke - 回收消息管理
|       ├──  token - 令牌管理模块
|       ├──  trust - 提供访问权限代理
|       └──  version - 当前 API 版本信息
├──  setup.cfg
├──  setup.py
└──  test
```

目前，keystone 目录有一个专门的 api 子目录用来针对各种 Keystone API 进行实现，并借助 flask 框架实现 API 的请求路由。v2 版本各个服务的 API 实现在 keystone 目录下的各个子目录中，例如，在 catalog 子目录中实现了 Service 和 Endpoint 的 API，通过 routers.py 文件定义了路由规则，将 API 请求路由到 controllers.py 文件中定义的具体 Controller：

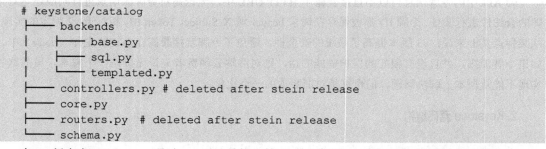

```
# keystone/catalog
├──  backends
|      ├──  base.py
|      ├──  sql.py
|      └──  templated.py
├──  controllers.py # deleted after stein release
├──  core.py
├──  routers.py  # deleted after stein release
└──  schema.py
```

在 v3 版本中，Keystone 通过 api 子目录统一管理 API 实现，catalog 子目录原来的文件 router.py 和 controllers.py 被删除，转由 api 子目录下新增的 endpoints 和 services 子目录来实现，将 API 请求转换为 flask 框架的本地调度：

```
# keystone/api
├──  services
├──  endpoints
```

catalog 子目录中的 core.py 文件定义了 Manager 类与 Driver 类，其中，Manager 类负责基于不同的 Backend Driver 对请求进一步处理。Driver 层与 Manager 层之间的关系如图 8-4 所示。

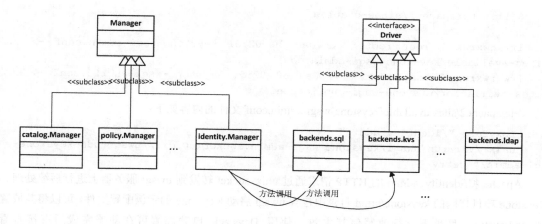

图 8-4 Driver 层与 Manger 层之间的关系

各种 Backend Driver 代表着不同的后端实现方式，如 SQL、KVS（Key-Value Store）、LDAP 等，其他在 Keystone 中用到的还有 Template（可以理解为一种特殊的 KVS 实现）、Memcached（高速缓冲存储系统）等。

- SQL：利用 SQLAlchemy 进行数据的持久化。
- KVS：通过主键查询的方式可以极大地支持海量数据存储，被广泛应用于缓存、搜索引擎等领域。在 Keystone 中，KVS 主要结合缓存来实现数据的存储。
- LDAP：轻量目录访问协议，以树状的层次结构来存储数据。
- Template：主要用在服务目录中，通过模板的方式支持用户自定义一个当前系统环境下可用的服务目录。

8.2.2　Keystone 启动过程

传统的 Keystone 是通过 bin/keystone-all 脚本进行启动的。这种启动方式基于 Eventlet，但是因为 Keystone Federation（联合身份管理）依赖于 Apache 的支持，如对 SAML 文件进行校验，以及在处理多线程时 Apache HTTPD 服务相较于 Eventlet 的优势，Keystone 已经在 Newton 版本中不再对 Eventlet 部署方式提供支持。

在使用 Devstack 进行 OpenStack 部署时，默认采用 Apache/mod_proxy_uwsgi 的方式进行部署。在新版本中，之前支持的 mod_wsgi 方式被弃用，建议用户使用 uwsgi 方式进行部署。（关于弃用 mod_wsgi，部分官方文档没有及时更新，可查阅最新的 Devstack 代码中关于 Keystone 的部署脚本的注释说明，见 devstack/lib/keystone。）使用 uwsgi 方式部署的 Keystone 服务器，不直接向外提供服务，而是由 Apache 接收请求，再转发给 uwsgi 服务器。查看 Apache 下的 Keystone 配置文件：

```
$ ll /etc/apache2/sites-enabled
…
lrwxrwxrwx 1 root root    43 Jan 30 02:51 keystone-wsgi-admin.conf -> ../
sites-available/keystone-wsgi-admin.conf
lrwxrwxrwx 1 root root    44 Jan 30 02:51 keystone-wsgi-public.conf -> ../
sites-available/keystone-wsgi-public.conf
```

/etc/apache2/sites-available/keystone-wsgi-admin.conf 文件的内容如下：

```
ProxyPass "/identity_admin"
"unix:/var/run/uwsgi/keystone-wsgi-admin.socket|uwsgi://uwsgi-uds-keystone-w
sgi-admin/" retry=0
```

Apache 将/identity_admin 的 HTTP 请求通过 unix socket 转发到 uwsgi 服务器上进行后续处理。Keystone 项目代码的 keystone/httpd 目录中包含 uwsgi 启动 Keystone 的示例配置文件，可以将其放置到/etc/keystone 目录下进行改写使其生效。使用 Devstack 自动部署可在部署完成后直接查看/etc/keystone/目录下的 keystone-uwsgi-admin.ini 和 keystone-uwsgi-public.ini 文件。以下是 Keystone 的 admin 服务部分的配置内容：

```
[uwsgi]
chmod-socket = 666
socket = /var/run/uwsgi/keystone-wsgi-admin.socket
lazy-apps = true
add-header = Connection: close
buffer-size = 65535
hook-master-start = unix_signal:15 gracefully_kill_them_all
thunder-lock = true
plugins = python
enable-threads = true
worker-reload-mercy = 90
exit-on-reload = false
die-on-term = true
master = true
processes = 16
wsgi-file = /usr/local/bin/keystone-wsgi-admin
```

该配置内容中指定了 unix socket 文件用于通信，wsgi-file 文件指向 Keystone 的服务入口，这个文件在安装 Keystone 后自动生成，Keystone 项目代码中的 setup.cfg 文件定义了该文件指向的入口函数：

```
[entry_points]
…
wsgi_scripts =
    keystone-wsgi-admin = keystone.server.wsgi:initialize_admin_application
    keystone-wsgi-public = keystone.server.wsgi:initialize_public_application
…
```

入口函数 initialize_admin_application 完成了 Keystone 的 admin 服务部分的初始化，包括配置参数的注册、数据库连接的初始化（默认的数据库引擎为 SQLite），以及加载各种 Backend Driver 等：

```python
# keystone/server/backends.py

# 加载 Backend Driver
def load_backends():


    cache.configure_cache()
    cache.configure_cache(region=catalog.COMPUTED_CATALOG_REGION)
    …
 managers = [application_credential.Manager, assignment.Manager,
            catalog.Manager, credential.Manager,
            credential.provider.Manager, resource.DomainConfigManager,
            endpoint_policy.Manager, federation.Manager,
            identity.generator.Manager, identity.MappingManager,
            identity.Manager, identity.ShadowUsersManager,
            limit.Manager, oauth1.Manager, policy.Manager,
            resource.Manager, revoke.Manager, assignment.RoleManager,
            receipt.provider.Manager, trust.Manager,
            token.provider.Manager]

drivers = {d._provides_api: d() for d in managers}
…


auth.core.load_auth_methods()
return drivers
```

其后续的启动过程，与 Nova 等其他项目并没有太大的差别，可以参考前面章节的介绍。

8.2.3　用户认证及令牌获取

一个有效的 curl 请求如下，该请求会对用户的账号进行验证并生成一个与项目绑定的令牌：

```
$ curl -i -H "Content-Type: application/json"
 -d '
{ "auth": {
    "identity": {
      "methods": ["password"],
      "password": {
        "user": {
          "name": "admin",
          "domain": { "id": "default" },
          "password": "password"
```

```
        }
      }
    },
    "scope": {
      "project": {
        "name": "admin",
        "domain": { "id": "default" }
      }
    }
  }
}' \
http://localhost/identity/v3/auth/tokens
```

经过路由，此 API 请求对应的 action 实现位于 keystone/api/_shared/authentication.py 文件的 authenticate_for_token ()方法中：

```
def authenticate_for_token(self, request, auth=None):
```

参数 auth 就是 curl 请求中的传入参数，即为此项目下的用户名称及密码。authenticate_for_token() 方法首先针对 Keystone 的 3 种认证方式分别进行处理。

- 基于令牌：如果令牌被包含在参数 auth 中，则通过令牌信息来完成认证，剥离 HTTP 请求 header 中的令牌信息，进行 Hash 计算并与数据库中保存的令牌值进行比对以确认是否有效。令牌在此的作用等效于用户名和密码。

- 外部用户：如果 Context 上下文信息中包含外部用户 REMOTE_USER 信息，则认证该外部用户的关联项目及角色的合法性，并用自定义的方式进行认证，如 Kerberos。

- 本地认证：默认方式，这里的例子为本地认证的方式，即验证用户名与密码。本地认证的核心操作是通过 Backend Driver 进行密码的校验，就是对传入明文进行一次 SHA512 的 Hash 操作，再与数据库中存放的散列之后的密码进行比对。

此外还有 OAuth1 方式，一种通过 OAuth1 协议实现访问权限代理的认证方式，并以 mapped 认证方式对 Federation 功能提供支持，从 Mitaka 版本开始支持基于时间的一次性密钥的认证方式（TOTP），但是目前版本还无法提供对多因素认证方式的支持（multifactor authentication）。

在校验完成之后，会接着检查该用户、域、项目是否可用，过滤掉不需要返回给用户的数据，并调用 Catalog API 构造服务目录，最后通过具体的 Backend 来生成令牌。在 Keystone 发展过程中共出现过 4 种令牌生成方式，目前默认的是使用 Fernet 令牌，而 PKI 及 PKIZ 令牌生成方式已被弃用。

- UUID：调用 Python 库函数来生产一个随机的 UUID（通用唯一识别码）作为令牌的 ID。

- PKIZ：使用 OpenSSL 对用户相关信息进行签名，签名后的格式为 DER，并以此生成令牌 ID。

- PKI：使用 OpenSSL 对用户相关信息进行签名，与 PKIZ 不同的是，生成的签名格式为 PEM。

- Fernet 令牌：基于 Fernet（一种对称加密算法）对用户信息进行加密而生成的令牌，与用户相关的所有认证信息都被保存在令牌中，故令牌本身就包含了所有的信息，也因此 Fernet 令牌无须持久化，而一旦一个 Fernet 令牌被攻破，该用户就可以做所有他能做到的事情。

上述内容涵盖了 Keystone 的几个核心功能，包括对外提供访问目录及令牌服务等。本节开始提供的示例所返回的内容如下：

```
HTTP/1.1 201 CREATED
Date:Mon,03 Feb 2020 03:04:32 GMT
Server:Apache/2.4.29 (Ubuntu)
Content-Type:application/json
Content-Length:3229
X-Subject-Token:gAAAAABeN43AedzWf_lMzsldQ5XxehTsAcJyYD75iX3Lu63ifjBtQMQqC0sP
tcQ8ldBy6HF-jHevBSYMnZa-nTUnBle-Nqx4a7Zfvl-vuJ9r6nzaBX2GqdPh3o8cm2p_RiEV5x8LYI8I
F3-xRI3DXe6OSkrtpj3wVrob3knTQwfeG5HLeBjwwgM
Vary:X-Auth-Token
x-openstack-request-id:req-5e9c4099-7214-44cc-b4b3-c0239584a326
Connection:close
{
    # 令牌信息
    "token":{
        "methods":[
            "password"
        ],
        "user":{
            # 请求令牌的用户所赋予的决策信息
            "domain":{
                "id":"default",
                "name":"Default"
            },
            "id":"f90296a3849746c9961fa82516d692fc",
            "name":"admin",
            "password_expires_at":null
        },
        "audit_ids":[
            "zKp30nTfQBi061D8p0nctA"
        ],
        "expires_at":"2020-02-03T04:04:32.000000Z",
        "issued_at":"2020-02-03T03:04:32.000000Z",
        "project":{
            "domain":{
                "id":"default",
                "name":"Default"
            },
            "id":"472174dc8e0045de9a003cbfff6f1cdb",
```

```
                "name":"admin"
        },
        "is_domain":false,
        "roles":[
            {
                "id":"475548e4b9144f22bef93c3eef3746ea",
                "name":"member"
            },
            {
                "id":"a6430bbc80ed4cb9ae30be5f7aa28a0c",
                "name":"reader"
            },
            {
                "id":"40070f088f5942ad94ae4386a1d0cdc7",
                "name":"admin"
            }
        ],
        # 服务目录，提供可访问端点列表
        "catalog":[
            {
                "endpoints":[
                    {
                        "id":"8ead9dfb9def41d8be815dbdb0b98dad",
                        "interface":"public",
                        "region_id":"RegionOne",
                        "url":"http://172.16.1.21/volume/v2/472174dc8e0045de9a003c
bfff6f1cdb",
                        "region":"RegionOne"
                    }
                ],
                "id":"0ca6870089e447749e5eb7473b6624f9",
                "type":"volumev2",
                "name":"cinderv2"
            },
            {
                "endpoints":[
                    {
                        "id":"238f9c483fad494ab3f69a32cdde9879",
                        "interface":"public",
                        "region_id":"RegionOne",
                        "url":"http://172.16.1.21:9696/",
                        "region":"RegionOne"
                    }
                ],
```

```
         "id":"79b1f907735045f1810b414adeb46592",
         "type":"network",
         "name":"neutron"
      },
      {
         "endpoints":[
            {
               "id":"c62a604858b24aa89993a7fe077cc1a6",
               "interface":"public",
               "region_id":"RegionOne",
               "url":"http://172.16.1.21/compute/v2/472174dc8e0045de
9a003cbfff6f1cdb",
               "region":"RegionOne"
            }
         ],
         "id":"851af69ba0ad4c319e72963f40559f3b",
         "type":"compute_legacy",
         "name":"nova_legacy"
      },
      {
         "endpoints":[
            {
               "id":"ccd1a234343a423a9c43c5b90765a1d5",
               "interface":"public",
               "region_id":"RegionOne",
               "url":"http://172.16.1.21/compute/v2.1",
               "region":"RegionOne"
            }
         ],
         "id":"93f19ff6fed140ef8711045124e26d1b",
         "type":"compute",
         "name":"nova"
      },
      {
         "endpoints":[
            {
               "id":"6f97315922354258a4d09c151782ba41",
               "interface":"public",
               "region_id":"RegionOne",
               url":"http://172.16.1.21/volume/v3/472174dc8e0045de
9a003cbfff6f1cdb",
               "region":"RegionOne"
            }
         ],
```

```json
        "id":"bcd0e0f1931d4c47ae8e90aa1acae07c",
        "type":"block-storage",
        "name":"cinder"
    },
    {

        "endpoints":[
            {
                "id":"dcd354e7e9664793ab36f8bbd9668069",
                "interface":"public",
                "region_id":"RegionOne",
                "url":"http://172.16.1.21/image",
                "region":"RegionOne"
            }
        ],
        "id":"c02c76f2b3ce42ab9eefdeb6eb2610b7",
        "type":"image",
        "name":"glance"
    },
    {

        # 身份管理服务的可访问端点列表
        "endpoints":[
            {
                "id":"08947786aca248c89aec25dd73049cc4",
                "interface":"admin",
                "region_id":"RegionOne",
                "url":"http://172.16.1.21/identity",
                "region":"RegionOne"
            },
            {
                "id":"96f71f748f95453c8a5fdfe4c06646cd",
                "interface":"public",
                "region_id":"RegionOne",
                "url":"http://172.16.1.21/identity",
                "region":"RegionOne"
            }
        ],
        "id":"e1d4f4dd77ff41a29594f68695ad9215",
        "type":"identity",
        "name":"keystone"
    },
    {

        "endpoints":[
            {
                "id":"b6d6a309662c43ccaf708a32dde2d937",
```

```
          "interface":"public",
          "region_id":"RegionOne",
          "url":"http://172.16.1.21/placement",
          "region":"RegionOne"
        }
      ],
      "id":"f725c73d77894a678edd48dc0342e043",
      "type":"placement",
      "name":"placement"
    },
    {
      "endpoints":[
        {
          "id":"dd79c39a34a44441a1e51c6a58f04e52",
          "interface":"public",
          "region_id":"RegionOne",
          "url":"http://172.16.1.21/volume/v3/472174dc8e0045de
9a003cbfff6f1cdb",
          "region":"RegionOne"
        }
      ],
      "id":"fc9ae90331fa459b89c70325aeb0a826",
      "type":"volumev3",
      "name":"cinderv3"
    }
  ]
 }
}
```

8.2.4 Keystone 高阶应用

Keystone 在提供基本的用户认证管理服务的基础上，提供了一些高级功能，这里对其中的部分功能进行一个简要的介绍。

1. 联合身份管理（Federation）

联合身份管理的目的在于将身份认证部分单独剥离出来，即使用一个独立的节点对用户身份进行认证（IdP，Identity Provider）。通过 IdP 认证的用户可以访问服务提供商（SP，Service Provider）所提供的服务。在对 IdP 完全信任的基础上，可以实现对资源的安全访问。用户可以使用一个密码访问多个被授权访问的云系统，用户也无须重新登录就可以访问不同的云系统资源。在云计算中实现联合身份管理的优点是显而易见的。其最大的优点是减少了维护多个云系统下多个密码的负担，以及使用分散的多个密码重复登录所带来的安全性问题。

Keystone 目前支持 Keystone-Keystone Federation，以及通过设置 Keystone 和 Horizon 实现单点登录。实现 Keystone-Keystone Federation 需要 Keystone 运行在 Apache 下，因为在使用 SAML 协议时，Federation 依赖于 Apache 对 SAML 文件进行校验。Keystone Federation 支持 SAML 和 OpenID Connect 两种协议。部署 Keystone-Keystone Federation 的难点在于配置，例如，在配置 shibboleth2.xml 文件时，一定要注意 entityID 与数据库中配置的一致性，如果某些配置不正确，则只能通过查看 Shibboleth 的日志文件来一步步地调试了。

Keystone Federation 基本流程如图 8-5 所示，在校验用户身份时，需要向 Keystone IdP 发送一个 SAML 请求，IdP 会返回一个包含用户认证信息的 SAML 文件，该文件中会描述用户的名称，以及在相应的 Project（Domain）中的角色信息等。然后从 Keystone SP 的访问重定向到 Keystone IdP，对用户登录信息进行验证可以借助于 Shibboleth 或 Mellon 等第三方工具来实现。

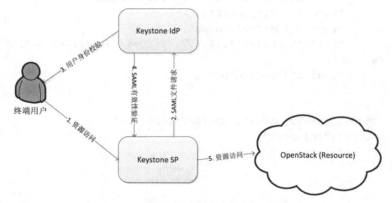

图 8-5　Keystone Federation 基本流程

在 SAML 请求通过有效性验证后，首先得到的是一个可以访问 SP 的 Unscoped Token，通过这个 Unscoped Token 可以得到一个 Project 列表，然后绑定 Unscoped Token 和 Project（Domain），获得一个 Scoped Token，就可以获取访问此 Project 或 Domain 的权限。

2. Keystone OAuth1

在遵循 OAuth1 1.0 SPEC 的基础上，Keystone 实现了将用户的访问权限代理给第三方 Consumer 的功能，其核心理念就是在不泄露访问服务提供者的密钥的前提下将部分功能开放给第三方访问者。

Keystone 中的实现可以分为 4 部分，即创建 Consumer、创建 Request Token、对 Request Token 进行授权，以及获取 Access Token。

- 创建 Consumer：Keystone 对需要访问资源的客户端创建一个 Consumer，一个 Consumer 代表一个第三方的应用，Consumer 的 ID 对应 OAuth1 SPEC 中的 key，secret 为 Keystone 服务和第三方应用共享的密钥，需严格保密。此密钥用来对随后的 Access Token 及 Request Token

请求进行签名验证。

- 创建 Request Token：一个 Request Token 代表了一个客户端的 Token 请求，该请求只有被授权之后才能获取一个有效的 Access Token 请求。此请求必须指明需要访问的 Project，以便在对其进行授权时明确其访问权限的范围。客户端请求需要使用 HMAC-SHA1 算法对 headers 进行签名，服务器同时需要通过 Consumer 的 secret 对其进行解签。

- 对 Request Token 进行授权：对一个客户端的应用必须明确其访问权限，如果用户有管理员的权限，则用户可以将任何权限代理给第三方。但是假设用户只是一个普通用户，则用户最多只能将普通用户的访问权限代理给此应用。

- 获取 Access Token：Access Token 定义了客户端可以访问的项目，以及在此项目中的角色，一个 Access Token 的创建请求，需要利用 Consumer 及 Request Token 的 secret 对请求的 headers 进行解签，以验证该请求的合法性与完整性。Access Token 是一个已经授权了的 Request Token，在成功创建 Access Token 之后就可以通过此 Access Token 以 OAuth1 方法去获取一个关联某个项目的令牌了。

3. Keystone Trust

Keystone Trust 提供了另一种方式的权限代理，委托者（Trustor）可以将其部分或全部权限代理给代理人（Trustee）。这个功能在委托者不想将自己的账号暴露给代理人，但是又可以赋予代理人部分的访问权限时显得特别有用。比如，一个普通的用户不具有上传数据到 Swift 的权限，但是管理员相信此人，希望临时放开其上传数据的权限时，就可以将管理员上传数据的角色临时赋予此人。

Trust 可以指定一个失效日期，只有在此日期之前才有效。通过 remaining_uses 可以限定获取 Trust Token 的次数上限，代理人可以将其获得的权限代理给其他人，也就是可以有一个 Trust Chain，Chain 的深度可以通过 redelegation_count 来限定。下面来看一个具体的例子，假设有两个用户，Trustor 与 Trustee，Trustee 只拥有 demo 项目的访问权限，而 Trustor 则拥有 admin 项目的访问权限。我们用 Trustee 在 demo 项目里的令牌去获取用户列表：

```
$ curl -g -i -X GET http://localhost/identity/v3/users -H "Accept: application/
json" -H "X-Auth-Token: $TRUSTEE_TOKEN"

{"error": {"message": "You are not authorized to perform the requested action:
identity:list_users", "code": 403, "title": "Forbidden"}}
        403, Forbidden!
```

我们将 Trustor 的 admin 权限临时放开给 Trustee，可以通过创建一个 Trust 来实现：

```
$ curl -g -i -X POST -H "Accept: application/json" -H "X-Auth-Token:
$TRUSTOR_TOKEN" -H "Content-Type: application/json" -d '{
    "trust": {
        "expires_at": "2017-02-27T18:30:59.999999Z",
```

```
            "impersonation": true,
            "allow_redelegation": true,
            "project_id": $ADMIN_PROJECT,
            "roles": [
                {
                    "name": "admin"
                }
            ],
            "trustee_user_id": $TRUSTEE_USER_ID,
            "trustor_user_id": $TRUSTOR_USER_ID,
            "redelegation_count": 3
        }
}' http://localhost/identity/v3/OS-TRUST/trusts
```

现在再获取一个 Trust Token，注意 scope 及认证方法的定义：

```
$ curl -i -d '{ "auth" : { "identity" : { "methods" : [ "token" ], "token" : { "id" :
"$TRUSTEE_TOKEN" } }, "scope" : { "OS-TRUST:trust" : { "id" : $TRUST_ID} } } }' -H
"Content-type: application/json" http://localhost/identity /v3/auth/tokens
```

这样就可以得到一个 Trust Token，通过此令牌，Trustee 可以模仿 Trustor 的角色访问用户列表。Keystone Trust 和 Keystone OAuth1 所实现的功能类似，都提供了一种权限代理的方式。我们可以将这里的 Trustee 理解为一个 Consumer， 而 Trustor 则实际上为 Resource Owner，对应于 OAuth1 中对 Request Token 授权的角色。

8.3　可信计算池

在云计算环境中，可能有成千上万的计算节点被部署在不同的地方。对安全等级要求高的云租户会要求其应用或虚拟机必须运行在验证为可信的计算节点之上，以此来保证运行环境是可信的。为了满足这种需求，英特尔于 2011 年在 OpenStack Essex 版本中提出了可信计算池的特性，并将基于 Intel TXT（可信执行技术）和 OpenAttestation（OAT）远程认证项目的实现添加进了 Folsom 版本。可信计算池不断地得到来自社区的反馈，从而在后续的 OpenStack 版本中得到了来自英特尔及社区的不断增强和优化。

8.3.1　体系结构

可信计算池的实现位于 Nova 项目，通过在 FilterScheduler（过滤调度器）中加入一个新的过滤器 TrustedFilter，并与外部的一个认证服务进行交互来挑选出所有可信的主机，从而找到满足客户可信需求的目标主机环境来创建用户实例。可信计算池的体系结构如图 8-6 所示。

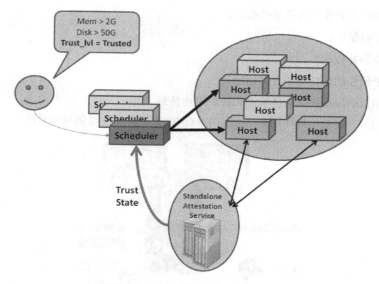

图 8-6　可信计算池的体系结构

- 用户通过在 flavor 中加入新的 trust:trusted_host 键值来表示对可信主机的需求，然后通过 Nova API 发送虚拟机创建请求给调度器。
- 调度器中的 TrustedFilter 从虚拟机创建请求中读取相应 flavor 的 trust:trusted_host 键值，如果是 trusted，就通过认证服务找到所有可信主机的列表，以供调度器从中选择最终创建用户实例的目标主机。
- 主机（计算节点）采用基于 Intel TXT 的 TBoot 进行可信启动，对主机的 BIOS、VMM 和操作系统进行完整性度量，并在得到来自认证服务的请求时将度量数据发送给认证服务。
- 认证服务器部署基于 OAT 的认证服务，通过将来自主机的度量值与白名单数据库进行比对来确定主机的可信状态。

8.3.2　Intel TXT 与 TBoot

Intel TXT 技术首先出现在英特尔博锐系列商用台式机平台上，现在已经扩展到服务器平台。它可以帮助防御较难应付的软件攻击，例如：

- 尝试插入不可信的虚拟机监控器（rootkit）。
- 专门用于获取内存中秘密信息的重置攻击。
- BIOS 及固件更新攻击等。

基于 TXT 的可信启动可以帮助加强对平台的控制，例如：

- 在启动过程中启用隔离和篡改检测。
- 补充运行时保护。
- 降低支持和补救成本。
- 通过基于硬件的信任增加合规保证。
- 为安全和策略应用提供信任状态来控制工作负载。

基于 TXT 的平台需要集成如图 8-7 所示的 Intel TXT 组件才能提供可信启动。

图 8-7　Intel TXT 组件

这些组件包括：

- 支持 TXT 技术和虚拟化技术的处理器。
- 支持设备虚拟化技术的芯片组。
- 可信平台模块（TPM）。
- 支持 TXT 和 TPM 的 BIOS，其中必须包含英特尔专门为 TXT 编写并签名的已验证代码模块（ACMs）。
- 支持 TXT 的操作系统和 VMM。

基于 TXT，英特尔于 2007 年推出了一个开源项目 Trusted Boot（TBoot），提供了一个在 Kernel 和 VMM 之前执行的模块，用来实现 Kernel 和 VMM 的可信启动。TBoot 的可信启动流程如图 8-8 所示。

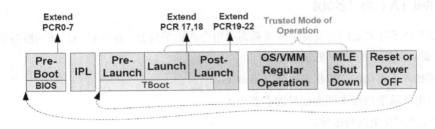

图 8-8　TBoot 的可信启动流程

- Pre-Boot：系统固件（BIOS/UEFI）执行阶段。这个阶段的目标之一就是将平台初始化为支持可信启动的状态。固件度量静态可信链和其他平台组件并将度量值保存到 TPM 的平台配置寄存器（PCRs）0 到 7 中。这一阶段还会保护 TXT 的相关资源并锁定平台的配置。
- IPL：在一般情况下，Kernel 执行之前的启动过程。
- TBoot Pre-Launch：TBoot 确定可信启动可行，并为可信启动设置好平台状态。
- TBoot Launch：TBoot 通过执行 GETSEC [SENTER]指令开始可信启动进程，同时开始动态可信链的度量，将可信根的度量值保存到 PCR17，然后度量 TBoot Post-Launch 代码并将结果保存到 PCR18 中。
- TBoot Post-Launch：这是在 TXT 可信启动完成后首先得到执行的 TBoot Post-Launch 代码，它会将平台安全地带入一个受保护的可用状态。这是得到度量的第一段系统代码，它开启了可信启动后的度量链。
- OS/VMM：包括操作系统 Kernel/VMM 及其他需要装载模块的启动。Kernel 负责在其他模块执行前对其进行度量。
- Regular Operation：在成功启动后的正常操作，与没有启动 TXT 时的操作一样。但是 TXT 相关资源是会通过操作系统和 VMM 得到保护的。
- MLE Shut Down：在操作系统或 VMM 对平台执行关机或重启操作前需要执行一些特定的步骤来退出安全环境，然后才能关机或重启。

TXT 与 TBoot 的可信启动已经在 2.6.33 版本之后的 Linux Kernel 和 3.4 版本之后的 Xen 中得到支持。各大 Linux 发行版的最新版本中也直接提供了 TBoot 安装包。

8.3.3　可信认证与 OpenAttestation 项目

简单来说，可信认证过程提供了将可信启动后的系统完整性度量值与白名单进行比较的功能。可信认证可以识别系统的可信状态，为满足可视和可审查的需求提供帮助。基于 TPM 的可信认证标准流程如图 8-9 所示。

从图 8-9 中不难看出，可信认证定义了 3 个主要实体：管理工具、认证服务和物理主机。认证的流程如下所述。

（1）管理工具向认证服务发起认证请求。

（2）认证服务生成一个随机数，发送给指定物理主机并请求完整性报告。

（3）物理主机进行如下操作：

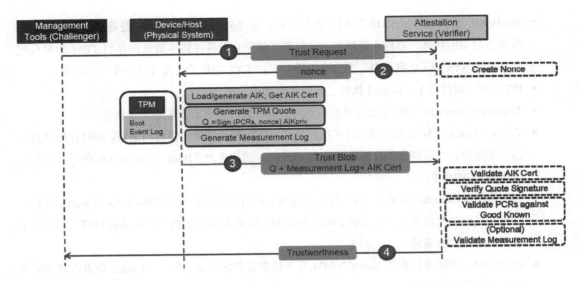

图 8-9　基于 TPM 的可信认证标准流程

- 通过本地 TPM 模块生成/装载认证专用密钥（AIK）。
- 取得由 CA 颁发的认证专用证书（AIC）。
- 调用 TPM 模块的 Quote 命令生成以 AIK 为签名密钥的指定 PCR 集合的签名信息。
- 生成度量日志。
- 然后将由签名信息、度量日志和 AIC 组成的完整性报告发回到认证服务。

（4）认证服务进行如下操作：

- 验证 AIC 的合法性。
- 验证 Quote 签名信息。
- 通过白名单验证 PCR 集合的可信状态。
- 选择性验证度量日志的内容。
- 将认证结果发回管理工具，指定物理主机可信/不可信。

由英特尔于 2012 年创建的 OpenAttestation（OAT）开源项目，使用 TCG 定义的远程认证协议，实现了标准的基于 TPM 的可信认证流程，为云计算及企业数据中心管理工具提供了管理主机完整性验证的 SDK。OAT 体系结构如图 8-10 所示。

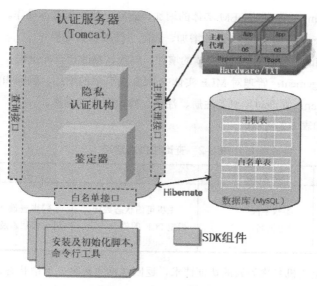

图 8-10　OAT 体系结构

OAT 主要包括两大组件：认证服务器和主机代理。

- 认证服务器有 5 个主要模块：隐私认证机构（PCA）、鉴定器（Appraiser）、查询接口（Query API）、白名单接口（Whitelist API）和主机代理接口（Host Agent API）。这 5 个模块均使用 Java 代码，其中查询接口和白名单接口基于 RESTful 接口标准实现，主机代理接口为 Web Service 实现。
- 主机代理则包括代理服务、TPM 模块 Java 工具、NIARL TPM 管理工具等模块。代理服务通过 TPM 模块 Java 工具从命令行调用 NIARL TPM 管理工具访问 TPM，以取得相关密钥、证书及完整性报告。

白名单接口的定义如表 8-1 所示。

表 8-1　白名单接口的定义

接 口 类 型	描　　　述
OEM Provisioning	Add/Update/Delete/Retrieve OEM
OS Provisioning	Add/Update/Delete/Retrieve OS
MLE Provisioning	Add/Update/Delete/Retrieve MLE
WhiteList Management	Add/Update/Delete PCR Whitelist entry for a specified MLE
Host Provisioning	Register/update/Delete/Retrieve Host

- **OEM Provisioning**：管理对 OEM 实体的增加、删除、修改和查询操作。
- **OS Provisioning**：管理对 OS 实体的增加、删除、修改和查询操作。
- **MLE Provisioning**：管理对 MLE 实体的增加、删除、修改和查询操作。
- **Whitelist Management**：管理对 MLE 实体中 PCR 白名单的增加、删除和修改操作。
- **Host Provisioning**：管理对主机的注册、注销、修改和查询操作。

查询接口的定义如表 8-2 所示。

表 8-2　查询接口的定义

命　　令	输 入 参 数	输 出 参 数	注　　解
POST https://server:8181/Attestation Service/resources/PollHosts	签权字段 {主机名，...}	主机可信状态数据，指定 PCR 的值	同步查询并等待验证服务获得主机可信状态及相应 PCR 的值

查询接口接收指定主机名称列表的认证请求，返回包括主机名、可信状态、时间戳等信息的主机状态列表。这里是以 JSON 格式描述的查询接口的一组请求和响应报文。

请求报文：

```
POST AttestationService/resources/PollHosts
Host: Attestation.ras.com:8181
Context-Type: application/json
Accept: application/json
Auth_blob: authenticationBlob
{
"hosts": [host1.compute.com]
}
```

响应报文：

```
HTTP/1.1  200 OK
Server: BaseHTTP/0.3 Python/2.7.1+
Date: Wed, 24 Aug 2011 03:19:56 CST
Context-Type: application/json
{
"hosts":[{"host_name":"host1.compute.com",
      "trust_lvl":"trusted",
      "vtime": "2011-08-24T03:19:56.376+08:00"}]
}
```

最后，我们来了解一下 OAT 的部署及使用步骤，如图 8-11 所示。

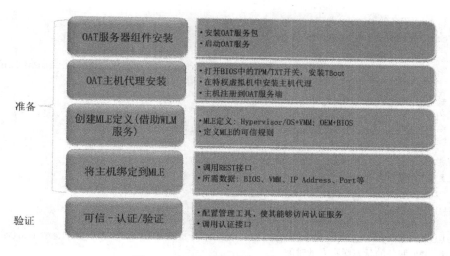

图 8-11 OAT 的部署及使用步骤

OAT 的部署分为准备和验证两部分。在分别安装好 OAT 服务器组件和主机代理后，借助白名单接口创建好可信的 MLE 定义，并将主机绑定到相应的 MLE 定义上，OAT 的部署准备就完成了。然后只要配置好云环境/数据中心管理工具，就可以通过管理工具调用查询接口来对指定的物理主机进行远程认证了。

8.3.4 TrustedFilter

TrustedFilter 的实现位于 nova/scheduler/filters/trusted_filter.py 文件中。TrustedFilter 使用了一个新的配置选项组 trusted_computing，并在 trusted_computing 下注册了 7 个新的配置选项，用来配置和连接 OAT 服务：

```
trust_group = cfg.OptGroup(name="trusted_computing",
                           title="Trust parameters",
                           help="""
Configuration options for enabling Trusted Platform Module.
""")


trusted_opts = [
    # OAT 服务器域名或 IP 地址
    cfg.StrOpt("attestation_server",
            help='The host to use as the attestation server…'),
    # OAT 服务的 SSL 证书
    cfg.StrOpt("attestation_server_ca_file",
            help="""The  absolute  path  to  the  certificate  to  use  for
authentication when connecting to the attestation server… """),
```

```
    # OAT 服务的 HTTPS 端口
    cfg.StrOpt("attestation_port",
            default=8443,
            help="""The port to use when connecting to the attestation server…
"""),
    # OAT 服务的 Web API URL
    cfg.StrOpt("attestation_api_url",
            default="/OpenAttestationWebServices/V1.0",
            help="""
 The URL on the attestation server to use… """),
    # OAT 服务的 authorization blob
    cfg.StrOpt("attestation_auth_blob",
    secret=True,,
                help="""
Attestation servers require a specific blob that is used to authenticate… """),
    # OAT 服务的状态缓存有效时间
    cfg.IntOpt("attestation_auth_timeout",
            default=60,
            help="""This value controls how long a successful attestation is
cached… """),
    # 禁止 OAT 服务 SSL 证书验证
    cfg.BoolOpt("attestation_insecure_ssl",
            default=False,
            help="""When set to True, the SSL certificate verification is
skipped for the attestation service… """)
    ]
```

　　每当一个 TrustedFilter 实例被创建时，就会有一个 ComputeAttestation 实例被创建，进而有一个 ComputeAttestationCache 实例被创建。在 ComputeAttestationCache 实例的创建过程中，会通过 admin 上下文获得系统中所有计算节点的列表，然后在 ComputeAttestationCache._init_cache_entry()方法中初始化每个节点可信状态的缓存。

　　当 TrustedFilter.host_passes()方法被调用且 filter_properties.instance_type.extra_specs. 'trust:trusted_host'不为空时，TrustedFilter.compute_attestation.is_trusted()方法调用 ComputeAttestation. caches.get_host_attestation()方法发现某个主机的缓存值失效，就会调用 ComputeAttestationCache._ update_cache()方法批量查询并更新所有主机的缓存值。在接下来的一段时间（<attestation_auth_timeout>秒）里发生的主机可信状态查询都会命中缓存，从而避免连接 OAT 服务查询所带来的性能损失。

　　ComuputeAttestationCache.get_host_attestation()方法只要发现任何一个主机可信状态的缓存失效就会查询并更新所有主机的状态。这样设计的初衷是，充分利用在 OAT 查询命令中出现多主机查询时会进行并行处理的特性，尽量将一次虚拟机创建请求可能产生的对所有主机状态的串行化查询并行化，从而改善使用 TrustedFilter 时的创建效率。

所有与 OAT 服务通信的操作都被封装在 AttestationService 类中，用来处理返回值，以及对 OAT 服务查询接口的调用。

8.3.5　部署

在正式开始配置可信计算池之前，需要：

- 部署好基本的 OpenStack 运行环境，准备至少两台主机（计算节点）。
- 在单独的服务器（物理机或虚拟机）上安装好 OAT 服务，并将所需主机注册为可信主机。

1. 配置

获得 OAT 服务端 SSL 证书：

```
$ openssl s_client -connect <OAT_APPRAISER_HOSTNAME>:8181 | tee /etc/nova/
certfile.cer
```

验证所需主机已经被注册为可信主机：

```
$ curl --noproxy <OAT_APPRAISER_HOSTNAME> -v --cacert ./certfile.cer -H
"Content-Type: application/json" -X POST -d '{"hosts":["<OAT_CLIENT_HOSTNAME>"]}'
https:// <OAT_APPRAISER_HOSTNAME>:8181/AttestationService/resources/PollHosts
```

修改 Nova 调度器所在系统的/etc/nova/nova.conf 文件：

```
# 在 DEFAULT 一节中添加以下内容以打开调度器对可信计算池的支持
[DEFAULT]
compute_scheduler_driver=nova.scheduler.filter_scheduler.FilterScheduler
scheduler_available_filters=nova.scheduler.filters.all_filters
scheduler_default_filters=AvailabilityZoneFilter,RamFilter,ComputeFilter,Tru
stedFilter
# 在 trusted_computing 一节中添加以下内容以给定认证服务的连接信息
[trusted_computing]
attestation_server=<OAT_APPRAISER_HOSTNAME>
attestation_port=8181
attestation_api_url=/AttestationService/resources
attestation_server_ca_file=/etc/nova/certfile.cer
attestation_attestation_auth_blob=oatoat
attestation_auth_timeout=60
attestation_insecure_ssl=False
```

使用 nova flavor-key set 命令将一个或多个 flavor 设置为可信 flavor：

```
$ nova flavor-key m1.trusted set trust:trusted_host=trusted
```

2. 使用

通过命令行指定一个可信 flavor 创建实例以请求将其运行在可信主机上：

```
$ nova boot --flavor m1.trusted --image <image_id> --key_name <keypair> myinstance
```

或者通过 Horizon Dashboard 来创建可信实例：

- 找到 Project→Images and Snapshots，选择需要运行的镜像，单击 Launch。
- 在接下来的界面上选择 m1.trusted 作为镜像的 flavor，然后新的实例只会在被 OAT 认证为可信平台的主机上被创建出来。
- 在 Horizon Dashboard 界面上进入 Admin 属性页，单击 Instances，显示运行中的实例。
- 验证所创建的实例已经在可信服务器上运行了。

## 第 9 章

计量与监控

计量与监控是云运营的一个重要环节。

OpenStack 由 Telemetry 项目来提供计量与监控的功能。Telemetry 项目的目标是针对各种组成云的虚拟和物理资源，收集各类使用数据并保存，以便对这些数据进行后续分析，并在相关条件满足时触发对应的动作和报警。

Telemetry 项目中有许多子项目，其中包括以下几个。

- Aodh：根据已保存的使用数据进行报警。
- Ceilometer：提供一个获取和保存各类使用数据的统一框架。
- Gnocchi：用来保存基于时间序列的数据，并对其提供索引服务。
- Panko：用来保存事件 Event 信息。

其中，Ceilometer 项目处于核心位置，OpenStack Telemetry 的源头就是 Ceilometer 项目。该项目开始于 2012 年，在 2013 年的 OpenStack Grizzly 版本中从孵化状态"毕业"，成为 OpenStack 的集成项目（Integrated Project），并从 Havana 版本开始，被正式包含在 OpenStack 发布版本中。Ceilometer 项目的目标是为 OpenStack 环境提供一个获取和保存各种测量值（Measurement Metrics）的统一框架。

Ceilometer 项目的最初目的是获取和保存计量信息以支持对用户收费。后来随着项目的发展，社区发现很多 OpenStack 项目都需要获取和保存多种不同的测量值，所以 Ceilometer 项目增加了第二个目标，即成为 OpenStack 系统里一个标准的获取和保存测量值的框架。后来，由于 Heat 项目的需求，Ceilometer 项目又增加了利用已保存的测量值进行报警的功能。

另外，其他项目的功能都是从 Ceilometer 项目中剥离出来的，或者是为了改进 Ceilometer 项目的不足而后续开发的。

为了满足某些客户需要更加灵活地、可供选择地部署 Ceilometer 项目各部分功能的目标，在 OpenStack Liberty 版本中，报警功能从 Ceilometer 项目中被剥离，产生了一个新项目 Aodh。在 OpenStack Newton 版本中，事件 Event 信息的保存功能也被剥离，产生了一个新项目 Panko。

同时，为了解决 Ceilometer 项目原先在数据存储端的一些设计上的性能弊病，Telemetry 社区开发了一个新项目 Gnocchi，用来保存基于时间序列的数据，并作为 Ceilometer 项目的数据保存后端。

这些从 Ceilometer 项目中分离和衍生出来的项目与 Ceilometer 项目一起构成了 OpenStack Telemetry 项目。目前所有这些项目都属于 OpenStack Big Tent。

本章主要介绍 Ceilometer 项目，同时会对其他项目进行一些简单的介绍。

9.1 Ceilometer

9.1.1 体系结构

Ceilometer 整体采用了高度可扩展的设计思想，开发者可以很容易地开发扩展插件来扩展其功能。Ceilometer 的整体架构如图 9-1 所示。

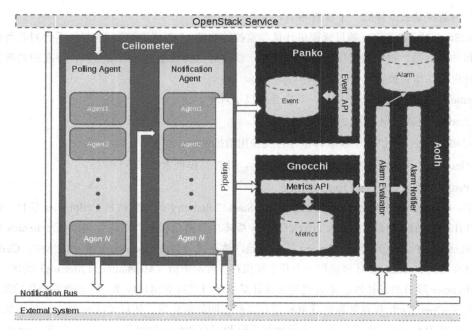

图 9-1　Ceilometer 的整体架构

Ceilometer 可以通过以下两种方式获取测量值数据：

- 第三方的数据发送者把数据以通知消息（Notification Message）的形式发送到消息总线（Notification Bus）上，Notification Agent 会获取这些通知事件，并从中提取测量数据。
- Polling Agent 会根据配置定期、主动地通过各种 API 或其他通信协议去远端或本地的不同服务实体中获取所需要的测量数据。

Ceilometer 通过以上两种方法获取到测量值数据后，会把它转化为符合某种标准格式的采样数据（Sample）并通过内部总线发送给 Notification Agent。然后 Notification Agent 会根据用户定义的 Pipeline 来对采样数据进行转换（Transform）和发布（Publish）。Ceilometer 支持发布到多个目的地，比如，通过 Gnocchi API 发送给 Gnocchi，实现数据保存；发布通知到消息队列以供外部系统使用；使用 UDP/HTTP/HTTPS 协议发送；存储到一个文件中；发送到 Zaqar 中；发送到 Prometheus 中。

Ceilometer 内部采用如表 9-1 所示的字段格式来表示采样数据（Sample）。

表 9-1 采样数据（Sample）的字段格式

字　　段	说　　明
id	字符串类型，采样值的 ID
name	字符串类型，测量值的名称
type	字符串类型，测量值的类型，支持以下 3 个值 gauge：用来测量离散值或波动值 cumulative：累积值，表示值随着时间而增加 delta：变化量
unit	字符串类型，测量值的单位，一般建议采用国际标准单位（SI）。注意，对于某个特定的测量值，采样数据中的单位要保持一致，不能有变化
volume	浮点值，测量值的量
user_id	字符串类型，OpenStack 中的用户 ID
project_id	字符串类型，OpenStack 中的 Tenant ID
resource_id	字符串类型，此采样数据所测量的对象资源 ID
timestamp	时间戳类型，采样数据的时间戳
resource_metadata	字典类型，对象资源的元数据
source	字符串类型，表示对象资源的来源域，不同来源域中的对象资源 ID 可能有不同的解释

Ceilometer 源码的部分目录结构如下：

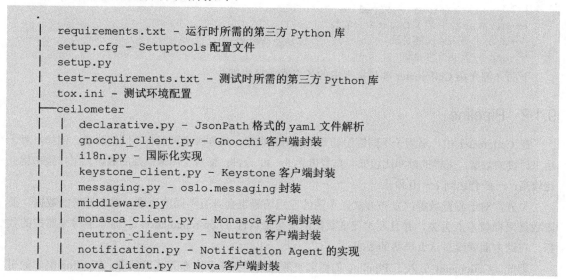

```
.
|   requirements.txt - 运行时所需的第三方 Python 库
|   setup.cfg - Setuptools 配置文件
|   setup.py
|   test-requirements.txt - 测试时所需的第三方 Python 库
|   tox.ini - 测试环境配置
├─ceilometer
|   |   declarative.py - JsonPath 格式的 yaml 文件解析
|   |   gnocchi_client.py - Gnocchi 客户端封装
|   |   i18n.py - 国际化实现
|   |   keystone_client.py - Keystone 客户端封装
|   |   messaging.py - oslo.messaging 封装
|   |   middleware.py
|   |   monasca_client.py - Monasca 客户端封装
|   |   neutron_client.py - Neutron 客户端封装
|   |   notification.py - Notification Agent 的实现
|   |   nova_client.py - Nova 客户端封装
```

```
|   |   opts.py - 配置选项汇总
|   |   sample.py - 测量取样的定义
|   |   service.py - Service 初始化
|   |   utils.py
|   ├──cmd - Ceilometer 运行程序的外层分装
|   ├──compute
|   |   |   discovery.py - Computer Pollster 的默认 Discover
|   |   ├──pollsters - Compute Polling Agent Pollsters
|   |   └──virt - Compute Polling Agent Inspectors
|   ├──data - Meter 定义
|   ├──event - 生成 Event 事件数据
|   ├──hardware - SNMP Pollster 和 Discover 的实现
|   ├──image - Glance 相关的 Pollster 和 Discover 的实现
|   ├──ipmi - IPMI Polling Agent 相关的 Pollster
|   ├──meter - 通用的 Meter Notification Listener 实现
|   ├──network
|   |   |   floatingip.py - Neutron Pollster
|   |   ├──services - FWaas/LBaaS/VPNaaS Pollsters
|   |   └──statistics - SDN 相关的 Pollster
|   ├──objectstore - Swift Pollsters/Listeners
|   ├──pipeline - Pipeline 的实现
|   ├──polling - Polling 的实现
|   ├──publisher - 各类 Publisher 的实现
|   ├──storage - 测量值数据库的 Model/Driver
|   ├──telemetry - Polling Agent/API Server 和 Notification Agent 通信
|   ├──tests - 测试用例
|   └──transformer - Pipeline Tranformers
├──devstack - 用于 Devstack 安装
├──doc - 开发者文档目录
└──etc - 配置文件目录
```

下面详细介绍 Ceilometer 项目框架中的各个重要组成部分。

9.1.2　Pipeline

在 Ceilometer 中，适用于不同应用场景下的测量数据，采样频率可能有不同的要求。例如，对于用来计费的数据，采样的频率比较低，典型值为 5～30 分钟；而对于用来监控的数据，采样频率就会比较高，一般会达到 1～10 秒。

另外，对于测量数据的发布方式，不同的应用场景也会具有不同的要求。对于计费的数据，要求数据采样值不能丢失，并且要求保证数据的不可否认性（non-repudiation）；而对于用来监控的数据，在这方面就没有这么严格的要求。

因此，Ceilometer 引入了 Pipeline 的概念来解决采样频率和发布方式的问题。Pipeline 概念的引入，使得管理员可以很容易地定义某个测量数据的采样频率和发布方式。

在 Ceilometer 中，同时允许有多个 Pipeline，每个 Pipeline 都是由源（source）和目标（sink）两部分组成的。源中定义了需要测量的数据，数据的采样频率，在哪些 Endpoint 上进行数据采样，以及这些数据的目标（sink）。目标中定义了获得的数据要经过哪些 Transformer 进行数据转换，并且最终交由哪些 Publisher 进行数据发布。如图 9-2 所示为 Pipeline 的一个数据的转换发布流程。

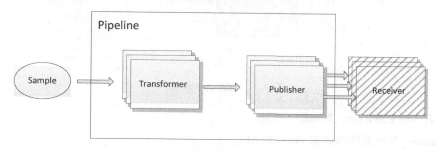

图 9-2　Pipeline 的一个数据的转换发布流程

转换器（Transformer）可以针对一个或多个同一种类的数据采样值进行各种不同的操作，如改变单位、聚合计算等，最终转换成一个或多个其他不同种类的测量数据。图 9-3 所示为一个将多个 CPU 时间的测量采样值通过一个转换器转换为 CPU 使用率的测量采样值的 Transformer 示例。

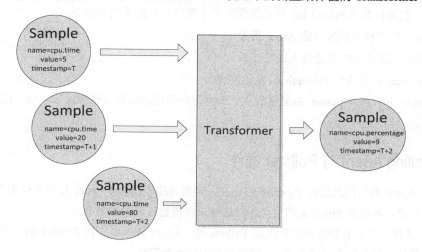

图 9-3　Transformer 示例

通过转换器转化后的数据，最终会交由 Pipeline 定义的 Publisher 进行数据发布。在如图 9-4 所示的示例中定义了两个不同的 Publisher，分别采用 message bus 上的 oslo.messaging、Gnocchi 两种不同的方式同时将一个数据采样值发布给不同的数据接收者。

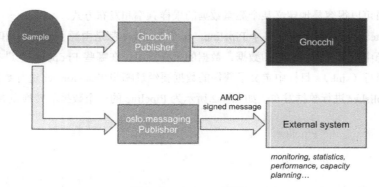

图 9-4　Publisher 示例

目前已有多种 Publisher，具体如下所述。

- Gnocchi：发布采样/事件给 Gnocchi API。
- Notifier：向通知总线上发送 info 级别的通知消息，采样数据（Sample）作为通知消息的数据载荷（payload）。
- UDP：把采样数据封装在 UDP 包内，然后向某个管理员可配置的 UDP 地址和端口发送。
- HTTP：发布采样值到 REST 接口。
- File：把采样数据内容以 log 形式保存在某个管理员可配置的文件中。
- Zaqar：把采样数据发送给 Zaqar 服务。
- HTTPS：通过 SSL 发送给 REST 接口。
- Prometheus：发送给 Prometheus 接收网关。

Ceilometer 中所有 Pipeline 的配置都从一个由用户指定的配置文件中读取，这个配置文件采用 YAML 格式。

9.1.3　Polling Agent 与 Pollster 插件

Polling Agent 的作用是根据 Pipeline 的定义，定期调用不同的 Pollster 插件去轮询获得 Pipeline 中定义的测量值，再根据 Pipeline 的定义，对这些采样值进行转换和发布。

Pollster 插件是指符合特定接口标准的 Python 类，Agent 会调用这些 Pollster 插件来获得不同的测量数据。我们可以开发自己的 Pollster 插件来获取新的测量值。

目前，在 Ceilometer 中有 3 种不同类型的 Polling Agent。Compute Agent 需要被部署在运行 Nova Compute 服务的计算节点上，主要用来和 Hypervisor 进行通信，轮询获取 Hypervisor 相关的测量值。Central Agent 可以被部署在任何节点上，用来和远程的各种不同的实体和服务进行通信，获取不同的测量值。在 Juno 版本中，加入了一个新的 IPMI Agent，它需要部署在支持 IPMI 的节点上，用来获取本机 IPMI 的相关测量值。

各种不同 Polling Agent 的运行流程比较类似，如下所述。

（1）调用 stevedore，获取属于本 Agent 的所有 Pollster 插件。

（2）创建 PartitionCoordinator 类实例对象，加入一个 Partition Group，并创建一个定时器用以周期性地发送心跳消息。

（3）解析 Pipeline 配置文件，得到 Pipeline 的定义，并根据解析的结果创建一个或多个不同的 PollingTask 和所对应的定时器。由于所有采样频率相同的 Pipeline 都会在同一个 PollingTask 里处理，所以每个 PollingTask 都由某个特定频率的定时器驱动，在某个协程中被执行。

（4）由定时器驱动的 PollingTask 会周期性地调用其所包括的各种 Pollster，由这些 Pollster 获取测量数据，然后根据 Pipeline 的定义，把获取的测量取样值交给 Transformer 转换后再由 Publisher 发布。

这里对第二步中的 PartitionCoordinator 类进行一下简要说明。这个特性是在 Juno 版本中加入的，主要目的是消除 Juno 以前的版本中 Polling Agent 只能部署一个实例所导致的两大缺点。

（1）当 Polling Agent 需要轮询许多测量信息时，效率比较低。

（2）Polling Agent 成了所谓的 SPOF（Single Point of Failure）。PartitionCoordinator 类会利用 tooz 项目所提供的功能和一致性 Hash 算法，允许同时部署多份 Central Agent 实例，并且这些不同的 Central Agent 实例之间不会重复获取相同的测量数据。

9.1.4　Notification Agent 与 Notification Listener 插件

Ceilometer 项目中获取数据的方式除了使用 Polling Agent 轮询，还可以通过侦听 OpenStack 通知总线（Notification Bus）上的通知消息（Notification Message）来获取。这是由 Notification Agent 通过 Notification Listener 插件来实现的。

我们可以开发符合接口定义的新的 Notification Listener 插件来实现对新的通知消息的侦听，以及将此通知消息转化成 Ceilometer 采样值。

Notification Agent 的运行流程如下所述。

（1）解析 Pipeline 配置文件，得到 Pipeline 的定义。

（2）调用 stevedore，载入所有的 Notification Listener 插件。

（3）针对每个 Notification Listener 插件，通过 oslo.messaging 库构造其对应的 oslo.messaging 库的 Notification Listener 对象，并且启动此对象监听通知消息。

当通知总线上有某个 Notification Listener 插件所感兴趣的通知消息到达时，所对应的 Notification Listener 插件就会被 Notification Agent 调用，并根据此通知消息构造出采样值的实例对象，然后根据 Pipeline 中的定义将此采样值转换和发布出去。

9.1.5　Storage/DB

由于 Ceilometer 产生的数据量特别大，普通的数据库不能满足存储的需求而变成了性能瓶颈。新的 Ceilometer 设计仅用于产生标准化云数据，产生的数据会通过 Publisher 发送出去。Telemetry 社区建议使用 Gnocchi 来保存采样数据。

9.1.6　部署与使用

1. 安装

和其他 OpenStack 项目类似，安装 Ceilometer 有以下几种不同的方式。

1）从 Linux 发行版的安装包安装

通过包管理工具安装是最简单的方式。不同的 Linux 发行版有着不同的包管理工具，具体请参见 OpenStack 文档网站上的安装指南（Installation Guide）。

2）使用 Devstack 安装

大部分的开发者都使用 Devstack 来安装和配置开发环境。与使用安装包相比，这种方式可以安装最新的 Ceilometer 代码。用户可以在 Devstack 的 local.conf 配置文件中设置如下选项来安装 Ceilometer：

```
enable_plugin ceilometer https://opendev.org/openstack/ceilometer.git
# 使用 Gnocchi 作为存储后端
CEILOMETER_BACKEND=gnocchi
# 是否使能 aodh 和 panko 是可选项
enable_plugin aodh https://opendev.org/openstack/aodh
enable_plugin panko https://opendev.org/openstack/panko
```

2. 配置

对于 Ceilometer 来说，除了像其他 OpenStack 项目一样配置 ceilometer.conf 文件，还需要配置 pipeline.yaml 文件来定义 Pipeline。

关于 ceilometer.conf 文件的配置选项，用户可以在 Ceilometer 源码目录下运行 tox-egenconfig 命令，并修改 etc/ceilometer/ceilometer.conf.sample 文件，然后将其复制至系统的/etc/ceilometer 目录下。

Pipeline 的定义被默认保存在/etc/ceilometer/pipeline.yaml 文件中，ceilometer-api 和各类 ceilometer-agent 都会被用到。此文件以 YAML 格式定义。

下面我们以一个具体的例子来解释如何定义 Pipline：

```
---
sources:
    - name: meter_source
      interval: 600
      meters:
```

```yaml
                - "!hardware.*"
          sinks:
                - meter_sink
      - name: disk_source
        interval: 600
        meters:
                - "disk.read.bytes"
                - "disk.read.requests"
                - "disk.write.bytes"
                - "disk.write.requests"
        discovery:
                - "local_instances://"
        sinks:
                - disk_sink
      - name: hardware_source
        interval: 60
        meters:
                - "hardware.*"
        resources:
                - snmp://192.168.0.11
        sinks:
                - meter_sink
  sinks:
      - name: meter_sink
        transformers:
        publishers:
                - notifier://?policy=drop&max_queue_length=512
      - name: disk_sink
        transformers:
            - name: "rate_of_change"
              parameters:
                  source:
                      map_from:
                          name: "disk\\.(read|write)\\.(bytes|requests)"
                          unit: "(B|request)"
                  target:
                      map_to:
                          name: "disk.\\1.\\2.rate"
                          unit: "\\1/s"
                          type: "gauge"
        publishers:
          - notifier://
          - udp://10.0.0.2:1234
```

Pipeline 的定义分为两部分：sources 数组和 sinks 数组。sources 数组定义了 Agent 要获取哪些测量值，sinks 数组定义了这些测量值如何经过转化后被发送给不同的接收者。

sources 数组中的每一项可以有如表 9-2 所示的字段。

表 9-2　sources 数组选项的字段及说明

字　段　名	说　　明
name	字符串类型，当前 source 名称
interval	整数类型，查询时间间隔（只对 Polling Agent 有效），单位为秒
meters	数组类型，测量值名称，支持通配符"!"和"*"，"*"表示匹配任意字符，"!"的意思是取反。对于不同的 Agent 来说，其所支持的合法的测量值名称各不相同
discovery	数组类型，可选，Discover URL
resources	数组类型，可选，静态资源 URL
sinks	数组类型，表示当前 source 所获取的测量值交由哪些 sink 去处理

discovery 中定义了 Discover URL，Discover URL 中的 scheme 部分必须是在以 ceilometer.discover 为 namespace 的 entry points 中定义的有效值。discovery 的作用是探测、发现需要测量的 Endpoint，Polling Agent 会对这些 Endpoint 进行轮询。

resources 中定义了静态资源 URL。这些静态资源 URL 一般也是用来表示 Polling Agent 会对其进行轮询的 Endpoint。可以把 resources 看作 Discover 返回的结果。

如果当前 source 中没有指定 discovery 或 resources，则 Polling Agent 会根据各个 Pollster 的默认 discovery 来获取需要测量的 Endpoint。

sinks 数组中的每一项可以有如表 9-3 所示的字段。

表 9-3　sinks 数组选项的字段及说明

字　段　名	说　　明
name	字符串类型，当前 sink 的名称
transformers	数组类型，定义了需要对进入这个 sink 的测量采样值进行的转换
publishers	数组类型，Publisher URL，用来发送测量数据采样

transformers 中的每一项需要有一个 name 字段和一个 parameters 字段。name 字段所支持的值必须是在以 ceilometer.transformer 为 namespace 的 entry points 中定义的有效值，用来指明选用哪个 Transformer 进行处理。parameters 字段包含的是初始化 Transformer 的参数，以字典表示。目前支持的 Transformer 类型包括以下几种。

- accumulator：累积保存多个 Sample，然后一起发送给 Publisher。
- delta：计算当前 Sample 和前一个相关 Sample 的测量值的变化。所谓相关是指前后两个 Sample 都属于同一个资源的相同测量值（有相同的 resource_id 和 name）。

- rate_of_change：计算当前 Sample 和前一个相关 Sample 的测量值的变化率。
- unit_conversion：可以转换当前 Sample 中的测量值，主要用于转换测量值的单位。
- arithmetic：可以对一个或多个 Sample 的测量值或 Metadata 进行数学计算。

publishers 数组中的每一项 URL 的 schema 部分必须是在以 ceilometer.publisher 为 namespace 的 entry points 中定义的有效值，用来指明经过 Transformer 转换后的测量取样值会被发送给哪些接收者。目前支持的 Publisher 请参考 9.2 节。

在前面的例子中，定义了如表 9-4 所示的 3 个 Pipeline。

表 9-4　Pipeline 定义示例

source 名	轮询间隔	测量值	sink 名	转换	发布
meter_source	600 秒	所有非 "hardware." 开头的测量值	meter_sink		通过 Notifier Publisher 发送到 Notification Bus
disk_source	600 秒	在 local_instance 这个 Discover 所发现的 Endpoint 上获取 4 种与 Disk 相关的测量值	disk_sink	rate_of_change	通过 Notifier Publisher 发送到 Notification Bus 通过 UDP 协议发送到 10.0.0.2:1234
hardware_source	60 秒	向主机 192.168.0.11 以 SNMP 的方式查询以 "hardware." 开头的测量值	meter_sink		通过 Notifier Publisher 发送到 Notification Bus

3. 使用

用户可以通过 Ceilometer 所提供的 RESTful API 接口来查询 Ceilometer 所保存的测量值，进行警告器 Alarm 的新建、读取、更新和删除操作。

用户也可以通过 python-ceilometerclient 这个 Ceilometer 的 Python 客户端库，以命令行或编程的方式来和 Ceilometer API Server 进行交互。在安装这个库后，用户就可以运行如下命令查看 Ceilometer 命令行程序的帮助信息：

```
# 安装 python-ceilometerclient 库
$ pip install python-ceilometerclient
# 查看帮助信息
$ ceilometer --help
```

9.1.7　插件的开发

Ceilometer 在设计之初，就考虑到了可扩展性的问题，所以其整体架构的设计允许开发者开发很多不同类型的插件，并根据自己的需求实现多个层面上的功能扩展。

Ceilometer 利用了 stevedore 来实现插件在运行时被发现和动态地载入。Ceilometer 中不同类型的插件需要注册在 setup.cfg 文件的 entry_points 段中不同的 namespace 下，如表 9-5 所示。

表 9-5　Ceilometer 中插件的 namespace

namespace 名称	说　　明
ceilometer.notification	Notification Listener 插件，具体参见 9.1.4 节
ceilometer.discover	Discover 插件。Discover 的作用是返回需要轮询的资源 Endpoint，这些资源 Endpoint 会被传递给 Pollster 插件使用。具体参见 9.1.3 节
ceilometer.poll.compute	Ceilometer Compute Agent 所支持的 Pollster 插件。具体参见 9.1.3 节
ceilometer.poll.ipmi	Ceilometer IPMI Agent 所支持的 Pollster 插件。具体参见 9.1.3 节
ceilometer.poll.central	Ceilometer Central Agent 所支持的 Pollster 插件。具体参见 9.1.3 节
ceilometer.metering.storage	Ceilometer 所支持的用以保存测量值相关信息的数据库后台驱动插件。具体参见 9.1.3 节
ceilometer.compute.virt	Ceilometer Compute Agent 上 Pollster 所支持的 Hypervisor Inspector 插件。具体参见 9.1.4 节
ceilometer.hardware.inspectors	Ceilometer Central Agent 中 Hardware Pollster 所支持的 Inspector 插件
ceilometer.transformer	Pipeline Transformer 插件
ceilometer.publisher	Pipeline Publisher 插件，具体参见 9.1.3 节
ceilometer.dispatcher	Ceilometer Collector 所支持的 Dispatcher 插件
network.statistics.drivers	Ceilometer Central Agent 中 Network Statistic Pollster 所支持的 Driver 插件

1. Pollster

Pollster 的作用是实现对某种测量值的轮询获取。Pollster 运行在 Ceilometer Agent 里的某个线程中，被周期性地调用来获取某种测量值的采样。

所有的 Pollster 都必须是 ceilometer.agent.plugin_base.PollsterBase 抽象类的子类，需要实现其中的接口。PollsterBase 的相关部分定义如下：

```
@six.add_metaclass(abc.ABCMeta)
class PollsterBase(PluginBase):
    def setup_environment(self):
        """用于初始化 Pollster
        """
        pass
    …


    @abc.abstractproperty
    def default_discovery(self):
        """返回 Pollster 默认的 Discover
```

```
        """

        @abc.abstractmethod
        def get_samples(self, manager, cache, resources):
            """返回 Sample 对象列表
            """
```

　　在开发新的 Pollster 插件时，至少需要实现两个接口。其中 default_discovery()方法返回一个 URL 字符串来指明这个 Pollster 所需使用的 Discover 插件。此处 URL 字符串中的 scheme 部分用来在 ceilometer.discover 的 namespace 中找到对应的 Discover 插件，URL 字符串中的 netloc 和 path 部分会被作为参数调用这个对应 Discover 插件的 discover()方法。如果此 Pollster 不需要使用 Discover 插件，则可以返回 None。

　　例如，下面的 default_discovery()方法表明此 Pollster 需要使用名为 Endpoint 的 Discover 插件，在调用其 discover()方法时 param 参数的值为 compute：

```
        def default_discovery(self):
            return 'endpoint:compute'
```

　　Pollster 中主要需要实现的方法是 get_samples()。该方法被 Ceilometer Agent 周期性地调用，它可接受的输入参数如表 9-6 所示。

表 9-6　get_samples()方法可接受的输入参数

输入参数名	说　　明
manager	指向其运行的 Agent Service Manager 对象的句柄
cache	字典。Pollster 的具体实现可以在这个字典里保存任何信息。注意，这个参数 cache 是被运行在此 Agent 上的各个 Pollster 共享的。参数 cache 的作用是帮助某些 Pollster 在同一轮询周期里被重复调用时，可以利用已有的信息，提高效率。注意，在新一个轮询周期开始时，这个参数 cache 中的信息会被清空
resources	包含 Resource Endpoint 的列表。这个列表的内容可能是由此 Pollster 的 Default Discovery 插件所获取的 Resource 信息，也可能是 Pipeline 中 resources 字段所指定的静态 Resource 信息。不同的 Pollster 实现可以对这些 Resource 信息有不同的解释和使用，一般这里的 resources 字段用来指明这个 Pollster 需要在哪些 endpoint 上进行获取测量值的操作

　　get_samples()方法返回的是一个包含 ceilometer.sample.Sample 对象实例的 iterable。这个 iterable 中包含的 Sample 对象实例表示的是某个测量值的此次采样值。

　　Pollster 中的 setup_environment()方法可以用来进行一些初始化的工作，一般这些工作是用来检查此 Pollster 是否可以正常工作的。如果发现此 Pollster 不能正常工作，则可以在 setup_environment()方法中抛出异常，这样可以让此 Pollster 不被加载进内存，避免无效的 Pollster。

　　根据 stevedore 的用法，某个插件的实现需要在 Setuptools 的 entry points 中注册后才能被发现和载入。所以 Pollster 插件可以根据开发者的需要注册在 ceilometer.poll.compute、ceilometer.poll.ipmi 和 ceilometer.poll.central 这 3 个不同的 namespace 下，表示其分别运行在 Compute Agent、IPMI Agent 和 Central Agent 中。

一般来说，我们建议每种 Pollster 的实现只返回一种测量值的 Sample 实例，并且使用 sample.name 的值作为此 Pollster 插件的注册名称，即使用测量值的名称作为 setup.cfg 文件中的注册名称。这样用户在 Pipeline meters 字段中定义的名称，就能和最终测量值名称一致，方便使用。

2. Notification Listener

Notification Listener 的作用是侦听 Notification Bus 上的由其他 OpenStack 服务所发送的通知消息，然后把其所感兴趣的通知消息转成测量取样值，并交给 Pipeline 进一步处理。Notification Listener 插件运行在 Notification Agent 上。

对于大部分情况来说，开发者一般不需要开发自己的 Notification Listener，而是可以使用通用的 Meter Notification Listener 将 Notification Bus 中的通知消息转化成测量取样值。开发者一般只需要复制源码中的 ceilometer/ceilometer/meter/data/meters.yaml 文件，并添加新的通知消息类型就可以了。此文件支持 JsonPath 格式定义。管理员可以通过定义 meter.meter_definitions_cfg_file 配置选项来载入开发者新开发的定义文件。

所有的 Notification Listener 插件都必须是 ceilometer.agent.plugin_base.NotificationBase 抽象类的子类，需要实现如下接口：

```
@six.add_metaclass(abc.ABCMeta)
class NotificationBase(PluginBase):
    @abc.abstractproperty
    def event_types(self):
        return


    @abc.abstractmethod
    def get_targets(self, conf):
        return


    @abc.abstractmethod
    def process_notification(self, message):
        return
```

其中，event_types()方法需要返回一个字符串列表，用来表明此 Notification Listener 插件对哪些类型的通知消息感兴趣。

get_targets()方法返回一个包含 oslo.messaging.Target 对象实例的列表，这些 Target 对象实例指明了需要侦听的 Notification Bus 的信息。get_targets()方法的输入参数 conf 指向 oslo.config.CONF 对象，包含了 Ceilometer 的配置信息。下面是一个具体实例：

```
OPTS = [
    cfg.StrOpt('nova_control_exchange',
            default='nova',
            help="Exchange name for Nova notifications."),
]


cfg.CONF.register_opts(OPTS)


class ComputeNotificationBase(plugin.NotificationBase):
    @staticmethod
    def get_targets(conf):
        return [oslo.messaging.Target(topic=topic,
                                exchange=conf.nova_control_exchange)
                for topic in conf.notification_topics]
```

process_notification()方法用来把消息通知的内容（通过输入参数 message 传入）转化为一系列的测量取样值（ceilometer.sample.Sample 对象），并返回给 Notification Agent，Notification Agent 会把这些 Sample 交给 Pipeline 处理。

Notification Listener 插件需要被注册在 ceilometer.notification 的 namespace 下。一般来说，我们建议每种 Listener 的实现只返回一种测量值的 Sample 实例，并且使用 sample.name 的值作为此 Listener 插件的注册名称，即使用测量值的名称作为 setup.cfg 文件中的注册名称。

3. Compute Agent Inspector

Ceilometer Compute Agent 运行在和 Nova Compute 服务相同的机器节点上，用来从 Hypervisor 中通过 Compute Pollster 获取相关的测量值。为了对不同的 Hypervisor 进行支持，Ceilometer 抽象出了 Compute Agent Inspector 这一层接口，使得 Compute Pollster 对不同的 Hypervisor 有了统一的调用接口。

Compute Agent Inspector 插件的实现需要继承并实现 ceilometer.compute.virt.inspector.Inspector 类，其中所需要实现的 Inspector 类方法如表 9-7 所示。

表 9-7　Inspector 类方法

方　法　名	输　入　参　数	说　　明
inspect_instances		查询当前 Hypervisor 上运行的 Instance，返回 ceilometer.compute.virt.inspector.Instance 对象列表
inspect_cpus	instance_name － VM Instance 的名称	查询某个 Instance 的 CPU 个数和 CPU 时间，返回 ceilometer.compute.virt.inspector.CPUStats 对象列表
inspect_cpu_util	instance － VM Instance 名称 duration － 在最近 n 秒内进行计算	查询某个 Instance 最近 duration 秒内的 CPU 利用率，返回 ceilometer.compute.virt.inspector.CPUUtilStats 对象列表

方 法 名	输 入 参 数	说 明
inspect_cpu_l3_cache	instance – VM Instance 名称	查询某个 Instance 的 CPU level 3 Cache 使用量，返回 ceilometer.compute.virt.inspector.CPUL3CacheUsageStats 对象列表
inspect_vnics	instance_name – VM Instance 的名称	查询某个 Instance 的虚拟网卡相关统计量，返回 ceilometer. compute.virt.inspector.Interface、ceilometer. compute.virt.inspector. InterfaceStats 对象列表
inspect_vnics_rates	instance– VM Instance 的名称 duration – 在最近 n 秒内进行计算	查询某个 Instance 最近 duration 秒内的网络利用率，返回 ceilometer.compute.virt.inspector.Interface、ceilometer.compute. virt. inspector.InterfaceRateStats 对象列表
inspect_disks	instance_name – VM Instance 的名称	查询某个 Instance 的磁盘相关统计量，返回 ceilometer. compute.virt.inspector.Disk、ceilometer.compute.virt.inspector.DiskStats 对象列表
inspect_disks_rates	instance– VM Instance 的名称 duration – 在最近 n 秒内进行计算	查询某个 Instance 最近 duration 秒内的磁盘利用率，返回 ceilometer.compute.virt.inspector.Disk、ceilometer.compute.virt. inspector. DiskRateStats 对象列表
inspect_memory_usage	instance– VM Instance 的名称 duration – 在最近 n 秒内进行计算	查询某个 Instance 最近 duration 秒内的内存利用率，返回 ceilometer.compute.virt.inspector.MemoryUsageStats 对象列表
inspect_memory_resident	instance– VM Instance 的名称 duration – 在最近 n 秒内进行计算	查询某个 Instance 最近 duration 秒内的常驻内存使用情况，返回 ceilometer.compute.virt.inspector.MemoryResidentStats 对象列表
inspect_memory_bandwidth	instance– VM Instance 的名称 duration – 在最近 n 秒内进行计算	查询某个 Instance 最近 duration 秒内的内存带宽统计值，返回 ceilometer.compute.virt.inspector.MemoryBandwidthStats 对象列表
inspect_perf_events	instance– VM Instance 的名称 duration – 在最近 n 秒内进行计算	查询某个 Instance 最近 duration 秒内的 Perf Event 统计值，返回 ceilometer.compute.virt.inspector. PerfEventsStats 对象列表

  Compute Agent Inspector 插件需要被注册在 ceilometer.compute.virt 的 namespace 下。用户在配置文件中通过 hypervisor_inspector 配置选项指定所需要采用的 Inspector，这个配置选项的合法值是 Agent

Inspector 插件的注册名。

4. Publisher

Publisher 的作用是将 Pipeline 中的 Sample 发送给特定的接收者。

Publisher 插件需要继承 ceilometer.publisher.PublisherBase 的抽象类：

```
@six.add_metaclass(abc.ABCMeta)
class PublisherBase(object):
    @abc.abstractmethod
    def publish_samples(self, samples):
        return
    @abc.abstractmethod
    def publish_event(self, events):
        return
```

开发者需要实现 publish_samples()方法，将 Sample 对象发送给特定的接收者。此方法的输入参数 samples 是一个包含了 ceilometer.Sample 对象的列表。

开发者还需要实现 publish_event()方法，将 Event 对象发送给特定的接收者。此方法的输入参数 events 是一个包含了 ceilometer.event.storage.models.Event 对象的列表。

Publisher 插件需要被注册在 ceilometer.publisher 的 namespace 下。用户可以在 Pipeline 中定义此 Pipeline 需要使用哪些 Publisher。

5. Discover

Discover 的作用是获取 Pollster 所需要轮询的 Endpoint Resource 定义，并以 resources 参数传递给 Pollster 的 get_samples()方法。

所有的 Discover 插件都必须是 ceilometer.agent.plugin_base.DiscoveryBase 抽象类的子类，需要实现其中的接口。DiscoveryBase 的定义如下：

```
@six.add_metaclass(abc.ABCMeta)
class DiscoveryBase(object):
    @abc.abstractmethod
    def discover(self, manager, param=None):
        """Discover resources to monitor.
        """
```

Discover 插件需要实现 discover()方法，用来返回一个列表。这个列表中的值一般用来表示 Endpoint 信息，这些 Endpoint 信息被以 resources 参数传递给 Pollster 的 get_samples()方法。注意，对 discover()方法所返回的值的具体解释由不同的 Pollster 实现来掌握，不同的 Discover 插件和 Pollster 插件可能在这个列表中支持返回不同类型的数据。discover()方法的输入参数如表 9-8 所示。

表 9-8　discover()方法的输入参数

输入参数名	说　　明
manager	指向其运行的 Agent Service Manager 对象的句柄
param	字符串。包含了 Discover URL 中的 netloc 和 path 部分

Discover 插件需要注册在 ceilometer.discover 的 namespace 下。

Discover 插件和 Pollster 插件之间的对应关系可以由以下两种方式指定。注意，第一种指定方法的优先级高于第二种指定方法，即在通过第一种方法指定了对应关系后，第二种方法会无效。

- 在 Pipeline 配置文件中指定此 Pipeline 中 Pollster 所需要的 Discover。
- 在 Pollster 的实现中，Pollster 的开发者可以通过 default_discovery()方法来指定此 Pollster 需要使用的 Discover 插件。

不管采用哪种方法，都是通过 Discover URL 字符串的方式来指定 Discover 插件的，一个 Discover URL 字符串的格式一般为：

```
<scheme>://<netloc>/<path>
```

其中，scheme 部分被用来查找 Discover 插件在 ceilometer.discover 的 namespace 下的注册名，netloc 部分和 path 部分被以 param 参数传递给 Discover 插件的 discover()方法。

9.2　Aodh

在 OpenStack Liberty 版本中，为了适应更灵活的部署方案，Telemetry 社区把 Ceilometer 项目中和报警相关的功能剥离出来，成立了一个新的项目 Aodh，主要提供基于 Ceilometer 所获取的测量值或 Event 事件进行报警的功能。

9.2.1　体系结构

Aodh 的基本体系结构（如图 9-1）所示，主要由以下几种服务构成，每种服务都是可水平扩展（scale out）的。

- API：主要提供面向用户的 RESTful API 接口服务。
- Alarm Evaluator：用来周期性地检查除 event 类型之外的其他警告器（Alarm）的相关报警条件是否满足。
- Alarm Listener：根据消息总线（Notification Bus）上面的 Event 事件消息，检查相应的 event 类型的警告器（Alarm）的报警条件是否满足。
- Alarm Notifier：当警告器的报警条件满足时，执行用户定义的动作。

目前，Aodh 支持的警告器类型如表 9-9 所示，注意不同类型的警告器所对应的测量数据的存储后台不同。

表 9-9　Aodh 支持的警告器类型

类　型　名	说　　　明	相应测量值存储后台
threshold	触发条件是某个符合一定条件的测量值或其统计值达到某个固定值，例如，当属于租户 xyz 的虚拟机 abc 在最近 10 分钟内的平均 CPU 利用率超过 90%时	Ceilometer 数据库
combination	多个其他警告器触发条件的与操作（and）或者或操作（or）	Ceilometer 或 Gnocchi
gnocchi_resources_threshold	类似于 threshold，但是其测量值存储在 Gnocchi 中	Gnocchi
gnocchi_aggregation_by_metrics_threshold	触发条件基于对多个测量值的统计值进行统计	Gnocchi
gnocchi_aggregation_by_resources_threshold	触发条件基于对符合条件的多个资源（Resource）的测量值进行统计	Gnocchi
event	触发条件是符合条件的某个特定 Event 事件的发生	Notification Bus
composite	其他 threshold 类型的警告器的与操作或者或操作	Ceilometer 或 Gnocchi

在 Aodh 中创建的警告器有 3 种状态，如表 9-10 所示。

表 9-10　警告器状态

状　　态	说　　　明
insufficient data	还没有足够的测量取样值来判断警告器状态
ok	非触发状态，触发条件不满足
alarm	触发状态，触发条件已满足

对于每一种警告器的状态，用户在新建或修改警告器时，都可以为其设置不同的报警动作。当 Alarm Evaluator 周期性地检查警告器状态时，或者当 Alarm Listener 接收到相关的 Event 事件并进行检查后，如果发现当前警告器状态有对应的报警动作，它就会通过 Alarm Notifier 服务来调用相应的报警动作。Aodh 要求用户所设置的报警动作是符合 URL 格式的字符串，Alarm Notifier 服务会根据这个 URL 字符串解析的结果来执行不同的报警动作。目前，Aodh 支持的报警动作如表 9-11 所示。

表 9-11　Aodh 支持的报警动作

URL	说　　　明
log://	调用 Python loggin.info 记录
http://\<host>/\<action> https://\<host>/\<action>	通过对应的 HTTP/HTTPS POST 方式调用用户对应的 RESTful 接口，POST 方法的 body 包含此警告器所触发的所有信息
trust+http://trust-id@\<host>/\<action> trust+https://trust-id@\<host>/\<action>	首先用 trust-id 与 Keystone 进行身份认证，将认证获得的 auth_token 作为 HTTP 头 X-Auth-Token 的值，其他和 HTTP/HTTPS 报警动作相同
zaqar://	发送给 OpenStack Zaqar 服务

Aodh 的后台数据库采用 SQL 类型的关系数据库，目前支持 MySQL/PostgreSQL，数据库里主要存放警告器的定义和状态。

Aodh 的 API 服务向用户提供 RESTful API 接口。用户通过 API Server 来对警告器进行 CRUD（新建/读取/更新/删除）操作。同时，Aodh 的其他内部服务也会通过 API Server 来获得要检查的警告器列表。Aodh 支持的 API 如表 9-12 所示。

表 9-12　Aodh 支持的 API

API	说　　明
GET /v2/capabilities	查询此 API 版本所支持的功能
GET /v2/alarms	获得符合查询条件的所有警告器
POST /v2/alarms	新建一个警告器
GET /v2/alarms/(alarm_id)	获得某个特定警告器
PUT /v2/alarms/(alarm_id)	修改某个特定警告器
DELETE /v2/alarms/(alarm_id)	删除某个特定警告器
GET /v2/alarms/(alarm_id)/state	获得某个特定警告器的状态
PUT /v2/alarms/(alarm_id)/state	修改某个特定警告器的状态
GET /v2/alarms/(alarm_id)/history	获得符合查询条件的某个特定警告器的变动历史
POST /v2/query/alarms	获得符合用户自定义复杂查询的所有警告器
POST /v2/query/alarms/history	获得符合用户自定义复杂查询的所有警告器的变动历史

9.2.2　部署与使用

1. 安装与配置

和其他 OpenStack 项目类似，安装 Aodh 有以下几种不同的方式。

1）从 Linux 发行版的安装包安装

通过包管理工具安装是最简单的方式。不同的 Linux 发行版有不同的包管理工具，具体请参考 OpenStack 文档网站上的安装指南。

2）使用 Devstack 安装

大部分的开发者都会使用 Devstack 来安装和配置开发环境。与使用安装包相比，这种方式可以安装最新的 Aodh 代码。用户可以在 Devstack 的 local.conf 配置文件中进行如下设置以安装 Aodh：

```
[[local|localrc]]
enable_plugin aodh https://opendev.org/openstack/aodh master
```

3）手动安装

● 安装后台数据库，具体代码如下：

```
# 下面以 MySQL 为例
# 创建数据库，其中 AODH_DBPASS 是用户设定的数据库密码
$ mysql -u root -p
CREATE DATABASE aodh;
GRANT ALL PRIVILEGES ON aodh.* TO 'aodh'@'%' IDENTIFIED BY 'AODH_DBPASS';

# 创建 aodh 用户
$ openstack user create --domain default --password-prompt aodh
User Password:
Repeat User Password:
+-----------+----------------------------------+
| Field     | Value                            |
+-----------+----------------------------------+
| domain_id | e0353a670a9e496da891347c589539e9 |
| enabled   | True                             |
| id        | b7657c9ea07a4556aef5d34cf70713a3 |
| name      | aodh                             |
+-----------+----------------------------------+
# 给 aodh 用户赋予 admin 权限
$ openstack role add --project service --user aodh admin
# 创建 aodh 用户的 Service 和 Endpoint
$ openstack service create --name aodh \
  --description "Telemetry" alarming
+-------------+----------------------------------+
| Field       | Value                            |
+-------------+----------------------------------+
| description | Telemetry                        |
| enabled     | True                             |
| id          | 3405453b14da441ebb258edfeba96d83 |
| name        | aodh                             |
| type        | alarming                         |
+-------------+----------------------------------+
$ openstack endpoint create --region RegionOne \
  alarming public http://controller:8042
+--------------+----------------------------------+
| Field        | Value                            |
+--------------+----------------------------------+
| enabled      | True                             |
| id           | 340be3625e9b4239a6415d034e98aace |
| interface    | public                           |
| region       | RegionOne                        |
| region_id    | RegionOne                        |
| service_id   | 8c2c7f1b9b5049ea9e63757b5533e6d2 |
| service_name | aodh                             |
| service_type | alarming                         |
```

```
| url          | http://controller:8042         |
+--------------+--------------------------------+

$ openstack endpoint create --region RegionOne \
  alarming internal http://controller:8042
+--------------+--------------------------------+
| Field        | Value                          |
+--------------+--------------------------------+
| enabled      | True                           |
| id           | 340be3625e9b4239a6415d034e98aace |
| interface    | internal                       |
| region       | RegionOne                      |
| region_id    | RegionOne                      |
| service_id   | 8c2c7f1b9b5049ea9e63757b5533e6d2 |
| service_name | aodh                           |
| service_type | alarming                       |
| url          | http://controller:8042         |
+--------------+--------------------------------+

$ openstack endpoint create --region RegionOne \
  alarming admin http://controller:8042
+--------------+--------------------------------+
| Field        | Value                          |
+--------------+--------------------------------+
| enabled      | True                           |
| id           | 340be3625e9b4239a6415d034e98aace |
| interface    | admin                          |
| region       | RegionOne                      |
| region_id    | RegionOne                      |
| service_id   | 8c2c7f1b9b5049ea9e63757b5533e6d2 |
| service_name | aodh                           |
| service_type | alarming                       |
| url          | http://controller:8042         |
+--------------+--------------------------------+
```

- 安装源码和服务，具体代码如下：

```
# 获取代码
$ git clone https://git.openstack.org/openstack/aodh.git
# 安装
$ cd aodh
$ sudo python setup.py install
# 产生配置文件
$ tox -egenconfig
# 复制配置文件
```

```
$ mkdir -p /etc/aodh
$ cp etc/aodh/aodh.conf.sample /etc/aodh/aodh.conf
$ cp etc/aodh/api_paste.ini /etc/aodh
# 编辑配置文件/etc/aodh/aodh.conf，修改如下相关选项
[database]
…
connection = mysql+pymysql://aodh:AODH_DBPASS@localhost/aodh
[DEFAULT]
…
rpc_backend = rabbit
auth_strategy = keystone
[oslo_messaging_rabbit]
…
rabbit_host = controller
rabbit_userid = openstack
rabbit_password = RABBIT_PASS
[keystone_authtoken]
…
auth_uri = http://controller:5000
auth_url = http://controller:35357
memcached_servers = controller:11211
auth_type = password
project_domain_name = default
user_domain_name = default
project_name = service
username = aodh
password = AODH_PASS
[service_credentials]
…
auth_type = password
auth_url = http://controller:5000/v3
project_domain_name = default
user_domain_name = default
project_name = service
username = aodh
password = AODH_PASS
interface = internalURL
region_name = RegionOne

# 创建或升级数据库
$ aodh-dbsync
```

- 如果要使用 event 类型的警告器，则需要配置 Ceilometer Event Pipeline，使得相关 Event 事件可以被发送到消息总线的名称为 **alarm.all** 的 Topic 上，从而被 Aodh 获取：

```
# 在所有运行 ceilometer-agent-notification 的节点上，编辑/etc/ceilometer/event_
```

pipeline.yaml 文件，例如

```
$ vim /etc/ceilometer/event_pipeline.yaml
---
sources:
  - name: event_source
    events:
      - "*"
    sinks:
      - event_sink
sinks:
  - name: event_sink
    transformers:
    publishers:
      - notifier://
      - notifier://?topic=alarm.all
# 在编辑完 event_pipelie.yaml 文件后，需要重启 ceilometer-agent-notification 服务才能
# 使修改生效
```

● 启动 Aodh 服务，具体代码如下：

```
# 启动 API 服务
$ aodh-api
# 启动 Evaluator 服务
$ aodh-evaluator
# 启动 Listener 服务
$ aodh-listener
# 启动 Notifier 服务
$ aodh-notifier
```

2. 使用

用户可以通过 Aodh 所提供的 RESTful API 接口来进行警告器 Alarm 的新建、读取、更新和删除操作。

用户也可以通过 python-aodhclient 这个 Aodh 的 Python 客户端库，以命令行或编程的方式与 Aodh API Server 进行交互。在安装这个库后，用户就可以运行如下命令查看 Ceilometer 命令行程序的帮助信息：

```
# 安装 python-aodhclient 库
$ pip install python-aodhclient
# 查看帮助信息
$ aodh --help
```

9.2.3　插件的开发

与 Ceilometer 类似，Aodh 也是通过 stevedore 来管理它的插件的。Aodh 中不同类型的插件需要

注册在 setup.cfg 文件的 entry_points 段中不同的 namespace 下，如表 9-13 所示。

表 9-13　Aodh 中插件的 namespace

namespace 名称	说　　明
aodh.storage	Aodh 后台数据库类型驱动
aodh.alarm.rule	Aodh 不同类型的警告器
aodh.evaluator	Aodh 各类型的警告器在 Alarm Evaluator 服务中对应的相关操作
aodh.notifier	Aodh 不同类型的报警动作

1. 后台数据库

如果开发者需要开发支持警告器的后台数据库类型，则需要继承 aodh.storage.base.Connection 类，并实现这个类中的方法。在 aodh.storage.base.Connection 类中可以实现的方法如表 9-14 所示。

表 9-14　在 aodh.storage.base.Connection 类中可以实现的方法

方　法　名	输　入　参　数	说　　明
upgrade		实现将后台数据库迁移到最新的 schema 版本
get_alarms	name – 字符串类型，警告器名称 user – 字符串类型，警告器的用户 ID state – 字符串类型，警告器状态 meter – 字符串类型，警告器对应的测量值名称 project -字符串类型，警告器的 Tenant ID enabled – 布尔型，警告器是否使能 alarm_id – 字符串类型，警告器的 ID alarm_type – 字符串类型，警告器的类型 severity -字符串类型，警告器的等级 exclude – 字典类型，排除含有此字典中字段/值的警告器 pagination – 对结果进行分页控制	查询符合输入参数的警告器的定义并返回
create_alarm	alarm – aodh.storage.models.Alarm 对象实例句柄	新建一个警告器，返回新建警告器的对象句柄
update_alarm	alarm –aodh.storage.models.Alarm 对象实例句柄	修改警告器，返回修改后的警告器的对象句柄
delete_alarm	alarm_id – 字符串类型，警告器的 ID	删除警告器

方 法 名	输 入 参 数	说 明
get_alarm_changes	alarm_id – 字符串类型，警告器的 ID on_behalf_of – 字符串类型，tenant_id，表示此 Tenant 中可以看到的 Alarm user – 字符串类型，警告器的用户 ID project – 字符串类型，警告器的 Tenant ID alarm_type – 字符串类型，警告器的类型 severity – 字符串类型，警告器的等级 start_timestamp – 时间戳类型，历史变化开始时间 start_timestamp_op – 字符串类型，'gt'表示大于或等于开始时间，其他表示大于开始时间 end_timestamp – 时间戳类型，历史变化结束时间 end_timestamp_op – 字符串类型，'le'表示小于或等于结束时间，其他表示小于结束时间 pagination – 对结果进行分页控制	查询符合输入参数的警告器的变化历史并返回
record_alarm_change	alarm_change – aodh. storage.models. AlarmChange 对象实例句柄	记录警告器状态或内容的变化
query_alarms	filter_expr – 由用户 API 中提交的 JSON 格式的过滤语句所转换而来的 Python 对象 orderby – (field，direction)元组列表，表明按字段的排序顺序 limit – 整数，最多返回多少个 Alarm 对象	查询符合复杂查询条件的警告器定义并返回
query_alarm_history	filter_expr – 由用户 API 中提交的 JSON 格式的过滤语句所转换而来的 Python 对象 orderby – (field，direction)元组列表，表明按字段的排序顺序 limit – 整数，最多返回多少个 Alarm 对象	查询符合复杂查询条件的警告器的变化历史并返回

get_capabilities		返回类似如下的字典，表示此 Driver 所支持的功能：
		{
		'alarms': {'query':
		    {'simple': False,
		     'complex': False},
		     'history':{
		      'query': {
		       'simple': False,
		       'complex': False}
		      }
		    },
		}
		}

方　法　名	输　入　参　数	说　　明

get_storage_capabilities		返回类似如下的字典，表示此 Driver 对于性能的支持：
		{
		　'storage': {
		　　'production_ready': False},
		}

2. 开发新的报警动作插件

Alarm Notifier 的作用是当警告器的状态符合用户定义条件时，由它执行用户定义在警告器中的相应报警动作。当开发者想开发新类型的报警动作插件时，需要继承 aodh.notifier. AlarmNotifier 的抽象类：

```
@six.add_metaclass(abc.ABCMeta)
class AlarmNotifier(object):
    @abc.abstractmethod
    def notify(self, action, alarm_id, alarm_name, severity, previous,
            current, reason, reason_data):
        return
```

开发者需要实现 notify()方法，该方法会根据输入参数执行开发者定义的动作。该方法接受的输入参数如表 9-15 所示。

表 9-15　notify ()方法接受的输入参数

输入参数名	说　　明
action	被 python urlsplit 函数解析过的 URL
alarm_id	字符串。警告器的 ID
alarm_name	字符串类型，警告器的名称
severity	字符串类型，警告器的等级
previous	字符串类型，警告器状态改变前的状态
current	字符串类型，警告器的当前状态
reason	字符串类型，状态改变原因
reason_data	字典类型，状态改变的额外数据

Notifier 插件需要被注册在 aodh.notifier 的 namespace 下。用户可以在创建警告器时通过指定 ok_actions、alarm_actions 和 insufficient_data_actions 来指定当此警告器处于对应状态时应执行的动作。

3. 如何增加一种新的 Alarm 警告器类型

在 Aodh 中，开发者如果要增加一种新的 Alarm 警告器类型，在一般情况下，至少需要开发两个插件。一个是 Alarm Rule 插件，用来定义此警告器的规则，用户根据此规则通过 RESTful API 来进行警告器的 CRUD 操作。另一个是对应的 Alarm Evaluator 插件，此插件的作用是根据用户定义的此类型警告器，进行判断，决定警告器的状态等。

开发一个新的 Alarm Rule 插件，需要继承 aodh.api.v2.base.AlarmRule 类：

```
class Base(wtypes.DynamicBase):

    def as_dict(self, db_model):
        valid_keys = inspect.getargspec(db_model.__init__)[0]
        if 'self' in valid_keys:
            valid_keys.remove('self')
        return self.as_dict_from_keys(valid_keys)

class AlarmRule(Base):
    """Base class Alarm Rule extension and wsme.types."""
    @staticmethod
    def validate_alarm(alarm):
        pass

    @staticmethod
    def create_hook(alarm):
        """ 此钩子函数，在用户新建此类警告器的时候会被调用，传入参数是
        aodh.api.v2.alarms.Alarm 对象的句柄，开发者可以根据具体情况进行后操作
        """
        pass

    @staticmethod
    def update_hook(alarm):
        """ 此钩子函数，在用户新建此类警告器的时候会被调用，传入参数是
        aodh.api.v2.alarms.Alarm 对象的句柄，开发者可以根据具体情况进行后操作
        """
        pass
```

开发者一般需要实现两个函数：一个是 AlarmRule 类里面的 validate_alarm()函数，此函数用来验证用户在创建或修改警告器时输入的参数是否合法；另一个是 AlarmRule 基类 aodh.api.v2.base.Base 里面的 as_dict()函数，此函数会返回一个字典，里面包括了用户所定义的此类警告器本身的字段，这个字典最后会被序列化后保存在数据库中。

Alarm Rule 插件需要被注册在 aodh.alarm.rule 的 namespace 下。

下面我们以一个例子来演示如何创建一个新的 Alarm Rule 插件。我们创建一个名称为 AlarmPredefinedRule 的 Alarm Rule 插件。用户在创建此插件对应类型的警告器时，可以指定一个字符串，Alarm Evaluator 在检查此类型的警告器时，如果此字符串中包含"error"字样，则发出警告：

```
import wsme
from wsme import types as wtypes
```

```
from aodh.api.controllers.v2 import base

class AlarmPredefinedStateRule(base.AlarmRule):
user_string = wsme.wsattr(wtypes.text)

    def __init__(self, user_string=None):
        user_string = user_string or ''
        super(AlarmPredefinedStateRule, self).__init__(user_string=
                                                        user_string)
    @classmethod
    def validate_alarm(cls, alarm):
        super(AlarmPredefinedStateRule,cls).validate_alarm(alarm)
        if alarm.rule.user_string == '':
            raise base.ClientSideError("user_string can not be empty")

    def as_dict(self):
        return self.as_dict_from_keys(['user_string'])
```

然后编辑 setup.cfg 文件，注册在 aodh.alarm.rule 的 namespace 下：

```
# setup.cfg
…

[entry_point]
…
aodh.alarm.rule =
  …
  predefined = aodh.api.controllers.v2.alarm_rules.predefined:
AlarmPredefinedStateRule
```

开发一个新的 Alarm Evaluator 插件，需要继承 aodh.evaluator. Evaluator 类：

```
@six.add_metaclass(abc.ABCMeta)
class Evaluator(object):
    …
    @abc.abstractmethod
    def evaluate(self, alarm):
        """Interface definition.
        evaluate an alarm
        alarm Alarm: an instance of the Alarm
        """
```

Alarm Evaluator 插件需要实现 evaluate()这个抽象方法。在这个方法中，开发者需要检查由参数 alarm 传入的警告器报警条件是否满足，如果满足，则需要修改状态，发出警告。

我们使用与上面相同的例子来开发对应的 Alarm Evaluator 插件：

```
from aodh import evaluator

class PredefinedEvaluator(evaluator.Evaluator):
```

```
    def evaluate(self, alarm):
    if 'error' in alarm.rule['user_string']:
        state = evaluator.ALARM
    else
        state = evaluator.OK
        # 保存警告器的新状态，并根据情况调用报警动作
        self._refresh(alarm=alarm,
                        stete=state,
                        reason='foo',
                        reason_data={})
```

然后编辑 setup.cfg 文件，注册在 aodh.evaluator 的 namespace 下：

```
# setup.cfg
…


[entry_point]
…
aodh.evaluator =

  predefined = aodh.evaluator.predefined:PredefinedEvaluator
```

9.3　Gnocchi

在 Ceilometer 中，每个测量值的采样中都包括了资源（Resource）的 Metadata，这些 Metadata 通常是不会改变的。而由于计费审计的需要，Ceilometer 会把所有的采样值都保存在数据库中，这样就会有大量重复的 Resource Metadata 数据被一并保存在数据库中，从而造成在大数据量的情况下，后端数据库的规模增长很快。另外，由于 Ceilometer 在计算统计信息时是根据保存的所有原始测量采样值计算的，那么如果统计中有非常多的采样点，则计算统计信息的性能会不够好。

Gnocchi 的提出主要是为了解决上述 Ceilometer 的后端存储性能问题的。它把测量值和资源分别存储在不同的后端，只保存一份重复的 resource_metadata。另外，Gnocchi 并不会一直保存原始的测量值，而是会根据用户定义的每个测量值的 archive_policy，来保存最近的测量值。同时当它收到用户发送的测量值采样时，会根据 archive_policy 动态地计算出统计信息。这样，Gnocchi 从这两个方面解决了 Ceilometer 后台数据保存量太大和获取统计值较慢的问题。

Gnocchi 的目标是提供一个支持多租户的数据存储，用来保存基于时间序列的测量值和资源信息。这个项目也是 OpenStack Big Tent 下面的项目，但是它的版本发布不同于 OpenStack，有着自己的版本发布节奏。

9.3.1　体系结构

Gnocchi 的基本体系结构如图 9-5 所示。

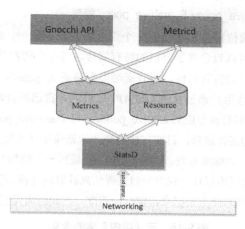

图 9-5　Gnocchi 的基本体系结构

Gnocchi 主要由以下几种服务构成，每种服务都是可水平扩展（scale out）的。

- API：主要提供面向用户的 RESTful API 接口服务。
- Metricd：异步处理 API 服务或 StatsD 服务接收到的数据，比如，计算统计值、清理过期的测量值等。
- StatsD：支持 StatsD 协议，可以从网络上接受其他的服务通过 StatsD 协议发送过来的测量值。

1. 数据后端

Gnocchi 使用两种不同的数据后端来保存不同类型的数据：对于基于时间序列的测量值采样数据，Gnocchi 内部使用 Storage Driver 来保存；对于资源及测量值的索引操作，使用 Index Driver 来保存。

Storage Driver 后端保存的是测量值采样，每个测量值的采样数据只包含两项信息：一项是时间戳；另一项是采样值。Storage Driver 在获得采样值后，就会动态地根据此测量值的 archive_policy 把需要的统计信息计算出来。

Index Driver 后端用来保存所有的资源，包括它们的类型和属性。同时，它也负责建立资源和测量值之间的关系。

目前，Index Driver 后端只支持 SQL 类型的关系数据库，即 MySQL 或 PostgreSQL。

Storage Driver 后端支持多种不同类型的存储，其中包括：

- 文件系统存储。
- 亚马逊 S3 对象存储。
- OpenStack Swift 对象存储。
- Ceph。

Storage Driver 使用一个名称为 Carbonara 的库来在这些存储上处理基于时间序列的测量数据。

2. 资源、资源类型、archive_policy 与 archive_policy 规则

在 Gnocchi 中，每个测量值都会和 0 个或 1 个资源相关联，同一个资源可以包括多个不同的测量值。除了测量值，资源还可以包含属于自己的特有属性。每个资源都属于一种资源类型，属于同一种资源类型的资源包含相同的特有属性。所有资源类型都是从 generic 资源属性派生而来的。从 3.0.0 版本开始，Gnocchi 支持用户通过 RESTful API 接口创建自己的资源类型。

Gnocchi 中所有的测量值都有相对应的 archive_policy。每个 archive_policy 中包含了两类信息：一类信息是需要进行哪些类型的统计运算，目前支持的统计运算操作有求最大值、求最小值、求和、计数、求算数平均数、求中位数、求标准方差、找第一个值、找最后一个值和 Npct（N 为 1~100 的整数）；另一类信息是要在多长时间跨度内以什么粒度来对采样信息计算统计值，用户可以选取三元组（points、granularity 和 timespan）中的任意两个数据来指定时间跨度。三元组内元素的含义如表 9-16 所示。

表 9-16　三元组内元素的含义

名　　称	说　　明
points	总计多少个采样点参与运算
granularity	最小采样时间粒度
timespan	时间跨度

archive_policy 规则定义了 archive_policy 和测量值之间的对应关系。比如，用户可以定义所有名称以"disk.io."开头的测量值都对应使用名称为 low 的 archive_policy。

3. Gnocchi API Server

Gnocchi 的 API 服务向用户提供 RESTful API 接口。用户可以通过 API Server 对资源、资源类型、测量值、archive_policy、archive_policy 规则进行 CRUD 操作，同时可以通过 API Sever 递交测量值采样，获取测量值的统计信息。Gnocchi 支持的 API 如表 9-17 所示。

表 9-17　Gnocchi 支持的 API

API	说　　明
POST /v1/metric	新建测量值
GET /v1/metric/(metric_id)	获得一个特定的测量值
GET /v1/metric	获取所有测量值的列表
POST /v1/metric/(metric_id)/measures	发送某个特定测量值的采样数据
GET /v1/metric/(metric_id)/measures? 　　aggregation=(aggregation_method)	获取某个特定测量值的所有粒度的某类统计信息（默认统计信息是算数平均数）
GET /v1/metric/(metric_id)/measures? 　　?granularity=(granularity)	获取某个特定测量值的某一特定粒度的算数平均数统计信息
POST /v1/batch/metrics/measures	发送多个测量值的采样数据

API	说　　明
POST /v1/batch/resources/metrics/measures	发送属于多个资源的不同测量值的采样数据
POST /v1/archive_policy	新建 archive_policy
GET /v1/archive_policy/(policy name)	获得某个特定的 archive_policy
GET /v1/archive_policy	获得所有 archive_policy 的列表
PATCH /v1/archive_policy/(policy name)	修改特定的 archive_policy
DELETE /v1/archive_policy/(policy name)	删除某个特定的 archive_policy
POST /v1/archive_policy_rule	新建 archive_policy 规则
GET /v1/archive_policy_rule/(rule name)	获得某个特定的 archive_policy 规则
GET /v1/archive_policy_rule	获得所有 archive_policy 规则的列表
DELETE /v1/archive_policy_rule/(rule name)	删除某个特定的 archive_policy 规则
POST /v1/resource/generic	新建 generic 类型的资源
POST /v1/resource/(resource type)	新建 resource_type 类型的资源
GET /v1/resource/generic/(resource_id)	获得属于 generic 类型的某个特定资源
PATCH /v1/resource/(resource type）/(resource_id)	修改属于 resource_type 类型的某个特定资源
GET /v1/resource/(resource type）/(resource_id)/history	获得属于 resource_type 类型的某个特定资源的修改历史
DELETE /v1/resource/generic/(resource_id)	删除特定资源
DELETE /v1/resource/generic	批量删除资源
GET　/v1/resource/generic/(resource_id)/metric/(metric name)/measures	获取和某个特定资源相关的特定测量值的所有统计值
POST /v1/resource/generic/(resource_id)/metric	新增一个和某特定资源相关的测量值
POST /v1/resource_type	新建资源类型
GET /v1/resource_type/(resource type name)	获取特定的资源类型定义
GET /v1/resource_type	获取所有资源类型列表
DELETE /v1/resource_type/(resource type name)	删除特定的资源类型
PATCH /v1/resource_type/(resource type name)	修改特定的资源类型
POST /v1/search/resource/(resource type)	搜索符合条件的属于特定类型的资源
POST /v1/search/resource/(resource type)？history=true	搜索符合条件的属于特定类型的资源修改历史记录
POST /v1/search/metric?metric_id=(metric_id)	搜索符合条件的特定测量值的统计值
GET /v1/aggregation/metric?metric=(metric_id1)&metric=(metrid_id2)&aggregation=(aggregation_method)	对多个测量值的统计信息再次计算统计值
GET /v1/capabilities	获取 Gnocchi 当前支持的统计运算操作
GET /v1/status	获取 Gnocchi 当前的运行状态

9.3.2 部署与使用

1. 安装与配置

由于 Gnocchi 和 OpenStack 有着不同的发布周期，一般采用以下几种方法安装 Gnocchi。

1）使用 Devstack 安装

大部分的开发者都会使用 Devstack 来安装和配置开发环境。与使用安装包相比，这种方式可以安装最新的 Gnocchi 代码。用户可以在 Devstack 的 local.conf 配置文件中设置如下配置选项以安装 Gnocchi：

```
[[local|localrc]]
CEILOMETER_BACKEND=gnocchi
```

2）手动安装

在安装前，用户需要考虑选取 Storage Driver 后台存储的大小。根据最坏情况考虑，对于每一个参与运算的采样点，每种统计运算操作会占用 8 字节。用户需要根据实际情况估计后台存储的大小要求。代码如下：

```
# 获取代码
$ git clone https://github.com/gnocchixyz/gnocchi
# 安装 Gnocchi 自己的代码
$ cd gnocchi
$ pip install -e .
# 根据数据后端类型的选取和不同的功能，安装对应的不同依赖包
$ pip install -e .[postgresql,ceph,ceph_recommended_lib]
# 产生配置文件
$ oslo-config-generator --config-file=/etc/gnocchi/gnocchi-config-generator.conf --output-file=/etc/gnocchi/gnocchi.conf
# 编辑配置文件，部分配置参数如表 9-18 所示
$ vim /etc/gnocchi/gnocchi.conf
# 初始化数据后端
$ gnocchi-upgrade
# 运行 Gnocchi 服务
$ gnocchi-api
$ gnocchi-metricd
```

表 9-18　Gnocchi 部分配置参数

配置参数名称	说　　明
storage.driver	Storage Driver 后端
indexer.url	指定 Index Driver 的 URL
storage.coordination_url	OpenStack tooz 库的后台，用于多个 Gnocchi API 和 Gnocchi Metricd 的协同工作
storage.file_*	Storage Driver 使用文件系统作为后端时的相关配置

配置参数名称	说　　明
storage.s3_*	Storage Driver 使用亚马逊 S3 作为后端时的相关配置
storage.swift_*	Storage Driver 使用 Swift 作为后端时的相关配置
storage.ceph_*	Storage Driver 使用 Ceph 作为后端时的相关配置

Gnocchi 可选功能的安装依赖包如表 9-19 所示。

表 9-19　Gnocchi 可选功能的安装依赖包

功能名称	说　　明
keystone	提供 Keystone 身份验证功能
mysql	Index Driver 后台使用 MySQL 作为数据库
postgresql	Index Driver 后台使用 PostgreSQL 作为数据库
file	Storage Driver 使用文件系统作为后端
s3	Storage Driver 使用亚马逊 S3 作为后端
swift	Storage Driver 使用 Swift 作为后端
ceph	Storage Driver 使用 Ceph 作为后端的通用依赖库
ceph_recommended_lib	Ceph 版本号≥0.80 的支持
doc	产生文档需要的依赖库
test	测试运行依赖库

2. 使用

用户可以通过 Gnocchi 提供的 RESTful API 接口来使用 Gnocchi。

用户也可以通过 python-gnocchiclient 这个 Gnocchi 的 Python 客户端库，以命令行或编程的方式和 Gnocchi API Server 进行交互。在安装这个库后，用户可以运行如下命令查看 Gnocchi 命令行程序的帮助信息：

```
# 安装 python-gnocchiclient 库
$ pip install python-gnocchiclient
# 查看帮助信息
$ gnocchi --help
```

9.4　Panko

从 OpenStack Newton 版本开始，Telemetry 社区把 Ceilometer 关于 Event 事件部分的处理转移到了 Panko 项目中。Event 事件的产生由 Ceilometer 负责，但是进行事件存储和从后台数据库中读取 Event 事件的 API Service 被转移到了 Panko 项目中。

## 第 10 章

物理机管理

在云计算蓬勃发展的今天，虚拟化技术作为云计算的基石得到了广泛的应用，尤其是虚拟机的特性可以很好地满足云计算的需求，所以在裸机上部署和运行工作负载的方式似乎渐渐被大家遗忘。但是在把工作负载向云上部署和迁移的过程中，大家也意识到在裸机上运行工作负载的方式同样必不可少，具体到以下几个方面的应用。

- 高性能计算，采用物理机直接运行负载可以减少虚拟化层的消耗，提高 I/O 的负载。
- 需要用到物理设备资源的计算任务，而这些物理设备资源不能被虚拟化。
- 数据库应用，有些数据库应用对内存及 I/O 的要求高，在虚拟机上运行性能很差，不能满足应用要求。
- 裸机托管，客户把自己的物理机放到云服务商的云环境中，这就需要该云环境具备裸机云的管理能力。
- 云环境的部署，比如，OpenStack TripleO 项目利用 OpenStack 来部署 OpenStack，需要利用已有 OpenStack 环境的裸机服务（Bare Metal，也就是 Ironic 项目）去部署裸机。

通过自动化工具来完成系统部署、系统参数配置、软件安装等一系列运维工作，已经是系统管理员的必备技能。云计算所拥有的快速迭代与高可扩展性（Scalability）又对系统管理员提出了更高的要求。比如部署周期，在一些极端案例中，如 Flicker 的业务部门，每天需要部署 10 次以上，仅依靠之前的自动化工具已经无法完成任务。再比如部署单位，需要摆脱以往以单节点为部署单元的方式，转向以云为部署单元的方式，即一次性部署多个不同的节点，从而搭建一个可立即上线的云。

最后，在混合云蓬勃发展的今天，云环境中对虚拟机和物理机的部署和管理需要统一的接口，SoftLayer、Rackspace、Oracle 及 Internap 等云环境也都已经实现了 Bare Metal 的云管理。物理机和虚拟机的管理有很多相似的地方，比如，它们都需要开机/关机、部署/安装、添加/删除等，因此早期对物理机的管理是通过 Nova 中的 Bare Metal 驱动来完成的，这样避免了很多重复的实现。

OpenStack Ironic 项目的出现正是为了解决以上问题，被应用于 OpenStack 中的裸机管理和部署。

10.1 Ironic 体系结构

Ironic 生态由一系列项目组成，包括 Ironic 本身及 ironic-python-agent、ironic-inspector 等。

Ironic 本身的体系结构如图 10-1 所示，主要由 ironic-api 和 ironic-conductor 两个服务组成，ironic-api 提供了 RESTful API 服务，是访问并使用 Ironic 所提供的服务的唯一途径。ironic-api 对数据库的访问主要在创建资源时；ironic-conductor 负责与数据库进行交互，完成实际的工作。

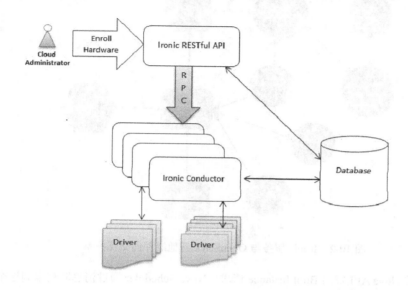

图 10-1　Ironic 体系结构

Ironic 每个交互的类型都是对实际硬件的操作，比如，电源的管理、启动、部署等。根据物理硬件的不同，Ironic 提供了一个驱动的框架对这些操作进行支持。目前已经实现的驱动有 PXE-IPMITool、PXE-IPMINative、PXE-SSH 等。

ironic-api 与 ironic-conductor 之间通过 RPC 进行通信。Ironic RESTful API 的执行过程和使用方式与之前介绍的其他项目类似，Conductor 的理念也类似于 Nova 的 Conductor 服务，用于提高数据库的安全性和并发性。ironic-api 在接收用户的 RESTful 请求后，最终会通过 RPC 调用 Conductor 的方法完成实际的工作，而 Conductor 又会根据配置使用具体的驱动，如 PXE，去完成真正的部署。

Ironic 服务有以下两种使用模式：

- 与 Nova 服务一起工作，作为 Nova 的一个 Virt Driver 来使用，Nova 把裸机当作虚拟机来对待，能够利用 Nova 服务中的多租户、调度、配额管理等功能，构成真正的裸机云。
- Standalone 单独使用模式，没有多租户，没有调度，没有配额管理等功能，可以说是一种裸机的云部署工具。

在与 Nova 服务一起工作时，Ironic 服务与 OpenStack 其他组件的交互关系如图 10-2 所示。

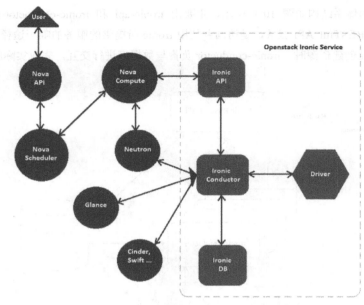

图 10-2　Ironic 服务与 OpenStack 其他组件的交互关系

- 用户通过 Nova API 发出 Boot Instance 请求，Nova Scheduler 通过消息队列拿到这个请求。
- Nova Scheduler 根据 flavor 中的 extra_specs 信息，如 "cpu_arch" "baremetal:deploy_kernel_id" "baremetal:deploy_ramdisk_id" 来选择合适的裸机节点。
- 然后，根据 Scheduler 选出来的节点，Nova Compute 服务通过 Ironic Virt Driver 启动一个任务，通过 Ironic API 查找该节点的信息，并预留该节点。
- 把请求部署的镜像从 Glance 下载下来并保存到 Ironic Conductor 的本地磁盘。
- 调用 Neutron API 来做网卡绑定并设置 Neutron 中的 DHCP 端口来支持 PXE/TFTP 服务。
- Ironic Virt Driver 通过 Ironic API 发出部署请求给 Ironic Conductor。
- Ironic Conductor 调用对应的 Ironic 驱动来完成部署。

Ironic 源码结构如下：

```
.
├── api-ref
├── devstack - 使用 Devstack 安装
├── doc - 开发者文档目录
├── etc - 配置文件目录
├── playbooks
├── ironic
│   ├── api - Ironic API 实现
```

```
        |        ├──── cmd - api、conductor、dbsync 命令
        |        ├──── common - 公共代码
        |        ├──── conductor - Ironic Conductor 服务
        |        ├──── conf - 配置文件
        |        ├──── db - 数据库操作
        |        ├──── dhcp - 为安装部署（PXE）提供 DHCP 服务
        |        ├──── drivers - 安装、部署、电源管理等驱动
        |        ├──── hacking
        |        ├──── objects
        |        └──── tests
        ├──── zuul.d
        ├──── releasenotes
        └──── tools
```

依照惯例，接下来浏览 setup.cfg 文件：

```
[entry_points]
console_scripts =
    ironic-api = ironic.cmd.api:main
    ironic-dbsync = ironic.cmd.dbsync:main
    ironic-conductor = ironic.cmd.conductor:main
    ironic-rootwrap = oslo_rootwrap.cmd:main
    ironic-status = ironic.cmd.status:main

ironic.dhcp =
    neutron = ironic.dhcp.neutron:NeutronDHCPApi
    none = ironic.dhcp.none:NoneDHCPApi
...
```

命名空间 console_scripts 中的每一项都表示一个可执行的脚本，这些脚本在部署时会被安装。对于 Ironic 来说，我们可以看到，除了两个主要的服务 API 与 Conductor，还有两个辅助的工具 ironic-dbsync 与 ironic-rootwrap，其中，ironic-dbsync 用于创建数据库的 schema，并负责从旧版本的数据库迁移与升级到新的版本，ironic-rootwrap 用于在 OpenStack 运行过程中以 root 用户身份运行某些 shell 命令。

DHCP 模块调用了 Neutron 的 DHCP 接口，通过修改 Neutron Port 中的 extra_dhcp_opts 参数来设置 Node 的 DHCP 信息，这些信息会被 PXE 启动和 iSCSI 部署用到。

10.1.1　Ironic Driver

如图 10-3 所示，根据物理硬件的不同，目标机能够使用不同的方式（如 PXE）进行部署，Ironic 提供了一个驱动的框架来进行支持，每种驱动基本都需要实现 Deploy、Power、Console 等几类核心功能。此外，还有 Management、Boot、Inspect、RAID、Rescue、Vendor 等几种标准功能。

其中，Deploy 用于实现机器镜像部署，Power 用于实现机器的开机、关机、重启等操作，Console 用于获取/操作机器的 Console 接口，Management 用于实现机器启动设备的管理，Inspect 用于实现机

器的 Capabilities 探测，RAID 用于实现机器存储 RAID 功能的设置，Rescure 用于让机器进入安全模式启动，Vendor 用于把各个 Vendor 特定的功能透传给驱动。

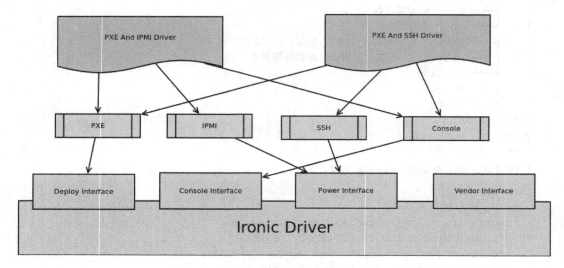

图 10-3　Ironic Driver

Ironic 驱动的源码位于 ironic/drivers 目录下：

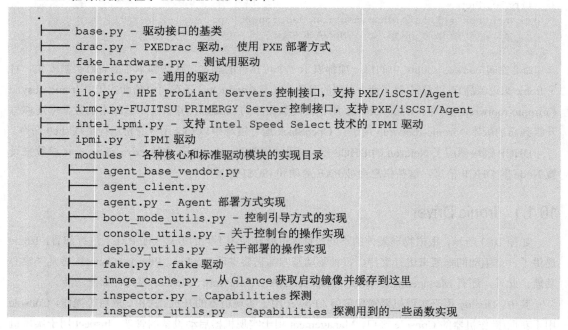

```
        ├─── ipmitool.py - IPMI driver，调用 IPMITool 库发送 IPMI 命令
        ├─── ipxe.py - 实现 iPXE 部署
        ├─── iscsi_deploy.py - 实现 iSCSI 部署
        ├─── noop.py - Noop 驱动
        ├─── noop_mgmt.py - Noop 管理接口实现
        ├─── pxe.py - 实现 PXE 部署
        ├─── pxe_base.py - PXE 部署基类实现
        └─── snmp.py - SNMP Driver，控制数据中心的 Rack，支持 PXE 安装
```

从哪些类继承自 ironic.drivers.base. BaseInterface 等基类可以看出各个驱动接口的实现。

- 部署方式有 Agent、iSCSI 等。其中，Agent 部署方式是由 Conductor 暴露出一个 Image 的临时 Swift URL，然后 IPA（Ironic-Python-Agent）会处理所有余下的 Deploy 工作，即从 Swift 上下载该 Image 并放到机器上安装部署。iSCSI 部署是通过 iSCSI 挂载物理节点上的硬盘到控制节点，完成镜像复制。

- 启动方式有 IloVirtualMedia、IRMCVirtualMedia、PXE 等。启动方式基本都是 PXE，其他启动方式是在某特定服务器上支持的特殊的启动方式。

- 电源管理方式有 Fake、DracWSMan、Redfish、Ilo、XClarity、IPMI、IRMC、SNMP。电源管理方式的多样性也是由于不同的服务器厂商具有不同的电源管理方式。比较通用的是 IPMI。

驱动的启动、部署和电源管理方式如表 10-1 所示。

表 10-1　驱动的启动、部署和电源管理方式

驱　　动	启　动　方　式	部　署　方　式	电源管理方式
agent_ilo	IloVirtualMedia	Agent	Ilo
agent_ipmitool	PXE	Agent	IPMI
agent_irmc	IRMCVirtualMedia	Agent	IRMC
iscsi_ilo	IloVirtualMedia	iSCSI	Ilo
iscsi_irmc	IRMCVirtualMedia	iSCSI	IRMC
pxe_ipmitool	PXE	iSCSI	IPMI
pxe_ipminative	PXE	iSCSI	IPMI
pxe_ilo	PXE	iSCSI	Ilo
pxe_drac	PXE	iSCSI	DracWSMan
pxe_snmp	PXE	iSCSI	SNMP
pxe_irmc	PXE	iSCSI	IRMC

　　IPMI 是一项应用于服务器管理系统设计的标准，由英特尔、惠普、Dell 与 NEC 于 1998 年共同提出，用户可以使用 IPMI 监控服务器的温度、电压、电源状态等，此接口标准有助于在不同类型的

服务器系统硬件上实施系统管理。

　　PXE（Pre-boot Execution Environment）是由英特尔设计的协议，它可以使计算机通过网络而不是通过本地硬盘、光驱等设备启动。目前的网卡一般都内嵌支持 PXE 的 ROM 芯片。PXE 的工作原理就是管理员通过 IPMI 远程重启目标机，目标机会将网卡里的 PXE Client 载入内存，使得目标机在没有安装系统的情况下也具有 DHCP Client 及 TFTP Client 的能力。PXE Client 发出请求到 DHCP Server 取得 IP 地址。然后，PXE Client 通过 TFTP 下载 kernel 和 image 等文件。由 setup.cfg 文件可知 PXE-IPMI 驱动的代码入口为 ironic.drivers.pxe:PXEAndIPMIToolDrive。例如：

```
class PXEBoot(pxe_base.PXEBaseMixin, base.BootInterface):

    capabilities = ['iscsi_volume_boot', 'ramdisk_boot', 'ipxe_boot',
                    'pxe_boot']

    def __init__(self):
        if CONF.pxe.ipxe_enabled:
            pxe_utils.create_ipxe_boot_script()
```

　　Ironic 节点可以通过 IPMI 进行电源管理，采用 PXE 方式启动，采用 iSCSI 部署目标镜像。该部署方式会通过 iSCSI 协议把硬盘挂载到部署服务器上，然后把镜像部署到该硬盘上，并使用 IPMIManagement 设置启动方式和设备。对于 RAID 设置，目前 Ironic 只支持 Agent 等方式。

　　Ironic 所在的节点就是部署服务器，它既是 DHCP Server 也是 PXE Server。Ironic 先把两次 PXE 启动所需要的两组"kernel+ramdisk"放置到 TFTP 服务目录下，再通过 IPMI 远程启动目标机，在目标机启动之后，发出 DHCP 请求，从而开始第一次 PXE 启动。

　　在第一次 PXE 启动中，传送到目标机的是 deploy_ramdisk 和 deploy_kernel。deploy_ramdisk 中内嵌了一个部署脚本，该脚本会搜索目标机的硬盘，并通过 iSCSI 协议把硬盘挂载到部署服务器上，然后会阻塞并等待部署服务器的信号。这时，部署服务器就会把之前已经准备好的镜像转换成 RAW 格式，并通过 dd 命令复制到目标机的硬盘上，然后给目标机传送信号，告诉它已经完成了复制。目标机在接到信号后就会自动重启。

　　在目标机重启之后，就开始了第二次 PXE 启动。在这次 PXE 启动中，传送到目标机的是 ramdisk 和 kernel，与第一次 PXE 启动时并不相同，它们通常又被称为 boot_kernel 和 boot_ramdisk。由于在第一次 PXE 启动中复制系统时，只是通过 dd 命令复制了文件系统，并没有进行 bootloader，这就意味着在每次重启之后，只有通过 PXE 启动（将 PXE 启动当作 bootloader 来使用）来载入 kernel 才能正常启动。

　　在 Kilo 版本之后，Ironic 服务也支持本地启动，能够从本地的 bootloader 启动，这要求部署的 Image 里包含 grub2 这个 bootloader。

　　在与 Nova Compute 服务一起工作的模式下，若要 Ironic 服务支持本地启动，则需要设置节点的 capabilities：

```
$ openstack baremetal node set <node-uuid> --property capabilities= "boot_option:
local"
```

在 Standalone 模式下，这个参数需要设置在其他的地方，因为以上节点的 capabilities 仅提供给 Nova Scheduler，而 Standalone 模式不调用 Nova Scheduler：

```
$ openstack baremetal node set <node-uuid> --instance-info capabilities=
'{"boot_option": "local"}'
```

Kilo 之后的版本已经支持 Image 部署到指定磁盘上：

```
$ openstack baremetal node set <node-uuid> --property root_device='{"wwn":
"0x4000cca77fc4dba1"}'
```

10.1.2　Ironic API

Ironic API 源码位于 ironic/api 目录下：

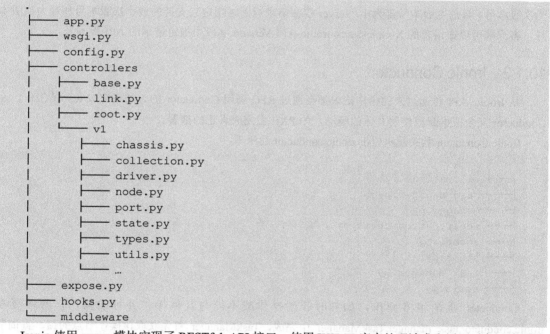

```
.
├── app.py
├── wsgi.py
├── config.py
├── controllers
│   ├── base.py
│   ├── link.py
│   ├── root.py
│   └── v1
│       ├── chassis.py
│       ├── collection.py
│       ├── driver.py
│       ├── node.py
│       ├── port.py
│       ├── state.py
│       ├── types.py
│       ├── utils.py
│       └── …
├── expose.py
├── hooks.py
└── middleware
```

Ironic 使用 pecan 模块实现了 RESTful API 接口，使用 WSME 库来处理请求和返回对象，资源操作的实现都在 controllers 目录下，主要资源包括 Chassis、Driver、Node、Port。

- Chassis：表示一个机架或机柜，它是 Node 的集合。
- Driver：表示服务里面的各种驱动资源，包括安装、部署、启动和电源控制。
- Node：表示注册在 Ironic 中的一个物理机。

- Port：表示 Neutron 中的网络端口，用来绑定物理机上的网卡端口。

Node 资源是最核心的，其他资源被包含在 Node 中为其服务。

需要注意的是，Node 和 Driver 里面的 Vendor Passthru 子资源，它可以给某个 Node 或 Driver 添加特定的函数，并可以在 Ironic API 中操作和调用这些 Vendor Passthru 函数，但 Ironic API 不会去解释和验证它们。

Node 里面的 Vendor Passthru 函数只对该 Node 有效，不区分 Driver，比如：

```
GET http://<address>:<port>/v1/drivers/pxe_ipmitool/vendor_passthru/
authentication_types
```

Driver 里面的 Vendor Passthru 函数只对该 Driver 有效，不区分 Node，比如：

```
POST  {'raw_bytes':  '0x01  0x02'}  http://<address>:<port>/v1/nodes/<node
UUID>/vendor_passthru/send_raw
```

从 Kilo 版本开始，Ironic 支持 version API。API 的版本号表示为 X.Y，其中 X 为主本版号，Y 为次版本号。目前主版本号都为 1。Server 端在请求返回时指定它支持的最小次版本号和最大次版本号，客户端可以在请求的 X-OpenStack-Ironic-API-Version 字段中指定请求的 API 版本号。

10.1.3 Ironic Conductor

从 Ironic API 传递过来的操作请求都会通过 RPC 调用 Conductor 的方法来完成实际的工作，而 Conductor 又会根据配置使用具体的驱动，如 PXE 去完成真正的部署。

Ironic Conductor 相关源码位于 ironic/conductor 目录下：

```
.
├── allocations.py
├── base_manager.py
├── manager.py
├── notification_utils.py
├── rpcapi.py
├── steps.py
├── task_manager.py
└── utils.py
```

Conductor 上的很多操作，如耗时长的操作或不能与其他操作并行的操作，都需要在 ironic.conductor.task_manager.TaskManager 中完成，TaskManager 首先获取该操作节点的锁，查询节点的 node_id 来获取该 Node 的资源对象，如 Port、Driver，然后启动一个单独的线程来工作，并在该操作完成后释放该节点的锁。

下面以 Deploy 为例，从 API 传递过来的部署请求由 ironic.conductor.manager.ConductorManager 类中的 do_node_deploy()函数来处理：

```
def do_node_deploy(self, context, node_id, rebuild=False,
```

```
                configdrive=None):
    with task_manager.acquire(context, node_id, shared=False,
                        purpose='node deployment') as task:
        node = task.node
```

首先通过 TaskManager 来获取该节点的锁，并在该锁的 Context 上下文里面完成所有的操作，然后验证驱动是否正确地包含操作所需要的信息：

```
try:
    task.driver.power.validate(task)
    task.driver.deploy.validate(task)
```

之后的所有操作都在 TaskManager 类的 process_event()函数中：

```
task.process_event(
    event,
    callback=self._spawn_worker,
    call_args=(do_node_deploy, task, self.conductor.id,
            configdrive),
    err_handler=utils.provisioning_error_handler)
```

这个函数会在_spawn_worker()函数中启动一个线程来处理 ironic.conductor.manager. do_node_deploy()函数：

```
def do_node_deploy(task, conductor_id, configdrive=None):
        task.driver.deploy.prepare(task)
        new_state = task.driver.deploy.deploy(task)
```

如果使用 iSCSI 部署方式，则它会调用 iSCSI 部署方式的 prepare()函数来进行部署准备工作，然后调用其 deploy()函数来部署。

用户可以同时启动多个 Conductor 服务，它们之间会协调地管理所有 Ironic 节点，把节点哈希到某一 Conductor，前提是该 Conductor 支持该节点的驱动。但这会带来一个问题，在可用的 Conductor 发生变化时需要重新哈希，导致节点与 Conductor 的对应关系发生很大的变动，并且可能需要为节点拆除或重新搭建 TFTP，从而导致 Conductor 服务暂时不可用。

10.1.4　ironic-python-agent

原本 deploy_ramdisk 只需要完成 iSCSI 部署的工作，但开发者认为既然已经把 kernel 和 ramdisk 传递过去了，那么只进行这一项工作太少了，而且缺乏灵活性，所以就想在 ramdisk 里安装一个 Python Agent。实际上就是多提供一个 RESTful API，控制节点可以通过这个 Agent 远程实现与物理节点的互动，而不再仅仅通过 dd 命令复制了。

这里是现有的部分用例：

- 清除硬盘。
- 对硬盘分区。

- 安装 bootloader。
- 安装镜像。
- 升级固件。

10.1.5 ironic-inspector

ironic-inspector 用来收集物理机的各种硬件信息。与 ironic-python-agent 类似，它同样需要事先注入部署镜像中，采用 RESTful Server 和 Client 的方式进行服务和通信。

Node 在被注册之后，其状态被设置成 inspect 之后会执行 Inspect 操作。ironic-inspector 采用非常灵活的插件机制来定义各种探测，默认的探测包括 Node 的 capabilities、是否支持安全启动、CPU 虚拟化是否打开、节点上 GPU 的数量、网络接口的验证等。除默认的探测处理外，还可以传入 JSON 格式的自定义的处理操作。

在 Mitaka 版本中还支持节点自动发现，如果 ironic-inspector 收到了来自没有注册的节点的信息，它就会自动注册该节点。在 Inspect 操作完成之后，Node 的状态会变成 available，这时就可以进行部署了。

ironic-inspector 也是需要 PXE 启动方式的，因此也需要 DHCP 和 TFTP Server。它的 DHCP Server 是第三方的，通常是 dnsmasq，不像 Ironic 一样使用 Neutron 的 DHCP 功能，因此可能出现在同一个 L2 网络里出现两个 DHCP Server 的冲突问题。为了解决这个问题，ironic-inspector 需要使用一个 PXE Filter Driver，这个 Filter Driver 可以过滤 IP 地址，这样 Ironic 和 ironic-inspector 的 PXE 启动过程就不会发生冲突了。

ironic-inspector 还支持用户编写自己的 Plugin 和 Rule。Plugin 的编写很容易，用户只要从 Plugin 基类派生出自己的类并编写相关的方法就可以了。Rule 使用了 Python 的 dict 数据类型，定义了 action、value、field、condition 等字段。一般的用法是，当某个 field 的 value 符合某个 condition 时，就执行特定的 action。

10.2 Ironic 中的网络管理

10.2.1 物理交换机管理

在 Nova 中，虚拟机的网络是在虚拟网络上构建的，包括网卡、交换机、网卡与交换机的连接，以及与 L2 网络的联通都是虚拟的。在 Ironic 中，物理机之间的网络都是在物理网络设备上构建的，这就需要使 Neutron 能够操作和配置物理交换机。为此，有一个专门的 Neutron ML2 插件 Genericswitch 来完成这项工作，Ironic 网络层面的逻辑架构如下：

```
OpenStack Neutron v2.0 => ML2 plugin => Generic Mechanism Driver => Device plugin
```

其中，Device Plugin 使用 Netmiko 和 paramiko 库并通过 SSH 来访问和配置物理交换机：

```
Device plugin => Netmiko => paramiko => ssh to switch
```

若要使用这个插件，首先需要在 Neutron 的配置文件 etc/neutron/plugins/ml2/ml2_conf.ini 中添加 Genericswitch 这个驱动：

```
[ml2]
tenant_network_types = vlan
type_drivers = local,flat,vlan,gre,vxlan
mechanism_drivers = openvswitch,genericswitch
…
```

然后在/etc/neutron/plugins/ml2/ml2_conf_genericswitch.ini 文件中配置具体的交换机驱动信息：

```
[genericswitch:<switch name>]
device_type = <netmiko device type>
ip = <IP address of switch>
port = <ssh port>
username = <credential username>
password = <credential password>
key_file = <ssh key file>
secret = <enable secret>
```

最后启动或重启 neutron-server：

```
$ neutron-server \ --config-file /etc/neutron/neutron.conf \ --config-file
/etc/neutron/plugins/ml2/ml2_conf.ini \ --config-file /etc/neutron/plugins/ml2/
ml2_conf_genericswitch.ini
```

目前该插件支持的交换机有：

- Cisco IOS Switches。
- Huawei Switches。
- Open vSwitch。
- Arista EOS。

10.2.2　多租户网络的支持

在实现 Ironic 多租户网络的支持之前，Ironic 只支持 Flat 网络模式，也就是所有的节点都在同一个 L2 网络中。利用 Neutron 实现多租户之间的网络隔离，Ironic 可以提供以下 3 种类型的网络。

- Noop：给 Standalone 模式使用，不对网络进行任何操作。
- Flat：所有 Node 都被放置在一个 L2 网络中。
- Neutron：多租户网络，在租户之间实现了网络隔离。

Ironic 利用链路层发现协议（Link Layer Discovery Protocol）获取物理网络连接信息，并把这些

local_link_connection 信息发送给 Neutron ML2 Plugin，以便 Driver 在 provision 服务器的时候配置与节点连接的机架交换机（TOR，the top-of-rack）上的端口。

这些 local_link_connection 信息包含以下几个方面的内容。

- switch_id：标识一个交换机，可以是一个 MAC 地址，或者是一个基于 OpenFlow 协议的软交换机。
- port_id：交换机上的端口号，如 Gig0/1。
- switch_info：可选项，用来区分不同的交换机型号或 Vendor 特有的标识。

在 Neutron 多租户网络中，provisioning 网络和 cleaning 网络必须在相同或不同的某一指定的 Neutron L2 层网络中，这时，所有的 Node 都处于同一个 L2 网络中，这是由于在 PXE 启动过程中需要连接 TFTP 服务器，而 TFTP 服务器并不与租户网络联通。如果需要实现在 provisioning 和 cleaning 阶段的租户网络隔离，则要求每个租户网络都有各自的 TFTP 服务器，或者全局 TFTP 服务器通过路由连接租户网络，但是目前在 Ironic 中并不支持该功能。同样的原因，配置 Neutron 多租户网络必须开启本地启动功能，否则每次启动都需要在 PXE 启动过程中连接 TFTP 服务器。

若要配置多租户网络，则首先需要配置 Ironic 服务，具体代码如下：

```
enabled_network_interfaces=noop,flat,neutron
# 需要配置在 Conductor Node 上，同时要在 API 配置文件中设置
default_network_interface=neutron
cleaning_network_uuid=$CLEAN_UUID
# 需要配置在 Conductor Node 上
provisioning_network_uuid=$PROVISION_UUID
# 需要配置在 Conductor Node 上
# 这两个网络可以是同一个 Neutron 网络，最好 Security Group 是关闭的，否则需要保证
# DHCP/PXE/TFTP 等一系列服务端口打开
Restart the ironic conductor and API services
# 重启 Conductor 和 API 服务
```

然后需要配置 Ironic Node，具体代码如下：

```
enabled_network_interfaces=noop,flat,neutron
# 需要配置在 Conductor Node 上，同时要在 API 配置文件中设置
default_network_interface=neutron
cleaning_network_uuid=$CLEAN_UUID //on conductor
provisioning_network_uuid=$PROVISION_UUID //on conductor
# 这两个网络可以是同一个 Neutron 网络，最好 Security Group 是关闭的
Restart the ironic conductor and API services
```

最后，重启 Ironic Conductor 和 API 服务。

10.3 Ironic 节点的注册和启动

首先注册一个节点，在注册节点时需要指定该节点的驱动，具体代码如下：

```
$ openstack baremetal node create --driver ipmi
+--------------+--------------------------------------+
| Property     | Value                                |
+--------------+--------------------------------------+
| uuid         | dfc6189f-ad83-4261-9bda-b27258eb1987 |
| driver_info  | {}                                   |
| extra        | {}                                   |
| driver       | pxe_ipmitool                         |
| chassis_uuid |                                      |
| properties   | {}                                   |
| name         | None                                 |
+--------------+--------------------------------------+
```

在注册完成后，该节点的状态就会变成 "available"：

```
$ openstack baremetal node show dfc6189f-ad83-4261-9bda-b27258eb1987
+-----------------------+--------------------------------------+
| Property              | Value                                |
| chassis_uuid          |                                      |
| clean_step            | {}                                   |
| console_enabled       | False                                |
| created_at            | 2016-10-14T01:45:50+00:00            |
| driver                | pxe_ipmi                             |
| driver_info           | {}                                   |
| driver_internal_info  | {}                                   |
| extra                 | {}                                   |
| inspection_finished_at| None                                 |
| inspection_started_at | None                                 |
| instance_info         | {}                                   |
| instance_uuid         | None                                 |
| last_error            | None                                 |
| maintenance           | False                                |
| maintenance_reason    | None                                 |
| name                  | None                                 |
| power_state           | None                                 |
| properties            | {}                                   |
| provision_state       | available                            |
| provision_updated_at  | None                                 |
| raid_config           |                                      |
| reservation           | None                                 |
| target_power_state    | None                                 |
```

```
| target_provision_state  | None                                    |
| target_raid_config      |                                         |
| updated_at              | None                                    |
| uuid                    | dfc6189f-ad83-4261-9bda-b27258eb1987    |
```

填充或更新 driver_info，使得 Ironic 服务知道如何管理节点，例如：

```
$ openstack baremetal node set $NODE_UUID \
--driver_info ipmi_username=$USER\
--driver_info/ipmi_password=$PASS \
--driver_info/ipmi_address=$ADDRESS
```

根据之前定义的 baremetal flavor 更新节点的 property，具体代码如下：

```
$ openstack baremetal node set $NODE_UUID \
--property cpus=$CPU \
--property memory_mb=$RAM_MB \
--property local_gb=$DISK_GB \
--property cpu_arch=$ARCH
```

设置 Hardware 的 capabilities 给 Scheduler，具体代码如下：

```
$ openstack baremetal node set $NODE_UUID --property capabilities= "key1:val1,
key2:val2"
```

为节点的驱动指定 Deploy 的 kernel 和 ramdisk：

```
$ openstack baremetal node set $NODE_UUID --driver-info \ deploy_
kernel=$DEPLOY_VMLINUZ_UUID --driver-info \ deploy_ramdisk=$DEPLOY_INITRD_UUID
```

为节点创建 Port，需要获取该节点的网卡 MAC 地址以传给 Neutron 服务，具体代码如下：

```
$ openstack baremetal port create $MAC_ADDRESS --node $NODE_UUID
```

最后验证 Ironic 是否具备必要的信息以启动节点的驱动，具体代码如下：

```
$ openstack baremetal node validate $NODE_UUID
+------------+--------+--------+
| Interface  | Result | Reason |
+------------+--------+--------+
| console    | True   |        |
| deploy     | True   |        |
| management | True   |        |
| power      | True   |        |
+------------+--------+--------+
```

在节点注册好之后，可以通过 Nova Boot API 调用 Ironic 完成部署。

（1）首先，在 Nova 服务中配置 Ironic Driver，具体代码如下：

```
$ openstack baremetal node show $NODE
[default]
compute_driver=ironic.IronicDriver
scheduler_host_manager=ironic_host_manager
```

```
ram_allocation_ratio=1.0
reserved_host_memory_mb=0
```

（2）这里和普通 Nova Boot 唯一的区别在于这里需要定义特殊的风格，并且在 extra_specs 中需要包含之前已经定义好的 deploy_kernel/deploy_ramdisk：

```
"baremetal:deploy_kernel_id":"597ebb83-ffc5-4ff7-910c-3c7e953ea121"
"baremetal:deploy_ramdisk_id": "6e8d87bb-cda9-4c21-9e94-b39a4ca995f5"
```

（3）然后，我们就可以看到 Ironic 开始部署。

① 通过 Scheduler 选取合适的物理节点，通过 IPMI 启动物理节点，并向 DHCP 服务器申请 IP 地址。

② 这时就开始了第一次 PXE 启动，通过网络传输 deploy_kernal/deploy_ramdisk 给物理节点。ramdisk 已经内嵌了脚本，通过 iSCSI 协议挂载物理节点上的硬盘到控制节点，完成镜像复制，并通知控制节点。

③ 然后 IPMI 重启物理节点，再次通过 PXE 启动，并读取硬盘，切换到硬盘上的系统，完成部署。

在用户能够登录目标机之前，还有一个很重要的步骤就是通过 Cloud-init 来实现初始化。Cloud-init 原本就是用来完成云环境中虚拟机实例的初始化的，已经被应用在亚马逊的 EC2 虚拟机实例的初始化中。其作用主要包括：

- 设置实例的主机名。
- 生成实例的 SSH 私钥。
- 添加用户的 SSH 密钥到实例，从而便于用户登录。

10.4 Ironic 使用技巧

10.4.1 如何设置 MySQL 的 root 密码

在 Ironic 的官方文档里，有这样的步骤：mysql -u root -p MYSQL_ROOT_PWD -e "create schema ironic"。

其中，MYSQL_ROOT_PWD 是需要掌握 MySQL 数据库操作的人才会设的。以 Ubuntu 为例，MySQL 在安装完后会有一个默认的初始密码放在一个配置文件里，具体位置和文件名可以搜索相应的操作系统文档。如果用户希望设置新密码，则可以使用这个初始密码登录数据库，然后利用 SQL 命令设置新的密码后退出。这个新的密码就是 MYSQL_ROOT_PWD。Ironic 文档并没有解释这个密码是如何得来的，如果对数据库的入门操作一点儿都不懂的话，则在这个地方总是会报错。

10.4.2　Ironic 环境搭建

目前，Ironic 主线代码已经不支持普通的台式计算机和笔记本电脑了，它支持的是服务器，典型特征是，它有 IPMI 接口，并且使用服务器级别的 CPU，如英特尔 Xeon 系列。通常这类机器的噪声很大，不适合被放在普通办公环境里，而适合放在服务器机房里。所以 Ironic 的调试和开发需要远程进行，这样一方面可以避免机房的嘈杂环境，另一方面可以比较轻松、从容地进行裸机管理。

因此，最理想的还是使用虚拟机环境，如果用户使用虚拟机就可以对任务进行模拟测试，这是最好的情形了，因为一旦涉及物理机和底层硬件，就会有各种不稳定的因素，而虚拟机就不存在这类的问题。

如果希望使用普通的 PC 来搭建 Ironic 环境，则建议使用 Ironic 的一个分支项目 Bifrost 部署，但是需要注意的是，这些机器至少应当支持 AMT（INTEL Active Management Technology）或 WOL（Wake On LAN）。

10.4.3　Neutron 配置

Neutron 是在使用 Ironic 时容易产生问题的部分，在 provision 过程中经常会遇到以下问题。

首先是 DHCP 服务器的问题。DHCP 是 PXE Boot 的第一步，作为 DHCP Client，provision 机器需要从 Deploy 机器上获得动态 IP 地址，因此 Deploy 机器一定要起一个 DHCP Server 的作用。因为 Deploy 机器上已经部署了 OpenStack 的服务，所以可以使用 Neutron 提供的 DHCP Server 功能。另外，也可以使用其他第三方的 DHCP 软件包，但是并不推荐这样做，不过可以在调试中临时使用第三方的 DHCP 软件包，比如，OpenStack 本身的 DHCP Server 不工作了，则用户可以暂时启动一个第三方的 DHCP 软件包，后面再具体分析 OpenStack 里 DHCP 的问题。有关 DHCP 的设置和操作如下：

```
[dhcp]
dhcp_provider=neutron #设置 DHCP Provider 为 Neutron
openstack subnet set $SUBNET_UUID -dhcp  #打开 Neutron 的 DHCP 服务
```

其次，需要把 OpenStack 的 DHCP Agent 连接到外部网络中。因为在默认情况下，Linux 是通过网卡接口连接到外部网络中的，而 OpenStack 的 Neutron 子网并没有连接到外部网络中，因此用户会发现 DHCP Client 总是收不到 DHCP Server 分配的 IP 地址，很多时候原因就是 DHCP Server 所在的 Neutron 子网没有连接到网络上。

10.4.4　使用 Devstack 搭建 Ironic 物理机环境

使用 Devstack 搭建物理机环境是社区里很多人关心的问题，但是遗憾的是，官网上只有虚拟机的配置范例，并没有物理机的配置范例。实际上，物理机的配置也可以从虚拟机的配置修改而来，在 local.conf 文件里把创建虚拟机的部分注释掉，在 Devstack 运行完之后就会有一个 OpenStack 命令行环境，在这个命令行环境里就可以手动配置物理机节点了。当然 Neutron 的配置需要根据网络情况进行调整，下面是针对 Flat 网络的配置文件 local.conf 的内容：

```
[[local|localrc]]
USE_PYTHON3=True
PIP_UPGRADE=True

# Credentials
#Reference:https://docs.openstack.org/devstack/latest/configuration.html
ADMIN_PASSWORD=cheswu
DATABASE_PASSWORD=$ADMIN_PASSWORD
RABBIT_PASSWORD=$ADMIN_PASSWORD
SERVICE_PASSWORD=$ADMIN_PASSWORD
SERVICE_TOKEN=$ADMIN_PASSWORD
SWIFT_HASH=$ADMIN_PASSWORD
SWIFT_TEMPURL_KEY=$ADMIN_PASSWORD

HOST_IP=192.168.2.10
SERVICE_HOST=192.168.2.10
MYSQL_HOST=192.168.2.10
RABBIT_HOST=192.168.2.10
GLANCE_HOSTPORT=192.168.2.10:9292

Q_USE_SECGROUP=True
FLOATING_RANGE="192.168.2.0/24"
IPV4_ADDRS_SAFE_TO_USE="192.168.2.0/24"
Q_FLOATING_ALLOCATION_POOL=start=192.168.2.30,end=192.168.2.40
PUBLIC_NETWORK_GATEWAY="192.168.2.253"
PUBLIC_INTERFACE=eth0

Q_USE_PROVIDERNET_FOR_PUBLIC=True

# Linuxbridge Settings
# Q_AGENT=linuxbridge
# LB_PHYSICAL_INTERFACE=eno1
# PUBLIC_PHYSICAL_NETWORK=default
# LB_INTERFACE_MAPPINGS=default:eno1
#

# Enable Neutron which is required by Ironic and disable nova-network.
disable_service n-net n-novnc
enable_service neutron q-svc q-agt q-dhcp q-l3 q-meta
```

```
# Use ironic-inspector database as the introspection data backend, if needed.
#IRONIC_INSPECTOR_INTROSPECTION_DATA_STORE=database

# Enable Swift for storing introspection data, these services
# can be disabled if introspection data store is set to database.
enable_service s-proxy s-object s-container s-account

# Enable Ironic, Ironic Inspector plugins
enable_plugin ironic https://github.com/openstack/ironic  stable/stein
enable_plugin ironic-inspector https://github.com/openstack/ironic-inspector
stable/stein

# Disable services
disable_service horizon
disable_service heat h-api h-api-cfn h-api-cw h-eng
disable_service cinder c-sch c-api c-vol

# Swift temp URL's are required for the direct deploy interface.
SWIFT_ENABLE_TEMPURLS=True

# Create 0 virtual machines to pose as Ironic's baremetal nodes.
IRONIC_VM_COUNT=0
IRONIC_BAREMETAL_BASIC_OPS=True
DEFAULT_INSTANCE_TYPE=baremetal

# Enable additional hardware types, if needed.
IRONIC_ENABLED_HARDWARE_TYPES=ipmi,fake-hardware
# Don't forget that many hardware types require enabling of additional
# interfaces, most often power and management:
IRONIC_ENABLED_MANAGEMENT_INTERFACES=ipmitool,fake
IRONIC_ENABLED_POWER_INTERFACES=ipmitool,fake
#
# The 'ipmi' hardware type's default deploy interface is 'iscsi'.
# This would change the default to 'direct':
IRONIC_DEFAULT_DEPLOY_INTERFACE=direct

# Enable inspection via ironic-inspector
IRONIC_ENABLED_INSPECT_INTERFACES=inspector,no-inspect
# Make it the default for all hardware types:
IRONIC_DEFAULT_INSPECT_INTERFACE=inspector

# This driver should be in the enabled list above.
IRONIC_DEPLOY_DRIVER=ipmi
```

```
IRONIC_BUILD_DEPLOY_RAMDISK=True
IRONIC_INSPECTOR_BUILD_RAMDISK=True

VIRT_DRIVER=ironic

#
# Log all output to files
#
#
LOGDAYS=1

LOGFILE=$HOME/logs/stack.sh.log
```

比如，有 3 台物理机节点，每台物理机插了两块网卡：一块用于管理网；另一块用于数据网。这 3 台物理机都用网线连接到同一台交换机上，同时有一台网关机器（192.168.2.253）也连接在交换机上，可以访问 Internet。管理网的 IP 地址、用户名、密码如下：

```
192.168.2.201
maas
0dOeowYCfZ8

192.168.2.203
maas
V3csq1qN

192.168.2.206
maas
tzCrr6gH2U
```

用户可以使用 Devstack 把 Ironic 部署在管理网的 192.168.2.201 机器上（数据网的 IP 地址是192.168.2.10，网络是 Flat 类型，管理网和数据网都使用 192.168.xxx.xxx 网段，管理网使用192.168.2.200～192.168.2.254 网段，数据网使用 192.168.2.1～192.168.2.199 网段），然后使用如下命令配置节点 192.168.2.203：

```
openstack baremetal node create --driver ipmi
openstack baremetal node set $NODE_UUID --deploy-interface direct
openstack baremetal node set $NODE_UUID --driver-info ipmi_username=maas
openstack baremetal node set $NODE_UUID --driver-info ipmi_address=192.168.2.203
openstack baremetal node set $NODE_UUID --driver-info ipmi_password=V3csq1qN
openstack baremetal node set $NODE_UUID --instance-info kernel=$KERNEL
openstack baremetal node set $NODE_UUID --instance-info ramdisk=$RAMDISK
openstack baremetal node set $NODE_UUID --driver-info deploy_kernel=
$DEPLOY_KERNEL
openstack baremetal node set $NODE_UUID --driver-info deploy_ramdisk=
```

```
$DEPLOY_RAMDISK
    openstack baremetal node set $NODE_UUID --instance-info image_source=
$IMAGE_SOURCE
    openstack baremetal node set $NODE_UUID --console-interface ipmitool-socat
    openstack baremetal node set node-1 --property capabilities:boot_mode=bios
```

$NODE_UUID 可以是创建节点命令的返回值，是一个 UUID 字符串。

$KERNEL、$RAMDISK、$DEPLOY_KERNEL、$DEPLOY_RAMDISK 的值也是 UUID 字符串，可以使用 openstack image list 命令查到这些 Image 的 UUID，并使用 Linux 下的 export 命令设置环境变量。

另外，还需要为 192.168.2.203 机器创建一个 provision 网络端口，注意 192.168.2.203 机器有两个 MAC 地址：一个是管理网卡的，一个是数据网卡的，需要选取数据网卡的 MAC 地址来创建端口，因为这个端口是在 PXE Boot 过程中的 DHCP 步骤要用到的，如果没有这个端口，则对 192.168.2.203 机器进行 provision 时就无法通过 DHCP 那一步。下面是具体的创建端口的 Neutron 命令：

```
MAC_ADDRESS_Management=00:1e:67:94:58:b3
MAC_ADDRESS = 00:1e:67:94:58:b1
openstack baremetal port create $MAC_ADDRESS --node $NODE_UUID
```

后面还有更重要的网络设置操作，Linux 本身使用 eno1 作为本机到外部网络的出口，但是在使用 OpenStack 后，OpenStack 通常使用 br-ex 作为本机到外部网络的出口，所以要把原来 br-ex 上的 IP 地址删除，并换成正确的 192.168.2.203 机器的 IP 地址，另外把 eno1 连接到 br-ex 上，确保在物理上 br-ex 可以连接到外部网络，因为 eno1 是 192.168.2.203 机器上的那块数据网卡的接口名称。注意下面的操作会断开现有网络，这时需要使用 IPMI Remote Console 来访问 192.168.2.203 机器并完成所有操作。当网络完全从 eno1 切换到 br-ex 后就恢复正常了。具体代码如下：

```
ovs-vsctl add-port br-ex eno1
ip addr del 192.168.2.97/27 dev br-ex
ip addr add 192.168.2.10/24 dev br-ex
ip addr del 192.168.2.10/24 dev eno1
ip route add default via 192.168.2.253
```

最后，我们可以使用 openstack baremetal node provide 命令对 192.168.2.203 机器进行 provision。如果一切正常，就可以看到在 192.168.2.203 机器上 PXE Boot 指定的 OS Image 了。如果出错了，则可以使用 openstack baremetal node abort 命令终止 provision 过程，然后使用 openstack baremetal node show 命令查询出错信息，分析错误原因。在错误解决后，使用 openstack baremetal node manage 命令重新管理 192.168.2.203 机器，然后使用 openstack baremetal node provide 命令直到 provision 成功。另外，使用 openstack baremetal node validate 命令可以初步检查错误是否排除。下面是这些命令的具体格式：

```
openstack baremetal node manage $NODE_UUID
openstack baremetal node provide $NODE_UUID
openstack baremetal node abort $NODE_UUID
openstack baremetal node validate $NODE_UUID
openstack baremetal node show $NODE_UUID
```

## 第 11 章

控制面板

OpenStack 需要提供一个简洁、方便、友好的控制界面给最终的用户和开发者，让他们能够浏览并操作属于自己的计算资源，这就是 OpenStack 的控制面板（Dashboard）项目 Horizon。

早期的 Horizon 只是一个简单的 App，仅负责操作和处理 OpenStack Compute 相关的项目。随着其他项目的迅速加入，对原来的简单视图和 API 的调用提出了更高的要求。时至今日，Horizon 已具备或致力于具备的核心价值如下所述。

（1）核心支持——支持所有的 OpenStack 项目。

（2）可扩展性——每个开发者都能增加组件。

（3）易于管理——架构和代码易于管理，浏览方便。

（4）视图一致——各组件的界面和交互模式保持一致。

（5）可兼容性——API 向后兼容。

（6）易于使用——用户界面友好。

11.1 Horizon 体系结构

Horizon 提供了一个模块化的基于 Web 的图形界面。用户可以通过浏览器使用 Horizon 提供的控制面板来访问、控制它们的计算、存储和网络资源，比如，启动虚拟机实例、创建子网、分配 IP 地址、设置访问控制等。

Horizon 采用了 Django 框架，简单来说，它就是一个单纯的基于 Django 的网站，同时 Horizon 采用了许多流行的前端技术来扩展其功能，如 Bootstrap、jQuery、Underscore.js、AngularJS、D3.js、Rickshaw 和 LESS CSS 等。

11.1.1 Horizon 与 Django

Django 是一种流行的基于 Python 语言的开源 Web 应用程序框架。Horizon 遵循 Django 框架的模式生成了若干个 App，并一起为 OpenStack 控制面板提供完整的实现。

Django 是由美国堪萨斯州的一个新闻网站的开发小组开发出来的，旨在以最小的代价构建和维护高质量的 Web 站点。在著名的 *The Django Book* 一书中，详细地描述了 Django 遵循的设计哲学：

MVC 设计模式。

在 Django App 中，一般存在 4 种文件，分别是 models.py、views.py、urls.py 及 latest_music.html 文件：

```python
# models.py (database tables)
from django.db import models

class Music(models.Model):
    name = models.CharField()
    producer = models.CharField()
    pub_date = models.DateField()



# views.py (business logic)
from django.shortcuts import render_to_response
from models import Music

def latest_music(request):
    music_list = Music.objects.order_by('-pub_date')[:10]
    return render_to_response('latest_music.html', {'music_list': music_list})



# urls.py (URL configuration part)
from django.conf.urls.defaults import *
import views

urlpatterns = patterns('',
    (r'^latest/$', views.latest_music),
)



# latest_music.html (the template)
<html><head><title>Music</title></head>
<body>
<h1>Music</h1>
<ul>
{% for music in music_list %}
<li>{{ music.name }}</li>
{% endfor %}
</ul>
</body></html>
```

（1）models.py 文件使用 Python 类来描述数据表及其数据库操作，称为模型（Model）。在上述示例中，models.py 文件主要使用一个 Python 类来描述数据表。在这个类中通过 Python 的代码替代

SQL 语句来创建、更新、删除、查询数据库中的记录。

（2）views.py 文件包含页面的业务逻辑（Business Logic），该文件里的函数通常被称为视图（View）。

（3）urls.py 文件描述了当浏览器网址指向某级的目录时，Python 解释器需要调用哪个视图去渲染网页。在上述示例中，/latest/URL 将会调用 latest_music()函数生成相应的视图。

（4）latest_music.html 文件则主要负责网页设计，一般会内嵌模板语言以实现网页设计的灵活性。

这 4 种文件以这种松散耦合的方式组成的模式是模型/视图/控制器（MVC）的一个基本范例。MVC 设计模式的定义如下所述。

- M（Model）：数据存取部分，由 Django 数据库层处理。
- V（View）：选择显示哪些数据及如何显示，由视图和模板处理。
- C（Controller）：根据用户输入选择视图的部分，由 Django 框架根据 URLConf（URL 配置），对给定 URL 调用适当的 Python 的相关函数。

由于 Django 框架会自动处理 Controller 的部分，Django 框架更关注的是模型、模板（Template）和视图，因此又被称为 MTV 框架。

- M：代表模型（Model），即数据存取层。
- T：代表模板（Template），即表现层。
- V：代表视图（View），即业务逻辑。

在 MTV 的框架模式中，Django 视图不处理用户输入，仅决定要给用户展现哪些数据；Django 模板仅决定如何展现 Django 视图指定的数据。换句话说，Django 将 MVC 中的视图进一步分解为 Django 视图和 Django 模板两部分，分别决定"显示哪些数据"和"如何显示"，使得 Django 的模板可以根据需要随时替换，而不仅限于内置的模板。

Django 框架的显著优点是 App 的每一部分分工明确，某一部分的改动不影响其他部分。比如，决定哪个 URL 网址目录调用哪个视图是在 urls.py 文件中实现的，而如何实现该视图则是在 views.py 文件中，所以这两个文件的开发工作可以互不干扰。

把这 4 种文件分开，前面 3 种用 Python 代码实现，latest_music.html 文件则由网页设计人员完成，这种方式会令代码更简洁、高效。

Django 提供了模板系统（Template System）来进一步实现这个目标。模板是定义了占位符和模板标签（Template Tag）的文本，它将网页的显示形式和内容分开，并使用占位符和模板标签提供各种逻辑来规范网页的显示。在使用 Django 开发的 App 的目录下，我们可以看到名称为 templates 和 templatetags 的目录，分别用来处理模板和模板标签。

在 Django 的设计哲学中，业务逻辑是与表现逻辑分开的。Django 视图是代表业务逻辑的，模板系统则被视为控制表现和与表现逻辑相关的工具。通常的用法是：视图向模板传入上下文（Context），模板利用传入的上下文渲染网页。所以视图负责得到上下文部分，模板负责显示上下文部分。这就是 Django 作为 Web 应用程序框架的基本哲学。

Django 遵循 DRY（Don't Repeat Yourself）原则，专注于代码的高度可重用。Horizon 秉承了这种哲学，致力于支持可扩展的控制面板的框架，尽可能地重复利用已有的模板开发和管理 OpenStack 网站。

基于 Django 的 Horizon 体系结构如图 11-1 所示。底层 API 模块 openstack_dashboard.api 将 OpenStack 其他项目的 API 封装起来以供 Horizon 其他模块调用。需要注意的是，该 API 模块只提供了其他项目 API 的一个子集。Horizon 将页面上的所有元素模块化，并将表单、表格等一些网页中常见的元素全部封装成 Python 类，如图 11-1 所示的 View 模块。每个这样的组件都有自己对应的 HTML 模板，在渲染整个页面时，Horizon 会先找到当前页面包含多少组件，并将各个组件分别渲染成一段 HTML 片段，最后将它们拼接成一个完整的 HTML 页面返回给浏览器。

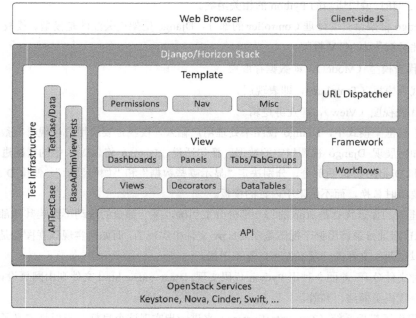

图 11-1　基于 Django 的 Horizon 体系结构

11.1.2　Horizon 网站布局

Horizon 界面如图 11-2 所示，这是一个由 Horizon 创建和维护的网站主页。在该界面的左侧，"Project""Identity"等按钮是 Horizon 项目所生成的与显示有关的上层对象实例，它们都是 OpenStack 网页的一个 Dashboard（仪表盘）。

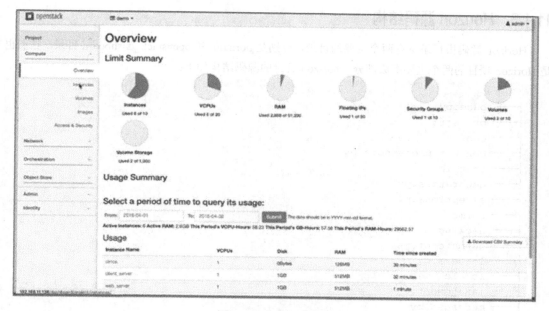

图 11-2　Horizon 界面

从图 11-2 中可以看到，Dashboard 的下一级包含"Compute""Orchestration"等按钮，这些是由 Horizon 生成的次一级的对象实例，叫作 PanelGroup。用户单击左侧的 Dashboard，就会出现类似于下拉菜单的 PanelGroup，而下拉菜单上的这些选项，如"Compute"下面的"Overview""Instances"等就是再次一级的对象实例 Panel。

界面的右侧是与 Panel 相关的显示区域，可以显示文本、表格、表单、工作流（Workflow）等。表格、表单和工作流大多都有 Action 或 Step 方法，可以和 Horizon 支持的各种 OpenStack Service 通过 API 进行交互，借此获取这些 Service 提供的信息并渲染在网页上，如获得正在运行的虚拟机的状态，或者驱动某些服务的动作，如让 Nova 服务器新建一个虚拟机等。

综上所述，Horizon 面板的设计分为 3 层：Dashboard、PanelGroup 和 Panel。目前 Horizon 源码中包含的 Dashboard 主要有 4 个。

- Project：普通用户在登录后看到的项目面板。
- Admin：管理员在登录后可见的，左侧的管理员面板。
- Settings：右上角的设置面板，可在此设置语言、时区，以及更改密码。
- Router：在配置文件中将 profile_support 打开可见的，Cisco nexus 1000v 的管理面板。

除了提供这些主要的网页界面功能，Horizon 还通过配置文件的各种选项控制网页的其他细节。比如，通过配置文件 local_settings.py 设置 OpenStack 主页上的 Logo 图片，或者指定这个主页的标题，如图 11-2 所示的界面左上角显示的"openstack"标识。

11.1.3　Horizon 源码结构

Horizon 源码根目录下有两个主要的目录，分别是 horizon 和 openstack_dashboard 目录，它们也是 Horizon 项目的两个主要组成部分。horizon 目录的源码结构如下：

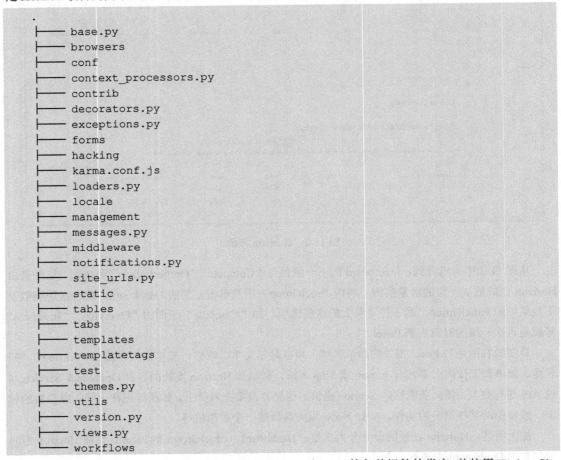

```
.
├── base.py
├── browsers
├── conf
├── context_processors.py
├── contrib
├── decorators.py
├── exceptions.py
├── forms
├── hacking
├── karma.conf.js
├── loaders.py
├── locale
├── management
├── messages.py
├── middleware
├── notifications.py
├── site_urls.py
├── static
├── tables
├── tabs
├── templates
├── templatetags
├── test
├── themes.py
├── utils
├── version.py
├── views.py
└── workflows
```

base.py 文件定义了 Horizon 模块中从 HorizonSite 到 Panel 的各种组件的类库，并使用 HorizonSite 类为整个项目实例化了一个 Horizon 对象。在 HorizonSite 之下的类依次是 Dashboard 类、PanelGroup 类和 Panel 类。

browsers（浏览器）、forms（表单）、tables（表格）、tabs（标签）和 workflows（工作流）等目录分别对应着不同的视图类实现。这些视图类继承了 Django 提供的通用视图（Django 的 Generic 库），既很好地利用了 Django 框架的可扩展性，又添加了新的视图特性，为网页的开发提供了更为精细、灵活的实现。当用户单击图 11-2 中的某个 Panel 时，右侧的界面上所显示的就是由这些视图类渲染的。

templates 和 templatetags 目录用于存放 Django 框架加载网页时用到的模板和模板标签。

Horizon 模块的实现充分利用了很多 Django 框架提供的高级特性。比如，context_processors.py 文件是一个自动设置相应 Context 上下文变量来解析模板的上下文处理器，它把 HORIZON_CONFIG 字典自动加载到 Context 上下文变量中并传递给模板。

loaders.py 文件帮助 Horizon 模块使用自定义的方式加载模板，而非使用 Django 自带的模板加载器来加载模板。

middleware 文件提供 Horizon 中间件，用来处理收到异常、网页请求及回应需要附加的动作。

decorators.py 文件用于方便地取得网页请求的当前组件和权限认证。

除 horizon 目录之外，另一个主要目录是 openstack_dashboard。如果把 horizon 目录中的各种实现当作积木，那么搭建好的"小房屋"就放在 openstack_dashboard 目录下。openstack_dashboard 目录的源码结构如下：

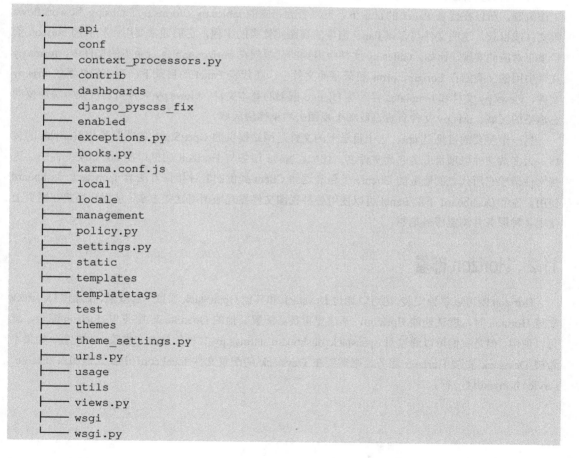

```
.
├── api
├── conf
├── context_processors.py
├── contrib
├── dashboards
├── django_pyscss_fix
├── enabled
├── exceptions.py
├── hooks.py
├── karma.conf.js
├── local
├── locale
├── management
├── policy.py
├── settings.py
├── static
├── templates
├── templatetags
├── test
├── themes
├── theme_settings.py
├── urls.py
├── usage
├── utils
├── views.py
├── wsgi
└── wsgi.py
```

在 openstack_dashboard 目录下，有一个重要的项目配置文件 settings.py，它是每个应用 Django 框架的项目所必需的配置文件。通常我们会使用它来指定项目部署的重要文件路径和方式。

dashboards 目录下的每个子目录都是项目的一个 Dashboard 实例。每个 Dashboard 实例都使用一个 dashboard.py 文件来声明。该文件把在 horizon/base.py 文件中声明的 Dashboard 类和下属的各种 PanelGroup 类实例化，并且将该 Dashboard 实例注册在全局的 Horzion 实例中。前面我们提到过，Horizon 实例是在 base.py 文件中声明过的 HorizonSite 类的实例。

每个 Dashboard 都可以拥有多组 PanelGroup。而对每个 PanelGroup 的实例化都声明了该 PanelGroup 下属的各个 Panel。Horizon 实行层层注册制度，每个 Dashboard 实例都注册在全局的 Horizon 实例中，每个它下属的 PanelGroup 都注册在该 Dashboard 中，而每个 Panel 都注册在它所属的 PanelGroup 中，每个 Panel 的名称都有对应的子目录。子目录的 panel.py 文件则实例化了对应的 Panel。Panel 类的声明也在 horizon/base.py 文件中。

在网页的实现上，单击 Panel 会触发网页主要区域的渲染，可能包括文本、表格、表单、标签或工作流等，所以在代表 Panel 的目录下，可以看到相应的 tables.py、forms.py、tabs.py 和 workflows 等文件或目录。这些文件包含该 Panel 渲染的视图实体类的实现，它们通常要用到相应的 horizon 子目录下对应的实现。比如，tables.py 文件中用到的父类就在 horizon/tables 目录下的文件中，forms.py 文件中用的父类则在 horizon/forms 目录下的文件中。在代表 Panel 的目录下，有我们熟悉的 urls.py 文件、views.py 文件和 templates 目录等 Django 框架的基本文件。views.py 文件负责渲染每块需要动态渲染的区域。urls.py 文件负责选取哪个视图去渲染哪块区域。

另一个重要的目录是 api。这个目录下的文件是网站提供的 OpenStack 各项服务与 Horizon 的接口，大多数文件以项目服务名为文件名。比如，Nova 服务与 Horizon 的接口在 nova.py 文件中。这些文件请求它所代表的服务的 Client，并包装这些 Client 提供的各种接口方法给 openstack_dashboard 使用。各个 Dashboard 下的 Panel 可以使用各种视图文件显式地调用这些方法，从而让用户在网页上使用各种服务并浏览服务信息。

11.2 Horizon 部署

Horizon 既可以单独安装，也可以通过 Devstack 和其他 OpenStack 项目一起安装。在通过 Devstack 安装 Horizon 时，默认使能 Horizon，不需要再费心配置其他的 OpenStack 服务与 Horizon 配合，就可以使用，但是我们可以通过对 openstack_dashboard/settings.py 文件的修改来更改一些配置。如果不希望 Devstack 安装 Horizon 服务，则需要在 Devstack 的配置文件 local.conf 中显式地加入 disable_service horizon 这一行。

1. 配置

openstack_dashboard/settings.py 文件是 Horizon 的主要配置文件。在这个配置文件中主要有 4 个方面的内容。

（1）常用配置：其中包括视觉设置，如模式背景样式、错误上报网址和主题配置；影响每项服务的设置，如 API 请求的页面大小，主要包括以下两个方面的内容。

① HORIZON_CONFIG 字典，字典里的选项用来规范 Horizon 项目的安装和配置。

- 静态地指定默认的 Dashboard 和 Dashboard 的加载顺序，由于与 Pluggable Settings（可插拔设置）冲突，因此不同时使用。Pluggable Settings 是新加入的特性，用来动态地加载网页的 Dashboard、PanelGroup 和 Panel。如果有了 Pluggable Settings 后，就不需要在这里静态指定。

- 含有这些 Pluggable Settings 的文件被放在两个目录下，分别是 openstack_dashboard/enabled 目录和 openstack_dashboard/local/enabled 目录。目录下的每个文件用来指定是否加载该 Dashboard。Horizon 在加载时网页时，会先寻找前面一个目录下的文件，并按字母顺序加载，同时后面目录里的文件可以覆盖前面目录里的文件的加载。这可以使开发者在不改变网页默认布局的同时，方便地添加或改变 Horizon 组件。如同 Dashboard 一样，PanelGroup 和 Panel 也可以使用同样的方式被轻松地添加或删除。

- 规范使用其他网页开发技术的细节，如 AJAX（Asynchronous JavaScript and XML）。AJAX 通过使用 JavaScript 的 XMLHttpRequest 对象，可以实现异步请求并支持更新部分网页内容而不重载整个网页。Horizon 指定了应用 AJAX 的一些限制，如连接数目和侦听频率等。而针对 AngularJS（一种网页开发技术端对端的框架），可以指定包含和加载它的模块。

- 与 openstack_dashboard 没有明确关联的一些其他配置选项。

② 除了 HORIZON_CONFIG 字典中的配置选项，常用配置还包含指定 API 返回的数据的显示数量、主题配置、API 版本配置、OpenStack Endpoint 类型配置、OpenStack Host 配置等。

（2）各服务相关的配置：Horizon 调用的许多服务（如 Nova 和 Neutron）都不会通过 API 暴露其功能和能力，因此 Horizon 允许 Operator 在 Horizon 中进行配置，以启用或禁用各服务的各种选项。

- Cinder：OPENSTACK_CINDER_FEATURES 可以用来使能 Cinder 的可选服务。现在仅支持使能 cinder-backup 服务。

- Glance：例如，HORIZON_IMAGES_UPLOAD_MODE 可以用来指定用户通过 Dashboard 上传镜像的模式，IMAGE_CUSTOM_PROPERTY_TITLES 可以用来指定用户自定义镜像属性时的标题等。

- Keystone：例如，OPENSTACK_KEYSTONE_BACKEND 包含用于识别身份的验证后端，OPENSTACK_KEYSTONE_URL 包含用于验证身份的 Keystone Endpoint 地址等。

- Neutron：例如，OPENSTACK_NEUTRON_NETWORK 可以用来支持可选的 Neutron 和配置

Neutron 具体提供的服务功能，ALLOWED_PRIVATE_SUBNET_CIDR 可以用来限制用户私有子网的 CIDR 范围等。

- Nova：例如，CONSOLE_TYPE 可以用来指定在浏览器页面中的 Console 的类型，LAUNCH_INSTANCE_DEFAULTS 可以用来提供在"启动实例"模态中找到的属性的默认值等。

- Swift：例如，SWIFT_FILE_TRANSFER_CHUNK_SIZE 可以用来指定从 Swift 下载的对象的块大小（以字节为单位）。

（3）Django 框架配置：包括所有 Django App 的通用设置中 Horizon 更改的配置。其他默认的配置可以参考 Django 官网的配置文档。

- INSTALLED_APPS：用于指定项目是由哪些 Django App 组成的，在这个字典里除了 Django 自带的一些通用的 App，还有 openstack_dashboard、horizon、openstack_auth 等 App，这些 App 组合起来实现了网站。

- ROOT_URLCONF：用于指定这个网站的所有网页的根 URL 地址是被记录在 openstack_dashboard/urls.py 文件中的。

- TEMPLATE_DIR：用于指定项目模板所在的根目录。

- MIDDLEWARE：用于指定项目用到的中间件，包括 Django 自带的中间件和 Horizon 实现的中间件。

- TEMPLATE_CONTEXT_PROCESSORS：用于指定项目需要使用哪些模板上下文处理器，除 Django 自带的之外，horizon 和 openstack_dashboard 目录中都实现了自己开发的模板上下文处理器。

- CACHED_TEMPLATE_LOADERS：用于指明项目需要使用的模板加载器，除了 Django 自带的，horizon 目录中还实现了自己的模板加载器，如果将 DEBUG 设置为 False，则这些模板加载器的输出将被缓存。

- STATICFILES_DIRS：用于指明项目中利用的其他网页设计框架包的所在路径。比如，angularjs、jquery 和 bootstrap 等。

（4）其他配置：前 3 条不包含的其他配置。

- Kubernetes 集群可以使用 Keystone 作为外部身份提供者。Horizon 可以从应用程序凭借控制面板生成 kubeconfig 文件，该文件可以用于通过 Kubernetes 集群进行身份验证。使用 KUBECONFIG_ENABLED 配置项可以启用此行为。

- KUBECONFIG_KUBERNETES_URL 用于指定 Kubernetes API 的 Endpoint。

- KUBECONFIG_CERTIFICATE_AUTHORITY_DATA 用于指定 Kubernetes API 端点的证书认证数据。

2. 测试

Horizon 的源码主要由 horizon 和 openstack_dashboard 目录两部分组成，这两部分分别实现了各自的测试用例组，我们可以分开测试这两部分的测试用例，也可以借助 Tox 工具同时测试这两部分的测试用例。

在 Horizon 项目源码的根目录下，有一个 tox.ini 文件，这个文件可以用来配置项目的基本信息和需要的测试环境。

通常在命令行下直接运行 tox 命令，即可运行所有的测试用例：

```
$ tox
```

如果要查看显示效果，则可以运行 Selenium 测试用例，它会自动打开 FireFox 浏览器（必须提前安装）：

```
$ tox -e selenium
```

也可以只测试 Horizon 源码目录中提供的各级 tests 目录下的文件。这些文件是开发者们撰写的单元测试文件。比如：

```
$ tox -e py37 horizon.test.tests.base
```

11.3 页面渲染流程

如图 11-2 所示的页面主要由各个 Dashboard、PanelGroup 和 Panel，以及单击 Panel 后渲染的页面组成，其中，单击 Panel 后渲染的页面的实现最为复杂。虽然各个页面的实现不尽相同，但还是有大致的脉络可循的，本节主要讲述这部分页面的一般渲染流程。

如果我们登录到一个用 Devstack 搭建的 OpenStack 网站，一般默认显示的是一个 Instance Overview 页面，如图 11-3 所示。可以看到，当前的 Dashboard 是"Project"，PanelGroup 是"Project"下的"Compute"，Panel 是"Compute"下的"Overview"。右侧的区域就是单击 Panel "Overview"渲染的页面部分。

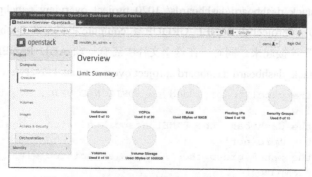

图 11-3　默认显示的 Instance Overview 页面

如前文所述，所有 Dashboard 的实现都位于 openstack_dashboard/dashboards 目录下。其中，名称为 project 的子目录就是 Dashboard "Project" 的实现，其中的 dashboard.py 文件声明了 Project 这个 Dashboard，并把它注册在 Horizon 的实例上：

```
class Project(horizon.Dashboard):
    name = _("Project")
    slug = "project"

    def can_access(self, context):
        request = context['request']
        has_project = request.user.token.project.get('id') is not None
        return super(Project, self).can_access(context) and has_project


horizon.register(Project)
```

该文件只是声明了 Dashboard 的名称，却没有指明该 Dashboard 包含哪些 PanelGroup 及默认显示的 Panel。原因在于，与旧版本相比，Horizon 所有的 PanelGroup 及 Panel 的注册统一都通过 Plugin 的方式进行，并将相关配置文件存放在 openstack_dashboard/enabled 目录下，而 openstack_dashboard/dashboards 目录只专注于 Panel 相关功能的实现。

例如，Dashboard "Project" 下属的 PanelGroup "Compute" 的声明就在 openstack_dashboard/enabled/_1010_compute_panel_group.py 文件中，其通过 PANEL_GROUP_DASHBOARD 变量将 PanelGroup "Compute" 连接于 Dashboard "Project"：

```
# The slug of the panel group to be added to HORIZON_CONFIG. Required.
PANEL_GROUP = 'compute'
# The display name of the PANEL_GROUP. Required.
PANEL_GROUP_NAME = _('Compute')
# The slug of the dashboard the PANEL_GROUP associated with. Required.
PANEL_GROUP_DASHBOARD = 'project'
```

PanelGroup "Compute" 包含若干个 Panel（见图 11-3）。以默认的 Panel "Overview" 为例，它的声明同样位于 openstack_dashboard/dashboards/_1020_project_overview_panel.py 文件中，并且通过 PANEL_DASHBOARD = 'project'和 PANEL_GROUP = 'compute'将自身和 Dashboard "Project" 下的 PanelGroup "Compute" 连接起来。同时，在这个文件中还有一项 ADD_PANEL 表示该 Panel Class 的具体实现位于'openstack_dashboard.dashboards.project.overview.panel.Overview'：

```
# The slug of the panel to be added to HORIZON_CONFIG. Required.
PANEL = 'overview'
# The slug of the dashboard the PANEL associated with. Required.
PANEL_DASHBOARD = 'project'
# The slug of the panel group the PANEL is associated with.
PANEL_GROUP = 'compute'
```

```
# If set, it will update the default panel of the PANEL_DASHBOARD.
DEFAULT_PANEL = 'overview'

# Python panel class of the PANEL to be added.
ADD_PANEL = 'openstack_dashboard.dashboards.project.overview.panel.Overview'
```

这个 Panel 类的实现很简单，首先声明一个 Panel 类 Overview，并将它注册到 Dashboard "Project" 中。代码中的父类和注册函数的实现都在 horizon/base.py 文件中：

```
class Overview(horizon.Panel):
    name = _("Overview")
    slug = 'overview'
    permissions = ('openstack.services.compute',)
```

页面的 URL 地址由 URLConf 来指定。在 overview 子目录下的 urls.py 文件指明了 URLConf，即浏览器所显示的地址中的目录使用 overview 模块中的哪个视图函数去渲染：

```
urlpatterns = patterns(
    'openstack_dashboard.dashboards.project.overview.views',
    url(r'^$', views.ProjectOverview.as_view(), name='index'),
    url(r'^warning$', views.WarningView.as_view(), name='warning'),
)
```

patterns()函数的第一个参数是使用字符串显式地表示该页面所用的通用视图函数前缀，该字符串中的 "." 可以当作 "/"，它指出了当前要用到的视图函数都在模块文件 openstack_dashboard/dashboards/project/overview/views.py 中。

patterns()函数中的参数 url()以 Python 元组为参数，定义了要显示的 URL 网页目录和对应视图函数的映射，这也被称为一个 URLpattern。该元组中的第一个参数表示使用正则表达式匹配网页目录的字符串，第二个参数表示该页的内容由视图函数 ProjectOverview.as_view()提供，第三个参数则是传递给该视图函数使用的参数。这两个 URLpattern 表示单击 Panel "Overview" 后收到的请求可能在网页浏览器中显示两个地址：一个是当前根目录；另一个是根目录下名称为 warning 的子目录。在指定目录下的 views.py 文件中查看这两个视图函数的实现：

```
from horizon import views

class WarningView(views.HorizonTemplateView):
    template_name = "project/_warning.html"
```

先看第二个 URLpattern 对应的视图函数，它相对简单，几乎没有包含任何 Horizon 的实现。WarningView 类继承自 Django 的 TemplateView 类。对于 Horizon 来说，TemplateView 也可以算是模板渲染机制的一个基类。可以参考 Django 包中的源码，如 django/views/generic/base.py 等文件，看看 Django 如何使用模板实现视图的机制。

在 Django 框架中，视图就是一个 Python 函数，它接收 HttpRequest 的参数，并返回 HttpResponse 对象。Django 在得到这个返回对象后，会将它转换成对应的 HTTP 响应，并显示网页内容。

为了使代码具有更高的可重复性，Django 实现了模板系统，把原始视图的参数、返回值及转换响应等实现都包装成了各种类和方法，TemplateView 类就是其中之一，在 URLpattern 中出现的 WarningView.as_view()等视图函数是 TemplateView 类继承的父类中的方法。在这个例子中，因为只需显示一个静态网页，只要继承 TemplateView 类，再提供一个名称为 template_name 的 attribute，并由它指定该类使用的具体的模板名称，就是要加载的网页名称，一切就完成了。当用户请求的网址是"根目录/warning"时，Django 就会调用基类的 as_view()方法将这个网页显示出来。

与第二个 URLpattern 对应的视图函数相比，第一个视图函数的实现要复杂一些。例如：

```
class ProjectOverview(usage.UsageView):
    table_class = usage.ProjectUsageTable
    usage_class = usage.ProjectUsage
    template_name = 'project/overview/usage.html'
    csv_response_class = ProjectUsageCsvRenderer

    def get_data(self):
        super(ProjectOverview, self).get_data()
        return self.usage.get_instances()
```

视图类 ProjectOverview 声明了视图函数使用的模板名称，属性 template_name 被指定为 project/overview/usage.html。这个稍微复杂的模板的内容如下：

```
{% extends 'base.html' %}
{% load i18n %}
{% block title %}{% trans "Instance Overview" %}{% endblock %}

{% block main %}
    {% include "horizon/common/_limit_summary.html" %}

    {% if simple_tenant_usage_enabled %}
        {% include "horizon/common/_usage_summary.html" %}
        {{ table.render }}
    {% endif %}
{% endblock %}
```

我们知道，Django 的模板用于生成 HTML 文件和其他各种基于文本格式的文档。模板中通常包含变量和标签。变量用两个大括号括起来——{{ }}，标签用一个大括号和一个百分号括起来——{% %}。

Django 模板系统支持模板继承与重载。在上面的模板里，"{% extends %}"标签表明继承一个基础模板 base.html，整个网站的大部分网页都继承自这个基础模板。"{% block title %}""{% block main %}"标签分别表示该模板要重载基础模板网页中有这两个标签的网页部分。"{% include %}"标签表示在网页的当前位置上包含其他的模板渲染。在"{% block main %}"标签中通常显示的是网页的主体内容，在这里我们可以看到"{{ table.render }}"，这表示网页的这部分需要调用一个表格实例的 render()方法来渲染。在该模板中，simple_tenant_usage_enabled 是一个与该视图相关的上下文变量，"{% if %}"标签表示要依据这个变量的值选择该网页是否使用这个表格实例去渲染。

现在我们知道了当前网页视图的主要渲染内容其实是一个表格，下面来看 Horizon 模块中实现表格视图的流程。在本例中，入口函数是 ProjectOverview.as_view()，as_view()方法在 Django 提供的视图基类（/usr/local/lib/python3.6/dist-packages/django/views/generic/base.py 文件）中实现：

```python
class View:
    @classonlymethod
    def as_view(cls, **initkwargs):
        # 请求与回应的主要入口点
        for key in initkwargs:
            if key in cls.http_method_names:
                raise TypeError("You tried to pass in the %s method name as a "
                                "keyword argument to %s(). Don't do that."
                                % (key, cls.__name__))
            if not hasattr(cls, key):
                raise TypeError("%s() received an invalid keyword %r. as_view "
                                "only accepts arguments that are already "
                                "attributes of the class." % (cls.__name__, key))

        def view(request, *args, **kwargs):
            self = cls(**initkwargs)
            if hasattr(self, 'get') and not hasattr(self, 'head'):
                self.head = self.get
            self.setup(request, *args, **kwargs)
            if not hasattr(self, 'request'):
                raise AttributeError(
                    "%s instance has no 'request' attribute. Did you override "
                    "setup() and forget to call super()?" % cls.__name__
                )
            return self.dispatch(request, *args, **kwargs)
        view.view_class = cls
        view.view_initkwargs = initkwargs

        # take name and docstring from class
        update_wrapper(view, cls, updated=())

        # and possible attributes set by decorators
        # like csrf_exempt from dispatch
        update_wrapper(view, cls.dispatch, assigned=())
        return view

    def setup(self, request, *args, **kwargs):
```

```
        """Initialize attributes shared by all view methods."""
        self.request = request
        self.args = args
        self.kwargs = kwargs

    def dispatch(self, request, *args, **kwargs):
        if request.method.lower() in self.http_method_names:
            handler = getattr(self, request.method.lower(), self.http_method_
not_allowed)
        else:
            handler = self.http_method_not_allowed
        return handler(request, *args, **kwargs)
```

as_view()方法将 HTTP 请求和传递给视图函数的参数一并传递给 view()方法，最后调用 dispatch()方法把 HTTP 请求中相应的请求绑定到该视图类 ProjectOverview 的方法中。在本例中，dispatch()方法调用的 handler()函数实际上是调用了 ProjectOverview 类实例的 get()方法。

在前面的视图代码中，ProjectOverview 类继承了 UsageView 类。ProjectOverview 类声明了 3 个属性，一个属性是 table_class，它是一个表格类；另外两个属性是 usage_class 和 csv_response _class。此外还定义了一个 get_data()方法。不过这个类并没有实现 as_view()方法中要调用的 get()方法。

UsageView 类的实现是在 openstack_dashbaord 目录下的 Usage 模块中。该模块的主要文件有 views.py、base.py 和 table.py。views.py 文件中是视图类 UsageView 的实现，下面是它的声明和初始化函数：

```
from horizon import exceptions
from horizon import tables
from openstack_dashboard import api
from openstack_dashboard.usage import base


class UsageView(tables.DataTableView):
    usage_class = None
    show_deleted = True
    csv_template_name = None
    page_title = _("Overview")

    def __init__(self, *args, **kwargs):
        super(UsageView, self).__init__(*args, **kwargs)
        ...
```

UsageView 类继承自 horizon.tables.views.DataTableView 类，UsageView 类的初始化函数调用的是它的父类 DataTableView 的初始化函数。DataTableView 类继承自 MultiTableView 类，MultiTableView 类又继承自 MultiTableMixin 类和 Django 中的 generic.TemplateView 类。最后这个初始化函数的任务

是给类的各种关键属性赋初值。

在收到 HTTP 请求之后，只有 ProjectOverview 类的一个父类 MultiTableView 实现了处理 HTTP 请求的 GET 和 POST 操作，就是下面这个 get()方法：

```
class MultiTableView(MultiTableMixin, generic.TemplateView):
    def get(self, request, *args, **kwargs):
        handled = self.construct_tables()
        if handled:
            return handled
        context = self.get_context_data(**kwargs)
        return self.render_to_response(context)
```

本例中的 get()方法是一个表格视图类的方法。它在收到请求后的第一件事就是，得到该视图要渲染的表格，所以它调用了 construct_tables()方法：

```
    def construct_tables(self):
        tables = self.get_tables().values()
        for table in tables:
            preempted = table.maybe_preempt()
            if preempted:
                return preempted
        for table in tables:
            handled = self.handle_table(table)
            if handled:
                return handled
        return None
```

construct_tables()方法调用 get_tables()方法去得到它的子类声明的表格对象。通过继承关系可以看出，调用的是 DataTableView 类的 get_tables()方法：

```
    def get_tables(self):
        if not self.table_class:
            raise AttributeError('You must specify a DataTable class for the '
                                 '"table_class" attribute on %s.'
                                 % self.__class__.__name__)
        if not hasattr(self, "table"):
            self.table = self.table_class(self.request, **self.kwargs)
        return self.table
```

该方法又调用 get_table()方法获取视图所对应的表格类名与类实例的映射，表格的类名是从哪里来的呢？当前使用的视图类是 ProjectOverview，在这个类中声明了 table_class 是 Usage 模块中的 ProjectUsageTable 类，该类的声明在 openstack_dashboard/usage/tables.py 文件中：

```
class ProjectUsageTable(BaseUsageTable):
    instance = tables.Column('name',
                             verbose_name=_("Instance Name"),
                             link=get_instance_link)
```

```
…
class Meta:
    name = "project_usage"
    hidden_title = False
    verbose_name = _("Usage")
    columns = ("instance", "vcpus", "disk", "memory", "uptime")
    table_actions = (CSVSummary,)
    multi_select = False
```

这段代码声明了 ProjectUsageTable 类继承自 BaseUsageTable 类。它声明了一个成员类 Meta。Meta 类描述了该表格类的基本信息，包括表格类的名称，该表格包含的 column 的名称和表格的响应动作等属性。对于 Horizon 的实现来说，很多类似的视图渲染的实体类都有这样的 Meta 类，它一般存放的是该实体类抽象出来的特殊属性。从这段代码中可以找出上述 get()方法想要获取的表格类对应的 Meta 类名称。

下面是 horizon.tables.views.DataTableView 类里 get_table()函数的实现：

```
def get_table(self):
    if not self.table_class:
        raise AttributeError('You must specify a DataTable class for the '
                             '"table_class" attribute on %s.'
                             % self.__class__.__name__)
    if not hasattr(self, "table"):
        self.table = self.table_class(self.request, **self.kwargs)
    return self.table
```

这段代码会先进行属性检查,如果该视图类属性里的 Table 实例还没有生成,则先实例化该 Table 类。openstack_dashboard.usage.tables.ProjectUsageTable 类继承自 BaseUsageTable 类，BaseUsageTable 类又继承自 horizon.tables.base.DataTable 类，具体的表格类实现包括 row、cell 的实现及相应的 action 动作，这里我们只分析源码的走向，下面是 DataTable 类的实例化代码：

```
def __init__(self, request, data=None, needs_form_wrapper=None, **kwargs):
    self.request = request
    self.data = data
    self.kwargs = kwargs
    self._needs_form_wrapper = needs_form_wrapper
    self._no_data_message = self._meta.no_data_message
    self.breadcrumb = None
    self.current_item_id = None
    self.permissions = self._meta.permissions
    self.needs_filter_first = False
    self._filter_first_message = self._meta.filter_first_message

    columns = []
    for key, _column in self._columns.items():
```

```
        column = copy.copy(_column)
        column.table = self
        columns.append((key, column))
    self.columns = collections.OrderedDict(columns)
        self._populate_data_cache()

    for action in self.base_actions.values():
        action.associate_with_table(self)

    self.needs_summary_row = any([col.summation
                                  for col in self.columns.values()])
```

这段代码可以初始化表格的相关属性和数据，比如，传入的 HTTP 请求，访问表格所需的权限，该表格里是否有表单等。该代码还将前面两个父类 ProjectUsageTable 和 BaseUsageTable 里分别声明的多个 column 整合在自己的 columns 变量中，和表格相关的动作 action 也在这里与表格关联。

在表格的初始化动作完成后，视图类 horizon.tables.views.DataTableView 就关联到它要渲染的表格实体类了。随着函数调用的回滚，代码流会回到 horizon.tables.views.MultiTableView 类的 construct_tables()方法中。至此，表格类已经具备，现在我们要考虑的是如何获取该表格的数据。在前面已经列出的 construct_tables()方法中，horizon.tables.base.DataTable 类的 maybe_preempt()方法用于检测表格的数据是否已经加载过了，如果没有，则通过父类 MultiTableMixin 的 handle_table()方法加载表格数据并依次调用表格的处理函数：

```
def handle_table(self, table):
    name = table.name
    data = self._get_data_dict()
    self._tables[name].data = data[table._meta.name]
    self._tables[name].needs_filter_first = self.needs_filter_first(table)
    self._tables[name]._meta.has_more_data = self.has_more_data(table)
    self._tables[name]._meta.has_prev_data = self.has_prev_data(table)
    handled = self._tables[name].maybe_handle()
    return handled
```

最后，handle_table()方法调用视图类的_get_data_dict()方法以获取该表格的数据。_get_data_dict()方法在 DataTableView 视图类里实现如下：

```
def _get_data_dict(self):
    for table in self.table_classes:
        data = []
        name = table._meta.name
        func_list = self._data_methods.get(name, [])
        for func in func_list:
            data.extend(func())
        self._data[name] = data
    return self._data
```

如上述代码所示，self._data 是一个指定表格类名称为 key 值的数据字典。这会调用该视图类的 get_data()方法。当前的表格元类的属性名称是 project_usage。视图类 DataTableView 没有实现 get_data()方法，它的子类 ProjectUsageView 实现了该方法：

```
class ProjectOverview(usage.UsageView):
    def get_data(self):
        data = super(ProjectOverview, self).get_data()
        try:
            self.usage.get_limits()
        except Exception:
            exceptions.handle(self.request,
                              _('Unable to retrieve limits information.'))
        return data
```

使用 super()函数回滚追踪到视图类 DataTableView 的父类 UsageView：

```
class UsageView(tables.DataTableView):
    def get_data(self):
        try:
            project_id = self.kwargs.get('project_id',
                                         self.request.user.tenant_id)
            self.usage = self.usage_class(self.request, project_id)
            self.usage.summarize(*self.usage.get_date_range())
            self.usage.get_limits()
            self.kwargs['usage'] = self.usage
            return self.usage.usage_list
        ...
```

视图类 ProjectOverview 要渲染的表格的数据来源是另一个专门处理 Usage 数据的类。ProjectUsageView 声明了两个类，即 table class 和 usage_class。usage_class 类名是 ProjectUsage，它又以 BaseUsage 为父类。在上述代码中，usage_class 的初始化和取得 Usage 信息的种种实现都在 openstack_dashboard/usage/ base.py 文件中。这些信息一般都关系到 OpenStack 的其他服务，比如，self.usage.get_limits()方法用来获取 OpenStack 网站提供的各种资源的限制，根据它的代码来看它的实现：

```
class ProjectUsage(object):
    def get_limits(self):
        self.limits = quotas.tenant_quota_usages(self.request)
```

上述代码调用了 openstack_dashboard/usage/quotas.py 文件中的 tenant_quota_usages()函数，这个函数又分别调用了 Nova、Neutron、Cinder API，以获得当前租户在每个服务下的配额：

```
@profiler.trace
@memoized
def tenant_quota_usages(request, tenant_id=None, targets=None):
    if not tenant_id:
        tenant_id = request.user.project_id
```

```
        disabled_quotas = get_disabled_quotas(request, targets)
        usages = QuotaUsage()

        futurist_utils.call_functions_parallel(
            (_get_tenant_compute_usages,
             [request, usages, disabled_quotas, tenant_id]),
            (_get_tenant_network_usages,
             [request, usages, disabled_quotas, tenant_id]),
            (_get_tenant_volume_usages,
             [request, usages, disabled_quotas, tenant_id]))
        return usages
```

至此，ProjectOverview 类要渲染的表格实例已经获得了要显示的数据，并且前文提到的视图类的构造表格的 construct_tables()方法已经执行完。通过代码回滚可知，调用这个函数的是视图类 MultiTableView 的 get()方法，这是本次 HTTP 请求的入口点。在表格数据准备好之后，就需要处理网页的渲染：

```
class MultiTableView(MultiTableMixin, generic.TemplateView):
    def get(self, request, *args, **kwargs):
        handled = self.construct_tables()
        if handled:
            return handled
        context = self.get_context_data(**kwargs)
        return self.render_to_response(context)
```

在 Django 框架的模板系统中，模板中的变量是通过参数 context 传递的。在使用模板渲染网页之前，必须为模板中的变量赋值。所以，下面需要把前面代码中准备的数据赋值给 Context 中指定的上下文变量。

调用 get_context_data()方法，这是为模板准备 Context 上下文的方法。视图类 ProjectOverview 没有实现该方法，调用的是视图类 UsageView 的 get_context_data()方法。该方法把能在该视图类中获取的数据按 key 值赋给 Context 中的变量，再用 super()函数回滚调用父类的 get_context_data()方法，为每个父类获得的 Context 中的变量赋值，并一直回滚到 Django 的基类，最后得到一个 Django 能够处理的完整的 Context 上下文：

```
class UsageView(tables.DataTableView):
    def get_context_data(self, **kwargs):
        context = super(UsageView, self).get_context_data(**kwargs)
        context['table'].kwargs['usage'] = self.usage
        context['form'] = self.usage.form
        context['usage'] = self.usage
        try:
            context['simple_tenant_usage_enabled'] = \
```

```
                    api.nova.extension_supported('SimpleTenantUsage', self.request)
        except Exception:
            context['simple_tenant_usage_enabled'] = True
    return context
```

这个例子中的 Context 上下文字典如图 11-4 所示。

```
context:
{'project_usage_table': <ProjectUsageTable: project_usage>,
 'form': <horizon.forms.base.DateForm object at 0x7faa88373e10>,
 'simple_tenant_usage_enabled': True,
 'usage': <openstack_dashboard.usage.base.ProjectUsage object at 0x7faa88373f50>,
 'table': <ProjectUsageTable: project_usage>,
 u'view': <openstack_dashboard.dashboards.project.overview.views.ProjectOverview object at 0x7faa88390c90>}
```

图 11-4　Context 上下文字典

当前 Horizon 要加载的模板文件里主要有两个变量需要 Context 上下文提供参数：一个是 simple_tenant_usage_enabled；另一个是 table.render。前一个变量在 Context 中已经被赋值为 True，后一个变量表示要调用 Context 变量中的 Table 实例的 render()方法。在本例中，该 Table 实例在 Context 中也已经被赋值，Django 在调用模板渲染时就会调用该 Table 实例的 render()方法。

在获取模板的 Context 上下文之后，代码要流向 Django 提供的模板渲染机制，本例中一次性地载入了模板，渲染，最后返回了 HttpResponse。查看上文视图类 UsageView 显示的 render_to_response()方法：

```
class UsageView(tables.DataTableView):
    def render_to_response(self, context, **response_kwargs):
        if self.request.GET.get('format', 'html') == 'csv':
            render_class = self.csv_response_class
            response_kwargs.setdefault("filename", "usage.csv")
        else:
            render_class = self.response_class
        context = self.render_context_with_title(context)
        resp = render_class(request=self.request,
                            template=self.get_template_names(),
                            context=context,
                            content_type=self.get_content_type(),
                            **response_kwargs)
        return resp
```

这段代码根据收到的 HttpRequest 的内容选择渲染类。如果请求的是 CSV 文件格式，就选择 csv_response_class 类作为渲染类，该类在 ProjectOverview 类中被声明过，否则选择 Django 提供的渲染类——django.template.response.TemplateResponse 类。它的主要参数是该网页的请求、模板名称和网页内容的类型等。接下来，Django 会加载这个模板，调用该模板中的 table.render()方法。

下面简单说明一下模板的加载。前文提到过，Horizon 可以提供自己的模板加载器，主要用来加载 Dashboard 下各个 Panel 模块的模板，该加载器存放在 openstack_ dashboard/settings.py 文件的 TEMPLATE_LOADERS 变量下：

```
TEMPLATE_LOADERS = (
    'django.template.loaders.filesystem.Loader',
    'django.template.loaders.app_directories.Loader',
    'horizon.loaders.TemplateLoader'
)
```

当各个 Dashboard 注册它所属的 Panel 时，会把模板的 templates 目录拼接在 Panel 所在的路径上，并将这个路径记录到全局的 panel_template_dirs 变量中。本例中用到的模板文件名在 ProjectOverview 类中被声明为 project/overview/usage.html。Django 如何找到这个模板呢？可以查看 horizon/loaders.py 文件中 TemplateLoader 的实现，它将模板的名称以 "/" 为界分成 Dashboard 名、Panel 名及文件名 3 部分。先以 dashboard/panel 为 key 值，在 panel_template_dirs 变量中查找到相应的模板路径名后，再拼接上文件名。其实就是把模板生成的路径与模板加载的方法进行了一个简单映射。

在本例中，table.render()方法是调用的父类 horizon.tables.base.DataTable 的 render()方法：

```
def render(self):
    table_template = template.loader.get_template(self._meta.template)
    extra_context = {self._meta.context_var_name: self,
                    'hidden_title': self._meta.hidden_title}
    return table_template.render(extra_context, self.request)
```

实际上，这个方法又加载了它自己的模板，这是 Horizon 模块为 DataTable（数据表格类）提供的通用模板。将 self._meta.template 赋值为 horizon/common/_data_table.html，将模板存放在 horizon/ templates/horizon/common 目录下：

```
{% load i18n %}
{% with table.needs_form_wrapper as needs_form_wrapper %}
<div class="table_wrapper">
  {% if needs_form_wrapper %}<form action="{{ table.get_full_url }}"
method="POST">{%csrf_token%}{% endif %}
  {% with columns=table.get_columns rows=table.get_rows %}
{% block table %}
  <table id="{{ table.slugify_name }}" class="{% block table_css_classes %}tab>
  <thead>
  {% block table_caption %}
    <tr class='table_caption'>
      <th class='table_header' colspan='{{ columns|length }}'>
        <h3 class='table_title'>{{ table }}</h3>
        {{ table.render_table_actions }}
      </th>
    </tr>
  {% endblock table_caption %}
```

这个模板规范了 Horizon 生成的网站渲染的数据表格的具体样式，看起来有些复杂。模板中大量调用了通过 Context 上下文传递的 Table 实例的各种方法，从而实现了 row、column、cell、action、caption、footer 等表格元素的渲染。DataTable 类中的主要代码就是这些方法的实现。除了这个模板，这个目录下还提供除表格外的一些其他渲染实体的基本模板，如表单、工作流、标签等。

　　至此，我们就可以看见网页上 Panel "Overview" 显示的页面内容了。

容器

从 2013 年开始，容器技术随着 Docker 的出现迅速成为广大互联网厂商的首选平台服务。虽然 Docker 技术并不是十分完善与稳定的，但容器技术在未来的发展趋势势不可挡。

随着容器技术的发展，容器与云基础架构的结合受到越来越多的关注，OpenStack 也在不断发展，以对其进行支持。为了更好地说明容器为何如此广受关注，OpenStack 基金会于 2015 年发布了名为《探索基于：容器与 OpenStack》的白皮书，详细地介绍了在 OpenStack 中容器的价值，并给出了容器的使用案例。

12.1 容器技术

容器技术又被称为操作系统级别的虚拟化技术，与虚拟化技术相比，两者都支持资源的隔离访问，但从原理上来说有根本的不同。容器系统不需要运行客户机操作系统，它可以共享主机操作系统的内核，利用各种操作系统级别的隔离技术实现容器之间资源的隔离访问。

容器技术并不是新兴的技术，UNIX 在 1972 年就提出通过 chroot 修改操作系统根目录，并隔离其他进程访问的方式来提供磁盘的隔离，这是容器技术的雏形。2013 年，随着 Docker 容器技术的出现，其提供的容器镜像制作与发布方式有改变软件发布方式的趋势，使得运维更加容易和方便，软件的可维护性大大增强，容器技术再次引起了人们的重视。除了 Docker 容器技术，还有一些其他容器技术，包括 Ubuntu 的 LXC/LXD，CloudFoundry 的 Warden，CoreOS 公司出品的 Rocket，以及其他使用虚拟机方式运行容器的 Intel Clear Container 项目，国内创业公司 Hyper 的 Hyper Container 等。随着近年来的逐步发展和进化，容器技术开始在生产环境中被大批量部署并应用于各种服务。

12.1.1 容器的原理

容器技术的核心是资源隔离，同时共享内核空间内某些系统在运行时的数据，但最终访问系统硬件资源还是通过主机的内核完成的。在现代 Linux 内核中，容器使用了以下技术。

- 用户/组特权隔离：通过对应用进程设置不同的用户 ID 或组 ID 来实现资源访问的限制。即 A 用户创建的资源（文件、目录等）对 B 用户不可见。
- 文件系统隔离：使用 chroot 的方式对文件系统进行隔离。

- 控制组资源隔离：cgroup 提供了对操作系统内存、CPU、I/O 资源使用的限制，可对某一进程所能获得的最大资源进行限制。

目前，在 Linux 内核中已经实现了多种可用于容器隔离技术的命名空间。

- Mount 命名空间：提供 Linux 目录挂载点的隔离访问。
- UTS 命名空间：为容器提供主机名和域名的隔离。
- IPC 命名空间：用于隔离不同进程间的通信。
- PID 命名空间：对进程空间进行隔离，使得不同命名空间的两个进程可以有多个相同的进程号。
- Network 命名空间：隔离不同容器的网络，使得不同容器可以具有相同的网络资源，如同一主机上的两个容器在自己的 Network 命名空间中可以看到相同的端口号。
- User 命名空间：可以在新的用户命名空间中创建拥有特权的超级用户。比如，特权用户的 User ID 是 0，当创建新的容器实例时，在新的用户空间中，用户的 User ID 也可以是 0，在容器内部，此用户是特权用户；而在容器外部，该用户仍然是普通用户。

12.1.2 常见的容器集群管理工具

我们可以在单独主机上使用容器来运行应用程序，然而对于企业用户或数据中心而言，若想要大规模部署和使用容器，必须使用得心应手的集群管理工具来提供各种企业级的服务支撑。

随着 Docker 将容器技术的易用性进行不断提升，用于 Docker 容器的管理工具应运而生。这里仅介绍几种目前主流的集群管理工具：Docker Swarm、Kubernetes 和 Mesos。

1. Docker Swarm

Docker Swarm 是 Docker 公司推出的 Docker 容器集群管理工具。通过 Docker Swarm，管理员可以将多台 Docker 主机组成一个 Docker 容器集群，就像使用一台 Docker 主机一样使用整个 Docker 容器集群。

Docker Swarm 的系统架构如图 12-1 所示。Docker Swarm 包含了一个或多个 HA 模式的 Swarm Master 节点，以及多个 Swarm Node 节点。Swarm Master 节点包含了集群的管理功能，如新建容器的调度策略、集群健康监控等。Swarm Master 节点通过与 Swarm Node 的特定 TCP 或 HTTP 服务端口号（2378）进行通信来控制 Swarm Node 节点。

Docker Swarm 集群的优点是，集群管理员可以使用 Docker 客户端直接访问 Docker Swarm 集群的服务端口来控制整个集群，其中，Docker Swarm 的 API 几乎完全兼容原生的 Docker API。

在 Docker 1.12 版本之前，如果想使用 Docker Swarm 集群，则除了需要在各节点安装 Docker Engine 服务，还需要单独部署 Swarm Master 和 Swarm Node 服务。从 Docker 1.12 版本开始，Docker Swarm 的功能已经被集成到 Docker Engine 服务中，我们只需要开启 Swarm 模式，不需要安装额外的 Docker Swarm 服务就可以直接组建 Docker 集群。

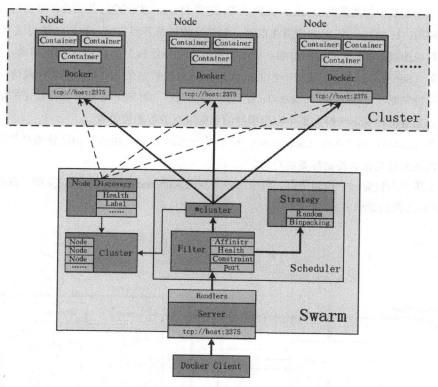

图 12-1　Docker Swarm 的系统架构

2. Kubernetes

Kubernetes 是谷歌公司推出的开源大规模集群管理工具。Kubernetes 一词源于希腊语，它的含义是舵手，相对于 Docker 的集装箱含义，Kubernetes（舵手）象征着对 Docker 的完美控制。

Kubernetes 自 2014 年 6 月由谷歌宣布开源到现在，已经有包括微软、红帽、IBM 等在内的诸多 IT 巨头加入社区贡献行列。谷歌于 2015 年 7 月宣布加入 OpenStack 基金会，希望把容器技术带入 OpenStack，用于提高公有云和私有云的互操作性。

为了更方便地应用于大规模部署和管理，Kubernetes 为 Docker 容器提出了更高层次的抽象，包含节点（Node）、Pod、服务（Service）、备份控制器（Replication Controller）、标签（Label）和选择器（Selectors）等。

- 节点：也可以称为 Slave（之前称为 Minion），是运行 Pod 实例的载体，可以为物理机或虚拟机。

- Pod：Kubernetes 集群中控制和管理的最小单元。它是对运行的应用的抽象，通常一个 Pod 由一个或多个相关联的 Docker 实例组成，这些 Docker 实例通过共同协作来实现一个业务上的应用。比如，一个 Web 服务由前端、后端和数据服务器构成，我们创建的这个 Web 服务器对应的就是 Pod，由对应前端、后端和数据库服务器的 3 个 Docker 实例构成。
- 服务（Service）：对应用更进一步的抽象。Service 提供的是 Pod 的入口访问及访问策略。
- 备份控制器（Replication Controller）：用于保证在同一时刻 Pod 能够维持特定的数目。用户可以把备份控制器理解为整个容器集群的全部节点进程的监督者。
- 标签（Lable）和选择器（Selectors）：标签是一组键/值对，用来标识创建的对象的属性。选择器用来过滤带有特定标签的对象。

图 12-2 所示为包含一个控制节点、两个工作节点的 Kubernetes 集群的系统架构，我们可以清楚地看到各组件之间的逻辑关系。

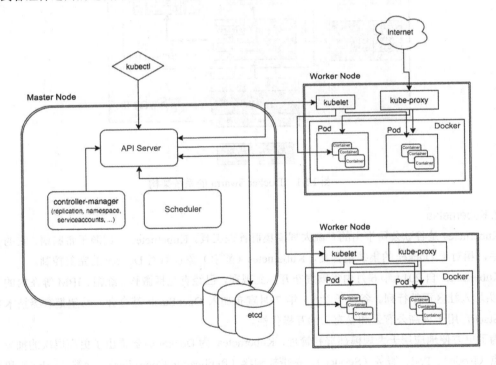

图 12-2　Kubernetes 集群的系统架构

Master Node 提供了管理整个 Kubernetes 集群的功能，是所有管理员控制集群的入口，并提供了 Worker Node 的编排。Master Node 包含了以下组件。

- API Server：提供 RESTful API 服务，用于处理 RESTful API 请求、参数验证等，相应的处理请求将会被持久化到 Kubernetes 的数据库中。
- etcd：etcd 是一个分部署的一致性键/值对数据库，用于提供 Kubernetes 组件之间的配置信息的共享。
- Scheduler：集群调度器。
- controller-manager：一个守护进程，可以运行多个不同的控制器，如备份控制器（Replication Controller）。

Worker Node 接收 Master Node 发送的指令，用于部署和运行 Pod，负责下载容器运行所需要的镜像文件和启动容器。它包含以下组件。

- kubelet：接收 API Server 创建 Pod 的请求，并保证容器一直处于运行状态，同时与 etcd 通信以获取服务的状态及汇报新建服务的状态。
- kube-proxy：提供工作节点上的网络代理及负载均衡的功能。
- Docker：负责下载镜像及启动容器。

Kubernetes 操作的是软件应用级别而不是硬件级别，它提供了 PASS 的基本功能，如应用的部署扩展、负载均衡、监控等，而且 Kubernetes 提供的插件机制使得用户可以根据实际需求进行灵活部署。

3. Mesos

Mesos 是一个基于 Apache 协议开发的分布式计算内核。在 Docker 容器发布之前就已经诞生并存在相当长的一段时间了。它的本质是一个分布式计算框架，类似于 Linux 内核提供了对单机的资源管理，Mesos 提供了对多台物理机组成的集群的资源分配。在 Mesos 框架下，Linux 操作系统与分布式操作系统的对比如表 12-1 所示。

表 12-1　Linux 操作系统与分布式操作系统的对比

	Linux 操作系统	分布式操作系统
资源管理	Linux Kernel	Mesos
应用执行	Linux Kernel	Docker
进程管理	Init.d	Marathon、Chronos
进程/应用间通信	管道、套接字、IPC	消息队列
文件系统	Linux 文件系统	各种分布式文件系统

Mesos 生态更关注的是如何对多主机的资源进行调配，其中 Mesos 相当于分布式系统的核心，Mesos 的系统架构如图 12-3 所示，Mesos Master 负责资源的分配，Mesos Slave 负责应用程序的执行

与资源使用情况的上报，ZooKeeper 提供了高可用模式下的消息传递。在整个框架之上，通过 Marathon、Chronos 等软件来进行应用程序生命周期的管理。

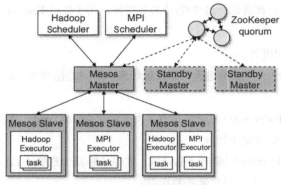

图 12-3　Mesos 的系统架构

基于 Mesos，Mesosphere 公司推出了数据中心操作系统 DC/OS，它是一整套以 Mesos 为中心的工具集，用来支持整个数据中心资源的池化及管理，提供一整套数据中心解决方案。

Docker Swarm、Kubernetes 及 Mesos 三种工具（集）都是用来驱动 Docker 容器的，分别从不同层面有各自的用途及特点。

- Docker Swarm 提供了对 Docker API 的完全兼容，将单一主机的容器运行扩展到多台主机组成的集群。
- Kubernetes 提出了新的应用程序管理的抽象，简化了应用的运维部署。
- Mesos 则是新型的分布式数据中心系统。

12.2　容器与 OpenStack

随着容器技术的飞速发展，有关"容器技术是否会替代 OpenStack"的问题不时被人提起。容器技术更是在 2015 年的温哥华 Summit 峰会上成为被关注的热点之一。OpenStack 基金会首席运营官 Mark Collier 在自己的主题演讲中花费了大量时间对相关话题进行了论述。他认为，用户应该将 OpenStack 视为一个整合引擎，与前些年将许多不同虚拟层进行整合以帮助开发者管理虚拟机的项目一样，OpenStack 社区也将接受容器和 Kubernetes 等容器管理平台，并将它们整合至自己的平台中。

OpenStack 社区在 2014 年决定将容器作为需要支持的重要技术，并衍生出了几个项目来支持容器和容器的第三方生态系统。

12.2.1 nova-docker/heat-docker

nova-docker 插件是 OpenStack 和 Docker 的第一次集成，主要是把 Docker 当作一种新的 Hypervisor，把所有的 Container 当作 VM 来处理，并通过 Docker RESTful API 来操作 Container。Nova 与 Docker 的集成架构如图 12-4 所示。

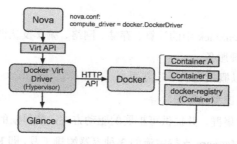

图 12-4　Nova 与 Docker 的集成架构

nova-docker 插件被实现为 Nova 的一个 Virt Driver 并被加入 Nova 中，通过继承 Nova Virt Driver 基类，实现其中对应的方法，将 Nova API 服务转发过来的请求通过 docker-py 以 socket 请求的方式发送给 Docker Daemon。但因为 Docker 的大部分 API 与 Nova 现有的 API 不兼容，所以该插件最终被废弃了。

因为 Nova Docker Driver 不能使用 Docker 的一些高级功能，所以社区就想了一个方法，与 Heat 集成。通过 Heat 的 heat-docker 插件，我们可以把 OpenStack 中的其他资源，如网络、存储、计算资源进行统一编排，但是这样做只能使用 Docker 的部分功能，而且基本是静态的操作，所以，这个方法最终也没有成功。

12.2.2 Magnum

在 OpenStack 和 Docker 集成的过程中，并不能从 OpenStack 原有的项目中找到一个很好的集成点，虽然在 Nova 及 Heat 中都进行了很多尝试，但缺点很明显，所以在 2014 年年底 Docker 被广泛提及时，社区就开始了一个新的专门针对 Docker 和 OpenStack 集成的项目 Magnum。

最初 Magnum 项目成立的目的是提供 OpenStack 中的 CaaS（容器即服务）。Magnum 是第一个与容器建立关系的 OpenStack 项目，在发起后不久就成了 OpenStack 的正式项目。Magnum 充分利用了 OpenStack 中的现有框架及服务，并吸取了其他成功项目的优点，来实现 OpenStack 上的容器集群的管理。

Magnum 项目自创建以来，经过了几次目标和定位的调整。在 2016 年的奥斯汀 Summit 峰会中，明确了 Magnum 项目的重点：聚焦容器集群引擎的编排，并逐步加强扩展性、并发性，以及自动扩容/缩容等集群管理的高级功能。

Magnum Mitaka 版本加强了对 Ironic Driver 的支持，也就是说，在 OpenStack 集群中，我们可以使用 Magnum 在裸机或虚拟机上部署和运行容器技术。

在 2018 年，因为 Magnum 的功能已经非常成熟，尤其是对 Kubernetes 的完善支持，所以 Magnum 被 Kubernetes 项目正式认证为一种标准的 Kubernetes 部署工具。

1. Magnum 体系结构

Magnum 项目利用了 OpenStack 中的计算、存储、网络、编排及认证服务来为 OpenStack 用户提供生产级可用的容器集群管理服务。

Magnum 的核心功能可以概括为以下几方面：

- 容器集群的生命周期控制和管理。
- 抽象不同类型的容器集群，并提供可扩展的驱动方式，使得新的容器集群可以很容易地加入 OpenStack 中。目前 Magnum 支持主流的 3 种容器编排工具，即 Kubernetes、Swarm 与 Mesos。
- 支持虚拟机和物理机部署容器集群。

Magnum 主要由 magnum-api 和 magnum-conductor 两个服务组成，其中 magnum-api 提供对外的 RESTful API，magnum-conductor 提供具体任务的执行，包括与 OpenStack 其他组件交互等。Magnum 系统架构如图 12-5 所示，展现了 Magnum 与 OpenStack 其他项目的相互调用关系。

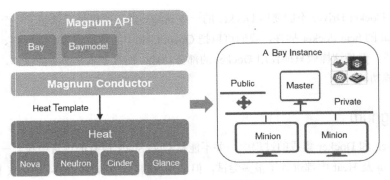

图 12-5　Magnum 系统架构

目前，在 Magnum 项目中有两个重要的概念：Bay 和 Baymodel。Bay 就是一个容器集群的实例化，为了方便理解，最新版本的 Magnum 明确地将 Bay 修改为 Cluster（为保持兼容性，Bay 和 Cluster 目前在代码中同时存在）。类比 Nova Instance 和 Flavor 的含义，Bay 是 Baymodel 的一个具体实例。Baymodel 是对 Bay 的抽象。

在图 12-5 中，Magnum API 服务通过 RPC 调用将创建容器集群所需要的信息（即实例化一个 Baymodel 所需要的信息，如 COE 类型、VM 的 Flavor、Master、Node 数量、网络驱动等）传递给 Magnum Conductor，生成具体的 Heat 模板。Heat 根据模板定义通过 Nova、Neutron、Cinder 和 Glance

向 OpenStack 集群申请创建集群所需要的计算、网络、存储等资源，并完成容器集群的部署及初始化功能，用户最终得到如图 12-5（右）所示的一个集群实例。

Magnum 与 Heat、Keystone、Barbican 服务都可以进行交互。Magnum 服务的请求处理流程如图 12-6 所示。

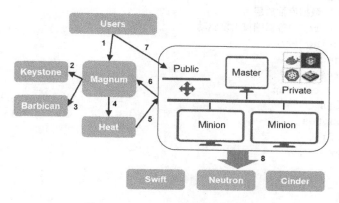

图 12-6　Magnum 服务的请求处理流程

该请求的处理流程可概括如下：

（1）用户请求创建一个容器集群实例。

（2）生成 Cluster 专用的账号（Keystone Trust & Trustee）。

（3）生成根密钥和根证书，储存在 Barbican 中。

（4）使用 Heat 模板向 OpenStack 集群申请资源并创建集群所需要的各种资源。

（5）Heat 创建 stack。

（6）各个节点请求 Magnum 签署证书。

（7）用户请求 Magnum 签署证书，然后用密钥访问 Bay 的 API。

（8）根据具体的请求，容器集群内部使用 Keystone Trust 访问 OpenStack 的其他服务。

2. Magnum 源码目录结构

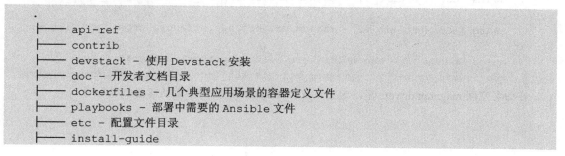

```
.
├── api-ref
├── contrib
├── devstack - 使用 Devstack 安装
├── doc - 开发者文档目录
├── dockerfiles - 几个典型应用场景的容器定义文件
├── playbooks - 部署中需要的 Ansible 文件
├── etc - 配置文件目录
├── install-guide
```

```
├──    magnum
│      ├──   api - Magnum API 服务实现代码
│      ├──   cmd –各种 Magnum 服务的启动程序
│      ├──   common - 通用库
│      ├──   conductor - Conductor 服务的实现
│      ├──   conf
│      ├──   db - 数据库抽象层
│      ├──   drivers - 容器编排引擎驱动
│      ├──   hacking
│      ├──   objects
│      ├──   service
│      ├──   servicegroup
│      └──   tests
├──    releasenotes
├──    setup.cfg
├──    setup.py
├──    specs
└──    tools
```

依照惯例，在理解具体的实现之前，我们需要仔细浏览 setup.cfg 文件：

```
console_scripts =
    magnum-api = magnum.cmd.api:main
    magnum-conductor = magnum.cmd.conductor:main
    magnum-db-manage = magnum.cmd.db_manage:main
    magnum-driver-manage = magnum.cmd.driver_manage:main
    magnum-status = magnum.cmd.status:main
```

在命名空间 console_scripts 里，涵盖了 Magnum 所提供的所有服务及工具，其中的每一行都指定了相应 Magnum 工作的入口，从中可以看到组成 Magnum 的两个主要服务：magnum-api 和 magnum-conductor。

```
magnum.drivers =
    k8s_fedora_atomic_v1 = magnum.drivers.k8s_fedora_atomic_v1.driver:Driver
    k8s_coreos_v1 = magnum.drivers.k8s_coreos_v1.driver:Driver
    swarm_fedora_atomic_v1 = magnum.drivers.swarm_fedora_atomic_v1.driver:
Driver
    swarm_fedora_atomic_v2 = magnum.drivers.swarm_fedora_atomic_v2.driver:
Driver
    mesos_ubuntu_v1 = magnum.drivers.mesos_ubuntu_v1.driver:Driver
    k8s_fedora_ironic_v1 = magnum.drivers.k8s_fedora_ironic_v1.driver:Driver
```

在命名空间 magnum.drivers 里，定义了目前 Magnum 所支持的默认容器集群驱动。

3. Magnum API

Magnum API 服务基于 Pecan 框架构建，我们只需关注自己设计的 Controller 方法即可，开发变得更容易，迭代变得更快速。

Magnum API 服务位于 magnum/api/目录下，目前支持 v1 版本，具体代码如下：

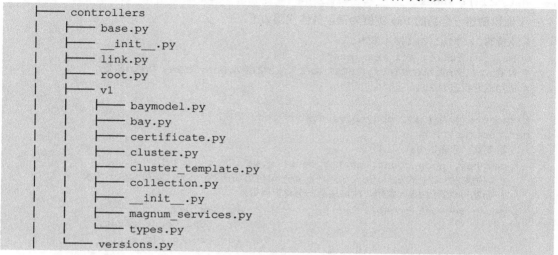

```
├── controllers
│   ├── base.py
│   ├── __init__.py
│   ├── link.py
│   ├── root.py
│   ├── v1
│   │   ├── baymodel.py
│   │   ├── bay.py
│   │   ├── certificate.py
│   │   ├── cluster.py
│   │   ├── cluster_template.py
│   │   ├── collection.py
│   │   ├── __init__.py
│   │   ├── magnum_services.py
│   │   └── types.py
│   └── versions.py
```

root.py 文件提供了访问 Magnum API 服务根请求处理信息的功能，如返回 Magnum API 服务的基本信息（包含服务名称、服务描述、当前版本等）。

base.py 文件是所有 Controller 的基类，并提供了 Magnum API 版本化支持。

在 v1 目录下，定义了主要的 Controller 类。

baymodel.py：定义了 Bay 的抽象，类似于 Nova 中 Flavor 对虚拟机的抽象。

bay.py：Bay 代表一个容器集群实例，代表 OpenStack 中一个资源的集合。

certificate.py：提供用户集群的证书管理。

magnum_services.py：管理员接口，用于管理 Magnum 的服务实例。

Magnum 相比于 OpenStack 的其他服务，其 API 对象不多，我们以 Bay（最新代码更名为 Cluster）为例分析 Magnum API 服务的实现。

bay.py 文件中定义了以下几个类。

- Bay：代表 API 访问对象，其中定义了在 API 层面一个 Bay 需要有哪些属性。
- BayCollection：一个用于处理 Bay 的集合的类。
- BayPatchType：定义了对 Bay 执行 patch（更新）操作时的一些行为，比如，哪些属性不可以更新。
- BaysController：对 Bay 的 API 操作的具体实现。

我们在 BaysController 类里实现了几个方法，与 RESTful API 的操作对应关系如下：

```
post(): create
delete(): delete
get_one(): show
get_all(): index
```

下面以创建一个新的 Bay 实例为例，具体代码如下：

```
# 支持的 RESTful API 版本号为 1.1
@base.Controller.api_version("1.1", "1.1")
# 设置 API 方法返回对象为 Bay，REST API 接收到的请求 body 为 Bay 类型，函数
# 成功返回状态为 201

@expose.expose(Bay, body=Bay, status_code=201)
def post(self, bay):
    # 定义一个新的 Bay 对象
    new_bay, node_count, master_count = self._post(bay)
    # 调用 RPC API 的 cluster_create_async()方法向 Magnum Conductor 请求
    # 创建一个新的 Bay 实例，注意这是一个异步调用
    pecan.request.rpcapi.cluster_create_async(new_bay,
                                    master_count, node_count,
                                    bay.bay_create_timeout)

    # 用新创建的 Bay 实例的 UUID 创建一个 BayID 的实例，并返回
    return BayID(new_bay.uuid)
```

Magnum API 服务同样提供了 Policy 检查，Policy 设置被存放在源码目录的 etc/magnum/policy.json 文件中，同目录下的 api-paste.ini 文件定义了一些 Magnum RESTful API 服务涉及的中间件服务。

4. Magnum Conductor

由 setup.cfg 文件可知，magnum-conductor 服务的入口为 magnum.cmd.conductor，作为一个服务协调者，Magnum Conductor 接收 Magnum API 服务的 RPC 请求，它是一个 RPC API 服务器，注册了 6 个 Endpoint：

```
endpoints = [
    indirection_api.Handler(),          # 间接 API 调用，处理所有 Magnum Object
                                        # 对象的方法调用
    cluster_conductor.Handler(),        # 处理和 Cluster 有关的操作，如
                                        # bay/bay_model 的操作
    conductor_listener.Handler(),       # 用于响应心跳检测
    ca_conductor.Handler(),             # 处理证书授权等相关的操作
    federation_conductor.Handler(),     # 处理联邦操作
    nodegroup_conductor.Handler(),      # 处理节点组的操作
]
```

cluster_conductor.Handler()方法为主要处理容器集群的服务代码，承担着对集群的管理功能，以创建集群为例，具体代码如下：

```python
def cluster_create(self, context, cluster, create_timeout):
    osc = clients.OpenStackClients(context)

    cluster.status = fields.ClusterStatus.CREATE_IN_PROGRESS
    cluster.status_reason = None
    cluster.create()

    # Master nodegroup
    master_ng = conductor_utils._get_nodegroup_object(
        context, cluster, master_count, is_master=True)
    master_ng.create()
    # Minion nodegroup
    minion_ng = conductor_utils._get_nodegroup_object(
        context, cluster, node_count, is_master=False)
    minion_ng.create()

    try:
        # Create trustee/trust and set them to cluster
        trust_manager.create_trustee_and_trust(osc, cluster)
        # Generate certificate and set the cert reference to cluster
        cert_manager.generate_certificates_to_cluster(cluster,
                                                context=context)
        conductor_utils.notify_about_cluster_operation(
            context, taxonomy.ACTION_CREATE, taxonomy.OUTCOME_PENDING,
            cluster)
        # Get driver
        cluster_driver = driver.Driver.get_driver_for_cluster(context,
                                                cluster)
        # Create cluster
        cluster_driver.create_cluster(context, cluster, create_timeout)
        cluster.save()
        for ng in cluster.nodegroups:
            ng.stack_id = cluster.stack_id
            ng.save()

    except Exception as e:
        cluster.status = fields.ClusterStatus.CREATE_FAILED
        cluster.status_reason = six.text_type(e)
        cluster.save()
        conductor_utils.notify_about_cluster_operation(
            context, taxonomy.ACTION_CREATE, taxonomy.OUTCOME_FAILURE,
```

```
        cluster)
    if isinstance(e, exc.HTTPBadRequest):
        e = exception.InvalidParameterValue(message=six.text_type(e))

        raise e
    raise

    return cluster
```

Magnum Conductor 通过 OpenStack Client 对象来调用 OpenStack 的其他服务。首先，创建 OpenStack Client（OSC），并创建一个证书，该证书用于提供之后 Cluster 访问 OpenStack 服务的认证信息。在得到相应的 Cluster 驱动后，接着调用 Cluster 驱动的 create_stack() 方法实际发送创建集群的请求。最后，把新生成的集群的 stack_id 保存到对应的节点组（Node Group）记录中，并返回。

5. Magnum 集群驱动

为了更灵活地支持不同类型的集群，Magnum 提出了集群驱动的概念，方便用户扩展自定义的集群驱动，并以驱动的方式提供了对不同容器集群的支持。Magnum 驱动是对服务器类型（虚拟机或物理机）、操作系统类型、容器编排引擎（COE）的不同组合的抽象。

Magnum 驱动通过 stevedore 来实现动态配置和扩展，entry_points 定义位于 setup.cfg 文件的 magnum_drivers 字段。同时 Magnum 提供了一个命令行工具 magnum-driver-manage，用于查看目前加载的驱动列表。

Magnum 驱动的代码位于 magnum/drivers/ 目录下，每个驱动都是一个单独的目录，命名方式为 coe_os(_server_type)_版本号：

```
.
├── common/
├── heat/
├── __init__.py
├── k8s_coreos_v1/
├── k8s_fedora_atomic_v1/
├── k8s_fedora_coreos_v1/
├── k8s_fedora_ironic_v1/
├── mesos_ubuntu_v1/
├── swarm_fedora_atomic_v1/
└── swarm_fedora_atomic_v2/
```

每个 Cluster 驱动都包含类似的目录结构：

```
.
├── driver.py
├── __init__.py
├── template_def.py
```

```
├── templates
│   ├── COPYING
│   ├── fragments
│   ├── kubecluster.yaml
│   ├── kubemaster.yaml
│   └── kubeminion.yaml
└── version.py
```

driver.py 文件继承自 common/driver.py 文件并定义了该驱动的 provides：

```
class Driver(driver.Driver):
    provides = [
        {'server_type': 'vm',
         'os': 'fedora-atomic',
         'coe': 'kubernetes'},
    ]


    def get_template_definition(self):
        return template_def.AtomicK8sTemplateDefinition()
```

get_template_definition 方法会返回该驱动对应的 Heat 模板文件的存放位置：

```
class AtomicK8sTemplateDefinition(kftd.K8sFedoraTemplateDefinition):
    """Kubernetes template for a Fedora Atomic VM."""


    @property
    def driver_module_path(self):
        return __name__[:__name__.rindex('.')]


    @property
    def template_path(self):
        return os.path.join(os.path.dirname(os.path.realpath(__file__)),
                            'templates/kubecluster.yaml')
```

- *cluster.yaml 文件是该 Driver 下的 Cluster stack 的 Heat 模板定义。
- *master.yaml 文件、*minion.yaml 文件是*cluster.yaml 文件的子资源，分别定义了管理节点和从节点的资源配置情况。
- fragments 目录下包含的是一些 shell 脚本文件或 yaml 文件，用于执行特定的集群配置。
- 一些通用的配置脚本文件被放在 drivers/common 目录中。

如果用户需要增加额外的驱动，就可以仿照 magnum/drivers 目录中已有的驱动模板，使用 drivers/common 目录下的虚拟机配置脚本来添加新的 Heat 模板文件。

6. 制作启动镜像

使用 Magnum 部署无论基于虚拟机的容器集群还是基于物理机的容器集群，都需要使用一个操作系统镜像，Magnum 代码库中提供了不同镜像的制作脚本。Magnum 使用 diskimage-builder（OpenStack 的一个项目，提供云环境下各种操作系统的定制）工具制作 Magnum 创建的容器集群所运行的操作系统镜像。目前，Magnum 支持 Fedora Atomic、Ubuntu、CoreOS 等常见的用于运行 Docker 容器的宿主系统。

12.2.3　Murano

Murano 提供应用程序目录服务。第三方应用开发者与管理员可以利用 Murano 快速发布各种云应用，同时用户（包括没有任何经验的用户）能够通过 Murano Dashboard 挑选出所需要的应用及相关部件，并"一键"式地部署该应用到云环境中。

Murano 项目包含多个源码仓库。

- murano：主要代码仓库，包含 Murano API、Murano Engine 和 MuranoPL。
- murano-dashboard：通过 Horizon 插件机制提供 Murano 面板。
- murano-agent：运行在客户虚拟机中的代理，负责在虚拟机中部署相应的应用程序。
- python-muranoclient：Murano 的 Python 客户端程序。
- murano-apps：应用程序仓库提供各种已发布的应用给用户。

1. Murano 体系结构

Murano 体系结构如图 12-7 所示。

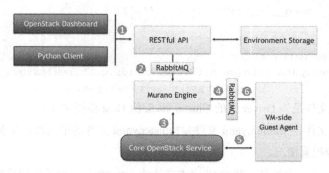

图 12-7　Murano 体系结构

- API Service：向外提供 RESTful API。
- Murano Engine：Murano 核心组件，在接收并解析 API Service 发来的各种 Request（包括创建、更新、删除应用）后，创建相应的 Heat Template 来分配应用所必需的资源，并准备 Execution Plan 提供给 Murano Agent 以在虚拟机中部署应用。
- Murano Agent：安装在虚拟机中的代理程序，接收并执行 Murano Engine 发来的 Execution Plan

部署应用。

在用户通过 Murano Dashboard 挑选并部署应用程序后，Murano 的工作流程如下所述。

（1）用户通过 Murano Dashboard 或 python-muranoclient 发出请求到 Murano API，要求部署相关应用程序到某一工作环境中。

（2）API Service 在接收到用户请求后，会在后台数据库进行相应操作，并将请求通过 RabbitMQ 队列发送给 Murano Engine。

（3）Murano Engine 从 RabbitMQ 队列中取出该请求并解析后，会根据该应用所需要的资源创建 Heat Template，通过 Heat 创建所需底层资源。

（4）Murano Engine 根据部署的应用程序生成对应的 Execution Plan，并放入 RabbitMQ 队列中等待虚拟机中的 Murano Agent 提取（用来部署应用）。

（5）通过 Heat 创建对应的虚拟机及其他底层资源，包括网络及路由等。

（6）该虚拟机镜像中预置了 Murano Agent，在虚拟机启动后，Agent 会自动从 RabbitMQ 队列中取出相应的 Execution Plan 并执行以部署用户所需的应用程序。在完成部署后，Agent 会通知用户该工作环境已经部署完成。

2. Murano 应用程序包

Murano 应用程序包的结构是一个预先定义并压缩的 ZIP 格式的应用程序目录。用户能够将其上传至 Murano 应用商店。该根目录主要包括以下结构。

- manifest.yaml 文件：应用程序的入口，文件名是固定的，不可以使用任何其他名称。
- classes 文件夹：包含 MuranoPL 类的定义，用于定义 Murano，生成该应用程序 Murano Engine 所需要执行的流程。
- resources 文件夹：包含可执行的计划模板，以及 scripts 文件夹，还包含 Murano Agent 部署应用所需要的文件。
- ui 文件夹：包含动态的 UI YAML 定义。动态 UI 的主要目的是在生成应用时动态地创建表单。Murano 控制面板对于应用程序没有任何的了解，所以所有的应用定义需要包含一个说明，告诉控制面板如何去创建一个应用。
- logo.png 文件（可选）：该应用程序所分配到的图标文件。
- images.lst 文件（可选）：包含该应用程序所需的镜像列表。

12.2.4　Kolla

Kolla 项目于 2014 年 9 月创建，聚焦于如何使用 Docker 容器部署 OpenStack 服务。有关 Kolla 项目的具体内容请参见第 13 章。

12.2.5 Solum

Solum 项目是一个致力于在 OpenStack 云上提供开发和生产环境的一套自动化持续集成和持续发布系统，它利用 Docker 的先天优势，方便发布，易于回滚，并结合 OpenStack 的多租户及利用现有的优秀组件，提供一个互联网环境下快速迭代软件的工具。

Solum 是一个 OpenStack 原生的，面向开发者提供的，持续集成、持续发布的解决方案，集成了众多 OpenStack 服务，如 Keystone、Swift、Glance、Heat、Nova 及 Trove 等。通过定义一个名称为 languagepack 的方案，Solum 实现了开发者编程语言透明。

在 Solum 项目中，有两个重要的概念。

- languagepack：开发语言基础包，是一个 Docker 基础镜像，包含开发语言所需要的运行环境。
- app：一个应用实例，对应于一个 appfile 及参数描述。

appfile 的示例代码如下：

```
version: 1
name: cherrypy
description: python web app
languagepack: python
source:
  repository:
https://github.com/rackspace-solum-samples/solum-python-sample-app.git
  revision: master
workflow_config:
  test_cmd: ./unit_tests.sh
  run_cmd: python app.py
trigger_actions:
 - test
 - build
 - deploy
ports:
 - 80
```

从上述代码中我们可以看出，appfile.yaml 文件定义了该 App 的描述信息，包括使用到的 languagepack、源码目录等，以及该 App 支持的工作流程。

从 Solum 项目源码的 setup.cfg 文件我们可以得知，Solum 的一些基本组件如下：

```
[entry_points]
console_scripts =
    solum-api = solum.cmd.api:main
    solum-conductor = solum.cmd.conductor:main
    solum-db-manage = solum.cmd.db_manage:main
    solum-deployer = solum.cmd.deployer:main
    solum-worker = solum.cmd.worker:main
```

- solum-api：负责提供对外 RESTful API 服务。
- solum-db-manage：用于管理员进行数据库升级操作。

其他 3 个服务都是 RPC API 服务，用于内部组件之间的相互调用，响应内部事件的处理。

- solum-conductor：用于构建任务。
- solum-deployer：用于处理所有 Heat 服务的接口，比如，创建、更新、删除用于部署新的应用的 OpenStack 集群。
- solum-worker：用于处理所有与 Docker 相关的操作，比如，制作 Docker 基础镜像，部署应用到 Docker 基础镜像中，执行单元测试等。

图 12-8 所示为一个典型的在生产环境部署的 Solum 架构。

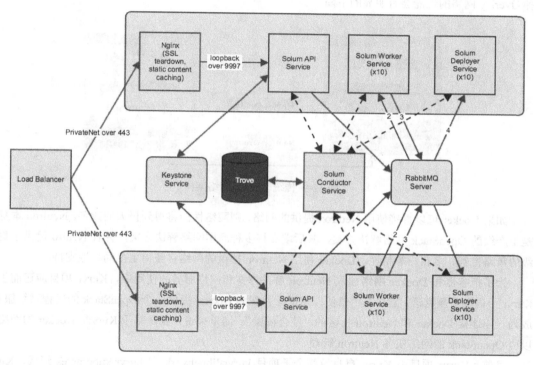

图 12-8　Solum 架构

　　通过一个负载均衡器监听 HTTPS 端口，并把流量导出到 Nginx 服务的 443 端口。Nginx 服务将网络流量重定向给 Solum API 监听的 9777 端口。Solum API 服务向 Keystone 服务发起认证请求。Solum API 通过 RPC 消息队列向 Solum Conductor 请求读取 Trove 数据库并提取应用的相关信息。Solum API 通过 RPC 消息队列把部署应用的请求发送到消息队列中，以便 Solum Worker 从消息队列中读取消息，制作镜像,并把镜像文件上传到 Swift 服务中。Solum Worker 通过 Solum Conductor 服务将应用的状态信息持久化到 Trove 数据库中。Solum 从消息队列中获取部署应用的请求,调用 Heat 服务在 OpenStack 集群中申请资源用于部署应用,然后将应用的状态信息经过 Solum Conductor 持久化到 Trove 数据库中。

12.2.6 Kuryr

试想一下,如果在 OpenStack 集群中创建一些 Docker 主机,其中一台 Docker 主机上的容器和另一台 Docker 主机上的容器之间的网络是如何连接的呢?

如图 12-9 所示,我们需要在 Neutron Overlay 网络上再创建一层 Flannel Overlay 的网络,那么这种 Overlay 网络的性能会有明显的下降。

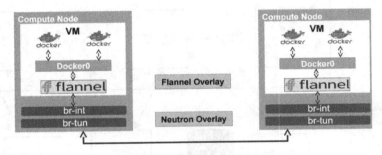

图 12-9 传统 Docker 网络架构

如果 Docker 可以直接使用 Neutron 提供的网络,则网络性能将得到极大的改善。Neutron 本身就是生产级的 OpenStack 网络解决方案,其后端支持多种商用网络解决方案,并且 Neutro 提供了更高级的策略控制、多租户等特性。Docker 使用 Neutron 提供的网络将获得更多的特性支持。

为了把容器和 Docker 网络加入 Neutron 解决方案和网络服务的使用中,Kuryr 项目应运而生。Kuryr 一词源于捷克语,意思是"信使"。Kuryr 旨在为 Docker 提供一个 OpenStack 的远程网络服务,成为一座连接 Docker 和 Neutron 社区的"整合桥梁"。简单来说,就是基于 Kuryr,Docker 的网络可以由 OpenStack 的网络服务 Neutron 管理。

目前,Kuryr 项目由 Kuryr 自身及两个子项目 kuryr-libnetwork 和 kuryr-kubernetes 组成,Kuryr 包含了通用的库,kuryr-libnetwork 的目的是为 Docker 提供基于 Neutron 的 Docker 网络驱动,kuryr-kubernetes 的目的是为 Kubernetes 集群提供基于 Neutron 网络服务。

Docker 自 1.9 版本开始分离出了 Libnetwork,使得 Docker 支持使用第三方的网络驱动。Kuryr 架构如图 12-10 所示,Kuryr 实现了一个 Docker 的网络驱动,并实现了 Docker 的容器网络模型(CNM),把所有 Docker 与网络相关的请求转发给 Neutron 服务。

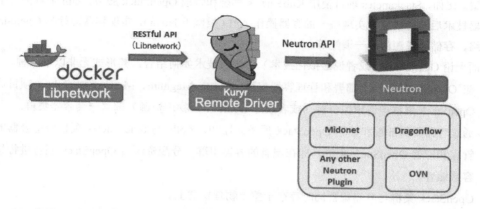

图 12-10　Kuryr 架构

　　Neutron 在接到请求后，根据自身后端网络驱动为 Docker Container 创建相应的网络、端口及相关的访问策略等。

　　Kuryr 就像一个信使一样，把 Neutorn 提供的网络、端口信息返回给 Docker，Docker 并不需要感知是谁提供的网络设备。除此之外，Kuryr 还需要根据 Neutron Port 的类型提供 Container 的 namespace 端口与 Neutron Port 的绑定操作。

　　Kuryr 实质上是一个本地 RESTful API Server，其全部处理逻辑通过 RESTful API Controller 就可以实现。它提供了 IP 地址、二层网络及端口管理等功能。

　　OpenStack Neutron 中的某些网络概念与 Docker 网络模型中的概念有一些区别，比如，Neutron 中的 Port 在 Docker 网络模型中叫作 Endpoint。对于希望了解 Kuryr 如何做到网络操作请求转发的读者可以参见 kuryr_libnetwork/controllers.py 文件中的代码，基本上就是按照 Docker Libnetwork Remote Driver 的实现。额外的工作是在 Kuryr Server 启动时，创建一个 Neutron Client 实例，用于与 Neutron Server 交互。

　　Kuryr 转发 Docker Libnetwork 的 Remote API 请求到 Neutron，并通过 Neutron Server 把请求传递给 Neutron Agent 来创建一个供 Docker 容器使用的 Port，如果 Docker 容器希望使用这个 Port，则需要进行一个 bind 操作。简单来说，就是把处于 Docker 容器网络命名空间中的网络接口与 Neutron Agent 创建的网络接口连通。

12.2.7　容器技术与 OpenStack 的展望

　　容器技术与 OpenStack 社区的快速发展，使得人们对 PaaS 和 IaaS 有了更新的认识。开源社区的工程师们尝试使用不同的解决方案以让容器和虚拟化技术更好地结合，并为生产生活提供更易用的解决方案。比如，Stackanetes 项目使用 Kubernetes 部署和管理 OpenStack 服务，Zun 项目致力于提供各种容器技术后端的抽象并实现统一的容器操作 API（类似于 Nova），实现容器运行与 OpenStack 集群中网络、存储等资源的统一调配等。

然而无论 OpenStack（或者说虚拟化技术）与容器技术如何结合，其形式无非以下 3 种。

- 在 OpenStack 集群上部署和管理容器集群。比如，Magnum、Murano 与 Solum 项目通过向 OpenStack 集群申请虚拟资源（或者通过 Ironic 申请物理资源）部署一套容器集群。
- 通过容器集群部署和管理 OpenStack 服务。比如，Kolla 与 Stackanetes 项目使用容器的方式管理和部署 OpenStack 集群，即在现有的容器集群上分配资源给 OpenStack 服务进行按需扩容或缩容。
- OpenStack 集群与容器集群同时存在于整个物理集群上。

需要注意的是，硬性地将二者结合，不是我们的目的。我们的目的是让资源分配更高效，资源形式更灵活，资源之间的连接更可控。

12.3　Kata 安全容器

云原生技术已经成为 IT 应用发展的趋势，而容器技术极大地推动和支撑了云原生的发展，与虚拟机技术相比，容器技术采用了系统虚拟和隔离的方式，使得它更轻量，系统资源利用率更高，同时容器镜像打包技术还提高了应用的开发、部署和运行的敏捷性。但容器的轻量特性也使其存在隔离性不足，以及由此带来的容器安全漏洞等问题。

Kata 容器创新性地采用了轻量级虚拟机作为容器的隔离技术，是容器技术与虚拟机技术的结合，这使得 Kata 容器既具有容器的速度，还具有虚拟机的安全隔离性。所以 Kata 容器是一种更安全的容器技术。

12.3.1　容器技术与虚拟机技术

容器技术和虚拟机技术是两种不同的虚拟方式，在使用虚拟机技术时，可以通过虚拟化软件模拟出一个完整的机器硬件系统，在虚拟机中需要安装客户机操作系统才能启动，并且客户机操作系统与主机操作系统完全分离，客户机操作系统里的系统库不能被其他客户机共享。而容器技术是在操作系统层进行的虚拟化，一个操作系统可以虚拟出多个操作系统，但这些操作系统都共享一个系统内核，也就是说，同一主机上的容器共享一个系统内核，甚至系统库能够被多个容器应用共享。

容器技术与虚拟机技术的对比如图 12-11 所示。

	容器技术	虚拟机技术
虚拟化的位置	操作系统（OS）	服务器硬件
抽象的内容	应用（使它独立于 OS）	操作系统（使它独立于硬件）
客户机环境	客户机共享同一个 OS 内核，有时也共享 BIN 库	每个客户机都拥有自己的 OS 内核和 BIN 库
密度	可以存在更多的客户机，因为容器不预留分配给它们的内存	客户机的密度通常受到固定内存分配的限制
典型启动时间	以秒计	以分钟计

图 12-11　容器技术与虚拟机技术的对比

12.3.2　Kata 容器技术与实现原理

如图 12-12 所示，Kata 容器是采用虚拟机进行容器的隔离，使得每个容器或 Pod 都运行在一个单独的虚拟机里。在虚拟机中需要运行一个客户机操作系统，而虚拟机作为容器实现的一部分是对用户不可见的，用户所看到的是和传统容器一样的容器。通过采用虚拟机进行容器的隔离，提高了容器的安全性能，但也带来了虚拟机的消耗。

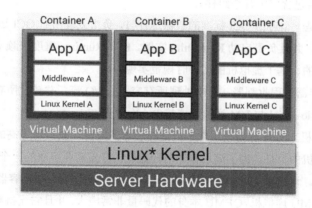

图 12-12　Kata 容器原理

Kata 容器遵循容器 OCI 实现标准，所以 Kata 容器的接口与传统容器的实现是一样的，这使得它可以无缝对接到 Docker 及 Kubernetes 等容器引擎，而且 Kata 容器所使用的容器镜像与传统容器是完全一样的。

Kata 容器对虚拟机及虚拟机中的客户机操作系统都进行了大量的裁剪和优化，使它的启动速度达到秒级，资源消耗也大大降低。这使得 Kata 容器既具有了容器的速度，也具有了虚拟机的安全隔离性。

目前，Kata 容器在开源社区吸引了众多公司参与研讨，在业界也得到了广泛的应用。

12.3.3　Kata 容器架构及实现

Kata 容器架构如图 12-13 所示。

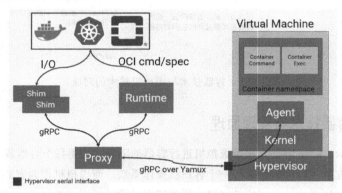

图 12-13　Kata 容器架构

Kata 容器架构主要包含以下几个组件。

- Kata Runtime 是一个遵循 OCI 标准的容器运行时，负责处理所有 OCI 运行时的命令，如启动和销毁容器等，并且负责启动 Kata Shim 实例。Kata Runtime 重度依赖 virtcontainer 组件，它提供一个一般的、基于虚拟机的运行时规范实现库。
- Kata Shim 是容器进程收割器，用来处理所有容器的 I/O 流，并转发所有的容器进程信号。
- Proxy 通过 virtio-serial 与 VM 通信，连接 Runtime 和 Shim。
- Kata 容器虚拟机。Kata 容器采用虚拟机进行容器的隔离，在实现更高的安全隔离性的同时，也带来了虚拟机的消耗。为了满足容器的轻量性，首先需要解决的一个问题就是提供一个轻量级的虚拟机。这需要从虚拟化层和 Guest OS 层进行优化。Kata 容器最先支持的是 Linux 上的 KVM/QEMU 虚拟机，QEMU 本身的代码量非常庞大，并且它支持和模拟的设备也很多，但是在 Kata 容器的场景中，只需要支持有限的设备，并且运行在现代系统架构上，这使得 Kata 容器有机会对 QEMU 本身进行深度的裁剪，并从 QEMU 代码中分离出 QEMU-Lite 分支。在英特尔及 QEMU 社区的共同努力下，这些优化都被合并到 QEMU 4.0 的主干代码中，并且在最新的 Kata 1.9 中，默认支持 QEMU 4.0，摒弃了 QEMU-Lite 分支。
- 对于 Guest OS 来说，整个虚拟机和 Guest OS 对用户是不可见的，Guest OS 仅仅运行容器，不直接运行用户的代码程序，Kata 项目基于 Clear Linux 定制了一个最小化的 Guest OS，同时 Clear Linux 这一发行版本具有快速启动的优点。

- Kata Agent 是运行在 Guest 中的一个进程，用来管理容器和容器中的进程，它通过 gRPC 与其他 Kata 组件通信，使用 libcontainer 来管理容器的整个生命周期。所以 Kata Agent 可以复用大部分 runc 的代码。

12.3.4　Kata 容器创建流程

Kata 容器的创建流程如图 12-14 所示，可以使大家对 Kata 容器的原理及生命周期有一个更好的了解。

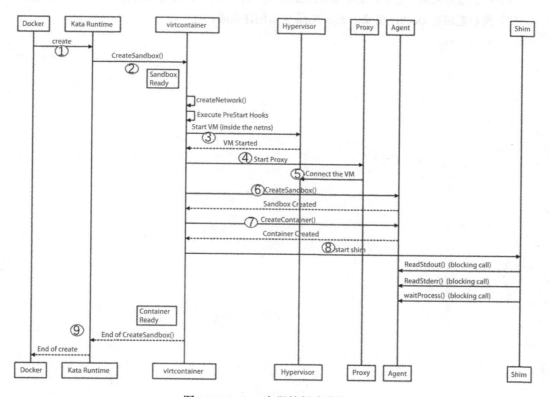

图 12-14　Kata 容器的创建流程

（1）首先从 Docker 容器引擎发出创建容器命令。

（2）Kata Runtime 在接收到创建命令后，会调用 virtcontainer 组件来创建容器或 Pod 沙箱。创建沙箱的第一步是创建一个网络命名空间，虚拟机和 Kata Shim 会在该网络命名空间中启动。

有了网络命名空间，再调用 PreStart Hook 脚本创建 veth 网络设备对，以连接 Host 的网络命名空间和新建的网络命名空间。

同时，在新建的网络命名空间中，创建 tap 接口和一个 Linux Bridge 或 MACVTAP 网桥来连接 veth 接口和虚拟机的 tap 接口。

（3）在新建的网络命名空间中利用之前创建的 tap 接口来启动 VM。

（4）在 VM 启动之后，再启动 Kata Proxy 来连接 VM，Kata Proxy 会负责所有与 VM 的通信，每个 VM 对应一个 Kata Proxy。

（5）在 VM 和网络准备就绪之后，virtcontainer 会通过 Kata Proxy 通知 VM 中的 Agent 在 VM 内部帮忙创建容器，并使用 libcontainer 先创建容器的沙箱，然后在沙箱里创建容器。

（6）在容器进程运行之后，启动 Kata Shim，连接容器进程，接管该进程的所有输入和输出。

（7）最后返回给 Docker 引擎，表示 Kata 容器创建完成。

部署

随着 OpenStack 各个组件的逐渐稳定、成熟，面对众多的 Service 和烦琐的配置选项，如何方便地部署和运维成了一个热点话题，也是整个 OpenStack 生态中不可缺少的环节。对于开发人员来说，最理想的环境当然是 Devstack，不仅可以"一键"部署，还方便调试。但是对于生产环境来说，情况要复杂得多。

从一个懵懂的运维人员成长为 OpenStack 熟练工，大概需要经历以下过程。

（1）泛读。阅读各种 OpenStack 文档，包括官方文档、名家博客，以及他人的学习笔记，先理解 Nova 是什么，Swift 是做什么的，Keystone 的原理是什么，等等，再回头仔细思考 OpenStack 究竟是什么。

（2）安装。虽然没有完全掌握，还是得硬着头皮上。根据官方文档 docs.OpenStack.org 上的安装指南，选择一个自己熟悉的 Linux 版本，并一步一步地照着做，经过反复地查阅文档，编写成千上万个字符后，终于安装完毕。这时，你应该对之前学过的东西有了进一步的认识，收获满满的成就感。然后，创建一个虚拟机，发现出错了，接下来看日志，找问题，耗费了很多时间，最后发现原来只是在修改配置文件时输错了一个字……

（3）扩容。在安装完毕后，就可以添加更多的计算节点了。有了之前的经验，在部署新的节点时就轻车熟路了。在添加完一个节点后，你很高兴；在添加完两个节点后，你开始觉得有些无聊了，认为这项工作属于纯体力劳动，只是像机器人一样敲键盘就可以了；在添加到第三个节点时，你觉得这简直就是在浪费生命，于是你需要配置管理工具的帮助。

（4）升级和维护。在 OpenStack 运行了一段时间后，你发现了一些 Bug，而这些 Bug 在新版本中已经解决了；你希望使用某些新功能，而新功能只在新版本中才有；你希望更改一些配置，以更好地适应你的需求。上面这些工作如果没有得心应手的工具，就是一场无休止的运维"噩梦"。

于是，你开始使用脚本，或者使用配置管理工具，把各项任务自动化。这就是 OpenStack 各个部署项目的雏形。

每个 OpenStack 部署项目都涉及一家或多家 OpenStack 厂商，作为云方案的部署工具，不仅方便了服务人员，更凝聚着多年累积的经验，为后来者提供了非常好的学习素材。

13.1 配置管理工具

工欲善其事，必先利其器。使用自动化工具来完成系统部署、系统参数配置、软件安装等一系列运维工作，已经是系统管理员的必备技能。目前流行的配置管理工具主要有 Puppet、Chef、Ansible 和 Salt 等。

如何选择这些工具，是一件"仁者见仁，智者见智"的事情。过去的经验及技术背景会是重要的影响因素，因为每个人都倾向于选择自己熟悉的工具。好在这些工具都可以满足正常的工作需要，又各有特点，如图 13-1 所示，所以不需要在这件事情上浪费太多的时间。

	语言	发布时间	模块扩展	无代理执行	图形界面
Puppet	Ruby	2005	支持	不支持	支持
Chef	Ruby	2009	支持	不支持	支持
Ansible	Python	2012	支持	支持	支持
Salt	Python	2011	支持	支持	支持

图 13-1　主要配置管理工具的比较

Puppet 是最早和最成熟的配置管理工具，于 2005 年发布，使用 Ruby 编写，其扩展模块需要使用 Puppet 自己定义的描述性语言或 Ruby DSL 来编写，所以对不熟悉 Ruby 的人有一定的门槛。

Chef 也是使用 Ruby 语言编写的，第一个版本发布于 2009 年。

Ansible 发布于 2012 年，使用 Python 编写。Ansible 最大的特点是简单易用，其扩展模块可以使用各种语言，只要符合接口定义即可。Ansible 不需要在被部署的机器上安装 Agent，可以利用 SSH 来执行命令和复制模块到目标机。当然，由于这种简单的结构，Ansible 在部署规模变大时的性能会较差。

Salt 于 2011 年发布第一个版本，与 Ansible 一样使用 Python 来编写。Salt 的扩展模块可以使用 Python 或 pyDSL 来编写，这对 OpenStack 开发者来说不是问题。Salt 支持像 Ansible 一样无 Agent 执行，也可以使用 Master-Minion（服务端/客户端）模式。Salt 可以支持级联的 Master，使它在扩展性上大大优于其他的系统。

Ansible 和 Salt 是新型配置管理工具的代表，虽然在有些功能上，如图形界面方面有些欠缺，但是它们的复杂性比 Puppet 和 Chef 低很多，容易入门，在 Operator 中具有很好的口碑和很多新用户。

下面只对 Ansible 进行介绍。

Ansible 要求有一台安装了 Ansible 软件的机器作为管理节点，可以通过 SSH 访问被管理的机器。被管理的机器只需要安装了 Python 运行环境即可。这里通过一个最简单的例子来演示一下 Ansible 的基本用法和概念，Ansible 的网站有详细的官方文档可供查阅。

1. 安装

一般的 Linux 发行版都带有 Ansible 的安装包，可以直接安装，以 Ubuntu 为例：

```
$ sudo apt install ansible
```

但是一般自带的 Ansible 版本比较老，Ansible 又是一个非常活跃的社区，所以通常使用 pip 命令来安装最新的稳定版本：

```
$ sudo pip install ansible
```

2. inventory 文件

inventory 文件的目的是告诉 Ansible 管理哪些机器。一般在命令行中使用-i 选项指定该文件的位置，如果没有指定，则 Ansible 会使用默认的/etc/ansible/hosts。下面是一个最简单的 inventory 文件的例子，指定了一个主机 192.168.0.149，同时指定它的分组是 webserver：

```
$ cat hosts
[webserver]
192.168.0.149
```

执行第一个命令：

```
$ ansible -i hosts webserver -m ping
192.168.0.149 | SUCCESS => {
    "changed": false,
    "ping": "pong"
}
```

对 webserver 这个组的主机执行 ping 操作，这里的 ping 不是 Linux 命令，而是 Ansible 的一个模块，用来检查目标机是否可用。

3. 模块

Ansible 对被管理的机器所执行的操作都是由模块完成的，模块就相当于 Ansible 的命令。参数-m 用来指定模块，参数-a 用来传递模块的参数。对于用户需要的大多数操作，都有已经实现的核心模块，可以直接使用。对于一些定制化的需求，用户可以开发自己的模块来实现。所有 Ansible 内置的核心模块都有对应的帮助信息：

```
$ ansible-doc -list       //列出所有核心模块
$ ansible-doc lineinfile //查看 lineinfile 模块的帮助信息
```

下面以 lineinfile 模块为例进行简单介绍：

```
$ ansible -i hosts webserver -m lineinfile -a "dest=/home/ubuntu/hello.txt
line='Hello World'"
192.168.0.149 | SUCCESS => {
    "backup": "",
    "changed": true,
    "msg": "line added"
}
```

这个命令可以确保 webserver 组的所有主机上的目标文件里都包含 Hello World 这一行。在执行时，hello.txt 是一个空文件，所以返回结果会显示 line added。

我们再执行一次这个命令：

```
$ ansible -i hosts webserver -m lineinfile -a "dest=/home/ubuntu/hello.txt
line='Hello World'"
192.168.0.149 | SUCCESS => {
    "backup": "",
    "changed": false,
    "msg": ""
}
```

可以发现，返回结果依然是 SUCCESS，但是"changed"：false 表示，目标机已经满足了要求，不需要改变。

Ansible 和其他配置管理工具一样，可以确保目标机到达一个命令中定义的状态，重复执行 Ansible 命令既不会执行不必要的操作，也不会损坏系统的状态。

4. 编排（Playbook）

以上都是直接使用 Ansible 来执行单个命令的演示，复杂命令的执行则需要使用 ansible-playbook。在复杂的使用环境中，需要使用 Playbook 把需要的配置编排好，达到自动化的目的。Playbook 使用 YAML 格式，文件名以"yml"结尾。要想实现上面的功能，在使用 Playbook 时应当是这样的：

```
$ cat hello.yml
---
- hosts: webserver
  tasks:
    - name: Ensure "Hello World" is in the line
      lineinfile: dest=/home/ubuntu/hello.txt line='Hello World'
$ ansible-playbook -i hosts hello.yml
…
192.168.0.149                : ok=2    changed=1    unreachable=0    failed=0
```

以上只是对 Ansible 进行了一些基本说明，有助于我们对 OpenStack 部署项目的理解。后面我们会看到，Ansible 有很多高级的特性，可以对 Host 主机按照功能、位置分组，定义不同的变量，使用 Role 来定义不同的配置任务、模板，等等，可以完成像 OpenStack 部署这样复杂的任务。

13.2 OpenStack 部署项目

OpenStack 部署一般包括两部分工作：基础操作系统的提供与 OpenStack 组件的部署。

基础操作系统的提供：通常通过 Cobbler（一个用来部署和安装系统的开源项目）搭建一个 PXE 的安装环境，通过 kickstart 文件实现全自动安装和简单设置。这种方式节省了人工成本，但安装时间比较长，系统配置也不够灵活。目前新兴的解决方案是预先制作好磁盘镜像，使用 PXE 启动到一个预先定制的系统，然后把准备部署的镜像使用 dd 命令复制到目标磁盘，再通过 cloud-init 来完成系统的定制化。这种方式可以在几分钟内完成一个系统的安装，OpenStack 的 Ironic 项目及 Ubuntu 的 MaaS 都是通过这种方式管理部署系统的。

而 OpenStack 组件的部署需要借助类似于 Puppet/Ansible 的配置管理工具。每个配置管理工具在 OpenStack 中都有对应的项目，如 puppet-OpenStack、OpenStack-Chef、OpenStack-Ansible 和 OpenStack-Salt 等。这些项目都可以方便地进行生产环境多节点 OpenStack 的部署，也是其他集成部署项目的基础。

在解决了初始的部署问题后，"Day 2 Operations"的问题就出现了，包括 OpenStack 的扩展、升级、配置更新等，这是传统的部署项目所欠缺的，而新兴的 OpenStack 部署项目 Kolla 则充分利用了容器技术，致力于降低 OpenStack 部署维护的复杂度，给用户提供一个固化了社区经验的部署工具。

13.2.1　Bifrost

Ironic 项目可以用于物理机的管理，因此也可以作为 OpenStack 的原生项目来承担 OpenStack 部署中基础操作系统的部分。

TripleO 就是一个以 Ironic 为基础，充分利用 Neutron、Glance、Heat 等服务来进行 OpenStack 部署的社区项目。TripleO 要求先搭建一个底层云，并以此为基础来定义和部署上层云，同时各个部分耦合紧密，关系比较复杂。它的目标是一个面向最终用户的解决方案，对于初学者来说难度较大。开发者最喜欢的方案是简洁、有效、易于学习的，因此针对基础操作系统的安装，Bifrost 无疑是一个更为轻量级的选择。

Bifrost 由一系列 Ansible 脚本组成，它可以在一套已知的硬件上通过 Ironic 自动部署一个基本的镜像，利用 Ironic 的 Standalone 模式（不需要 Keystone 及 Nova 等其他 OpenStack 服务）来管理和部署硬件设备。

Bifrost 结构如图 13-2 所示，Bifrost 以 Ironic 为基础，首先准备一个可以进行 PXE 安装的环境，然后注册节点的电源管理信息，并提供给被管理节点安装操作系统的服务。

Bifrost 主要完成以下 3 个阶段的工作。

（1）安装。准备主机环境，安装和配置物理机部署所依赖的所有组件。

- Standalone Ironic。
- RabbitMQ。
- MySQL。
- TFTP 服务器。
- DHCP 服务器。

- 使用 diskimage-builder 创建部署用的磁盘镜像。

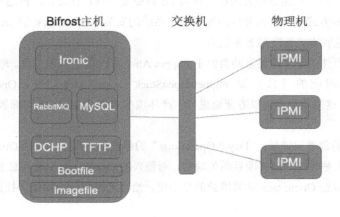

图 13-2　Bifrost 结构

在这个阶段开始之前，需要设置一些变量来定义主机环境，比如，network_interface 表示要在哪个网卡上启用 DHCP 服务，查看 playbooks/inventory/group_vars/localhost 文件可获得可配置的选项：

```
$ cd bifrost
$ bash ./scripts/env-setup.sh //完成环境初始化，安装 Ansible
//添加 Ansible 到执行路径中
$ source ${ANSIBLE_INSTALL_ROOT}/ansible/hacking/env-setup
$ ansible-playbook -i inventory/localhost install.yaml      //执行安装任务
```

（2）注册。注册动态硬件，把需要部署的目标机的硬件信息注册到 Ironic 数据库中。

- MAC Address：表示目标机的 MAC 地址。

- Management username：表示 IPMI 接口的用户名。

- Management password：表示 IPMI 的密码。

- Management Address：表示 IPMI 的地址。

- CPU Count：表示 CPU 的数量。

- Memory size in MB：表示内存数量。

- Disk Storage in GB：表示磁盘大小。

- Host or Node name：表示部署完成后设置的主机名。

- Host IP Address to be set：表示部署完成后设置的 IP 地址。

- Ironic Driver：使用的 Ironic 驱动，如 agent_ipmi。

目标机的硬件信息可以使用 CSV/JSON/YAML 格式的文件来提供，在 playbooks/inventory/目录下分别包含针对不同格式的例子，只需要把信息替换成自己的硬件信息即可。在编辑完硬件信息文件之后，运行如下命令，就可以注册硬件信息了：

```
export BIFROST_INVENTORY_SOURCE=/tmp/baremetal.json
ansible-playbook -i inventory/bifrost_inventory.py enroll-dynamic.yaml
```

运行 source env_vars; ironic node-list 命令，可以看到刚刚注册的节点。

（3）部署。利用 Ironic 将操作系统部署到每台目标机上。

- 配置 PXE 环境。
- 使用 IMPI 设置目标机从网络启动。
- 启动物理机到 ramdisk，并且部署磁盘镜像到硬盘。
- 重新启动目标机，使用 cloud-init 初始化系统。

完成节点注册后的部署工作主要由 Ironic 来驱动完成，运行如下命令：

```
export BIFROST_INVENTORY_SOURCE=/tmp/baremetal.json
ansible-playbook -i inventory/bifrost_inventory.py redeploy-dynamic.yaml
```

使用 ironic node-list 命令可以查看节点的状态。

Bifrost 抽象了物理机的安装过程，只需要用户以尽量简单的方式提供必需的信息，分 3 个步骤或阶段即可实现物理机操作系统的安装自动化。

13.2.2　Kolla

Kolla 最早于 2014 年提出，并且刚一提出便得到了广泛的支持，很快就成了 OpenStack 正式项目。

从 Ocata 版本开始，Kolla 分成了两个项目：专门负责制作容器镜像的 Kolla 和专门负责部署的 kolla-ansible。这样的划分使得 Kolla 可以更灵活地满足部署工具发展的需要。

经过多年的开发与完善，Kolla 经历了从单机 Demo 到 Ansible 多机部署，从单纯的部署到升级、重新配置支持，逐渐完善至产品级别。很多 OpenStack 厂商的发行版本都是基于 Kolla 开发的。

Kolla 的目标有两个：一个是提供生产环境可用的容器镜像；另一个是提供部署工具，可以实现快速的部署、方便的管理。

Kolla 工作流程如图 13-3 所示，首先 Kolla Build 会根据 Dockerfile 来制作镜像，并放入本地的镜像仓库（Local Docker Registry）中，Kolla Deploy 会根据用户配置，自动生成配置文件，并把配置文件和镜像仓库中的镜像一起部署到对应的节点上。

Kolla 的源码目录如下：

```
.
├── doc
├── docker - 各个 Image 的 Dockerfile 定义
├── etc - 配置文件
├── kolla -  Kolla 命令行的实现
├── releasenotes
```

```
        ├──── specs
        ├──── tests
        └──── tools - 辅助工具，用于准备开发环境等
```

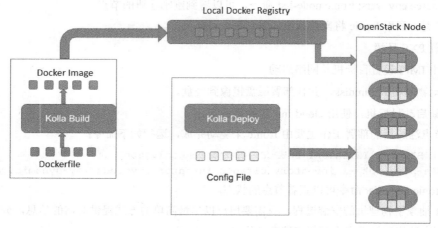

图 13-3　Kolla 工作流程

　　Kolla 的主要代码是 Dockerfile 和 Ansible 的 "Playbook"，是社区经验的集合，其他的文件都是用来进行一些辅助性的工作，早期几乎都是使用 bash 脚本编写的，后来为了更方便地进行项目管理，将一些命令改为使用 Python 开发。

　　etc 目录用于生成 Kolla 需要的配置文件，使用 tox -e genconfig 命令会生成当前版本的 kolla-build. conf 文件，是制作镜像时使用的配置参数。

　　kolla 目录用于定义 Python 实现的 kolla-build 命令。

　　tools 是一些脚本工具的集合。setup_xxxx.sh 用来在不同的操作系统上搭建开发环境。validate-xxxx.sh 用于检查 Dockerfile 中的语法错误等。

　　docker 目录下是各个 Image 的 Dockerfile 定义。按照项目来划分，各个项目相互独立，同时项目内部根据复杂程度，可以划分成一个或多个 Service，每个 Service 对应一个 Docker Image。

　　kolla-ansible 项目的源码目录如下：

```
.
├──── ansible - 用于部署，升级的 Ansible Playbook
├──── doc
├──── etc - 配置文件
├──── kolla_ansible - 密码生成工具命令行的实现
├──── releasenotes
├──── specs
├──── tests
```

kolla-ansible 项目的主要代码是 Ansible 的 Playbook，是社区部署经验的集合，用于部署产品级的 OpenStack 集群。

etc 目录用于放置 Kolla 需要的配置文件，globals.yml 文件用于定义部署时使用的参数，passwords.yml 文件则用于定义部署 OpenStack 时用到的密码文件。

kolla_ansible 目录用于放置 Python 实现的 kolla-genpwd，自动生成 OpenStack 各个组件用户的密码。

tools 是一些脚本工具的集合。kolla-ansible 命令是执行部署的命令，现在依然使用脚本实现。cleanup-containers、cleanup-host、cleanup-images 用于清理 Kolla 产生的容器及镜像，init-runonce 是在部署完成后用来进行初始化的，如创建 Glance 镜像、网络等。另外有些脚本是开发者为了方便开发和试验环境部署所做的工具，但是由于 Kolla 支持的操作系统版本众多且变化很快，因此有些脚本可能需要修改后才能使用。

ansible 目录用于存放部署用的 Ansible Playbook，并且按照不同的项目和逻辑功能，分成了不同的 Role 来管理。Kolla 还对 Ansible 进行了两个模块扩充：一个是 kolla_docker，用于实现对容器的管理；另一个是 merge_configs，用于产生和管理 OpenStack 的配置文件。

1. Docker 镜像

首先介绍 Kolla 是如何定义镜像文件的。docker.base 是其他所有镜像的基础，其 Dockerfile.j2 文件的代码片段如下：

```
FROM {{ base_image }}:{{ base_distro_tag }}
MAINTAINER {{ maintainer }}

LABEL kolla_version="{{ kolla_version }}"

{% import "macros.j2" as macros with context %}
{% block base_header %}{% endblock %}
{{ include_header }}

ENV KOLLA_BASE_DISTRO {{ base_distro }}
ENV KOLLA_INSTALL_TYPE {{ install_type }}
ENV KOLLA_INSTALL_METATYPE {{ install_metatype }}

COPY kolla_bashrc /tmp/
RUN cat /tmp/kolla_bashrc >> /etc/skel/.bashrc \
    && cat /tmp/kolla_bashrc >> /root/.bashrc

ENV  PS1="$(tput  bold)($(printenv  KOLLA_SERVICE_NAME))$(tput  sgr0)[$(id
-un)@$(hostname -s) $(pwd)]$ "
```

```
{% if base_distro in ['fedora', 'centos', 'oraclelinux', 'rhel'] %}
… …
{# endif for base_distro centos,fedora,oraclelinux,rhel #}
{% elif base_distro in ['ubuntu', 'debian'] %}
… …
{# endif for base_distro ubuntu, debian #}
{% endif %}
```

可以看到，为了支持不同的 Linux 发行版，Kolla 采用了 Jinja2 模板（一个现代的、设计者友好的、仿照 Django 模板的 Python 模板引擎），在正式创建之前会用 kolla-build.conf 中定义的变量代替。

在 Dockerfile 中，主要的分支有以下几种。

- 操作系统类型 base，支持 Fedora、CentOS、Oracle Linux、RHEL、Ubuntu 和 Debian，默认为 CentOS。
- 操作系统版本 base _tag，指定操作系统的版本，默认为 latest。
- 安装类型 install_type，指定安装类型，支持 binary 和 source，默认为 binary。

由于支持选项较多，Dockerfile.j2 文件充满了 if...else 语句，可读性较差，这里我们选择其中的一个分支 ubuntu:latest，install from source 来进行说明：

```
RUN if [ $(awk -F '=' '/DISTRIB_RELEASE/{print $2}' /etc/lsb-release) !=
"{{ supported_distro_release }}" ]; then \
        echo "Only supported {{ supported_distro_release }} release on
{{ base_distro }}"; false; fi

# Customize PS1 bash shell
RUN cat /tmp/kolla_bashrc >> /etc/bash.bashrc

# This will prevent questions from being asked during the install
ENV DEBIAN_FRONTEND noninteractive

# Reducing disk footprint
COPY dpkg_reducing_disk_footprint /etc/dpkg/dpkg.cfg.d/dpkg_reducing_disk_
footprint

# Need apt-transport-https BEFORE we replace sources.list or apt-get update wont
work!
RUN apt-get update \
    && apt-get -y install --no-install-recommends apt-transport-https
ca-certificates \
    && apt-get clean

COPY sources.list.{{ base_distro }} /etc/apt/sources.list
```

```
COPY apt_preferences.{{ base_distro }} /etc/apt/preferences

{% set base_apt_packages = [
    'apt-utils',
    'curl',
    'gawk',
    'iproute2',
    'kmod',
    'lvm2',
    'open-iscsi',
    'python',
    'sudo',
    'tgt']
%}

…

COPY set_configs.py /usr/local/bin/kolla_set_configs
COPY start.sh /usr/local/bin/kolla_start
COPY sudoers /etc/sudoers
COPY curlrc /root/.curlrc
RUN touch /usr/local/bin/kolla_extend_start \
    && chmod 755 /usr/local/bin/kolla_start /usr/local/bin/kolla_extend_start
/usr/local/bin/kolla_set_configs \
    && chmod 440 /etc/sudoers \
    && groupadd kolla \
    && mkdir -p /var/log/kolla \
    && chown :kolla /var/log/kolla \
    && chmod 2775 /var/log/kolla \
    && rm -f /tmp/kolla_bashrc \
    && curl -sSL https://github.com/Yelp/dumb-init/releases/download/v1.1.3/
dumb-init_1.1.3_amd64 -o /usr/local/bin/dumb-init \
    && chmod +x /usr/local/bin/dumb-init

{% block base_footer %}{% endblock %}
CMD ["kolla_start"]
```

可以看到，base 镜像的主要工作包括：

- 基本检查和初始化环境。

- 配置 apt/sources.list 文件，由于要增加的 source 较多，因此 Kolla 把所有的修改内容都放在 sources.list.ubuntu 文件中，并直接覆盖原来的文件。如果有本地的 apt 镜像，开发者也可以设置自己的 apt 源。

- 安装基本包。

- 复制配置脚本 kolla_set_configs 和启动脚本 kolla_start。

这里需要说明的是，Kolla 生成的镜像是没有配置文件的，各个项目的配置文件需要在部署时传入。所以，Kolla 引入了一个 kolla_set_configs，用来在启动容器时产生正确的配置文件。kolla_start 是容器的默认启动命令，源码位于 docker/base/start.sh 文件中：

```
#!/usr/local/bin/dumb-init /bin/bash
set -o errexit

# Wait for the log socket
if [[ ! "${!SKIP_LOG_SETUP[@]}" && -e /var/lib/kolla/heka ]]; then
    while [[ ! -S /var/lib/kolla/heka/log ]]; do
        sleep 1
    done
fi

sudo -E kolla_set_configs
CMD=$(cat /run_command)
ARGS=""

if [[ ! "${!KOLLA_SKIP_EXTEND_START[@]}" ]]; then
    # Run additional commands if present
    . kolla_extend_start
fi

echo "Running command: '${CMD}${ARGS:+ $ARGS}'"
exec ${CMD} ${ARGS}
```

OpenStack 需要启动几十个容器，并且每个容器的启动方法都不相同，因此，Kolla 要求每个容器把自己的启动命令放在/run_command 文件里，由 kolla_start 统一调用。如果该容器需要额外的启动步骤，则可以传入一个 kolla_extent_start 文件来完成。可以看到，在 kolla_start 启动命令之前，会调用 kolla_set_configs 来产生配置文件。

接下来是 openstack-base 容器（docker/openstack-base/Dockerfile.j2），基于之前的 base 镜像：

```
FROM {{ namespace }}/{{ image_prefix }}base:{{ tag }}
```

nova-base 容器（docker/nova/nova-base/Dockerfile.j2），基于 openstack-base：

```
FROM {{ namespace }}/{{ image_prefix }}openstack-base:{{ tag }}
```

Nova 其他的服务又基于 nova-base，如 docker/nova/nova-api/Dockerfile.j2：

```
FROM {{ namespace }}/{{ image_prefix }}nova-base:{{ tag }}
```

服务的安装过程跟普通的安装过程没有区别，只是替换为 Docker 的描述语言。

kolla-build 命令包装了 Docker Build，用于生成上述的镜像文件。用户既可以通过指定命令行参数的方式，也可以通过配置文件/etc/kolla/kolla-build.conf 来指定 build 选项。

2. Ansible Playbook

Kolla 以 Ansible 为部署工具，把之前生成的 Image 部署到目标机上，生成正确的配置文件，并启动 Service。下面我们来看一下 ansible 目录的结构。

首先按照项目，把针对每个项目要做的动作用 Role 来划分。比如，针对 Nova 项目，将所需要的所有动作都部署在 ansible/roles/nova/tasks 目录下。

- config.yml：生成 OpenStack 各个 Service 需要的配置文件。
- bootstrap.yml：对于一些容器，在启动之前需要进行一些初始化工作，比如，创建数据库、用户名和密码等。
- start.yml：启动容器。
- deploy.yml：config、bootstrap 和 start 的集合。
- reconfigure.yml：在配置发生变化时重新启动 Service。
- upgrade.yml：对 OpenStack 集群升级。

deploy/reconfigure/upgrade 目录用于存放部署和维护一个 OpenStack 集群主要的任务。其他的角色（Role）跟 Nova 类似，不再赘述。

在浏览这些 YAML 格式的文件时，我们注意到里面运用了大量的变量，以适应不同的安装环境和配置。这些全局变量的定义存放在 ansible/group_vars/all.yml 文件中，而一些需要被管理员修改的变量则存放在 etc/kolla/global.yml 文件中，并且修改 global.yml 文件会覆盖原有的默认值。

下面的代码片段是启动 nova-api 与 nova-consoleauth 容器的例子，使用了自己开发的 kolla_docker 模块，并指定了启动的参数和挂载的卷：

```yaml
# ansible/roles/nova/tasks/start_controllers.yml

---
- name: Starting nova-api container
  kolla_docker:
    action: "start_container"
    common_options: "{{ docker_common_options }}"
    image: "{{ nova_api_image_full }}"
    name: "nova_api"

    privileged: True
    volumes:
      -
"{{ node_config_directory }}/nova-api/:{{ container_config_directory }}/:ro"
      - "/etc/localtime:/etc/localtime:ro"
      - "/lib/modules:/lib/modules:ro"
      - "kolla_logs:/var/log/kolla/"
  when: inventory_hostname in groups['nova-api']
```

```
- name: Starting nova-consoleauth container
  kolla_docker:
    action: "start_container"
    common_options: "{{ docker_common_options }}"
    image: "{{ nova_consoleauth_image_full }}"
    name: "nova_consoleauth"
    volumes:
      -
"{{ node_config_directory }}/nova-consoleauth/:{{ container_config_directory }}/
:ro"
      - "/etc/localtime:/etc/localtime:ro"
      - "kolla_logs:/var/log/kolla/"
  when: inventory_hostname in groups['nova-consoleauth']
```

privileged: True，表示由于很多容器是系统服务，所以 Kolla 在启动容器时采用了特权模式。Kolla 默认是在一个可信任的环境里运行的，并没有考虑安全隔离的问题。

{{ node_config_directory }}/nova-api/:{{ container_config_directory }}/:ro，表示默认把主机上的 /etc/kolla/nova-api 目录传入容器中，/var/lib/kolla/config_files 为每个 Service 的配置文件。

kolla_logs:/var/log/kolla/，表示收集日志的数据卷。

when: inventory_hostname in groups[' nova-api ']，表示当本机在 nova-api 组时，才启动 nova-api 容器。对于 Nova 这个 Role 来说，需要支持所有的 Nova Service，但是这些 Service 在部署时往往不在同一台主机上，所以，Kolla 通过设置主机组来实现主机和 Service 之间的灵活分配。被部署的机器的分组在 ansible/inventory/multimode 中。

除了上述核心的功能，最新的 kolla-ansible 还加入了以下功能。

- bootstrap-servers：为被部署的机器准备运行环境，包括 Docker 的安装，以及一些环境的设置，在 Deploy 之前运行，极大地方便了准备工作。
- deploy-bifrost/deploy-servers：部署一个 Bifrost 容器，并且自动实现对 Server 的初始化安装。

Kolla 通常要求被部署的机器已经完成基础操作系统的安装和配置，在集成了 Bifrost 及系统初始化的设置后，Kolla 可以实现全套的从 Bare Metal 到 OpenStack 部署，再到后期运维的全生命周期管理。

kolla-ansible 命令是 Kolla 用于部署的命令，包装了 ansible-playbook，提供了一个抽象的接口，便于用户调用不同的任务。

13.2.3　TripleO

前面以两个社区项目 Bifrost 和 Kolla 为基础，介绍了 OpenStack 自动化部署中需要解决的问题，以及一种解决问题的方法。然而，这两个项目都是以开发者为导向的，也就是说，注重于某一个阶段实际问题的解决，而没有考虑最终用户应该如何使用。

接下来介绍的两个项目 TripleO 和 Fuel 是由 OpenStack 厂商主导的，面向用户的 OpenStack 部署产品，具有易于使用的界面和强大的管理功能。在 TripleO 和 Fuel 项目中，不同的功能模块被分成单独的项目进行开发和管理，最后组合成一个功能强大的产品。

TripleO 最为重要的一个特点是 V2P（Virtual Machine to Physical Machine）。在虚拟化的概念中，P2V 是一个比较常见的概念，即把一个物理机上的内容做成镜像并迁移到虚拟机中。而 V2P 则是一个逆过程，即把虚拟机的镜像迁移到物理机上。

V2P 的好处显而易见，之所以在部署虚拟机时这么快，是因为一切的安装配置过程都已经在制作镜像模板时完成了，只需要像挂载硬盘一样挂载上去即可。由此引申到 OpenStack 部署中，我们同样可以事先对不同类型的服务器节点制作好镜像，在部署时像部署虚拟机一样，只需要挂载镜像即可，从而节省很多常规的安装配置时间。TripleO 就采用了这种方式来完成部署。

TripleO 全称为 OpenStack On OpenStack，顾名思义为“云上云”，可以将其简单地理解为利用 OpenStack 来部署 OpenStack，即首先基于上述 V2P 的理念准备一个 OpenStack 节点的镜像，然后利用已有 OpenStack 环境的裸机服务（Bare Metal，也就是 Ironic 项目）去部署裸机，最后通过 Heat 项目在裸机上配置运行 OpenStack。红帽最新的云平台 Red Hat OpenStack Platform 就是基于 TripleO 技术构建的。

如图 13-4 所示，使用 TripleO 部署的 OpenStack 主要包括底层云（UnderCloud）与上层云（OverCloud）两部分。底层云（部署云）包含部署和管理一个 OpenStack 云所需的组件，上层云（负载云）是客户的云环境，可以根据需要定制。

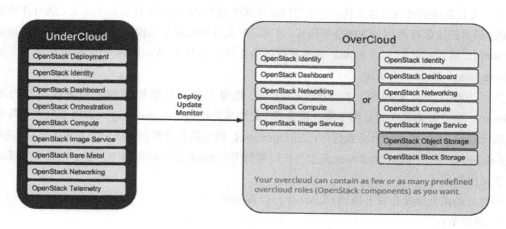

图 13-4　使用 TripleO 部署的 OpenStack

底层云利用 Nova 和 Ironic 来管理上层云的物理机节点，使用 Neutron 来提供网络环境，使用

Glance 来存储部署的磁盘镜像，使用 Ceilometer 来收集上层云的统计数据。

1. 安装底层云

早期的 TripleO 版本提供了子项目 instack-undercloud 来安装底层云。从 Rocky 版本开始，UnderCloud 的安装切换为容器方式，可以使用 openstack undercloud install 命令来完成安装。

2. 部署前的准备工作

部署前的准备工作，包括创建磁盘镜像、注册物理机节点、分配角色等。

1）创建磁盘镜像

TripleO 使用 DiskImage-Builder 来创建磁盘的镜像。

从 OpenStack 部署的角度来看，一个完整的节点（如 Nova 计算节点）包含 3 部分内容：镜像文件、内核和一些常用配置等通用的内容；元数据，如网络等相关信息和服务器地址等，在每次部署时都会进行相应的改变；持久性数据，如数据库或 Swift 的存储内容，都会固定存储在其他地方，不会因为重新部署而丢失内容。

DiskImage-Builder 的工作目的就是根据节点的用途（比如，用作网络控制节点）制作特定的镜像文件。而制作镜像文件的目的就是使其既具有共性又具有特性，以及可移植性。共性在于提前定制一些通用的内容，预安装配置所需的服务，从而减少重复的工作。特性在于管理员可以在同样的镜像文件的基础上通过更改元数据实现灵活的部署。可移植性在于镜像可以先在测试环境中运行以进行检验测试，然后直接部署到生产环节中直接面向客户。

DiskImage-Builder 的工作原理就是利用 chroot 来制作镜像。镜像可以是一个文件系统，或者是一个包含文件系统的磁盘镜像文件，通过把镜像格式改成 RAW 格式来挂载到系统上，然后开始定制化修改，最后把镜像转换为 QCOW2 等格式。目前已经支持的镜像系统模板有 Fedora、RHEL、CentOS 和 Ubuntu，后期还会加入对 Linux 其他发行版的支持。而对于 Windows 的支持将在另一个项目 Windows-Image-Builder 中实现。

为了方便用户定制模板，DiskImage-Builder 把每个独立的功能都划分为众多不同的元素（Element），每个元素其实就是用于修改镜像的一组脚本。比如，local-config 元素用于复制当前系统的代理设置和 SSH 密码到目标镜像中；与 OpenStack 相关的元素都包含在一个单独的项目 tripleo-image-elements 中，比如，stackuser 元素用于添加新用户 stack 到目标镜像中，便于在部署完成后的用户登录操作。

创建好的磁盘镜像会被上传到 Glance 中，以备使用。

2）注册节点

TripleO 节点充分利用了 Ironic 的能力，注册流程如图 13-5 所示，用户只需要提供访问节点的电源管理（IPMI）接口给 Ironic，完成初步注册并重启机器，机器就会进入自发现模式，汇报机器的硬件属性细节，最终完成注册。

3）分配角色

一个云环境会包含多台物理机节点，分别用来安装不同的服务，如控制节点、计算节点等，我们将它们称为不同的角色。与一个角色对应的资源如下所述。

- 磁盘镜像：镜像中需要包含基础操作系统及对应的软件，比如，对于计算节点来说，需要有 Hypervisor 及 nova-compute 服务等。
- Flavor：对应的硬件需求。计算节点需要有比较多的 CPU 和 RAM 资源。
- 角色节点数量：这个角色包含的节点数量。对于一个非 HA 的部署，控制节点数量就是 1，而计算节点则需要多个。
- Heat 模板：负责部署完成后的配置工作，保证各个 OpenStack 服务能够正常运行。

这些资源都通过 Heat 模板联系起来，子项目 tripleo-heat-templates 定义了各个角色的模板。

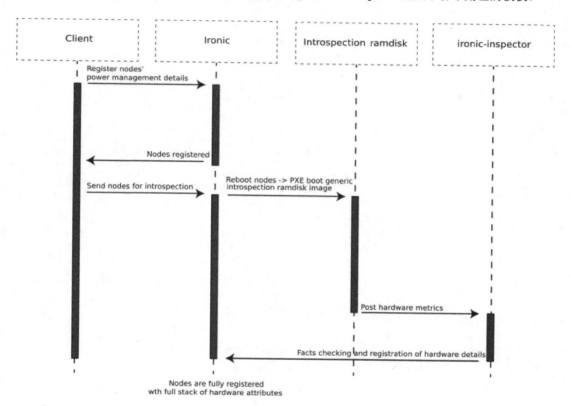

图 13-5　TripleO 节点的注册流程

3. 部署

在准备工作完成之后，就可以开始部署了。

对于每个角色来说，Heat 需要先向 Nova 申请资源，而 Nova 依赖于 Ironic 的 Driver 来提供一个符合要求的物理节点。

在物理节点选定之后，Ironic 设置 PXE 启动节点到一个 ramdisk，再把从 Glance 中获取的磁盘镜像写入节点的磁盘里。

在节点启动之后，由 OS-Configuration 完成最后的配置工作。OS-Configuration 包括 3 部分：os-collect-config 负责从 Heat 收集配置信息，并写入本地的元数据缓存中，然后调用 os-refresh-config，由 os-refresh-config 根据元数据来进行系统配置，并且调用 os-apply-config 来生成各个服务需要的配置文件。

加速设备管理

随着计算任务的加重，仅凭借 CPU 的计算能力，服务器所呈现出来的运算速度将会大打折扣，这时我们就需要把一部分任务卸载（offload）给其他拥有特定加速功能的硬件设备来减轻 CPU 的负担。比如，通过 FPGA 进行计算密集型任务，包括矩阵运算、图像处理、机器学习、压缩、非对称加密等。而 Cyborg 项目的成立正是为了对这些加速设备进行管理。

与其他项目相比，Cyborg 是一个比较年轻的项目，其前身是 Nomad 项目，旨在为加速资源（即 GPU、FPGA、ASIC、NVMe、DPDK / SPDK 等）提供通用管理框架。

Cyborg 的主要功能包括硬件资源的发现、上报、管理等。一些特殊硬件的特殊功能和配置，比如，FPGA 的烧写和一些特殊芯片的固件升级等，也都可以由 Cyborg 来完成。

14.1 Cyborg 体系结构

Cyborg 的体系结构如图 14-1 所示，主要由 cyborg-api、cyborg-conductor、cyborg-agent 这 3 个服务组成，它们之间通过 RPC 进行通信。

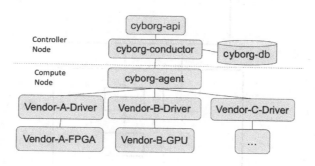

图 14-1 Cyborg 的体系结构

- cyborg-api 是进入 Cyborg 的 HTTP 接口，负责接收来自用户或其他服务的 RESTful API 请求。它支持 POST、PUT、DELETE、GET 操作，并通过 cyborg-conductor 与 cyborg-agent 和 cyborg-db 进行交互。
- cyborg-conductor 用于协调 cyborg-api 和 cyborg-agent 之间的交互，以及数据库访问。同时

cyborg-conductor 负责 Cyborg 内部数据库的更新，以及和 Placement 服务的交互。

- cyborg-agent 负责通过 Cyborg Driver 与加速器后端进行交互。cyborg-agent 会运行一个周期性的任务来调用每个 Driver 的设备发现函数，从而将节点上的加速设备的资源信息和状态周期性地上报给 cyborg-conductor。

为了简化用户对 RESTful API 的使用，Cyborg 提供了官方的 API 封装 python-cyborgclient 作为 Client，它提供了命令行供用户直接访问，也提供了 SDK 供用户编写客户端应用程序。由于社区希望 OpenStack 对用户提供统一的用户体验，python-cyborgclient 会在未来被遗弃，并被 OpenStack 各项目统一的 Client 实现所取代。

14.2 Cyborg 数据模型

目前，很多硬件加速资源都支持虚拟化，也就是说，一块物理板卡可以虚拟出多个不同的虚拟加速设备，并且虚拟的加速设备可以分配给不同的虚拟机。基于上述情况，Cyborg 实现了一套用来描述加速设备的数据模型。

为了更好地理解 Cyborg 的这一套数据模型，我们首先需要对 Cyborg 管理的硬件设备的基本结构有一个大致的了解，下面将以 Intel Arria10 FPGA 为例进行简单的介绍。

在 Linux 操作系统下，我们可以认为 FPGA 是一种 PCI 设备。如图 14-2 所示，这是一块 FPGA 设备的基本结构。

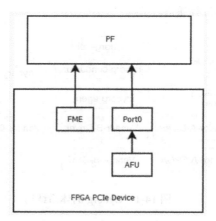

图 14-2　FPGA 设备的基本结构

FME（FPGA Management Engine）主要用于提供错误报告、重配（reconfiguration）、性能报告和其他基础结构功能。每个 FPGA 都有一个 FME，并且总是通过物理功能（PF）访问。带集成 FPGA

的英特尔至强®处理器还可以执行电源和散热管理。

Port（端口）代表 FIM（FPGA 接口管理器）与 AFU（Accelerator Function Unit，加速器功能）之间的接口，AFU 是 FPGA 上可以进行重复烧写的区域，Port 控制从软件到 AF（Accelerator Function）的通信，并提供复位和调试等功能。

Linux 设备驱动程序可以使用 SR-IOV 创建多个 VF（虚拟功能），并将不同的 VF 分配给不同的虚拟机。一块 FPGA 设备在经过虚拟化之后的结构如图 14-3 所示。

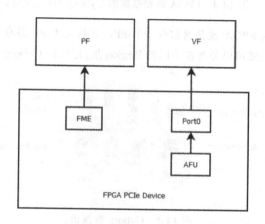

图 14-3　虚拟化后的 FPGA 设备结构

在被虚拟化之后，FME 模块始终只能通过 PF 访问，我们可以使用 FME 模块上的 FPGA_FME_PORT_ASSIGN 为 VF 分配端口。我们可以使用虚拟化技术虚拟出多个 VF。一块 FPGA 设备可以提供多个端口与之一一对应。另外，在 FPGA 的架构中，有一个 Region 的概念。一个 Region 表示一个可以进行 reprogram 的单元，一个 FPGA 可能含有多个 Region，一个 Region 可能包含多个 VF。

与其他加速设备相比，FPGA 算是一种比较复杂的设备。而使用 Cyborg 管理像 FPGA 这样的加速设备，需要建立一套完整的数据模型来表示所有必要的设备信息。

如前文所述，Cyborg 的主要职责是发现、上报和管理这些硬件资源，在用户需要一台带有加速资源的虚拟机时，能成功调度到所需的加速设备，并且将其挂载到虚拟机上。当然 Cyborg 还包含针对有特殊功能的加速设备的功能实现，如 FPGA 的烧写。

FPGA 需要暴露给 Cyborg 的拓扑结构如图 14-4 所示，和前面的结构图相比，这里去掉了 Port、FIM、FME 等模块的表示，只暴露出 PF、VF 和 Region 这几个概念。这是因为，从编排（Orchestration）的角度来说，我们并不需要深入了解各个加速设备的具体结构，我们关心的只是加速设备最终可以提供给上层什么样的加速单元，以及用户可以对这些加速单元进行什么操作。

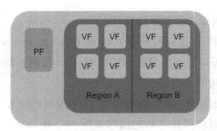

图 14-4　FPGA 需要暴露给 Cyborg 的拓扑结构

　　一块经过虚拟化之后的 FPGA 设备通常有一个 PF，并且这个 PF 通常不能挂载给虚拟机，同时会含有多个 VF，这些虚拟功能可以分布在不同的 Region 里。这样的 Cyborg 数据模型如图 14-5 所示。

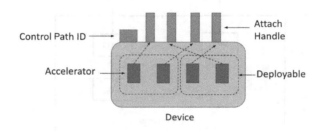

图 14-5　Cyborg 数据模型

- Device：物理硬件，对应于 FPGA 板卡。
- Deployable：提供资源的设备的逻辑结构。资源可以是加速器，也可以是本地内存。一个 Device 可以对应多个 Deployable（如 FPGA），或者对应一个 Deployable（如 GPU）。这里对应 FPGA 上的一个 Region。
- Accelerator：硬件加速的逻辑资源，并非指物理硬件资源，一个 Accelerator 对应一个 Attach Handle。这里对应一个 VF。
- Control Path ID：访问设备的唯一标识符，如 PCI PF 等。这里对应 FPGA PF 的相关信息。
- Attach Handle：用于将加速器挂载到虚拟机、容器等的 ID，例如，PCI VF 的 BDF 信息、MDEV UUID 等。这里对应 VF 的相关信息。

　　在 Cyborg 数据库中，它们分别对应一张表，并且彼此通过外键连接，具体关系如图 14-6 所示。

　　我们可以发现，图 14-6 中少了 accelerators 表，而多了一张 attributes 表。这是因为 Attach Handle 和 Accelerator 在逻辑上一一对应，所以数据库里只需要一张 attach_handles 表，以减少不必要的重复。而 attributes 表是用来存放 Deployable 的特殊属性的。

　　Cyborg 将所有的加速硬件（包括 FPGA、GPU 及目前正在规划的硬件加速设备）的所有有用信息，都封装在上述的数据模型中，最终以 Attach Handle 的形式挂载到虚拟机上。目前这一封装过程是由各个 Driver 各自完成的。

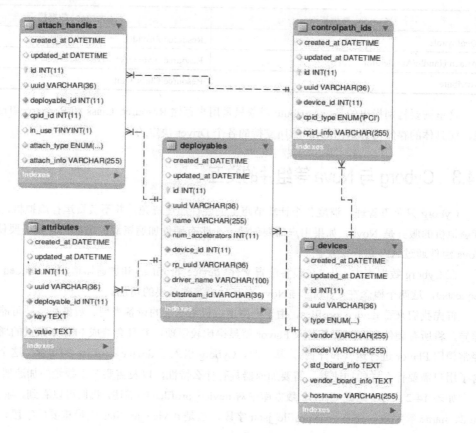

图 14-6　Cyborg 数据库

此外，这样一套统一的、抽象的数据模型还有两个重要的作用。

- Cyborg 向 Placement 上报各个节点上的加速资源的信息来源。cyborg-conductor 服务会从这套数据模型里得到 Resource Provider、Resource Class、Resource Trait、Resource Inventory 等信息，并通过调用 Placement API 上报给 Placement 服务。
- cyborg-conductor 通过比较各个 Driver 新上报的数据模型和 Cyborg 数据库中已有的数据，对 cyborg-db 进行增加、删除、修改和查询操作。

作为专门管理硬件加速资源的组件，Cyborg 需要向 Placement 上报各个节点的资源总数和使用情况。Cyborg 与 Placement 数据模型的对应关系如表 14-1 所示。

表 14-1　Cyborg 与 Placement 数据模型的对应关系

Cyborg 数据模型	Placement 数据模型
Deployable	Resource Provider
Attach Handle/Accelerator	Resource Inventory
Attribute	Resource Class/Trait

这里需要特别指出的是，Attribute 对象只是用来存储 Resource Class 和 Resource Trait 的相关信息，而具体的存储内容是由 Cyborg 所支持的各个 Driver 决定的。

14.3　Cyborg 与 Nova 等组件的交互

Cyborg 只负责管理、调度各个计算节点上的硬件加速资源，并不负责运行虚拟机，真正负责运行虚拟机的服务是 Nova。如果用户需要创建一个带有硬件加速资源的虚拟机，则需要使 Cyborg 和 Nova 组件通过 API 进行交互。

在 Cyborg 数据库中，引入了设备配置文件（device_profiles）和加速器请求（extended_accelerator_requests），这两个概念在 Cyborg 与 Nova 交互时扮演着重要的角色。

首先我们来看 device_profiles，由于不同虚拟机所请求的设备类型、数量和特性可能存在很大的差异，将所有硬件资源配置都写入 Flavor 就显得比较烦琐，并且会造成 Flavor 数量的增加（运营商经常使用 Flavor 进行运营和计费）。基于此，Cyborg 引入了 device_profiles 的概念，这个配置文件包含了用户需要什么样的加速器，需要加速器具有什么特性，以及需要多少数量的加速器等。

如表 14-2 所示，这是 Cyborg 数据库中对 device_profiles 的描述，我们可以看到，除了常规的 id、uuid、name 等字段，还有一个 profile_json 字段，这是 device_profiles 中最重要的字段，用户对加速器的各种要求都存放在这个字段里。

表 14-2　device_profiles

```
mysql> desc device_profiles;
+--------------+--------------+------+-----+---------+----------------+
| Field        | Type         | Null | Key | Default | Extra          |
+--------------+--------------+------+-----+---------+----------------+
| created_at   | datetime     | YES  |     | NULL    |                |
| updated_at   | datetime     | YES  |     | NULL    |                |
| id           | int(11)      | NO   | PRI | NULL    | auto_increment |
| uuid         | varchar(36)  | NO   | UNI | NULL    |                |
| name         | varchar(255) | NO   | UNI | NULL    |                |
| profile_json | text         | NO   |     | NULL    |                |
+--------------+--------------+------+-----+---------+----------------+
```

下面我们来看加速器请求（extended_accelerator_requests）是如何协助 Cyborg 与 Nova 进行交互的。加速器请求简称 ARQ，描述的是虚拟机对加速设备请求的一个状态对象，ARQ 的创建、绑定、解绑、删除都是在与 Nova 交互时由 Cyborg 处理的，它的数据被保存在 Cyborg 的数据库里。

如表 14-3 所示，这是 Cyborg 数据库中对 extended_accelerator_requests 的描述，其中，state 字段表示绑定的状态，device_profile_id 和 device_profile_group_id 字段取自用户请求中的 device_profiles，hostname 字段表示 Nova 选中的计算节点，device_rp_uuid 字段表示选中的 Resource Provider 的 UUID，attach_handle_id 字段表示即将绑定到虚拟机的 Attach Handle 的 ID。

表 14-3　extended_accelerator_requests

```
mysql> desc extended_accelerator_requests;
+-------------------------+----------------------------------------------------------------------+------+-----+---------+----------------+
| Field                   | Type                                                                 | Null | Key | Default | Extra          |
+-------------------------+----------------------------------------------------------------------+------+-----+---------+----------------+
| created_at              | datetime                                                             | YES  |     | NULL    |                |
| updated_at              | datetime                                                             | YES  |     | NULL    |                |
| id                      | int(11)                                                              | NO   | PRI | NULL    | auto_increment |
| uuid                    | varchar(36)                                                          | NO   | UNI | NULL    |                |
| project_id              | varchar(255)                                                         | YES  | MUL | NULL    |                |
| state                   | enum('Initial','BindStarted','Bound','Unbound','BindFailed','Deleting') | NO   |     | NULL    |                |
| device_profile_id       | int(11)                                                              | NO   | MUL | NULL    |                |
| hostname                | varchar(255)                                                         | YES  |     | NULL    |                |
| device_rp_uuid          | varchar(36)                                                          | YES  | MUL | NULL    |                |
| attach_handle_id        | int(11)                                                              | YES  | MUL | NULL    |                |
| substate                | enum('Initial')                                                     | NO   |     | NULL    |                |
| deployable_id           | int(11)                                                              | YES  | MUL | NULL    |                |
| device_profile_group_id | int(11)                                                              | NO   |     | NULL    |                |
| instance_uuid           | varchar(36)                                                          | YES  | MUL | NULL    |                |
+-------------------------+----------------------------------------------------------------------+------+-----+---------+----------------+
```

Nova 和 Cyborg 的具体交互流程如图 14-7 所示。

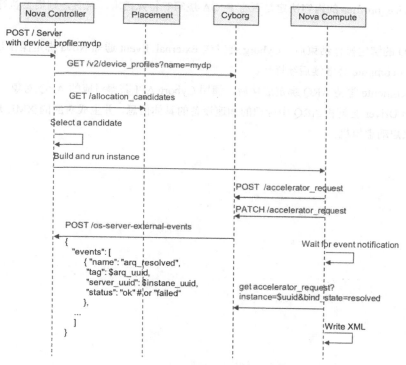

图 14-7　Nova 和 Cyborg 的具体交互流程

（1）管理员根据云上可提供的加速资源，通过调用 Cyborg API 创建 device_profiles。

（2）用户发起创建虚拟机的请求，请求中的 Flavor 带有 device_profiles 的标识。

（3）Nova 的控制节点向 Cyborg 发起请求，请求获取 device_profiles 的详细信息。

（4）Nova 的控制节点解析 device_profiles 中的信息，并在合入 request_spec 后，向 Placement 发送请求，选取 allocation_candidates。

（5）选中一个宿主节点。

（6）Nova 的控制节点向计算节点发起部署、启动虚拟机的请求。

（7）Nova 的计算节点在收到请求后，向 Cyborg 发送 create ARQ 的请求，其中包括 device_profiles 的信息。

（8）Nova 的计算节点请求 Cyborg 对 ARQ 进行绑定操作，这个步骤可分为如下几部分。

- 更新 ARQ 中的对应字段，将 instance_uuid、hostname、Resource Provider 的信息填入 ARQ 的相应字段中。
- 更新 ARQ 的 state 从 Initial 到 BindStarted，在绑定成功后更新为 Bound，若失败，则更新为 BindFailed。
- 根据 device_profiles 的内容决定是否有 FPGA 烧写等特殊需求，若有，则需要执行 FPGA 烧写操作。

（9）在 ARQ 的绑定操作结束后，Cyborg 会发送 External Event 通知 Nova 绑定操作是否成功，若成功，则 nova-compute 会继续后续操作。

（10）nova-compute 等待 ARQ 绑定成功后，调用 Cyborg API 获得对应的 ARQ 对象。

（11）Libvirt Driver 会解析 ARQ 中标识的加速设备的具体信息，并生成对应的 XML 片段，作为 Libvirt 的输入来启动虚拟机。